Systematisches Projektieren und Konstruieren

H. G. Baumann

Systematisches Projektieren und Konstruieren

Grundlagen und Regeln für Studium und Praxis

Unter Mitwirkung von K.-H. Looschelders und H. von Wyl

Mit 195 Abbildungen und 30 Tafeln

1982
Springer-Verlag Berlin Heidelberg New York
Verlag Stahleisen m.b.H., Düsseldorf

Professor Dr.-Ing. HANS G. BAUMANN
Mannesmann Demag AG und Rheinisch-Westfälische Technische Hochschule Aachen

Dipl.-Ing. KARL-HEINZ LOOSCHELDERS
Mannesmann Demag AG

Ing. (grad.) HORST VON WYL
Mannesmann Demag AG

CIP-Kurztitelaufnahme der Deutschen Bibliothek

Baumann, Hans G.
Systematisches Projektieren und Konstruieren
Grundlagen und Regeln für Studium und Praxis / H. G. Baumann
Berlin, Heidelberg, New York: Springer, 1982

ISBN-13: 978-3-642-81745-8 e-ISBN-13: 978-3-642-81744-1
DOI: 10.1007/978-3-642-81744-1

Softcover reprint of the hardcover 1st edition 1982

2060/3020 – 5 4 3 2 1 0

Geleitwort

Das Projektieren und Konstruieren technischer Systeme, besonders solcher mit hohem Komplexitätsgrad, war lange Zeit durch intuitives und auf persönlicher Erfahrung beruhendes Vorgehen der Ingenieure geprägt. Das Nachvollziehen von Denkvorgängen erfahrener Projekteure und Konstrukteure bei der Lösung komplexer Aufgaben war oft schwierig, und eine Umsetzung in Regeln zur Lösungsfindung allgemeiner technischer Problemstellungen war nicht möglich. Häufig geht mit dem Ausscheiden älterer, wertvoller Mitarbeiter aus dem Unternehmen deren Wissen unwiederbringlich verloren. In den Jahren nach 1970 wurde unter dem Zwang einer zukünftigen Rationalisierung der Projektierungs- und Konstruktionsbereiche sowie als Voraussetzung für den Einsatz elektronischer Datenverarbeitungsanlagen in den technischen Bereichen verstärkt nach Wegen zu systematischer Arbeitsweise gesucht. Es ist ein Verdienst des Verfassers, seit 1974 die in diesem Buch dargelegte praxisorientierte Projektierungs- und Konstruktions-Systematik entwickelt zu haben, welche sowohl bei hochkomplexen als auch bei niedrigkomplexen technischen Systemen sowie bei deren Teilsystemen und Teilen anwendbar ist. Im Verlaufe der beim Projektieren und Konstruieren technischer Systeme durchzuführenden Tätigkeiten haben die Ingenieure vielfältige Entscheidungen zu treffen. Die Entscheidungsfindung wird beim klassischen Projektieren und Konstruieren infolge

- unzweckmäßiger Arbeitsabläufe,
- unvollständiger oder fehlerhafter Informationen,
- mangelnder Kenntnisse geeigneter Hilfsmittel und
- ständigen Zeitdrucks

erschwert. Diese Erschwernisse können durch konsequente Anwendung der Projektierungs-und Konstruktions-Systematik beseitigt oder wesentlich gemindert werden. Denn mit der Anwendung der hier beschriebenen Systematik werden in schrittweisem Vorgehen nach Regeln Informationen gesammelt, auf Vollständigkeit sowie Richtigkeit geprüft und verdichtet, Entscheidungssituationen vorbereitet, organisatorische sowie technische Hilfsmittel eingesetzt und infolge der rationellen Arbeitsweise der Zeitdruck gemindert. Mit dieser Systematik ist erstmals die Möglichkeit gegeben, das Projektieren und Konstruieren technischer Systeme jeden Komplexitätsgrades nach einheitlichen Regeln allgemeingültig zu beschreiben sowie lern- und lehrbar zu machen. Das trägt nicht nur zu einer besseren, interdisziplinären Ausbildung von Studenten der Ingenieurwissenschaften bei, sondern erleichtert auch die Einarbeitung junger Mitarbeiter in den technischen Unternehmensbereichen.

Duisburg und Aachen,
im Sommer 1981

Hans Günter Müller — Winfried Dahl

Vorwort

Komplexe Erzeugnisse der Anlagen-, Maschinen-, Geräte- sowie Apparatebauindustrien wurden und werden besonders infolge der steigenden Forderungen hinsichtlich Durchsatzmengen sowie Güten der Stoffe und der fortschreitenden Automatisierung komplizierter. Aufgrund dieser Kompliziertheit haben die beim Projektieren und Konstruieren solcher Systeme zu berücksichtigenden Daten sowie funktionellen Zusammenhänge einen Umfang angenommen, der von den Ingenieuren mit klassischer Arbeitsweise meist nicht mehr zu erfassen und zu bewältigen ist. Wissenschaftliche Erkenntnisse werden immer schneller in die Praxis umgesetzt, und die Lebensdauer der technischen Systeme ist kürzer geworden. Gleichzeitig ist eine zunehmende Verschärfung der Wettbewerbssituationen bei geforderten kürzeren Zeiten für die Projektierung, Konstruktion und Auftragsabwicklung der Erzeugnisse zu verzeichnen. Auch der Umfang der vom Auftraggeber gestellten Bedingungen zur Lieferung technischer Systeme hat erheblich zugenommen. Damit besteht ein Zwang zu besserer Nutzung und wirksamerer Rationalisierung der Produktionsbereiche in den Maschinenbauunternehmen, die im wesentlichen aus den Projektierungs-, Konstruktions- und Fertigungsbereichen bestehen. In den Projektierungs- und Konstruktionsbereichen sind bis heute keine mit den Fertigungsbereichen vergleichbaren Rationalisierungserfolge und Leistungssteigerungen erzielt worden.
Deshalb müssen heute neue Wege systematischer Vorgehensweisen sowie methodischer Arbeitsabläufe beim Projektieren und Konstruieren unter gleichzeitigem Einsatz organisatorischer sowie technischer Hilfsmittel beschritten werden. Damit ist es möglich, die Leistungen zu steigern und die Unternehmensbereiche besser zu nutzen sowie zu rationalisieren.

Systematisches Projektieren und systematisches Konstruieren technischer Systeme sind Ingenieurtätigkeiten, die in planmäßigem Vorgehen schrittweise nach Regeln durchgeführt werden und von der Aufgabenstellung bis nach Anfertigung der Angebots- oder Erstellungsunterlagen für die Systeme reichen. Dabei werden in mehreren nacheinanderfolgenden Komplexitätsebenen jeweils fünf Hauptschritte durchlaufen. Die ersten vier Hauptschritte,

- Klärung der Aufgabe,
- Festlegung der logischen Wirkzusammenhänge,
- Festlegung der physikalischen Wirkzusammenhänge sowie
- Festlegung der konstruktiven Wirkzusammenhänge,

sind für das systematische Projektieren und das systematische Konstruieren artgleich. Der fünfte Hauptschritt ist beim systematischen Projektieren die Anfertigung der Angebotsunterlagen und beim systematischen Konstruieren die Anfertigung der Erstellungsunterlagen. Die systematische Vorgehensweise ist Grundlage für eine umfassende und langfristig wirksame Rationalisierung des Projektierungs- und Konstruktionsprozesses. Gleichzeitig ist diese praxisorientierte Systematik die Grundlage und wesentliche Voraussetzung für einen umfassenden Einsatz elektronischer Datenverarbeitungssysteme in den Projektierungs- und Konstruktionsbereichen der Anlagen-, Maschinen-, Geräte- und Apparatebauunternehmen. Beim systematischen Projektieren und Konstruieren technischer Systeme wird das Projektierungs- und Konstruktions-

geschehen in abnehmendem Maße durch zufalls- oder erfahrungsbedingte Intuition der Ingenieure und in zunehmendem Maße durch methodisches Vorgehen bestimmt.
Das systematisches Projektieren und Konstruieren führt beim Hersteller technischer Systeme unter anderem zur

- Erweiterung der Vertriebsmöglichkeiten durch Verkürzung der Zeiten für das Erstellen der Angebote, schnelleren Verfügbarkeit umfassenderer technischer sowie wirtschaftlicher Unterlagen und Erleichterung der Entscheidungen der Ingenieure,
- Beeinflussung des Konstruktionsgeschehens durch Verkürzung der Konstruktionszeiten, Verminderung der Fehlermöglichkeiten und Erhöhung der Wiederverwendbarkeit vorhandener Konstruktionen bei gleichzeitiger Vermeidung von Doppelarbeit,
- Vergrößerung der Fertigungsmöglichkeiten durch Kürzung der Fertigungszeiten infolge Erhöhung der Anzahl Wiederholteile.

Damit werden der Verkauf gefördert, die Auftragsabwicklung beschleunigt und die einzelnen Unternehmensbereiche des Herstellers technischer Systeme rationalisiert.

Dieses Buch soll Projekteuren, Konstrukteuren sowie Systemtechnikern, die sich mit der Verwirklichung komplexer Erzeugnisse der Anlagen-, Maschinen-, Geräte- und Apparatebauunternehmen befassen, eine Hilfe zur Beurteilung und Durchführung systematischer Arbeitsweisen sein. Daneben sollte das Buch Lehrern, Lernenden sowie Praktikern bei ihrer beruflichen Ausbildung und Weiterbildung auf den Gebieten des Projektierens sowie Konstruierens dienen.

Erste Anregungen zur Projektierungs- und Konstruktions-Systematik habe ich durch meine vieljährige Industrietätigkeit auf dem Gebiete des Anlagen- und Maschinenbaues für die Hüttenindustrie, welche unter anderem durch das Entwickeln sowie Projektieren neuer technischer Lösungen gekennzeichnet war, erhalten. In diesem Buch beschriebene Grundlagen und Regeln sind wesentliche Bestandteile meiner Vorlesungen über "Systematisches Planen, Projektieren und Konstruieren der Hüttenwerksysteme" an der Rheinisch-Westfälischen Technischen Hochschule Aachen.

Herrn Professor Dr.-Ing. Hans Günter Müller, Vorsitzender des Vorstandes der Mannesmann Demag Aktiengesellschaft bin ich besonders für seine ständige Unterstützung meiner wissenschaftlichen Arbeiten und Lehrtätigkeiten sowie für wertvolle Anregungen zu großem Dank verpflichtet. Daneben gilt mein Dank den Herren Dr.-Ing. Klaus Brückner und Dipl.-Ing. Franz Sieverding, Mitglieder des Vorstandes der Mannesmann Demag AG, für ihre Unterstützung meiner wissenschaftlichen Tätigkeiten.

Herrn Professor Dr.-Ing. Wolf G. Rodenacker, München, danke ich für wertvolle Hinweise und Gespräche auf dem Gebiete des methodischen Vorgehens beim Konstruieren. Daneben danke ich den Herren Professor Dr. rer. nat. Winfried Dahl, Professor Dr.-Ing. Walter Eversheim, Professor Dr.-Ing. Rudolf Koller, Professor Dr.-Ing. Reiner Kopp und Professor Dr.-Ing. Manfred Weck, Rheinisch-Westfälische Technische Hochschule Aachen,für viele Anregungen und

Fachgespräche über Arbeitsmethoden beim Planen, Projektieren und Konstruieren technischer Systeme. Bei der Erstellung vieler Bilder hat sich Herr Klaus Feldermann, aus Interesse an der Projektierungs- und Konstruktions-Systematik, verdient gemacht.

Dem Verlag Stahleisen m.b.H., Düsseldorf, und dem Springer-Verlag, Berlin, Heidelberg, New York, sei für die gute Zusammenarbeit gedankt.

Duisburg,
im Sommer 1981

Hans G. Baumann

Inhalt

1. Einleitung

Komplexe Erzeugnisse der Maschinen-, Geräte- sowie Apparatebauindustrien wurden und werden besonders infolge der steigenden Forderungen hinsichtlich Durchsatzmengen sowie Güten der Stoffe und der fortschreitenden Automatisierung komplizierter. Damit ist auch die steigende Zahl ihrer Teilsysteme zu erklären. Daneben werden wissenschaftliche Erkenntnisse immer schneller in die Praxis umgesetzt, und die Innovationszeiten von Verfahren und den dazu notwendigen technischen Systemen sind kürzer geworden. Das wird bei einer Betrachtung des **Bildes 1.1** deutlich, welches die Innovationszeiten einiger Verfahren und technischer Systeme zwischen 1640 und 1980 zeigt / 1 /.

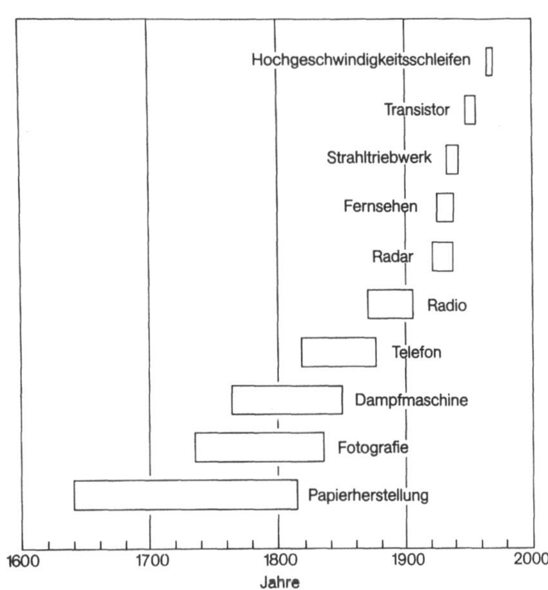

Bild 1.1: Innovationszeiten einiger technischer Verfahren und Systeme zwischen 1640 und 1980, nach / 1 /.

Die Innovation eines technischen Systems umfaßt grundsätzlich die Phasen

- Planung,
- Entwicklung und
- Markteinführung

eines Erzeugnisses.

Dabei beinhaltet eine Erzeugnisplanung die methodische Integration, Koordination und Auswertung aller erzeugnisbestimmenden Einflüsse aus Markt, Wissenschaft und Unternehmen. Die Ermittlung der erzeugnisbestimmenden Einflüsse beruht im wesentlichen auf

- dem jeweiligen wissenschaftlichen sowie technischen Stand,
- der jeweiligen marktwirtschaftlichen Lage,
- den technischen Entwicklungsrichtungen,

- den marktwirtschaftlichen Entwicklungsrichtungen und
- der Qualität des Erzeugnisplanungssystems.

Im Rahmen der technischen Entwicklung werden, ausgehend von geeigneten, bisher ungenutzten Kenntnissen, unter Beachtung vertrieblicher, organisatorischer, finanzieller und fertigungstechnischer Möglichkeiten des Unternehmens, Projektierungs- sowie Konstruktionsgrundlagen für technische Systeme oder deren Teilsysteme geschaffen. Bei technischen Entwicklungen sind nach Grundlage und Zielrichtung drei Arten

- Neuentwicklung,
- Weiterentwicklung sowie
- Verbesserungsentwicklung

zu unterscheiden.

Unter Neuentwicklung ist die Schaffung der Konstruktionsgrundlagen eines vollständig neuartigen technischen Systems, aufbauend auf neuartigen, bisher nicht genutzten physikalischen Wirksamkeiten oder einer neuartigen bisher nicht genutzten Gestaltvariante, zu verstehen. Bei Neuentwicklungen werden meist Teile sowie technische Systeme der Komplexität Teilegruppen, Maschinen und in Ausnahmefällen Maschinengruppen erhalten. Unter Weiterentwicklung ist die Schaffung der Konstruktionsgrundlagen eines teilweise neuartigen technischen Systems durch zusätzlichen Einbau von

- neuartigen Kombinationen bekannter physikalischer Wirksamkeiten (Verfahren) oder Teilsysteme (kombinatorische Weiterentwicklung),
- Neuentwicklungen (integrative Weiterentwicklung)

in bestehende komplexe Erzeugnisse zu verstehen. Dabei wird das Ziel der Erfüllung zusätzlicher Anforderungen verfolgt. Unter Verbesserungsentwicklung ist die Schaffung der Konstruktionsgrundlagen eines teilweise neuartigen technischen Systems infolge Ersatz einzelner Teilsysteme oder Teilsystemgruppen durch

- neuartige Kombinationen bekannter physikalischer Wirksamkeiten (Verfahren) oder Teilsysteme (kombinatorische Verbesserungen),
- Neuentwicklungen (integrative Verbesserungen)

in bestehende komplexe Erzeugnisse zu verstehen. Dabei wird das Ziel der verbesserten Erfüllung bestehender Anforderungen verfolgt.

Ziel der Markteinführung ist es, das richtige Erzeugnis zum richtigen Zeitpunkt in wirkungsvoller Präsentation am richtigen Ort (Markt) anzubieten und zu verkaufen. Teilschritte der Markteinführung sind

- Informationssammlung zur Feststellung der Ist-Zustände,
    - Marktüberwachung,
    - Erzeugnisüberwachung,
- Informationsauswertung,
    - Prognose über Marktentwicklungen,
- Beeinflussung des Marktes und
- Beeinflussung des Vertriebsgeschehens.

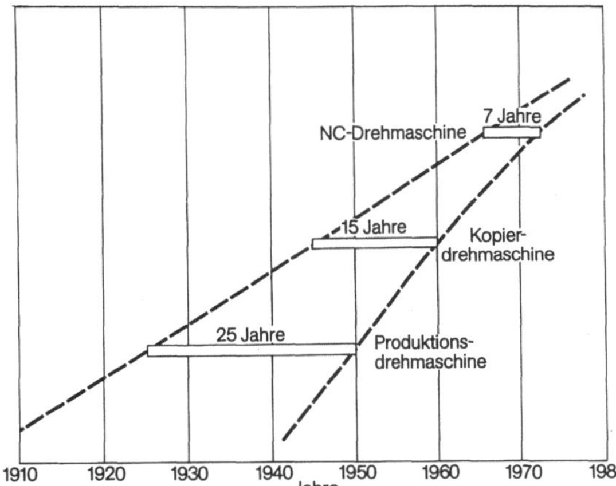

Bild 1.2: Verkürzung der wirtschaftlichen Lebensdauer von Werkzeugmaschinen, nach / 1 /.

Auch die Verkürzung der wirtschaftlichen Lebensdauer der Erzeugnisse auf dem Markt zwingt dazu, Innovationen in immer kürzeren Zeiträumen durchzuführen. Das verursacht einen zusätzlichen Arbeitsdruck in den einzelnen Unternehmensbereichen. **Bild 1.2** zeigt beispielhaft die Verkürzung der wirtschaftlichen Lebensdauer von Werkzeugmaschinen zwischen 1920 und 1980 / 1 /. Gleichzeitig ist eine zunehmende Verschärfung der Wettbewerbssituationen bei geforderten kürzeren Zeiten für die Projektierung, Konstruktion und Auftragsabwicklung der Maschinenbauerzeugnisse zu verzeichnen. Auch der Umfang der vom Auftraggeber gestellten Bedingungen zur Lieferung technischer Systeme hat erheblich zugenommen.
Das zwingt die Unternehmen dazu,

- ihre Erzeugnisse schneller den sich ändernden Erfordernissen anzupassen,
- neue Erzeugnisse in kürzeren Zeiträumen zu planen sowie zu entwickeln,
- ihre Erzeugnisse schneller zu projektieren, zu konstruieren sowie zu fertigen und
- ihre Leistungen zu verbessern, Kräfte zu konzentrieren sowie Reaktionsfähigkeiten zu steigern, **Bild 1.3.**

Damit besteht ein Zwang zu besserer Nutzung und wirksamerer Rationalisierung der Produktionsbereiche in den Maschinenbauunternehmen, die im wesentlichen aus den Projektierungs-, Auftragsabwicklungs-, Konstruktions- und Fertigungsbereichen bestehen.
In den Fertigungsbereichen wurde ein verhältnismäßig hoher Entwicklungsstand bei gleichzeitiger Rationalisierung und Leistungssteigerung erreicht. Dieser Entwicklungsstand ist beispielsweise durch den Einsatz automatisierter Systeme - NC-Maschinen, Bearbeitungszentren und Transferstraßen - sowie durch ein schrittweises Vorgehen bei der Herstellung technischer Systeme - Fertigung planen, Fertigung vorbereiten und Fertigen - gekennzeichnet. Ein solches schrittweises Vorgehen ist auch in den Projektierungs- und Konstruktionsbereichen zweckmäßig. Die Rationalisierungsmöglichkeiten sind in einigen Fertigungsbereichen bereits weitgehend ausgeschöpft / 2 /.
In den Projektierungs- und Konstruktionsbereichen sind bis heute keine mit den Fertigungsbereichen vergleichbaren Rationalisierungserfolge und Leistungssteigerungen erzielt worden. Deshalb sind diese Bereiche zu wesentlichen Engpässen der Unternehmen geworden. In den

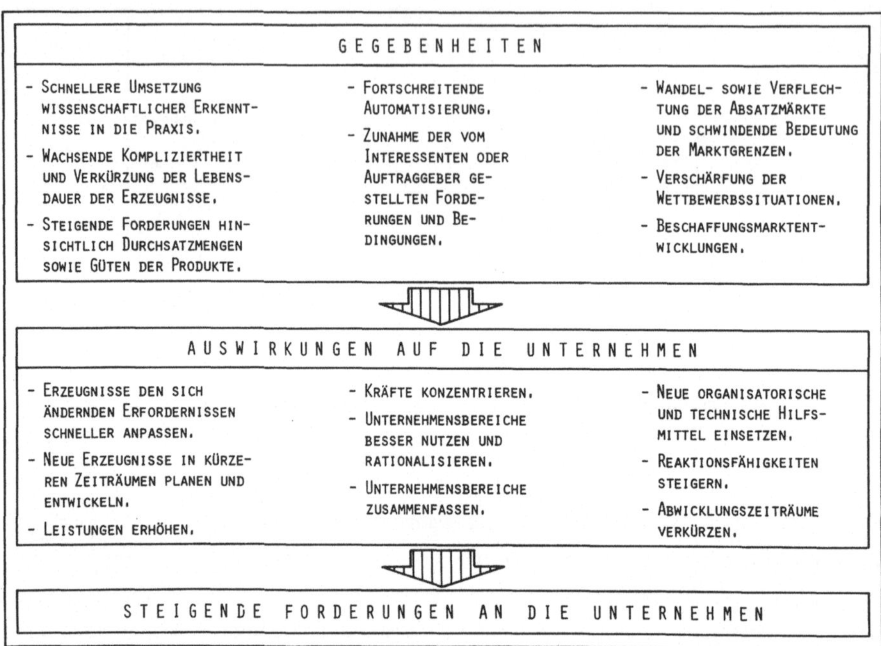

Bild 1.3: Gegebenheiten bei den Anlagen-, Maschinen-, Geräte- sowie Apparatebauunternehmen und deren Auswirkungen auf diese Unternehmen.

Schwermaschinenbau-Unternehmen mit auftragsgebundener Einzelfertigung ist Projektieren und Konstruieren heute noch in hohem Maße durch zufalls- sowie erfahrungsbedingte Intuition der Ingenieure gekennzeichnet. Das hat auch die Einführung der EDV-Technik mit ihren Rationalisierungsmöglichkeiten in den Projektierungs- und Konstruktionsbereichen dieser Unternehmen bisher behindert.
Die genannten Sachverhalte und die, besonders bei der Bearbeitung komplexer technischer Systeme, für einen Projekteur oder Konstrukteur kaum zu erfassenden funktionellen sowie konstruktiven Wirkzusammenhänge der Teilsysteme führen zu der wachsenden Zahl von Fehlermöglichkeiten, wodurch das Betriebsergebnis der Unternehmen in Einzelfällen erheblich beeinträchtigt wird. Der Tätigkeitsanteil für das Berechnen beim Projektieren und Konstruieren komplexer technischer Systeme, die zum Beispiel von den Hüttenanlagenbau-Unternehmen hergestellt werden, ist heute noch im allgemeinen verhältnismäßig klein. Dieser kleine Anteil ist darauf zurückzuführen, daß meist durch fehlende Unterlagen sowie Übersicht und aus Zeitmangel die zu berechnenden Größen oft geschätzt oder von ähnlichen Systemen übernommen werden. Das kann beispielsweise zu über- oder unterdimensionierten technischen Systemen führen sowie den Tätigkeitsanteil für Änderungen zur Beseitigung von Fehlern erhöhen.

Aufgrund der hier dargelegten Gegebenheiten und steigenden Forderungen an die Unternehmen müssen heute neue Wege systematischer Vorgehensweisen sowie methodischer Arbeitsabläufe beim Projektieren und Konstruieren, unter gleichzeitigem Einsatz organisatorischer sowie technischer Hilfsmittel, beschritten werden. Damit ist es möglich, die Leistungen zu steigern und die Unternehmensbereiche besser zu nutzen sowie zu rationalisieren / 3 /.

1.1. Technische Systeme

"Technische Systeme" sind gegenständlich bestehende, von Menschen, aufgrund gesellschaftlicher Bedürfnisse, bewußt geschaffene Gebilde, deren Funktionen auf dem Zusammenwirken physikalischer Geschehnisse beruhen. Technische Systeme sind zerlegbar. Die Bestandteile eines Systems können selbst wieder Systeme sein. Solche untergeordneten Systeme werden im Hinblick auf das übergeordnete System "Teilsysteme" genannt. Demzufolge heißt das ursprüngliche System "Gesamtsystem". Wenn ein Gesamtsystem in Teilsysteme unterteilt und diese Teilsysteme wieder in deren Teilsysteme aufgeteilt werden und so weiter, dann ist eine hierarchische Ordnung erkennbar, in der Ebenen deutlich werden. Zum Zwecke der Vergleichbarkeit technischer Systeme hinsichtlich ihrer Stellung in einer solchen hierarchischen Ordnung ist es erforderlich, eine Ebene als Bezugsebene festzulegen. Das ist die Ebene, deren Systembestandteile vereinbarungsgemäß nicht weiter unterteilt werden. Diese kleinsten Bestandteile eines technischen Systems werden Teile genannt. Technische Systeme können nach ihrer Komplexität in

- Werkegruppen,
- Werke,
- Anlagengruppen,
- Anlagen,
- Maschinen-, Geräte- und/oder Apparategruppen,
- Maschinen, Geräte und/oder Apparate sowie
- Teilegruppen

eingeteilt und in Komplexitäts-Ebenen eingeordnet werden, **Bild 1.4**. Dabei ist jedes nachgeordnete technische System ein Teilsystem des jeweils vorgeordneten / 2 /. Teile sind nur durch einen zerstörenden Trennvorgang zu zerlegen. Mehrere Teile können, sofern sie zur Erfüllung einer Aufgabe sinnvoll zueinander angeordnet sind, eine Teilegruppe bilden. Teile einer solchen Gruppe sind lösbar miteinander verbunden. Die Teilegruppe ist eine meist nicht selbständig funktionierende Einheit. Teilegruppen können eine Maschine, ein Gerät oder einen Apparat bilden. Das sind Einheiten, die Funktionen selbständig ausüben. Wenigstens zwei Maschinen, Geräte und/oder Apparate können in einer Gruppe zusammengefaßt sein. Mehrere Maschinen-, Geräte und/oder Apparategruppen können eine Anlage bilden. Demnach können auch mehrere Anlagen eine Anlagengruppe und mindestens zwei Anlagengruppen ein Werk sein. Mehrere Werke bilden eine Werkegruppe.

Wenn in dieser Weise alle Erzeugnisse in Ebenen eingeordnet werden, dann ist damit ein kennzeichnendes Merkmal der Erzeugnisse festgelegt, welches unterschiedliche Systeme vergleichbar macht. Dieses kennzeichnende Merkmal wird "Komplexität" genannt. Damit hat jedes Erzeugnis einen bestimmten Komplexitätsgrad. Dementsprechend heißen die Ebenen

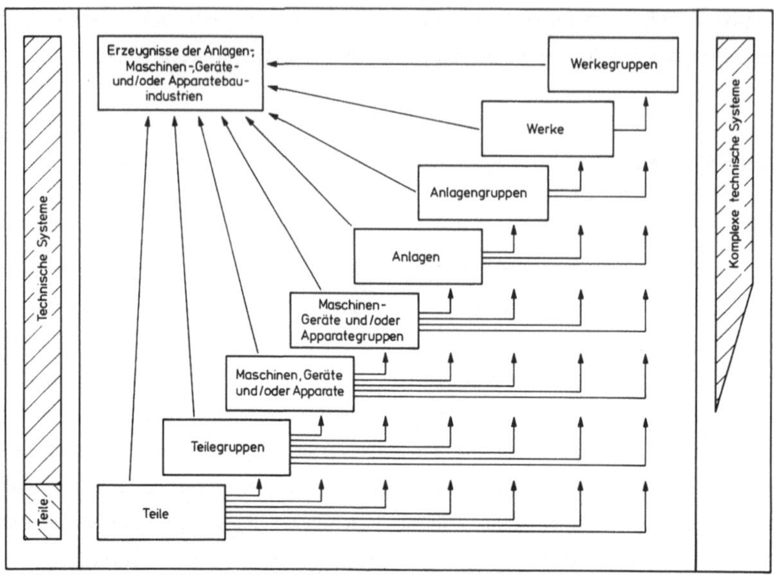

Bild 1.4: Einteilung der Erzeugnisse der Anlagen-, Maschinen-, Geräte- und Apparatebau-industrien nach Komplexitätsgraden.

Komplexitätsebenen. Die Komplexität eines technischen Systems ist durch die Beziehungen von den Teilen zu den Teilsystemen und von den Teilsystemen zum Gesamtsystem geprägt. Komplexe technische Systeme sind beispielsweise Stahlwerke, Stranggießbetriebe, Walzwerke, Walzstraßen, Rohrstraßen, Bandbehandlungslinien, Adjustage- und Schmiedeanlagen. Solche Systeme werden in der Praxis auch "integrierte technische Systeme" oder "integrierte Anlagen" genannt. Integrierte Systeme sind die zu einem übergeordneten technischen Gesamtsystem gehörenden Teilsysteme. Demzufolge ist beispielsweise ein integriertes Stahl- oder Walzwerk Bestandteil einer Werkegruppe und ist ein Stahlstrang-Gießbetrieb integrierter Bestandteil eines Stahlwerkes. Mit dem Gießbetrieb wird das Stahlwerk zu einem Ganzen, denn dieser Betrieb ist zur Vollständigkeit des Ganzen notwendig. Nach Bild 1.4 sind Werke und Anlagen sowie deren Gruppen "Komplexe technische Systeme". Hierzu können auch Maschinen, Geräte und Apparate sowie deren Gruppen gezählt werden. Deshalb wurden in Bild 1.4 die komplexen technischen Systeme, zur Maschinengruppen- und Maschinen-Ebene hin, übergreifend dargestellt / 4 /.

Die beschriebene Einteilung technischer Systeme nach Komplexitätsgraden ist auch eine wesentliche Grundlage für das Gliedern der Erzeugnisse. **Bild 1.5** zeigt eine solche Erzeugnisgliederung in allgemeingültiger, schematischer Darstellung. In dieser Gliederung werden Ebenen deutlich, die jeweils einer Komplexitätsebene entsprechen. Ausgehend von einer Anlagengruppe, beispielsweise eines Schmelzbetriebes, einer Walzstraße oder einer Bandbehandlungslinie, entspricht die Gliederungsebene 1 (erste Auflösungsebene) des Bildes 1.5 der Komplexitätsebene Anlagen und Gliederungsebene 2 (zweite Auflösungsebene) der Komplexitätsebene Maschinengruppen. Mit solchen Erzeugnisgliederungen in Form graphisch dargestellter Aufbauübersichten können technische Systeme strukturiert und überschaubar gemacht werden.

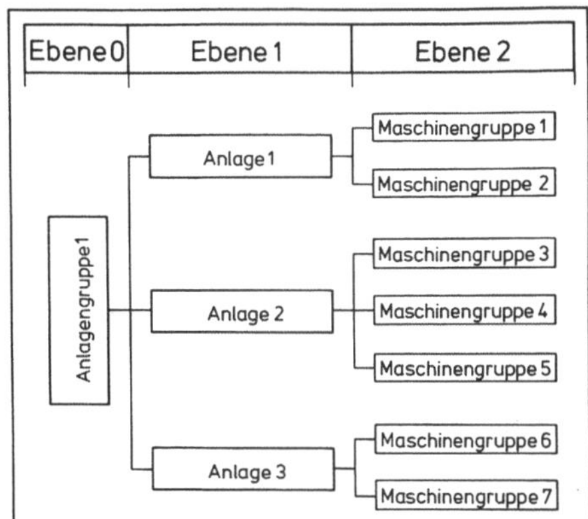

Bild 1.5: Erzeugnisgliederung in allgemeingültiger, schematischer Darstellung.

Wenn viele unterschiedliche Beziehungen zwischen den Bestandteilen eines technischen Systems bestehen und die Anzahl unterschiedlicher Bestandteile groß ist, dann wird das System "kompliziert" genannt. Sowohl die Kompliziertheit als auch die Komplexität eines Systems sind bestimmend für seine Struktur.

Ausgehend von Bild 1.5 wird deutlich, daß ein technisches System entsprechend dieser Strukturierung, von der vorgeordneten zur nachgeordneten Komplexitätsebene hin, ebenenweise zu

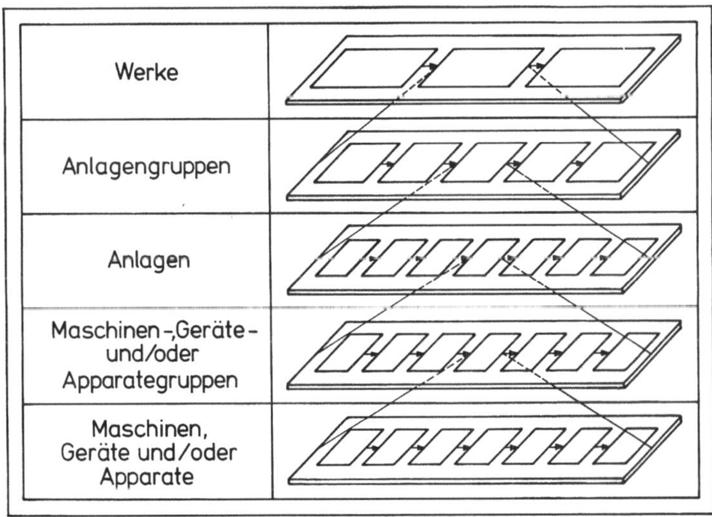

Bild 1.6: Vereinfachte Darstellung zur Verdeutlichung der systematischen Vorgehensweise vom übergeordneten technischen System hin zum untergeordneten System beim Einteilen, Projektieren und Konstruieren.

projektieren und zu konstruieren ist. **Bild 1.6** zeigt diese systematische Vorgehensweise, vom übergeordneten System hin zum untergeordneten System, in vereinfachter Darstellung. Dieses systematische, stufenweise Vorgehen macht unter anderem den sinnvollen Einsatz von EDV-Anlagen für das Projektieren und Konstruieren komplexer technischer Systeme möglich. Daneben können mit einheitlich aufgebauten Erzeugnisgliederungen, die zu den organisatorischen Hilfsmitteln beim Projektieren und Konstruieren zählen, unter anderem die

- Projektbearbeitung beschleunigt,
- Wiederverwendung von Projektierungs- sowie Konstruktionsunterlagen erhöht,
- Baugruppen, -Baureihen- und Baukastenbildung, Typisierung, Standardisierung sowie Normung erleichtert,
- Zeichnungs- sowie Stücklistensätze aufgebaut,
- Voraussetzungen für die Klassifizierung geschaffen und
- Auftragsabwicklung vereinfacht

werden. **Bild 1.7** zeigt nach Komplexitätsgraden geordnete Beispiele technischer Systeme.

Komplexitäts-Ebenen	Beispiele technischer Systeme
Werkegruppen	Bergwerkegruppen, Huettenwerkekombinat, Chemiekombinat, Fertigungskombinat.
Werke	Bergwerk, Erzaufbereitungswerk, Brikettierwerk; Hochofenwerk, Stahlwerk, Schmiedewerk, Warmbreitband-Walzwerk, Stabstahl- und Drahtwalzwerk, Rohrwalzwerk, Kaltbreitband-Walzwerk; Raffinerie, Kunststoffwerk, Farbwerk, Papierwerk; Motorenwerk, Karosseriewerk, Kugellagerwerk; Kraftwerk, Fernheizwerk, Wasserwerk.
Anlagengruppen	Hochofenbetrieb, Schmelzbetrieb, Stranggiessbetrieb, Freiform-Schmiedebetrieb, Waermebehandlungsbetrieb, Warmbreitband-Walzstrasse, Drahtwalzstrasse, Beizlinie, Tandemwalzstrasse, Umkehrwalzstrasse, Dressierstrasse, Verzinkungslinie, Chromatierlinie, Lackierlinie, Umwickel- und Inspektionslinie, Verpackungslinie, Kommissionierbetrieb; Elektrizitaetsversorgungsbetrieb, Wasseraufbereitungsbetrieb; Rechenzentrum.
Anlagen	Gesenkschmiedeanlage, Schmiedemanipulator; Walzanlage, Streckrichtanlage, Drahtblock, Adjustageanlage; Einlaufanlage, Entzunderungsanlage, Beizanlage, Auslaufanlage; Krananlage, Flurfoerderanlage; Fraktionieranlage, Entstaubungsanlage, Hydraulikbagger; Dampferzeugungsanlage, Turbogeneratoranlage, Klimaanlage; Mess-, Steuer- und Regelanlage, Elektronische Datenverarbeitungsanlage.
Maschinen-, Geräte- und Apparategruppen	Bundhubwagen-Aggregat, Abwickelaggregat, Biegerichtaggregat, Treibaggregat, Querteil-Scherenaggregat, Schweissaggregat; Abkantpresse, Extruder, Kalander; Kohlenmuehle, Wanderrostfeuerung, Fraktionierkolonne; Notstromaggregat, Zentralheizung; Messgeraetegruppe, Grossrechner, Telefonzentrale.
Maschinen, Geräte und Apparate	Fahrantrieb, Verstellantrieb, Hubeinheit; Ventilator, Kleinverdichter, Schuettelrost, Zentrifuge; Hydraulische Einspanneinheit, Servoventil, Magnetschalter; Ultraschall-Dickenmessgeraet, Kreiselkompass, Taschenrechner, Radiogeraet, Fernsehgeraet; Elektrische Kaffeemuehle.
Teilegruppen	Planetengetriebe, Kurbeltrieb, Schneckentrieb, Kupplung, Kardangelenk, Kugellager; Plunger, Ventil, Schalter; Buegelmessschraube, Messschieber; Reisszeug, Drehstuhl.

Bild 1.7: Ordnung technischer Systeme nach Komplexitätsgraden.

Technische Systeme entstehen in den Entwicklungs-, Projektierungs-, Konstruktions- und Fertigungsbereichen der Anlagen-, Maschinen-, Geräte- und Apparatebauindustrien. Solche Systeme sind Erzeugnisse dieser Industrieunternehmen und stehen während ihres Betriebes in Wechselwirkung zu ihrer Umwelt. Diese Umwelt besteht im weitesten Sinne, neben dem Menschen, aus unterschiedlichen Gegebenheiten, **Bild 1.8.** Aufgrund menschlicher und gesellschaftlicher Wünsche sowie Forderungen entwickeln sich Bedarfszustände, welche die Planung technischer Systeme auslösen. Diese Planung wird im allgemeinen von am Betreiben technischer Systeme interessierten Unternehmen durchgeführt und von anderen mehr oder weniger mittel- sowie unmittelbar beeinflußt. Infolge der Planung sowie deren Beeinflussungen entstehen Anforderungen und Bedingungen an die zu entwickelnden, projektierenden, konstruierenden

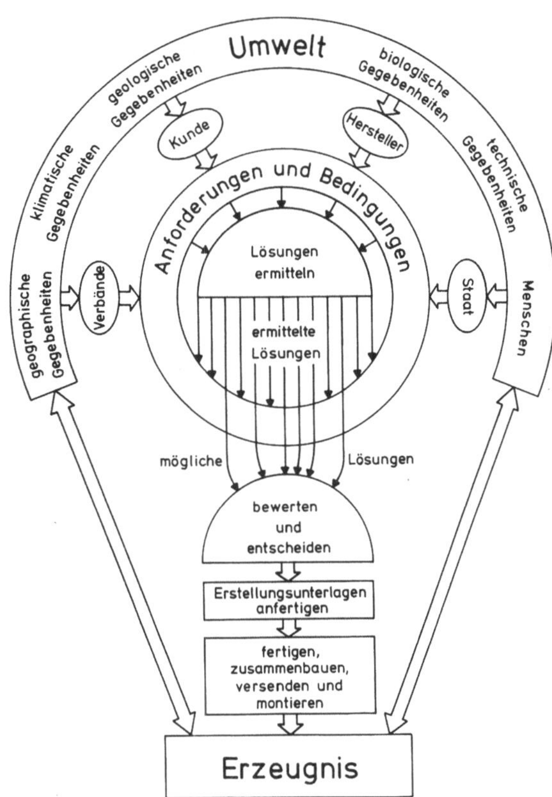

Bild 1.8: Vereinfachte Darstellung zur Verdeutlichung der Entstehung technischer Systeme.

sowie zu fertigenden technischen Systeme. Aufgrund von Anforderungen und Bedingungen können viele Lösungen ermittelt werden. Auf diese Lösungsvielfalt wirken die einschränkenden Bedingungen wie ein Filter, das letztlich nur für diejenigen konstruktiven Lösungen durchlässig ist, die allen festgelegten Bedingungen genügen. Aus den übriggebliebenen Lösungen wird die beste ausgewählt. Diese Auswahl kann mit Hilfe technischer und wirtschaftlicher Bewertungen durchgeführt werden. Dabei können auch gestellte Bedingungen als Bewertungsmerkmale herangezogen werden. Nach Anfertigung der Erstellungsunterlagen werden die technischen Systeme gefertigt, zusammengebaut, versandt, montiert und in Betrieb genommen. Mit der Inbetriebnahme kann das Erzeugnis seine Umwelt, deren Bestandteil es dann ist, unmittelbar beeinflussen.

Voraussetzungen für das Schaffen neuer, bisher nicht entwickelter technischer Systeme sind Forschungstätigkeiten, **Bild 1.9** / 5 und 6 /.

Unter "Forschen" ist eine Tätigkeit zu verstehen, welche das Ziel hat, in nachprüfbarer Weise neue wissenschaftliche Erkenntnisse zu gewinnen. Das sind wesentliche Voraussetzungen für das Entwickeln technischer Systeme. Forschen kann sich, als Voraussetzung für das Entwickeln technischer Systeme, beispielsweise auch auf das Finden neuer Verfahrensabläufe und volkswirtschaftlicher Zusammenhänge erstrecken. Deshalb reicht in Bild 1.9 das Forschen über die Behandlung technischer Systeme und deren Teile hinaus. "Entwickeln" technischer Systeme

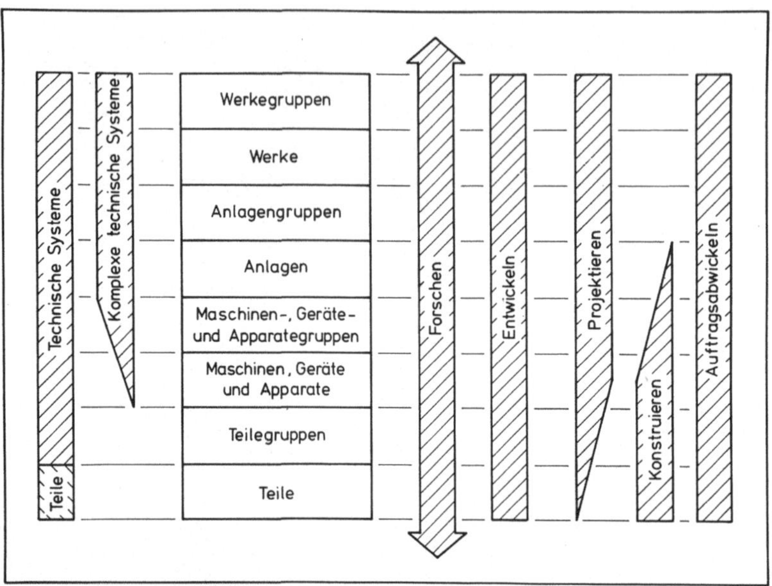

Bild 1.9: Darstellung zur Verdeutlichung technischer Systeme und Tätigkeiten, die mit der Entstehung solcher Systeme zusammenhängen.

ist zweckgerichtetes Auswerten und Anwenden von Forschungsergebnissen sowie Erfahrungen mit dem Ziel, entweder neue Systeme zu schaffen oder bestehende Systeme zu verbessern. Unter "Projektieren" ist im klassischen Sinne das Auslegen und Gestalten komplexer technischer Systeme bis zum Erhalt eines Auftrages zu verstehen. Dabei umfaßt die technische Projektierungstätigkeit im allgemeinen das

- Konzipieren sowie Entwerfen des technischen Systems,
- technische sowie wirtschaftliche Bewerten des Systems,
- Erstellen der Grundlagen für die Vorkalkulation,
- Festlegen der Gewährleistungen und
- Ausarbeiten des Angebotes.

Das Projektieren kann, je nach Komplexität des zu bearbeitenden Systems, von der Werkegruppen-Ebene bis zu einzelnen Teilen des Systems reichen. Hierbei werden nur wesentliche Teile (beispielsweise Stütz- sowie Führungsrollen der Stahlstrang-Gießanlagen oder Walzen der Walzanlagen) und Teilegruppen (beispielsweise Getriebe der Walzanlagen) bearbeitet. Deshalb ist in Bild 1.9 das Projektieren, zur Teilegruppen- und Teile-Ebene hin, übergreifend dargestellt. Unter "Konstruieren" ist im klassischen Sinne ein auf Wissen sowie Erfahrung beruhendes Vorausdenken technischer Systeme, das Ermitteln ihres funktionellen sowie strukturellen Aufbaues sowie das Erstellen der Fertigungsunterlagen zu verstehen. Konstruieren umfaßt bei komplexen technischen Systemen die Bearbeitung von Teilen, Teilegruppen, Maschinen, Geräten sowie Apparaten und kann auch die Behandlung einzelner Maschinen-, Geräte- sowie Apparategruppen und Anlagen einschließen. Deshalb ist in Bild 1.9 das Konstruieren, zur Maschinengruppen- und Anlagen-Ebene hin, übergreifend dargestellt. "Auftragsabwickeln" ist im allgemeinen durch die Hauptttätigkeiten des Einteilens, Abstimmens, Überwachens, Darlegens (Dokumentierens) und Informierens gekennzeichnet. Diese Tätigkeiten können, besonders bei der Erstellung komplexer technischer Systeme mit auftragsgebundener Einzelfertigung, von der Auftragserteilung über das Konstruieren, Beschaffen, Fertigen, Versenden, Montieren, Inbetriebnehmen bis zum Betreiben der Systeme reichen / 7 /.

Projektieren und Konstruieren sind Teilvorgänge des Erzeugnisentstehungsprozesses. Der Erzeugnisentstehungsprozeß beginnt, wenn hier die Entwicklung neuartiger Erzeugnisse nicht einbezogen wird, beim Hersteller komplexer technischer Systeme im allgemeinen mit der Bearbeitung einer Kundenanfrage. Dieser Prozeß endet, unter Voraussetzung des Auftragserhaltes, nach Inbetriebnahme des technischen Systems mit der Übernahme des Erzeugnisses durch den Kunden. Der Erzeugnisentstehungsprozeß kann unterteilt werden in die Phasen

A. Projektierung,
B. Konstruktion,
C. Fertigung,
D. Zusammenbau,
E. Versand,
F. Montage und
G. Inbetriebnahme.

Die Phasen B. bis G. (Konstruktion bis Inbetriebnahme) werden oft in dem Begriff "Auftragsabwicklung" zusammengefaßt / 8 /.

Bei einer ereignisorientierten Betrachtungsweise ist unter Projektierung, wenn hier die Akquisition einbezogen wird, die Summe der Tätigkeiten zu verstehen, die von den Anlagen-, Maschinen-, Geräte- und Apparatebau-Unternehmen beginnend mit dem Erhalt einer zu bearbeitenden Kundenanfrage bis zum Erhalt eines Kundenauftrages zur Lieferung eines Erzeugnisses durchgeführt werden. Entsprechend einer solchen Betrachtungsweise ist Auftragsabwicklung die Summe der Tätigkeiten, die bei den Anlagen-, Maschinen-, Geräte- und Apparatebau-Unternehmen im allgemeinen vom Erhalt eines Kundenauftrages bis zur Übergabe des Erzeugnisses in den Verantwortungsbereich des Kunden anfallen. Dabei werden nach Erhalt eines Auftrages zunächst Konstruktionstätigkeiten ausgeführt. Das Konstruieren ist beendet, wenn die zur Erstellung des Erzeugnisses notwendigen Unterlagen angefertigt sind.

1.2. Systematisches Projektieren und Konstruieren

Projektieren und Konstruieren sind Ingenieurtätigkeiten, die der Lösung einer Aufgabe zur Verwirklichung eines technischen Systems dienen. Das durch Lösung dieser Aufgabe zu erstellende technische System muß im wesentlichen

- funktionssicher,

- zweck- sowie beanspruchungsentsprechend,
- wartungsarm,
- fertigungs- sowie montagegerecht,
- wirtschaftlich günstig,
- technisch möglichst vollkommen,
- umwelt- sowie bedienungsfreundlich und
- ästhetisch befriedigend

sein. Daneben sollte die Verfügbarkeit des Systems möglichst groß sein.

Systematisches Projektieren und Konstruieren, auch Projektierungs- und Konstruktionssystematik, methodisches Projektieren und Konstruieren oder Projektierungs- und Konstruktionsmethodik genannt, wird nach 1981 die Arbeitsweisen in den technischen Bereichen der Anlagen- sowie Maschinenbauindustrien entscheidend beeinflussen. Die Notwendigkeit systematischer oder methodischer Arbeitsweise beim Projektieren und Konstruieren sowie deren Nutzen wurden in einzelnen Unternehmen erkannt. Hier wurde diese Arbeitsweise für unterschiedliche Erzeugnisse bereits erfolgreich eingeführt.

Beim Projektieren eines komplexen technischen Systems mit auftragsgebundener Einzelfertigung ist zwischen der Anfertigung der Angebotsunterlagen für ein

- Kontaktangebot,
- Richtangebot und
- Festangebot

zu unterscheiden, **Bild 1.10.** Kontakt- sowie Richtangebote werden manchmal in der Praxis auch

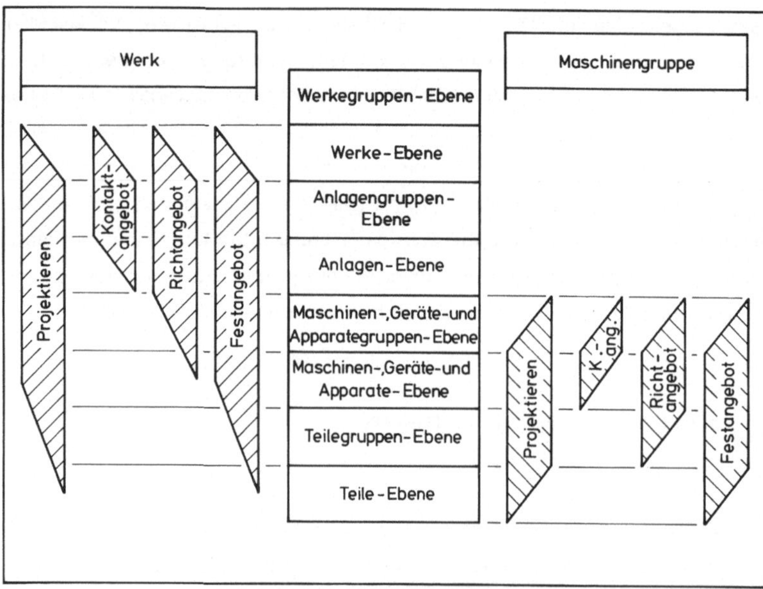

Bild 1.10: Darstellung zur Verdeutlichung des Projektierungsaufwandes bei unterschiedlichen Angebotsarten für Werke und Maschinengruppen mit auftragsgebundener Einzelfertigung.

als "Schätzangebote" (unverbindliche Angebote) und Festangebote als "verbindliche Angebote" bezeichnet. Festangebote können Festpreise und/oder Gleitpreise beinhalten. Das Kontaktangebot ist für den Interessenten oder Kunden oft die Grundlage zur Anfertigung einer Investitionsstudie, das Richtangebot ist meist Grundlage für die Ausarbeitung einer Strukturstudie und das Festangebot ist Grundlage für die Ausführungsstudie sowie die Formulierung des Auftrages. Die Angebotsarten, Kontakt-, Richt- und Festangebot, unterscheiden sich im wesentlichen durch ihren Konkretisierungsgrad. Der Grad der Konkretisierung, darunter sind hier Anzahl, Dichte und Genauigkeit der Informationen zu verstehen, steigt vom Kontaktangebot, über das Richtangebot zum Festangebot. Mit steigender Konkretisierung nehmen auch der Aufwand zur Erstellung eines Angebotes und der Umfang des Angebotes zu. Aufgrund der erheblichen Unterschiede in den Projektierungsaufwänden, Angebotsumfängen und damit verbundenen Kosten bei den drei Angebotsarten, sollte vor der Bearbeitung einer Anfrage stets sorgfältig geprüft werden, welche Angebotsart für den jeweiligen Bedarfsfall zu wählen ist.
Bild 1.10 zeigt, daß das Projektieren eines Werkes, beispielsweise Stahlwerkes, Warmband-Walzwerkes, Kaltband-Walzwerkes, Stabstahl- und Drahtwalzwerkes, Rohrwalzwerkes oder Schmiedewerkes, von der Bearbeitung des Werkes in der Werke-Ebene bis zur Ermittlung von Teilegruppen und wesentlichen Teilen in deren Ebenen reicht. Das im Rahmen des Projektierens eines solchen Werkes erstellte Kontaktangebot umfaßt in seinem technischen Teil hauptsächlich Daten sowie Beschreibungen, die sich auf

- das Werk,
- die Anlagengruppen des Werkes und
- wesentliche Anlagen der Anlagengruppen

sowie damit zusammenhängende Gegebenheiten und Bedingungen beziehen. Das Richtangebot für ein Werk umfaßt in seinem technischen Teil hauptsächlich Daten sowie Beschreibungen, die sich auf

- das Werk,
- die Anlagengruppen des Werkes,
- die Anlagen der Anlagengruppen,
- wesentliche Maschinen-, Geräte- sowie Apparategruppen der Anlagen und
- einige Maschinen, Geräte sowie Apparate wesentlicher Maschinen-, Geräte- sowie Apparategruppen

sowie damit zusammenhängende Gegebenheiten und Bedingungen beziehen. Das Festangebot für ein Werk umfaßt in seinem technischen Teil hauptsächlich Daten sowie Beschreibungen, die sich auf

- das Werk,
- die Anlagengruppen des Werkes,
- die Anlagen der Anlagengruppen,
- die Maschinen-, Geräte- sowie Apparategruppen der Anlagen,
- viele Maschinen, Geräte sowie Apparate der Maschinen-, Geräte- sowie Apparategruppen,
- wesentliche Teilegruppen vieler Maschinen, Geräte sowie Apparate und

- einige Teile wesentlicher Teilegruppen

sowie damit zusammenhängende Gegebenheiten und Bedingungen beziehen. Dem Bild 1.10 ist auch zu entnehmen, daß das Projektieren einer Maschinengruppe, beispielsweise Treib-, Richt-, S-Rollen- oder Scherenaggregat, von der Bearbeitung der Maschinen-, Geräte-und Apparategruppen-Ebene bis zur Ermittlung von Teilen in deren Ebene reicht. Ein durch Projektieren einer Maschinengruppe erstelltes Kontaktangebot umfaßt in seinem technischen Teil hauptsächlich Daten sowie Beschreibungen, die sich auf

- die Maschinengruppe und
- wesentliche Maschinen, Geräte sowie Apparate der Maschinengruppe

und damit zusammenhängende Gegebenheiten sowie Bedingungen beziehen. Das Richtangebot für eine Maschinengruppe umfaßt in seinem technischen Teil hauptsächlich Daten sowie Beschreibungen, die sich auf

- die Maschinengruppe,
- die Maschinen, Geräte sowie Apparate der Maschinengruppe und
- wesentliche Teilegruppen der Maschinen, Geräte sowie Apparate

sowie damit zusammenhängende Gegebenheiten und Bedingungen beziehen. Das Festangebot für eine Maschinengruppe umfaßt in seinem technischen Teil hauptsächlich Daten sowie Beschreibungen, die sich auf

- die Maschinengruppe,
- die Maschinen, Geräte sowie Apparate der Maschinengruppe,
- die Teilegruppen der Maschinen, Geräte sowie Apparate und
- wesentliche Teil der Teilegruppen

sowie damit zusammenhängende Gegebenheiten und Bedingungen beziehen. Bei dieser im Zusammenhang mit Bild 1.10 stehenden Betrachtungsweise und gleichzeitigem Rückblick auf das Konstruieren in Bild 1.9 wird deutlich, daß das Projektieren von weniger komplexen Systemen in größerem Maße dem Konstruieren gleicht, als das Projektieren von höher komplexen Systemen.

Über systematisches sowie methodisches Entwickeln und Konstruieren technischer Systeme ist besonders in den Jahren nach 1970 berichtet worden / 1 und 9 bis 81 /. Die Autoren dieser Berichte zeigen bei der Darstellung ihrer Methoden meist Anwendungsbeispiele für Teile, Teilegruppen, Maschinen, Geräte und Apparate. Nach 1972 wurde eine Projektierungs- und Konstruktionssystematik entwickelt, die zunächst bei der Bearbeitung komplexer technischer Systeme eingesetzt wird / 2 bis 8 und 82 bis 91 /. Sie schließt den Einsatz organisatorischer sowie technischer Hilfsmittel beim Projektieren oder Konstruieren ein und ist nachweisbar auch für die Entwicklung technischer Systeme sowie Bearbeitung nicht komplexer Systeme erfolgreich einsetzbar, und ihre Grundlagen sind für Teile / 92 / anwendbar. Diese Systematik ist auch wesentliche Voraussetzung und Grundlage für das Vorgehen beim rechnerunterstützten Projektieren und Konstruieren / 4 und 93 bis 111 /. Denn bereits vor der Einführung rechnerunterstützter Arbeitsweisen in den Projektierungs- und Konstruktionsbereichen sollte das systematische Projektieren und Konstruieren eingeführt sein.

Systematisches Projektieren eines technischen Systems ist eine Ingenieurtätigkeit, die in planmäßigem Vorgehen schrittweise nach Regeln durchgeführt wird und von der Aufgabenstellung bis nach der Anfertigung der Angebotsunterlagen reicht.
Systematisches Konstruieren eines technischen Systems ist eine Ingenieurtätigkeit, die in planmäßigem Vorgehen schrittweise nach Regeln durchgeführt wird und von der Aufgabenstellung bis nach der Anfertigung der Erstellungsunterlagen für das System reicht.

Obwohl das Projektieren die Erstellung der Angebote und das Konstruieren die Anfertigung der Erstellungsunterlagen zum Ziele hat, sind aus tätigkeitsorientierter Sicht Projektieren, auch Angebotskonstruktion genannt, und Konstruieren nahe miteinander verwandt. Deshalb konnte eine Projektierungs- und Konstruktionssystematik entwickelt werden, die sowohl beim Projektieren als auch beim Konstruieren technischer Systeme jeder Komplexität einsetzbar ist.
Hauptschritte dieser Systematik für das Projektieren und Konstruieren sind

- Klärung der Aufgabe,
- Festlegung der logischen Wirkzusammenhänge,
- Festlegung der physikalischen Wirkzusammenhänge,
- Festlegung der konstruktiven Wirkzusammenhänge und
- Anfertigung der Angebotsunterlagen beim Projektieren sowie Anfertigung der Erstellungsunterlagen beim Konstruieren.

Systematisches Projektieren und Konstruieren technischer Systeme				
Klärung der Aufgabe	Festlegung der logischen Wirkzusammenhänge	Festlegung der physikalischen Wirkzusammenhänge	Festlegung der konstruktiven Wirkzusammenhänge	Anfertigung der Angebots-oder Erstellungsunterlagen
Verdeutlichung und Vervollständigung der - Kunden-und Herstellerbezogenen Daten, - Ausgangs-sowie Eingangsdaten für - Stoffe, - Energien, - Signale, - Zeiten, - Einflüsse, - Bedingungen.	Ermittlung, Festlegung und Darstellung der -logischen Funktionen, -Funktionsketten -Funktionspläne, für -Stoffe, -Energien, -Signale.	Ermittlung, Bewertung, Festlegung und Darstellung des physikalischen funktionellen Geschehens in den technischen Systemen für - Stoffe, - Energien, - Signale.	Ermittlung, Darstellung, Bewertung und Festlegung - der Gestalten, - des Aufbaues, - der Bewegungsverhältnisse. Erstellung der Entwurfszeichnungen.	Ausarbeiten und Zusammenstellen der - techn. Zeichnungen, - sonstigen technischen Unterlagen, - Unterlagen über Folgetätigkeiten. Dokumentieren des Bearbeitungsablaufes. Ordnen und Prüfen der Unterlagen.

Bild 1.11: Hauptschritte und deren wesentliche Inhalte beim systematischen Projektieren und Konstruieren technischer Systeme.

Eine ähnliche Aufteilung der Hauptschritte ist auch bei W.G. Rodenacker zu finden / 1 /. Dabei wird, kurz gesagt, bei der Klärung der Aufgabe festgelegt, welche Wirkungen das zu betrachtende technische System haben soll oder haben darf. Zur Erzielung dieser Wirkungen beschreiben

- logische Wirkzusammenhänge, was geschehen muß,

- physikalische Wirkzusammenhänge, wie dieses Geschehen ablaufen kann und
- konstruktive Wirkzusammenhänge, welche gegenständliche Gestaltvariante diesen Ablauf verwirklichen kann.

Der fünfte Hauptschritt, Anfertigung der Angebots- oder Erstellungsunterlagen dient im wesentlichen der zweckentsprechenden Aufbereitung gewonnener Informationen. In **Bild 1.11** sind die fünf Hauptschritte der Projektierungs- und Konstruktionssystematik mit wesentlichen Teilschritten zusammengestellt.

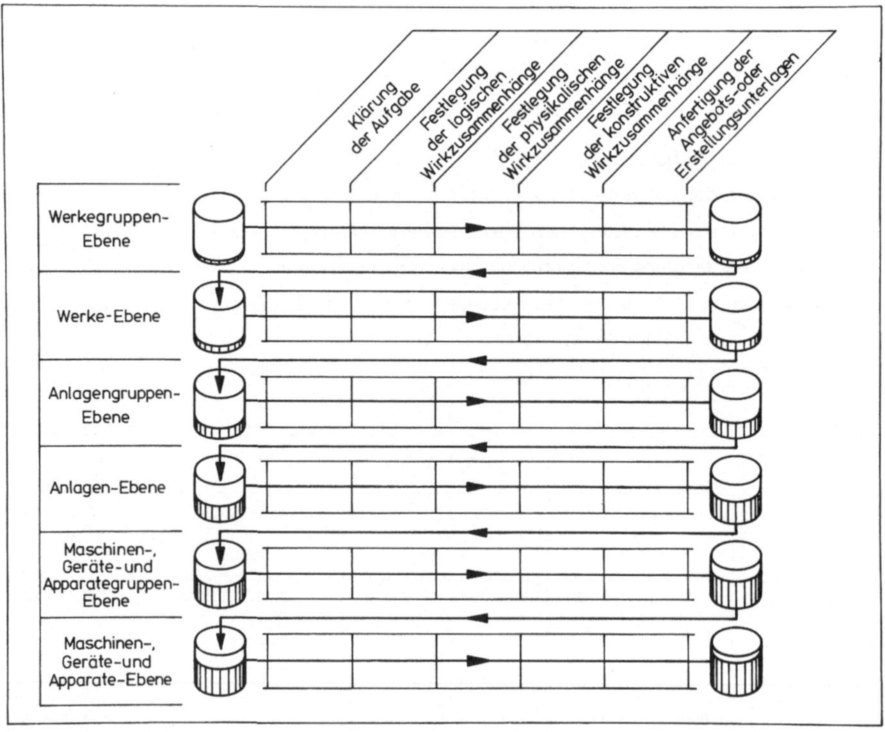

Bild 1.12: Vorgehensweise beim systematischen Projektieren und Konstruieren technischer Systeme.

Durch die Verbindung der Hauptschritte des systematischen Projektierens und Konstruierens in Bild 1.11 mit den nach Komplexitätsgraden geordneten technischen Systemen des Bildes 1.4 ergibt sich das **Bild 1.12.** Hiernach wird beispielsweise beim systematischen Projektieren der Anlagengruppen eines Werkes von den Daten sowie Angebotsunterlagen für das Werk ausgegangen und in waagerechter Richtung schrittweise bis zur Fertigstellung der Angebotsunterlagen für die Anlagengruppen vorgegangen. Das sind die Unterlagen, welche dann dem systematischen Projektieren oder Konstruieren der Anlagen dienen. Diese Vorgehensweise wird in den folgenden Ebenen bis zu den Erstellungsunterlagen sowie Daten für die Teilegruppen in der hier nicht dargestellten Ebene unterhalb der Maschinen-, Geräte- und Apparateebene fortgesetzt und endet mit den erstellten Herstellungsunterlagen für die Teile. Dabei wird grundsätzlich vom

- Abstrakten zum Konkreten,
- Gesamten zum Einzelnen und
- übergeordnet zum untergeordnet komplexen System

vorgegangen. Bei dieser Vorgehensweise des systematischen Konstruierens nimmt die Zahl der Daten, auch Informationen genannt, sowohl in waagerechter als auch in senkrechter Richtung zu.

Zur Erzielung einer hohen Wiederverwendung vorhandener Zeichnungen und sonstiger Unterlagen wird die nach Festlegung der konstruktiven Wirkzusammenhänge auf der jeweils bearbeiteten Komplexitätsebene erhaltene Datei mit den zugehörigen Daten gebauter Systeme mit Hilfe von Klassifizierungssystemen verglichen, **Bild 1.13.** Wenn dieser Vergleich zeigt, daß die Angebots- oder Erstellungsunterlagen beispielsweise aller oder einzelner Anlagengruppen eines zu projektierenden Werkes bereits vorhanden sind, dann werden diese Unterlagen nicht mehr angefertigt, sondern wiederverwendet.

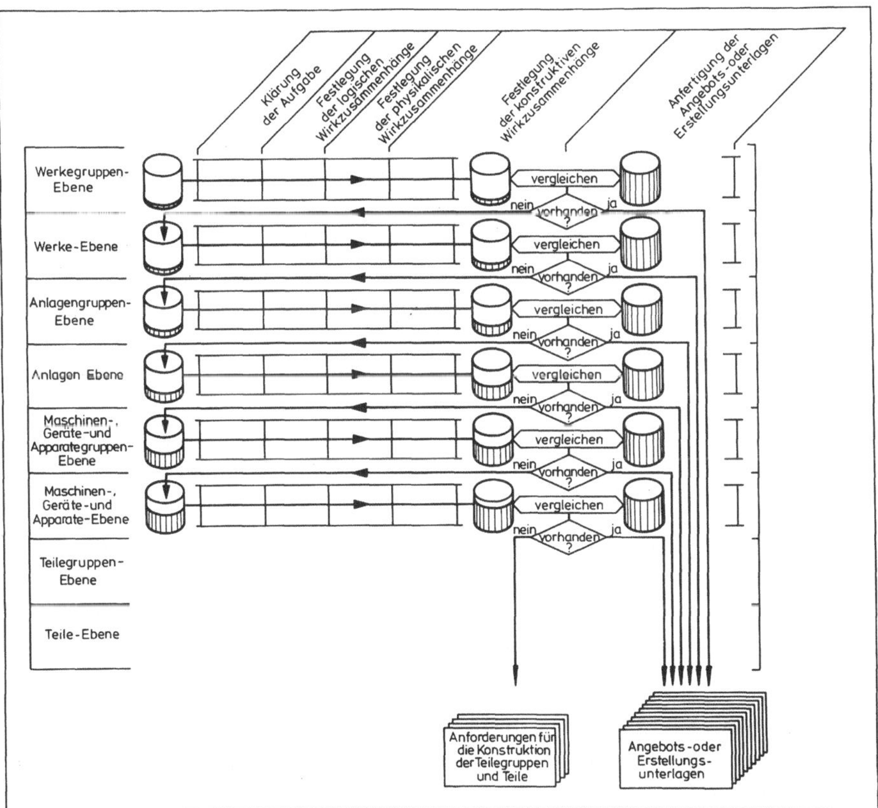

Bild 1.13: Vorgehensweise beim systematischen Projektieren und Konstruieren technischer Systeme mit Einbeziehung einer Rückgriffsystematik.

Die Verknüpfung

- einer stufenweisen Bearbeitung eines technischen Systems über Komplexitätsebenen mit
- einer schrittweisen Bearbeitung auf einer jeden Ebene

macht es möglich, daß diese Systematik für das Projektieren sowie Konstruieren aller komplexen technischen Systeme, zum Beispiel Hochofenwerke, Stahlwerke, Walzwerke, Bandbehandlungslinien und Schmiedebetriebe, geeignet ist.
Durch diese Merkmale des stufen- und schrittweisen Projektierens sowie Konstruierens unterscheidet sich die hier behandelte und für den Rechnereinsatz zugrundezulegende Systematik ganz wesentlich von anderen bekannten, im Schrifttum aufgeführten, Konstruktionsmethoden, welche sich vorzugsweise mit technischen Systemen niedrigerer Komplexität, beispielsweise Teilegruppen, Maschinen, Geräte oder Apparate, befassen und/oder als Hilfsmittel für die mehr den Entwicklungsbereichen der Unternehmen zuzuordnende Neukonstruktion technischer Systeme zu verstehen sind.

Der fünfte Hauptschritt der hier beschriebenen Projektierungs- und Konstruktionssystematik nimmt in zweifacher Hinsicht eine Sonderstellung ein. Während die ersten vier Schritte für das Projektieren und Konstruieren artgleich sind, ist beim fünften Schritt die

- Anfertigung der Angebotsunterlagen beim Projektieren und
- Anfertigung der Erstellungsunterlagen beim Konstruieren

zu unterscheiden. Die Arbeitsinhalte des fünften Hauptschrittes sind also weitgehend anwendungszweckorientiert. Darüberhinaus ist mit Abschluß des vierten Hauptschrittes der schöpferische Teil des Projektierungs- oder Konstruktionsprozesses beendet. Mit diesem Abschluß liegen alle wesentlichen, in einem Arbeitsgang für ein technisches System vorgeordneter Komplexität erhältlichen Informationen vor. Sie werden im letzten Hauptschritt

- in eine angemessene äußere Form gebracht,
- zusammengestellt,
- geprüft und
- geordnet.

Dabei ist ein Zugewinn an neuen Informationen im wesentlichen auf die Verknüpfung bereits vorliegender Daten begrenzt.
Das Projektieren und Konstruieren technischer Systeme, besonders solcher mit hohem Komplexitätsgrad, war lange Zeit durch intuitives und auf persönlicher Erfahrung beruhendes Vorgehen der Ingenieure geprägt. Ein Nachvollziehen von Denkvorgängen erfahrener Projekteure und Konstrukteure bei der Lösung komplexer Aufgaben war oft schwierig, und eine Umsetzung in zielführende Regeln zur Lösungsfindung allgemeiner technischer Problemstellungen war nicht möglich. Häufig ging mit dem Ausscheiden älterer, wertvoller Mitarbeiter aus dem Unternehmen deren Wissen unwiederbringlich verloren. Mit der Projektierungs- und Konstruktionssystematik ist erstmals die Möglichkeit gegeben, das Projektieren und Konstruieren technischer Systeme jeden Komplexitätsgrades nach einheitlichen Regeln allgemeingültig zu beschreiben und lern- sowie lehrbar zu machen. Das trägt nicht nur zu einer besseren und interdisziplinären

Ausbildung ingenieurwissenschaftlich Studierender bei, sondern erleichtert auch die Einarbeitung junger Mitarbeiter in den technischen Unternehmensbereichen.
Daneben führt systematisches Projektieren und Konstruieren beim Hersteller technischer Systeme unter anderem zur

- Erweiterung der Vertriebsmöglichkeiten durch Verkürzung der Zeiten für das Erstellen der Angebote, schnelleren Verfügbarkeit umfassenderer technischer sowie wirtschaftlicher Unterlagen und Erleichterung der Entscheidungen der Ingenieure,
- Beeinflussung des Konstruktionsgeschehens durch Verkürzung der Konstruktionszeiten, Minderung der Fehlermöglichkeiten und Erhöhung der Wiederverwendbarkeit vorhandener Konstruktionen bei gleichzeitiger Vermeidung von Doppelarbeit,
- Vergrößerung der Fertigungsmöglichkeiten durch Kürzung der Fertigungszeiten infolge Erhöhung der Anzahl Wiederholteile.

Damit werden der Verkauf gefördert, die Auftragsabwicklung beschleunigt und die einzelnen Unternehmensbereiche des Herstellers technischer Systeme rationalisiert, **Bild 1.14.**

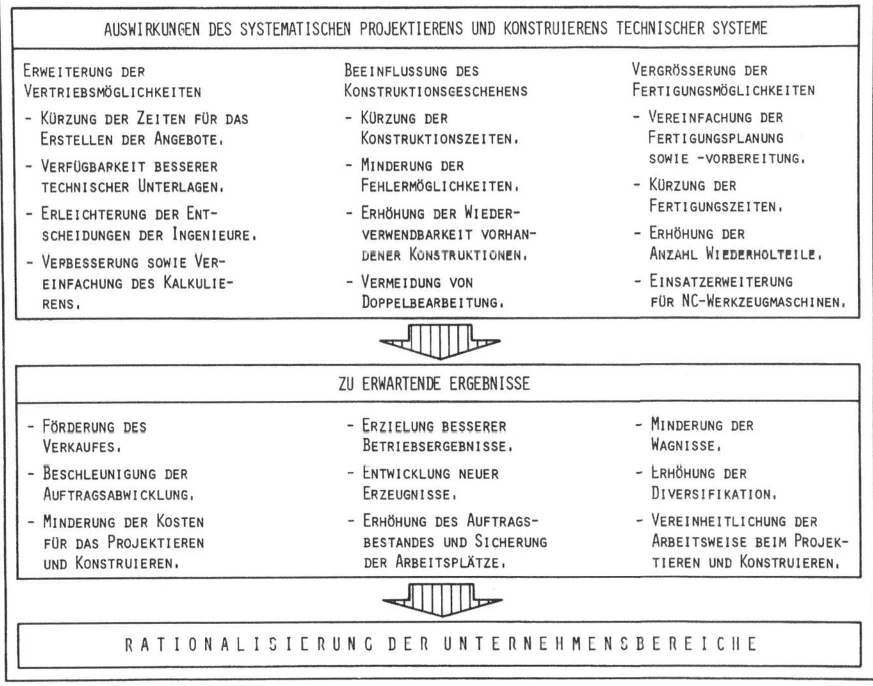

Bild 1.14: Auswirkungen und zu erwartende Ergebnisse des systematischen Projektierens sowie Konstruierens technischer Systeme.

1.3. Schrifttum

1. Rodenacker, W.G.: Methodisches Konstruieren. Springer-Verlag, Berlin/Heidelberg/New York, 1976.
2. Baumann, H.G.: Systematisches Konstruieren und Berechnen technischer Systeme. Stahl u. Eisen 95 (1975) 26, S. 1294/1297.
3. Baumann, H.G.: Rationalisierung des Projektierens und Konstruierens komplexer technischer Systeme. Arch. Eisenhüttenwes. 49 (1978) 8, S. 371/378.
4. Baumann, H.G. und K.-H. Looschelders: Projektierungs- und Konstruktionssystematik als Voraussetzung für das rechnerunterstützte Projektieren sowie Konstruieren komplexer technischer Systeme. Arch. Eisenhüttenwes. 51 (1980) 5, S. 177/182.
5. Baumann, H.G. und W.R. Gieseking: Gliedern techischer Systeme. Blech Rohre Profile 21 (1974) 10, S. 387/392.
6. Baumann, H.G. und W. Roloff: Unveröffentlichter Bericht. Duisburg, 1980.
7. Baumann, H.G.: Klärung der Aufgabe beim systematischen Projektieren und Konstruieren komplexer technischer Systeme. Teil I, Verfahrenstechn. 13 (1979) 1, S. 36/40.
8. Genge, U.: Entwicklung einer Systematik zur Auftragsabwicklung komplexer Hüttenwerksysteme. Dr.-Ing.-Dissertation, RWTH Aachen, 1977.
9. Kesselring, F.: Technische Kompositionslehre. Springer-Verlag, Berlin/Göttingen/Heidelberg, 1954.
10. Kesselring, F.: Morphologisch-analytische Konstruktionsmethode. VDI-Z. 97 (1955) 11/12, S. 327/331.
11. Rodenacker, W.G.: Konstruieren von den Stoffeigenschaften aus. VDI-Z. 100 (1958) 34, S. 1605/1613.
12. Hansen, F.: Konstruktionssystematik. VEB-Verlag-Technik, Berlin, 1965.
13. Rodenacker, W.: Physikalisch orientierte Konstruktionsweise. Konstruktion 18 (1966) 7, S. 263/269.
14. Pahl, G.: Entwurfsingenieur und Konstruktionslehre unterstützen die moderne Konstruktionsarbeit. Konstruktion 19 (1967) 9, S. 337/344.
15. Roth, K.: Gliederung und Rahmen einer neuen Maschinen-, Geräte-Konstruktionslehre. Feinwerktechn. 72 (1968) 11, S. 521/528.
16. Eversheim, W.: Konstruktionssystematik - Aufgaben und Möglichkeiten. Habitilationsschrift, RWTH Aachen, 1969.
17. Roth, K.: Systematik der Maschinen und ihrer mechanischen elementaren Funktionen. Feinwerktechn. 74 (1970) 11, S. 453/460.
18. Beitz, W.: Möglichkeiten methodischer Lösungsfindung bei der Konstruktion. Konstruktion 23 (1971) 5, S. 161/167.
19. Collin, H.: Anwendung einer systematischen Konstruktionsmethode auf einen Einwalzenkalander. Konstruktion 23 (1971) 3, S. 98/110.
20. Kesselring, F. und E. Arn: Methodisches Planen, Entwickeln und Gestalten technischer Produkte. Konstruktion 23 (1971) 4, S. 121/128.
21. Koller, R.: Ein Weg zur Konstruktionsmethodik. Konstruktion 23 (1971) 10, S. 388/400.
22. Lüpertz, H.: Rationalisierung des Konstruktionsprozesses durch Anwendung neuer zeichnerischer Darstellungsarten. Konstruktion 23 (1971) 12, S. 461/469.
23. Roth, K., H.J. Franke und R. Simonek: Algorithmisches Auswahlverfahren zur Konstruktion mit Katalogen. Feinwerktechn. 75 (1971) 8, S. 337/345.
24. Beitz, W.: Übersicht über Konstruktionsmethoden. Konstruktion 24 (1972) 2, S. 68/72 und 3, S. 109/114.
25. Beitz, W.: Methoden zur Lösungsfindung für technische Funktionen. Konstruktion 24 (1972) 9, S. 371/372.
26. Beitz, W.: Diskursiv betonte Methoden zur Lösungsfindung. Konstruktion 24 (1972) 10, S. 409/417.
27. Beitz, W.: Bewertungsmethoden als Entscheidungshilfe zur Auswahl von Lösungsvarianten. Konstruktion 24 (1972) 12, S. 493/498 und 25 (1973) 1, S. 29/32.
28. Pahl, G.: Aufgaben des Konstruktionsbereichs. Konstruktion 24 (1972) 1, S. 31/33.
29. Pahl, G.: Die Arbeitsschritte beim Konstruieren. Konstruktion 24 (1972) 4, S. 149/153.
30. Pahl, G.: Analyse und Abstraktion des Problems, Aufstellen von Funktionsstrukturen. Konstruktion 24 (1972) 6, S. 235/240.
31. Pahl, G.: Intuitiv betonte Methoden zur Lösungsfindung. Konstruktion 24 (1972) 9, S. 373/376.
32. Rodenacker, W.G.: Festlegung der Funktionsstruktur von Maschinen, Apparaten und Geräten. Konstruktion 24 (1972) 8, S. 335/340.

33. Roth, K., H.-J. Franke und R. Simonek: Die allgemeine Funktionsstruktur, ein wesentliches Hilfsmittel zum methodischen Konstruieren. Konstruktion 24 (1972) 7, S. 277/282.
34. Roth, K., H.-J. Franke und R. Simonek: Aufbau und Verwendung von Katalogen für das methodische Konstruieren. Konstruktion 24 (1972) 11, S. 449/458.
35. Beitz, W.: Methodisches Konzipieren technischer Systeme, gezeigt am Beispiel einer Kartoffel-Vollerntemaschine. Konstruktion 25 (1973) 2, S. 65/71.
36. Domke, H., H. Kehrmann und M. Robens: Methodisches Suchen nach neuen Produkten - Brainstorming auf der Basis der Funktionsbetrachtung. Ind.-Anz. 95 (1973) 42, S. 868/872.
37. Gerber, H.: Konstruktionsverfahren mit logischer Funktionsweise. Konstruktion 25 (1973) 1, S. 13/17.
38. Hubka, V.: Theorie der Maschinensysteme. Springer-Verlag, Berlin/Heidelberg/New York, 1973.
39. Jung, A.: Aufgabenstellung und Konstruktionsmethodik, Konstruktion 25 (1973) 3, S. 111/113.
40. Koller, R.: Eine algorithmisch-physikalisch orientierte Konstruktionsmethodik. VDI-Z. 115 (1973) 2, S. 147/152, 4, S. 309/317, 10, S. 843/847 und 13, S. 1078/1085.
41. Pahl, G.: Versuch einer kurzen Antwort. Konstruktion 25 (1973) 3, S. 113/115.
42. Pahl, G.: Prinzip der Aufgabenteilung. Konstruktion 25 (1973) 5, S. 191/196.
43. Pahl, G.: Grundregeln für die Gestaltung von Maschinen und Apparaten. Konstruktion 25 (1973) 7, S. 271/277.
44. Rodenacker, W.G. und U. Claussen: Regeln des methodischen Konstruierens, Teil I und II. Krausskopf-Verlag, Mainz, 1973 und 1975.
45. Beitz, W.: Konstruktion als Wissenschaft - Forschung hilft Praxis. Konstruktion 26 (1974) 8, S. 316/318.
46. Hoffmann, H., W. Koenig und D. Zeus: Die systematische Entwicklung eines Steuerelements für die stufenlose Verstellung eines hydrostatischen Getriebes. Konstruktion 26 (1974) 11, S. 418/424.
47. Kehrmann, H., H. Domke und M. Robens: Bedeutung des Funktionsprinzips für die Produktfindung. Konstruktion 26 (1974) 1, S. 16/21.
48. Pahl, G.: Rückblick zur Reihe "Für die Konstruktionspraxis". Konstruktion 26 (1974) 12, S. 491/495.
49. Seifried, A.: Anwendung theoretischer Methoden im Maschinenbau. Konstruktion 26 (1974) 12, S. 461/467.
50. Ehrlenspiel, K.: Leistungssteigerung in der Konstruktion. Konstruktion 27 (1975) 10, S. 365/373.
51. Koller, R.: Physikalische Grundfunktionen zur Konzeption technischer Systeme. Ind.Anz. 97 (1975) 17, S. 321/325.
52. Roth, K., U. Andresen, H. Birkhofer, M. Ersoy, H.-J. Franke, F. Lohkamp, E. Müller und R. Simonek: Beschreibung und Anwendung des Algorithmischen Auswahlverfahrens zur Konstruktion mit Katalogen (AAK). Konstruktion 27 (1975) 6, S. 213/222.
53. Roth, K., H. Birkhofer und M. Ersoy: Methodisches Konstruieren neuer Sicherheitsgurtschlösser. VDI-Z. 117 (1975) 13/14, S. 613/618.
54. Tjalve, E.: Die Gestaltungsstadien im Konstruktionsprozeß. Konstruktion 27 (1975) 12, S. 492/498.
55. Conrad, P., H. Schiemann und P.G. Vömel: Erfolg durch methodisches Konstruieren. Lexika-Verlag, Grafenau, 1976.
56. Hansen, F.: Konstruktionswissenschaft, Grundlagen und Methoden. 2. Auflage. VEB-Verlag-Technik, Berlin, 1976.
57. Koller, R.: Systematisches Konzipieren von Druckverfahren und Druckwerken für Datengeräte. Feinwerktechn. u. Meßtechn. 84 (1976) 1, S. 1/5.
58. Koller, R.: Konstruktionsmethode für den Maschinen-, Geräte- und Apparatebau, Springer-Verlag, Berlin/Heidelberg/New York, 1976.
59. Redeker, W. und E. Erben: Systematisches Konzipieren von Fräs- und Schleifmaschinen für Mantellaufflächen von Wankelmotorgehäusen. Ind.-Anz. 98 (1976) 15, S. 265/266.
60. Rosental, E.: Heuristisches Modell der Suche nach ingenieurtechnischen Lösungen. Maschinenbautechn. 25 (1976) 5, S. 202, 203 und 207.
61. Steinwachs, H.O.: Praktische Konstruktionsmethode. Vogel-Verlag, Würzburg, 1976.
62. VDI-Richtlinie 2222, Blatt 1: Konstruktionsmethodik, Konzipieren technischer Produkte. VDI-Verlag, Düsseldorf, 1977.
63. VDI-Richtlinie 2222, Blatt 2: Konstruktionsmethodik, Erstellung und Anwendung von Konstruktionskatalogen. VDI-Verlag, Düsseldorf, 1977.
64. Ehrlenspiel, K.: Wertanalyse und methodisches Konstruieren. VDI-Berichte 293, S. 185/193. VDI-Verlag, Düsseldorf, 1977.

65. Herrig, D. und H. Müller: Variieren beim Konstruieren, Maschinenbautechn. 26 (1977) 2, S. 67/69.
66. Hohmann, K.: Vorteile des methodischen Konstruierens. Ind.-Anz. 99 (1977) 96, S. 1956/1957.
67. Koller, R.: Praktischer Rechnereinsatz, Systematisches Konzipieren von Bewegungssystemen. Techn. Rdsch. 69 (1977) 41, S. 13, 15, 17 und 19.
68. Pahl, G. und W. Beitz: Konstruktionslehre. Springer-Verlag, Berlin/Heidelberg/New York, 1977.
69. Presse, G.: Aufbau und Anwendung eines Katalogs physikalischer Effekte. Maschinenbautechn. 26 (1977) 7, S. 330/333.
70. Steinwachs, H.O.: Strategien für den Einsatz von Konstruktionsmethoden. VDI-Z. 119 (1977) 22, S. 1093/1097.
71. Conrad, P., H. Schiemann und P.G. Vömel: Erfolg durch methodisches Konstruieren, Leitfaden für die Praxis, Band 2. Lexika-Verlag, Grafenau, 1978.
72. Jung, A.: Konstruktionsmethodik oder die heuristische Bedeutung der Geometrie. Konstruktion Elemente Methoden 15 (1978) 5, S. 111/113.
73. Richter, W.: Kostensparende Konstruktionsmethoden. Konstruktion 30 (1978) 12, S. 493/496.
74. Rodenacker, W.G.: Methodisches Konstruieren - eine neue Denkweise. VDI-Z. 120 (1978) 22, S. 1062/1065.
75. Tjalve, E.: Systematische Formgebung für Industrieprodukte. VDI-Verlag, Düsseldorf, 1978.
76. Koller, R.: Restriktionsgerechtes Konstruieren. Konstruktion 31 (1979) 9, S. 352/356.
77. Jäger, H.: Methoden zur Lösungsfindung in der Konstruktion. Techn. Zbl. prakt. Metallbearb. 73 (1979) 8, S. 53/60.
78. Roth, K.: Neue Modelle zur rechnerunterstützten Synthese mechanischer Konstruktionen. Konstruktion 31 (1979) 7, S. 283/289.
79. Roth, K. und H. Birkhofer: Konstruktionspraxis im Umbruch - Erfolge mit Methodik. Konstruktion 31 (1979) 8, S. A 9/A 10.
80. Roth, K.: Grundlagen methodischen Vorgehens beim Konstruieren. VDI-Z. 121 (1979) 20, S. 989/997.
81. Theimert, P.-H.: Methodisches Konstruieren - Darstellung am Beispiel einer Anschlag-Geber-Dämpfer-Einheit. Werkstatt u. Betr. 112 (1979) 4, S. 223/230.
82. Möllenkamp, F.W., H.G. Baumann und G. Schäfer: Beitrag zur Planung von Hüttenwerken. Klepzig Fachber. 80 (1972) 1, S. 5/11.
83. Baumann, H.G. und Chr. Wagner: Methodisches Planen und Gestalten der Walzanlagen, Berechnen von Walzgerüsten. Bänder Bleche Rohre 15 (1974) 3, S. 103/109.
84. Baumann, H.G. und Chr. Wagner: Methodisches Planen und Gestalten der Walzanlagen, Richtlinien für das Planen von Walzgerüsten. Bänder Bleche Rohre 15 (1974) 4, S. 153/160.
85. Baumann, H.G. und Chr. Wagner: Methodisches Planen und Gestalten der Walzanlagen, Bestimmung des Gerüstmoduls. Bänder Bleche Rohre 15 (1974) 5, S. 206/211.
86. Baumann, H.G. und H. Morsek: Methodisches Berechnen der Rollensysteme für das Bewegen von Band. Blech Rohre Profile 21 (1974) 11, S. 437/448.
87. Baumann, H.G. und H. Morsek: Beitrag zum systematischen Konstruieren der Rollensysteme für das Bewegen von Band. Blech Rohre Profile 22 (1975) 3, S. 88/96.
88. Baumann, H.G., W. Dahl, W. Gieseking, G. Schäfer, A. Theissen und H. Schenck: Methodisches Berechnen der Stahlstrang-Gießanlagen. Stahl u. Eisen 95 (1975) 5, S. 183/188.
89. Baumann, H.G.: Systematisches Konstruieren und Berechnen komplexer technischer Systeme. Draht 27 (1976) 11, S. 555/561, Blech Rohre Profile 23 (1976) 9, S. 234/240.
90. Morsek, H.: Systematisches Konstruieren, methodisches Berechnen, Verhältniskosten und Investitionen, dargestellt am Beispiel technischer Systeme für das Behandeln der Stahlbänder. Dr.-Ing.-Dissertation, RWTH Aachen, 1976.
91. Scheffler, G.: Systematisches Konstruieren und Berechnen von Stahlwerken unter besonderer Berücksichtigung der Investitionen und betrieblichen Verarbeitungskosten. Dr.-Ing.-Dissertation, RWTH Aachen, 1976.
92. Bieniussa, K.: Methodisches Berechnen der technologischen Beanspruchungen von Bauteilen und Wahl günstiger Werkstoffe. Dr.-Ing.-Dissertation, RWTH Aachen, 1977.
93. 15. Aachener Werkzeugmaschinen-Kolloquium. Ind.-Anz. 96 (1974) 70, S. 1554/1585.
94. Grabowski, H. und W. Bracke: Rechnerunterstützte Anlagenprojektierung. Ind.-Anz. 97 (1975) 14, S. 257/260.
95. Eversheim, W. und W. Bracke: Programmsystem zur rechnerunterstützten Anlagenprojektierung. Ind.-Anz. 99 (1977) 61, S. 1171/1174.

96. Bracke, W.: Automatisierte technische Angebotsbearbeitung für Industrieanlagen. Dr.-Ing.-Dissertation, RWTH Aachen, 1978.
97. Eversheim, W.: Abschlußbericht zum Forschungsvorhaben "Entwicklung eines Systems zur Rechnerunterstützten Anlagenprojektierung". Lehrstuhl für Produktionssystematik, RWTH Aachen, 1978.
98. Hainke, P.: 16. Aachener Werkzeugmaschinen-Kolloquium. Stahl u. Eisen 98 (1978) 22, S. 1190/1193.
99. 16. Aachener Werkzeugmaschinenkolloquium. Techn. Rdsch. 70 (1978) 43, S. 41/45.
100. Eversheim, W., W. Bracke und R. Koch: Rechnerunterstützte Anlagenprojektierung am Beispiel von Verzinkungslinien. Ind.-Anz. 101 (1979) 73, S. 22/25.
101. Eversheim, W.: Abschlußbericht zum Forschungsvorhaben "Konzeption und Realisierung einer Datei zur Speicherung konstruktiver Lösungen bei der Anlagenprojektierung". Lehrstuhl für Produktionssystematik, RWTH Aachen, 1979.
102. Eversheim, W. und H.G. Baumann: Programmvorgabe für die in Arbeitsgemeinschaft durchzuführenden Forschungsvorhaben "Rechnerunterstütztes Projektieren von komplexen Industrieanlagen", AC-EVE/116, und "Rechnerunterstütztes Projektieren von Hüttenwerken", DU-DEM/100. WZL der RWTH Aachen und Mannesmann Demag AG, Aachen und Duisburg, 1979.
103. Baumann, H.G. und K.-H. Looschelders: Betrachtungen zu Gegebenheiten bei den Anlagenbauunternehmen im Rahmen des rechnerunterstützten Projektierens sowie Konstruierens komplexer technischer Systeme. Arch. Eisenhüttenwes. 51 (1980) 5, S. 173/176.
104. Baumann, H.G. und K.-H. Looschelders: EDV-Anlagen als technische Hilfsmittel für das rechnerunterstützte Projektieren und Konstruieren. Arch. Eisenhüttenwes. 51 (1980) 7, S. 301/306.
105. Baumann, H.G. und K.-H. Looschelders: Rechnerunterstütztes systematisches Projektieren und Konstruieren komplexer technischer Systeme. Arch. Eisenhüttenwes. 51 (1980) 9, S. 377/382.
106. Baumann, H.G. und K.-H. Looschelders: Klärung der Aufgabe, Unterprogramm KLADAU, beim rechnerunterstützten systematischen Projektieren und Konstruieren. Arch. Eisenhüttenwes. 51 (1980) 10, S. 429/434.
107. Baumann, H.G. und K.-H. Looschelders: Festlegung der logischen Wirkzusammenhänge, Unterprogramm LOGWIZ, beim rechnerunterstützten systematischen Projektieren und Konstruieren. Arch. Eisenhüttenwes. 51 (1980) 12, S. 507/512.
108. Brückner, K.: Rechnerunterstützte Anlagenprojektierung. VDI-Berichte 382 (1980) S. 89/105, VDI-Verlag, Düsseldorf, 1980.
109. Baumann, H.G. und K.-H. Looschelders: Festlegung der physikalischen Wirkzusammenhänge, Unterprogramm PHYWIZ, beim rechnerunterstützten systematischen Projektieren und Konstruieren. Arch. Eisenhüttenwes. 52 (1981) 1, S. 21/26.
110. Baumann, H.G. und K.-H. Looschelders: Festlegung der konstruktiven Wirkzusammenhänge, Unterprogramm KONWIZ, beim rechnerunterstützten systematischen Projektieren und Konstruieren. Arch. Eisenhüttenwes. 52 (1981).
111. Baumann, H.G. und K.-H. Looschelders: Anfertigung der Angebots- und Erstellungsunterlagen, Unterprogramm ANDANG/ANDERS, beim rechnerunterstützten systematischen Projektieren und Konstruieren. Arch. Eisenhüttenwes. 52 (1981).

2. Klärung der Aufgabe

Beim systematischen Projektieren und Konstruieren technischer Systeme wird von der gestellten Aufgabe, kurz Aufgabenstellung genannt, ausgegangen. Aufgabenstellungen werden in der Praxis oft als Anfragen, Aufträge, Anfragespezifikationen, Pflichten- oder Lastenhefte bezeichnet. Die Aufgabe wird entweder dem Unternehmen von außerhalb (unternehmensextern) oder innerhalb des Unternehmens (unternehmensintern) gestellt und entspricht einem Auftrag.

Die Praxis hat gezeigt und bestätigt immer wieder, daß Aufgabenstellungen meist unvollständig sowie undeutlich sind. Manchmal ist eine Aufgabenstellung auch mit Fehlern behaftet. Dabei kann beispielsweise zwischen

- fehlenden,
- unvollständigen,
- unklaren,
- widersprüchlichen sowie
- falschen

Informationen und Schreib- oder Übersetzungsfehlern unterschieden werden. Sie führen, ohne Klärung der Aufgabe, zu Fehldeutungen der mit der Aufgabenstellung gegebenen Sachbestände und -verhalte. Manche Mängel einer Aufgabenstellung lassen sich durch klärende Gespräche mit dem Auftraggeber (Interessent/Kunde) beseitigen, andere Mängel müssen vom Auftragnehmer (Bieter/Hersteller) vorgeklärt und danach mit dem Auftraggeber ausgeräumt werden. Es gibt auch Fehler der Aufgabenstellung, beispielsweise die Forderung unmöglicher Erzeugungsmengen eines technischen Systems, die sich bei der Klärung der Aufgabe oft noch nicht belegbar beheben lassen. Ob solche Forderungen sinnvoll, notwendig oder nicht erfüllbar sind, kann dann erst im Verlaufe des weiteren schrittweisen Vorgehens, also bei Festlegung der logischen, physikalischen oder konstruktiven Wirkzusammenhänge technischer Systeme, entschieden werden. Nicht beseitigte Unvollständigkeiten, Undeutlichkeiten oder Fehler einer Aufgabenstellung führen während der Projektierung, Konstruktion sowie weiteren Auftragsabwicklung unter anderem zu Doppelbearbeitungen, Terminüberschreitungen, unvollständigen oder fehlerhaften Angeboten, Berechnungen, Konstruktionen sowie Kalkulationen und letztlich zu Meinungsverschiedenheiten oder gar Rechtsstreiten zwischen Auftraggeber und Auftragnehmer. Hierdurch wird das Betriebsergebnis des Herstellers technischer Systeme in vielen Fällen erheblich beeinflußt.

Zur Vermeidung der genannten

- Unvollständigkeiten,
- Unklarheiten,
- Widersprüche und
- Fehler

einer Aufgabenstellung ist eine gründliche sowie systematische Klärung der gestellten Aufgabe am Anfang der Durchführung eines Auftrages notwendig. Damit werden

- Fehldeutungen,
- Mißverständnisse,
- Meinungsverschiedenheiten,
- Konstruktionsfehler,
- Doppelbearbeitungen,
- Terminüberschreitungen,
- Fehlkalkulationen,
- Kostenüberschreitungen und
- Rechtsstreite

bei der Auftragsabwicklung weitgehend vermieden. Das dient sowohl dem Auftragnehmer als auch dem Auftraggeber.

Die während der Aufgabenklärung gewonnenen Informationen werden zweckmäßigerweise nach Regeln geordnet und als Forderungen an das technische System, an die Projektierung, Konstruktion, Auftragsabwicklung oder Entwicklung des Systems in Anforderungslisten eingetragen. Inhalte und Umfänge solcher Anforderungslisten gehen, mit den durch die Aufgabenklärung gewonnenen Informationen, weit über den Rahmen der Aufgabenstellungen, Anfragespezifikationen, Auftragsspezifikationen, Pflichten- oder Lastenhefte der Auftraggeber hinaus. Eine mit Abschluß der Aufgabenklärung vom Auftragnehmer fertiggestellte und vom Auftraggeber genehmigte Anforderungsliste ist die Grundlage für jede weitere Bearbeitung eines Auftrages. In diese Liste sind während der Projektierung oder Auftragsabwicklung alle das Projekt oder den Auftrag beeinflussenden Informationen, beispielsweise Änderungen oder neue Bedingungen, des Auftraggebers und Auftragnehmers einzutragen. Damit wird die Anforderungsliste stets auf dem neuesten Stand gehalten. So wird beispielsweise zum Projektieren einer Walzstraße während der Aufgabenklärung auf der Anlagenebene (das ist hier die erste zu bearbeitende Komplexitätsebene) eine Anforderungsliste angelegt. Diese Liste ist dem Informationszuwachs entsprechend von Komplexitätsebene zu Komplexitätsebene zu erweitern und bildet schließlich die Grundlage für das Festangebot. Für die Bearbeitung eines Projektes wird stets nur eine Anforderungsliste erstellt. Wenn aus fachlichen Gründen die Bearbeitung auf mehrere voneinander getrennte Abteilungen aufgeteilt wird, dann sind dafür Auszüge aus der Anforderungsliste anzufertigen und es ist sicherzustellen, daß alle maßgeblichen Informationen in die Stamm-Anforderungsliste einfließen. In gleicher Weise ist, aufbauend auf der den letzten Stand des Projektgeschehens enthaltenden Anforderungsliste und dem erhaltenen Auftrag, beim Konstruieren und bei den folgenden Auftragsabwicklungstätigkeiten vorzugehen. Ein Solches Vorgehen zwingt auch den Auftraggeber zu klaren Stellungnahmen, wenn er mit den in der Anforderungsliste festgelegten Sachbeständen sowie -verhalten nicht mehr einverstanden sein sollte. Aus Anforderungslisten durchgeführter Projekte oder Aufträge können Vordrucke oder Fragelisten erstellt werden. Das sind wesentliche Hilfsmittel zur Klärung der Aufgabe bei der Bearbeitung neuer Anfragen oder Aufträge. Diese Hilfsmittel sind auch bei Interessenten- sowie Kundengesprächen nützlich und machen eine schnellere sowie vollständigere Beantwortung von Fragen möglich. Darüber hinaus sind einmal gründlich ausgearbeitete Anforderungslisten wertvolle Informationsspeicher zur Rationalisierung der Projektbearbeitung und Auftragsabwicklung. Daneben ist die Anforderungsliste auch Grundlage für einen einheitlichen Angebotsaufbau mit eindeutigen Begriffen und Erklärungen. Das führt zu einer erheblichen Arbeitserleichterung beim Vergleich von Angeboten für gleiche Projekte und bei der Erstellung neuer Angebote.

Beim systematischen Projektieren und Konstruieren kann nur schrittweise nach Regeln, unter Voraussetzung einer bestimmten, genügenden Anzahl Daten, die während der Aufgabenklärung gewonnen wurden, vorgegangen werden. Deshalb ist die Klärung der Aufgabe der erste notwendige Hauptschritt bei dem, ohne oder mit Rechnerunterstützung durchzuführenden, systematischen Projektieren und Konstruieren technischer Systeme.

2.1. Grundlagen und Teilschritte der Aufgabenklärung

Bild 2.1 gibt einen zusammenfassenden Überblick über alle Teilschritte der Aufgabenklärung. Diese Teilschritte und ihre Bedeutung werden im folgenden ausführlich dargelegt.
Zur Klärung der Aufgabe ist von der Aufgabenstellung auszugehen. Am Anfang einer Aufgabenklärung wird zwischen kunden- und herstellerbezogenen Daten unterschieden. Kunden sind

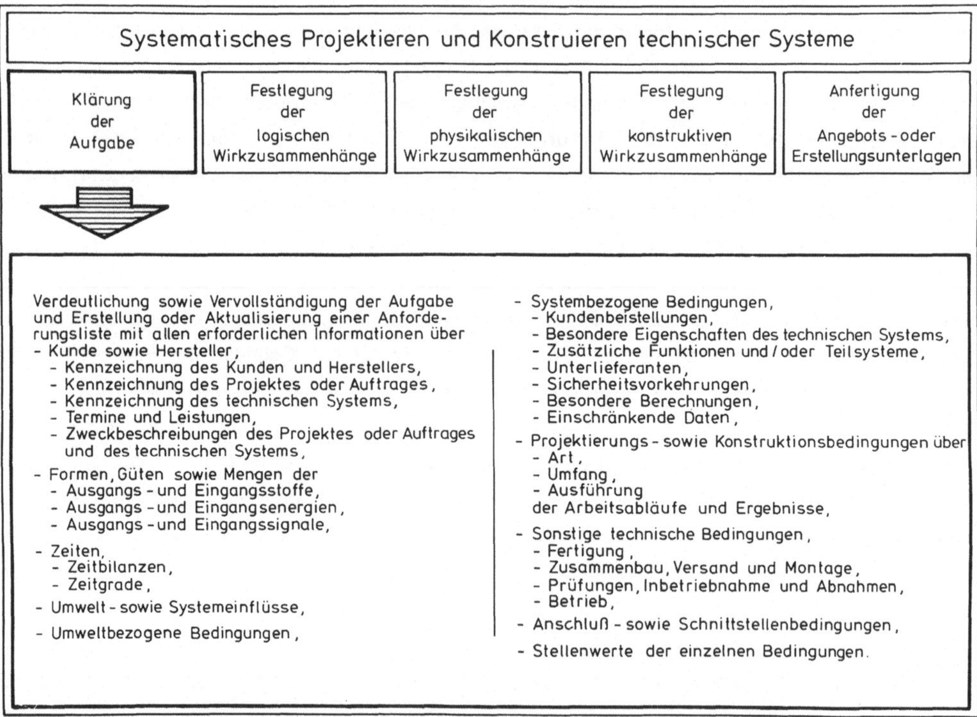

Bild 2.1: Teilschritte der Aufgabenklärung beim systematischen Projektieren und Konstruieren technischer Systeme.

Firma	Anforderungsliste	___ Seiten | Seite ___ Ident-Nr.

	Kundenbezogene Daten		
	Kennzeichnung des Kunden		
	Name und Anschrift		Zuständigkeiten
	Kennzeichnung des Projektes/Auftrages		
	Name		
	Projekt/Auftrags-Nr.		
	Umfang		

	Herstellerbezogene Daten		
	Kennzeichnung des Herstellers		
	Name und Anschrift		Zuständigkeiten
	Kennzeichnung des Projektes/Auftrages		
	Name		
	Projekt/Auftrags-Nr.		
	Umfang		

Bild 2.2: Kunden- und herstellerbezogene Daten im Rahmen einer Anforderungsliste.

Name des Projektes	Anforderungsliste	Ident-Nr.	Seite ___

	Herstellerbezogene Daten / Fortsetzung				
	Kennzeichnung des technischen Systemes				
	Name				
	Zugehörigkeit				
	Komplexität				
	Klassifizierungs-Nr.				
	Termine				
Leistungen	gefordert	möglich	Leistungen	gefordert	möglich
	Zweckbeschreibungen				
	des Projektes/Auftrages		des technischen Systemes		

Bild 2.3: Herstellerbezogene Daten (Fortsetzung) im Rahmen einer Anforderungsliste.

hier Personen, Unternehmen sowie Institutionen, die am Erwerb von Leistungen anderer interessiert sind oder andere zur Erbringung von Leistungen beauftragt haben. Hersteller sind Personen, Unternehmen sowie Institutionen, welche von Kunden erwünschte Leistungen erbringen oder bemüht sind in Auftrag zu nehmen. Kundenbezogene Daten dienen der Kennzeichnung des Kunden und Projektes oder Auftrages. Herstellerbezogene Daten dienen der

- Kennzeichnung des Herstellers, Projektes oder Auftrages sowie technischen Systems,
- Festlegung geforderter Termine für die Projektbearbeitung oder Auftragsabwicklung und
- Zweckbeschreibung des Projektes oder Auftrages sowie technischen Systems.

Die **Bilder 2.2 und 2.3** zeigen, als Bearbeitungs-Leitlinie, einen Vorschlag zur Einteilung und Erfassung dieser Daten im Rahmen einer Anforderungsliste.
Die in Bild 2.3 aufgeführten Begriffe

- Zugehörigkeit sowie Komplexität des technischen Systems,
- Termine und
- Zweckbeschreibungen

werden im folgenden erklärt.
Technische Systeme, die gleiche oder ähnliche Funktionen erfüllen, können unter Sammelnamen zu Systemfamilien zusammengefaßt werden. Systemfamilien von Anlagengruppen mit gleichen oder ähnlichen Funktionen sind beispielsweise

- Schmelzbetriebe,
- Gießbetriebe,
- Schmiedebetriebe,
- Walzstraßen und
- Beschichtungslinien

für Stahl. Hilfsmittel zur möglichst schnellen Ermittlung der Zugehörigkeit eines Systems sind Listen, in denen Systemfamilien mit ihren zugehörigen Systemen zusammengestellt sind. Die Liste der Beschichtungslinien kann beispielsweise die

- Verzinkungslinien,
- Verzinnungslinien,
- Aluminierungslinien,
- Kunststoffbeschichtungslinien und
- Lackierlinien

enthalten. Zu den Schmiedebetrieben gehören unter anderem die

- Freiform-Schmiedepressenbetriebe,
- Freiform-Hammerschmiedebetriebe,
- Gesenk-Schmiedepressenbetriebe und
- Gesenk-Hammerschmiedebetriebe.

Zur besseren Handhabung dieser Listen kann die Aufnahme von abgrenzenden Merkmalen sinnvoll sein. Die Familienzugehörigkeit eines technischen Systems gibt erste Hinweise auf die

Kompliziertheit und Komplexität des Systems.

In der Praxis weichen die durch einen Kunden vom Hersteller geforderten Termine, beispielsweise zur Lieferung eines technischen Systems, manchmal von den möglichen Lieferterminen des Herstellers ab. Deshalb wird hier zwischen den kundenseitig vom Hersteller geforderten Terminen und den Herstellerterminen unterschieden. Diese Termindaten können auf die Summe aller im Rahmen einer Projekt- und Auftragsbearbeitung notwendigen Tätigkeiten oder auf die einzelnen während der Bearbeitung durchzuführenden Tätigkeiten bezogen sein. Im allgemeinen ist der Termin ein Zeitpunkt mit der Bedeutung, daß bis dahin spätestens oder von da an frühestens ein Ereignis eintreten soll. Die klassische Terminplanung ist meist auf das Festlegen und Überwachen der zeitlichen Folge aller Tätigkeiten bei einer Projekt-oder Auftragsbearbeitung begrenzt; sie verzichtet auf eine formale Erfassung der Zusammenhänge zwischen den einzelnen Tätigkeiten. Hilfsmittel für solche Terminplanungen sind Balken-oder Stabliniendiagramme. Die neuzeitliche Terminplanung bedient sich der Netzplantechnik. Dabei wird zwischen einer formalen Strukturplanung und einer davon unabhängigen Terminplanung unterschieden. Die Strukturplanung erfolgt mit Hilfe eines Netzplanes, der zusammen mit Werten für den Zeitbedarf aller Tätigkeiten die Grundlage für die Terminplanung bildet. Damit werden auch die Zusammenhänge zwischen den einzelnen Tätigkeiten erfaßt. Es gibt zwei unterschiedliche Darstellungsweisen für Netzpläne, **Bild 2.4.** Bei der ereignisorientierten Darstellung sind die Ereignisse und bei der tätigkeitsorientierten die Tätigkeiten besonders verdeutlicht. In beiden Darstellungen sind die

- früheste Startzeit,
- späteste Startzeit,

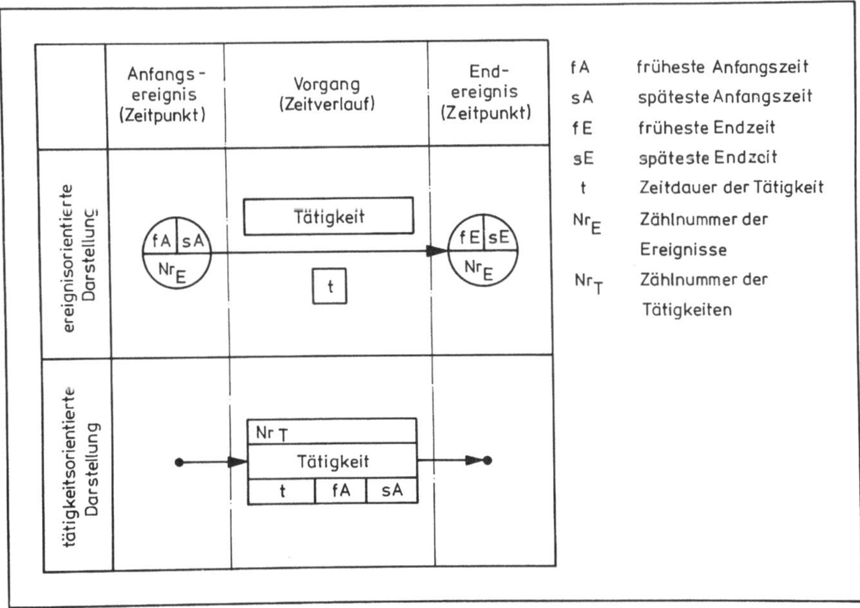

Bild 2.4: Unterschiedliche Darstellungsweisen für Netzpläne.

- benötigte Zeit für eine Tätigkeit und
- Zählnummer

einzutragen.

Bei der Zweckbeschreibung wird zwischen dem Zweck des "Projektes oder Auftrages", im folgenden, der Kürze wegen, nur "Projekt" genannt, und dem Zweck des "technischen Systems" unterschieden. Unter Zweckbeschreibung des Projektes ist die Festlegung der Merkmale zu verstehen, die aussagen, warum das technische System geplant ist oder verwirklicht werden soll. Demzufolge ist der Zweck eines Projektes beispielsweise die Aufnahme, Aufrechterhaltung oder Umstellung eines Produktionsvorganges. Hiernach können

- Erst-, Anfangs- sowie Ausrüstungs-,
- Ersatz-,
- Rationalisierungs-,
- Umstellungs- und
- Diversifikations-

Projekte unterschieden werden. Eine Abgrenzung dieser Unterscheidungsmerkmale ist oft nicht möglich, weil bei vielen Projekten mehrere Gegebenheiten gleichzeitig wirken. Deshalb muß in der Zweckbeschreibung eine Ordnung nach vordringlichen Aufgaben und Zielen vorgenommen werden. Unter Zweckbeschreibung des technischen Systems ist die Festlegung dessen zu verstehen, was das gewünschte oder geforderte Erzeugnis tun und wofür es verwendet werden soll. Dabei bleiben die in jedem Maschinen-, Geräte- sowie Apparatebau-Erzeugnis verwirklichten funktionellen und konstruktiven Lösungen offen. Diese Zweckbeschreibung ist also frei von Vorstellungen zur Verwirklichung des technischen Systems. Damit ist eine solche Beschreibung die allgemeinste Formulierung der Aufgabe des Systems.

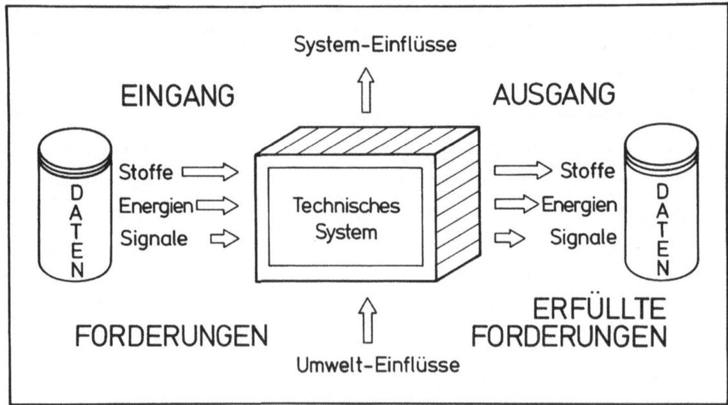

Bild 2.5: Allgemeine Darstellung eines technischen Systems als "Schwarzer Kasten".

Während der Aufgabenklärung wird das zu projektierende, konstruierende oder zu entwickelnde technische System abstrakt als "Schwarzer Kasten" betrachtet, **Bild 2.5.** Bei der Betrachtung des "Schwarzen Kastens" wird zunächst zwischen dem Aus- sowie Eingang und damit zwischen den an diesen Grenzen des technischen Systems gegebenen Informationen unterschieden. Ausgangsdaten sind meist vorrangig, weil mit der Aufgabenstellung oft nur erfüllte Forderungen in Form von Daten über Qualität sowie Quantität von Stoffen, Energien und/oder Signalen, welche das zu konstruierende technische System verlassen, gegeben werden. Aus den erfüllten Forderungen am Ausgang des technischen Systems können Forderungen am Eingang des Systems hergeleitet werden. Es ist auch eine Herleitung in umgekehrter Richtung möglich. Somit sind am Eingang eines Systems Forderungen gestellt und an seinem Ausgang diese Forderungen erfüllt.

Im Rahmen der Aufgabenklärung sind, nach Festlegung der kunden- und herstellerbezogenen Daten, Aussagen über

- Stoffe, Energien und Signale,
- Zeiten,
- Umwelt- und Systemeinflüsse,
- umwelt- und systembezogene Bedingungen,
- Projektierungs- und Konstruktionsbedingungen,
- Fertigungsbedingungen,
- Zusammenbau-, Versand- und Montagebedingungen,
- Inbetriebnahme- und Betriebsbedingungen,
- Prüfungs- und Abnahmebedingungen sowie
- Anschluß- und Schnittstellenbedingungen

möglichst genau darzulegen und durch Zahlen sowie Maßeinheiten zu verdeutlichen. Wenn das nicht möglich ist, dann sind verbale Aussagen klar, eindeutig und leicht verständlich zu formulieren.
Bedingungen sind Vereinbarungen, Verpflichtungen, Bestimmungen und Abmachungen, welche die Vielzahl der Möglichkeiten beispielsweise bei der

- Projektierung,
- Konstruktion,
- Fertigung,
- Montage und
- Inbetriebnahme

technischer Systeme einschränken und/oder erweitern können. Deshalb kann zwischen "einschränkenden" und/oder "erweiternden" Bedingungen unterschieden werden. Einschränkungen und/oder Erweiterungen können beispielsweise

- die technischen Systeme,
- den Bearbeitungsaufwand oder
- die Entscheidungsfreiheit

betreffen. Einschränkende Bedingungen für das Konstruieren komplexer technischer Systeme sind beispielsweise mit dem Hersteller (Auftragnehmer) vertraglich festgelegte Bestimmungen des Kunden (Auftraggebers) über

- die Anordnung eines Teilsystems zwischen anderen Systemen innerhalb eines begrenzten Raumes (Einschränkung der Gestaltvariationsmöglichkeiten hinsichtlich Abmessung und Lage),

- den Einsatz von elektrischen, hydraulischen oder pneumatischen Antriebsystemen sowie Meß- und Regelgeräten bestimmter Unterlieferanten (Einschränkung der Systemauswahlmöglichkeiten)
  und
- die Einhaltung vorgegebener Transportgewichte von Teilsystemen.

Erweiternde Bedingungen sind beispielsweise mit dem Hersteller vertraglich festgelegte Vereinbarungen über

- den gleichzeitigen Staub-, Wärme- und Lärmschutz der Arbeitsplätze von Elektrolichtbogen-Schmelzöfen (Erweiterung der Anzahl Teilsysteme) sowie
- die, auch im Jahre 1981 manchmal noch unübliche, Ausrüstung neuer technnicher Systeme mit Prozeßrechnern für die automatische Lenkung der Verfahrensabläufe (Erweiterung des Aufwandes)

zu zählen. Solche Vereinbarungen können auf Kundenforderungen oder Auflagen des Gesetzgebers beruhen. Es gibt auch einschränkende und gleichzeitig erweiternde Bedingungen. Dazu können beispielsweise mit dem Auftragnehmer vertraglich festgelegte Verpflichtungen über die Einhaltung kundenseitiger Werknormen und Ausführungsvorschriften gezählt werden (Erweiterung der zu berücksichtigenden Daten sowie Einschränkung der Entscheidungsfreiheit und der Rückgriffsmöglichkeiten). Alle Bedingungen, besonders die erweiternden, deren Erfüllung für den Hersteller oft mit erheblichen Kosten und Wagnissen verbunden ist, müssen vor Auftragsabschlüssen klar erkannt und verdeutlicht werden. Bedingungen, ob erweiternd oder einschränkend und von wem sie auch immer gestellt sind, können in zwei Gruppen,

- "Muß"-Bedingungen und
- "Soll"-Bedingungen,

eingeteilt werden. "Muß"-Bedingungen sind für die anforderungsgerechte Funktionsausübung eines technischen Systems unbedingt zu erfüllen.
Wenn diese Bedingungen quantifizierbar sind, können sie durch einen

- Festwert,
- oberen Grenzwert,
- unteren Grenzwert oder
- oberen und unteren Grenzwert

dargestellt werden. "Muß"-Bedingungen beeinflussen meist unmittelbar die Lösung einer Projektierungs- oder Konstruktionsaufgabe, beispielsweise indem sie den Einbau bestimmter Teilsysteme in ein Gesamtsystem festlegen. Eine derartige Beeinflussung ist bei "Soll"-Bedingungen nicht gegeben. "Soll"-Bedingungen sind meist Wünsche, denn ihre Erfüllung ist wünschenswert und steigert oft den Wert des technischen Systems. Dabei kann das System seine wesentlichen Funktionen auch ohne die Erfüllung der "Soll"-Bedingungen ausüben. Beim Sammeln aller Bedingungen und Eintragen in Anforderungslisten muß beachtet werden, daß sich einzelne "Muß"-Bedingungen nicht gegenseitig ausschließen. Aufgrund der Vielfalt von Bedingungen können sich auch Widersprüche zwischen den Forderungen eines Vertragspartners ergeben. Wenn diese Widersprüche bei der Aufgabenklärung nicht erkannt und berichtigt werden, können Fehler beim Projektieren, Konstruieren oder Auftragsabwickeln auftreten. Ein Maß für die Wichtigkeit einer Bedingung ist die Bewertungszahl. Sehr wichtigen Bedingungen werden große Bewertungszahlen und den Bedingungen von untergeordneter Bedeutung werden kleine Bewertungszahlen zugeordnet. Die Bewertungszahlen können beliebig fein unterteilt werden. Der Maßstab für die Wertigkeit einer Bewertungszahl ist die Bewertungsskala. Bewertungsskalen können unterschiedlich aufgebaut sein. Dabei kann ein Punktesystem Verwendung finden. Eine andere Möglichkeit ist die Einführung von Faktoren, zum Beispiel zwischen Null und Eins. In diesem Falle ist zu beachten, daß die Null und die Eins ausgeschlossen sind. Mit Null bewertete Bedingungen werden so behandelt, als wären sie nicht vorhanden, mit Eins bewertete sind "Muß"-Bedingungen und bedürfen deshalb keiner Bewertung / 1 /.

Die beim systematischen Projektieren und Konstruieren technischer Systeme im ersten Hauptschritt "Klärung der Aufgabe" zu behandelnden Fragenkomplexe sowie Fragen, welche bei einer Aufgabenklärung zu berücksichtigen und zu verdeutlichen sind, wurden folgerichtig als Merkmale zusammengestellt, **Tafeln 1.1 bis 1.6**, Anhang. Diese Merkmale sind eine Leitlinie zur Erstellung von Anforderungslisten. Eine solche Leitlinie ist im Rahmen der Aufgabenklärung ein wertvolles Hilfsmittel für die Untersuchung, Planung, Projektierung und Konstruktion technischer Systeme.

2.2. Stoffe, Energien und Signale

In und mit technischen Systemen der Anlagen-, Maschinen-, Geräte- und Apparatebauindustrien finden im allgemeinen Flüsse sowie Umsätze von durchzusetzenden Stoffen, Energien und/oder Signalen statt. Deshalb sind Stoffe, Energien und Signale wesentliche Aus- sowie Eingangsdaten technischer Systeme. Unter den Flüssen sind hier Bewegungen durchzusetzender Stoffe, Energien sowie Signale und unter den Umsätzen sind Änderungen ihrer Eigenschaften oder Zustände, im weiteren Sinne Umwandlungen, zu verstehen. In technischen Systemen sind, gemäß ihrer Aufgabe, Flüsse sowie Umsätze entweder von Stoffen, Energien oder Signalen vorherrschend. Aus diesem Grunde wird der jeweils vorherrschende Fluß sowie Umsatz als Hauptfluß sowie -umsatz bezeichnet und das jeweilige System danach benannt. Es gibt keine Flüsse und Umsätze von Stoffen oder Signalen ohne begleitende Energieflüsse und -umsätze. Meist sind in einem System hoher Komplexität die genannten drei Fluß- sowie Umsatzmöglichkeiten verwirklicht. Apparate sind technische Systeme mit vorherrschenden Umsätzen von durchzusetzenden Stoffen, Maschinen sind solche mit vorherrschenden Energieumsätzen und Geräte sind diejenigen mit vorherrschendem Signalumsatz / 2 /. Durchsätze sind Mengen von Stoffen, Energien oder Signalen, welche je Zeiteinheit die technischen Systeme während ihrer Nutzung durchlaufen. Mehr als sechzig Prozent aller Erzeugnisse der Maschinen-, Geräte- und Apparatebauindustrien sind stoffdurchsetzende Systeme. Zu diesen stoffdurchsetzenden Systemen zählen beispielsweise Hochofenwerke, Stahlwerke, Walzwerke, Schmelzbetriebe, Gießbetriebe, Walzstraßen, Bandbehandlungslinien, Rohrstraßen, Schmelzanlagen, Stranggießanlagen, Wärmanlagen, Hochumformanlagen, Rohrschweißanlagen, Adjustageanlagen, Schmiedeanlagen sowie Transport- und Förderanlagen.

2.2.1. Stoffe

Stoffe sind nach ihrem Zustand in feste, flüssige und/oder gasförmige einzuteilen. Für die Konstruktion nützliche feste Stoffe werden im folgenden Werkstoffe genannt. Konstruktionswerkstoffe müssen ihrem Zwecke entsprechend insbesondere günstige physikalische sowie mechanische Eigenschaften haben, gut verarbeitbar und wirtschaftlich sein. Die zur Aufrechterhaltung des Betriebsablaufes, das heißt der Produktion, notwendigen Stoffe sind Betriebsstoffe. In stoffdurchsetzenden technischen Systemen zu Produktionszwecken einzusetzende Stoffe werden hier als Einsatzstoffe und die ein solches System verlassenden Stoffe als Produkte bezeichnet. Werkstoffe können nach E. Hornborgen / 3 / in vier Gruppen

- metallische Werkstoffe,
- keramische Werkstoffe,
- Kunststoffe sowie
- Verbundwerkstoffe

eingeteilt und mit den Qualitäts- sowie Quanitätsmerkmalen Art und Menge besser gekennzeichnet werden. Stoffarten der

- metallischen Werkstoffe sind beispielsweise
  - reine Metalle,
  - Mischkristall-Legierungen,
  - ausscheidungshärtbare Legierungen,
  - umwandlungshärtbare Legierungen (Stähle),
  - Gußlegierungen;
- keramischen Werkstoffe sind beispielsweise
  - Kohlenstoffkeramiken,
  - Hochtemperatursteine,
  - Gläser,
  - Zement und Beton,
  - Porzellan;
- Kunststoffe sind beispielsweise
  - Thermoplaste,
  - Duroplaste,
  - Elastomere,
  - besondere Kunststoffe;
- Verbundwerkstoffe sind beispielsweise
  - beschichtete Werkstoffe,

- faserverstärkte Werkstoffe,
- Stahlbeton und Spannbeton,
- Hartmetalle und Cermets,
- Holz.

Zur näheren Kennzeichnung der Stoffart dient die Beschreibung der Form und Güte des Stoffes. Feste Stoffe mit regelmäßigen Formen können

- Rotationskörper,
  beispielsweise Kreiskegel, Kreiszylinder, Kugel, Kugelabschnitt, Kugelzone, Kugelausschnitt, Rotationsellipsoid, Rotationsparaboloid,
  und
- Nichtrotationskörper,
  beispielsweise Prisma, Quader, Würfel, Obelisk, Keil, Pyramide, Pyramidenstumpf,

sein. Daneben ist zwischen Voll- und Hohlkörpern zu unterscheiden. Bei Körpern, deren Länge wesentlich größer als deren Breite und Höhe ist, dient zur Kennzeichnung der Form im allgemeinen ihre Querschnittsform. Dabei wird meist eine gleichbleibende Querschnittsfläche sowie -form über die Länge des Körpers vorausgesetzt. Querschnittsformen solcher Körper können offen oder geschlossen sowie regelmäßig oder unregelmäßig sein. Hierzu zeigt das **Bild 2.6** einige Beispiele. Eine offene Querschnittsform ist dadurch gekennzeichnet, daß ihre Fläche

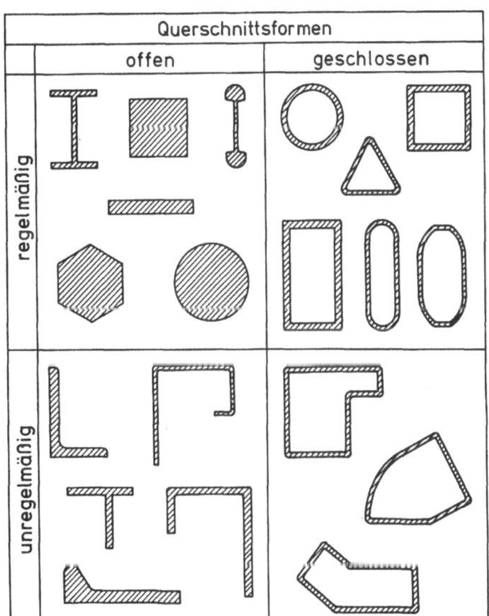

Bild 2.6: Beispiele offener oder geschlossener sowie regelmäßiger oder unregelmäßiger Querschnittsformen.

durch einen in sich geschlossenen Linienzug begrenzt ist. Geschlossene Querschnittsformen sind solche, zu deren Darstellung zwei oder mehr in sich geschlossene Linienzüge notwendig sind. Eine genauere Kennzeichnung dieser Formen fester Stoffe wird durch Angaben über Lage, Anzahl und Abmessungen ihrer Flächen möglich. Die Einteilung der festen Stoffe nach ihren

Formen kann auch zum Aufbau von Klassifizierungssystemen, beispielsweise für Maschinenbauteile, **Bild 2.7**, und Stahlbauteile, **Bild 2.8**, dienen.

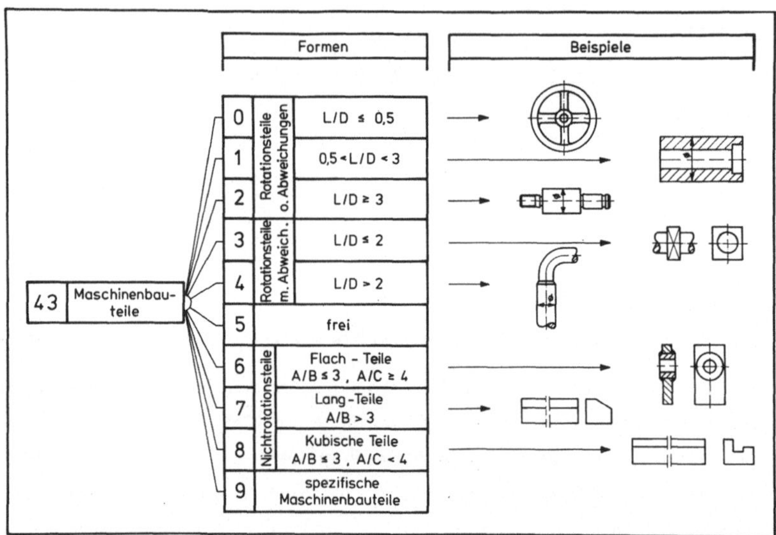

Bild 2.7: Teil des Formenschlüssels eines Klassifizierungssystems für Maschinenbauteile mit Beispielen.

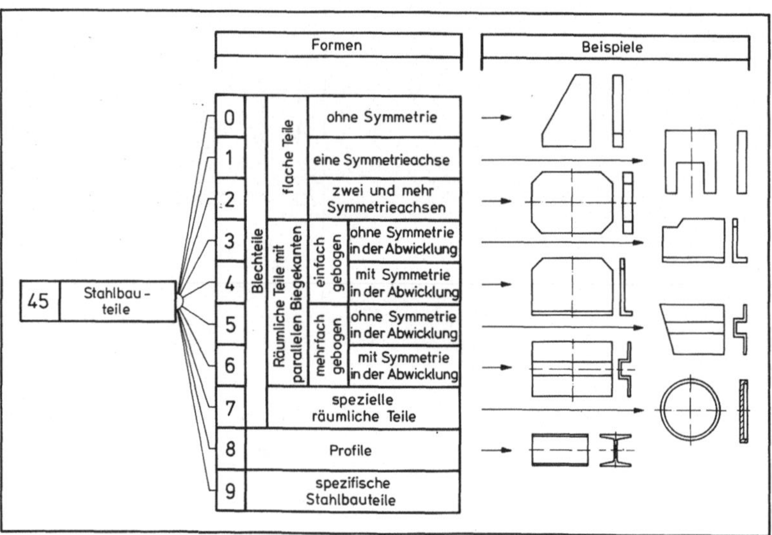

Bild 2.8: Teil des Formenschlüssels eines Klassifizierungssystems für Stahlbauteile mit Beispielen.

Die Güte eines Stoffes ist im allgemeinen von den Merkmalen

- Aufbau,
- Eigenschaften und
- Beschaffenheit

abhängig. Diese allgemeinen Merkmale können in spezielle Merkmale unterteilt werden. Das ist dem **Bild 2.9** mit erklärenden Beispielen zu entnehmen. Beim Stahl kann unter Zugrundelegung

allgemeine Gütemerkmale	spezielle Gütemerkmale	Beispiele
Aufbau	Zusammensetzung	chemische Analyse
	Gefüge	Kristallart, Kristallphasen, Gittertyp, Korngröße
Beschaffenheit	innere Beschaffenheit	Porigkeit, Lunkerung, Innenrisse, Seigerung, Einschlüsse, Anisotropie, Versetzungsdichte
	äußere Beschaffenheit	Außenrisse, Sauberkeitsgrad, Rauhigkeit, Maßhaltigkeit
Eigenschaften	mechanische Eigenschaften	Zugfestigkeit, Streckgrenze, Härte, Bruchdehnung, Brucheinschnürung, Zeitstandverhalten, Kerbschlagzähigkeit, Viskosität
	physikalische Eigenschaften	Dichte, elektrische Leitfähigkeit, Wärmeleitfähigkeit, lineare Wärmeausdehnung, Umwandlungstemperatur
	chemische Eigenschaften	Reaktionsverhalten, Korrosionsbeständigkeit
	technologische Eigenschaften	Vergießbarkeit, Schweißbarkeit, Vergütbarkeit, Umformbarkeit, Zerspanbarkeit

Bild 2.9: Gütemerkmale von Werkstoffen mit Beispielen.

seiner Gebrauchseigenschaften zwischen den Gütegruppen Massen-, Qualitäts- und Edelstahl unterschieden werden. Stähle werden auch nach ihrer chemischen Zusammensetzung (Arten sowie Mengen der Legierungsgehalte) in unlegierte, niedrig legierte, legierte und hochlegierte Stähle eingeteilt. Aufgrund der verwendeten Menge, der Vielseitigkeit ihrer Gebrauchseigenschaften und ihrer verhältnismäßig günstigen Preise stehen Stähle unter den metallischen Werkstoffen der Gegenwart an erster Stelle.

Stoffmengen können durch

- Masse,
- Gewicht,
- Volumen,
- Stückzahl oder
- Molzahl

beschrieben werden. Hierbei sind im allgemeinen, zur besseren Kennzeichnung der Stoffmengen, noch zusätzliche Angaben - beispielsweise Erdbeschleunigung, Dichte, spezifisches Volumen, Masse je Stück, Druck und Temperatur - sowie entsprechende Umrechnungen notwendig. Bei stoffdurchsetzenden technischen Systemen werden Stoffmengen meist je Zeiteinheit angegeben. Die Berechnung der Absolutmenge kann durch Integration über den Bezugszeitraum erfolgen.

Im Rahmen der stoffbezogenen Daten, die sich auf Mengen beziehen, sind die sogenannten

"Mengengerüste" bedeutungsvoll. Das sind Mengenverteilungen der Aus- und Eingangsstoffe, welche auf verschiedene Formen sowie Güten der Stoffe bezogen sein können. Formen und Güten der Stoffe werden mit Hilfe kennzeichnender Merkmale beschrieben. Formmerkmale sind beispielsweise Breiten, Längen, Dicken, Innen- und Außendurchmesser. Gütemerkmale sind unter anderem Werkstoffbezeichnungen, Werkstoffkenndaten, Innen- und Oberflächenbeschaffenheiten. Die Größe der einzelnen Teilmengen eines Mengengerüstes kann entweder durch bezogene Angaben, zum Beispiel in Prozent einer Erzeugungsmenge, oder durch absolute Angaben, zum Beispiel in Tonnen, beschrieben werden. Dabei muß die Summe der Teilmengen bei bezogener Angabe gleich 100 Prozent und bei absoluter Angabe gleich der aufgeteilten Gesamtmenge sein. Werte der Form- und Gütemerkmale - beispielsweise beim Merkmal "Länge" die Werte 10 mm, 20 mm oder 30 mm - werden Merkmalswerte genannt und sind dem Merkmal unmittelbar zugeordnet.

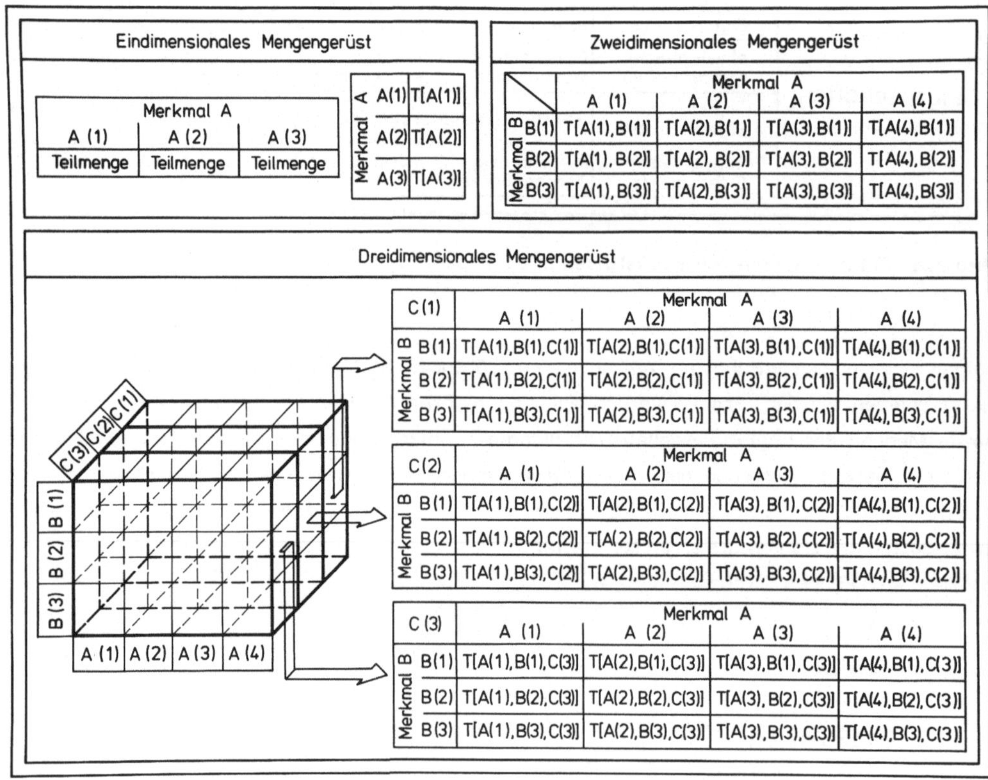

Bild 2.10: Aufbau von ein-, zwei- und dreidimensionalen Mengengerüsten in allgemeingültiger Darstellung.

Die Anzahl der im Mengengerüst zu unterscheidenden Merkmale bestimmt die Dimension des Gerüstes. Bei einem Merkmal entsteht ein eindimensionales, bei zwei Merkmalen ein zweidimensionales und bei n Merkmalen ein n-dimensionales Mengengerüst. Wenn die Anzahl der zu unterscheidenden Merkmale größer als zwei ist, dann sollte, aus Gründen der besseren

Darstellungsmöglichkeit, dieses Mengengerüst in mehrere zweidimensionale Gerüste aufgeteilt werden. Dabei ist die Summe der Teilmengen eines zweidimensionalen Mengengerüstes nicht gleich 100 % oder der Gesamtmenge; jedoch ist die Summe der Teilmengen aller zweidimensionalen Gerüste gleich 100 % oder gleich der Gesamtmenge. **Bild 2.10** zeigt den Aufbau von ein-, zwei- und dreidimensionalen Mengengerüsten in allgemeiner Darstellung. Diesem Bild ist auch die Aufteilung eines dreidimensionalen Mengengerüstes in mehrere zweidimensionale Gerüste zu entnehmen. Neben einer solchen Aufteilung kann auch die Rückführung eines n-dimensionalen (n größer oder gleich 3) Mengengerüstes auf ein zweidimensionales Gerüst oder mehrere zweidimensionale Gerüste sinnvoll sein. Unter Rückführung soll hier eine Zusammenfassung mehrere Merkmale zu einem neuen Merkmal verstanden sein. Diese Rückführung ist dann zweckmäßige, wenn bei der Zusammenfassung von Merkmalen ein brauchbares neues Merkmal entsteht, beispielsweise ergeben die Merkmale Breite und Dicke eines Stahlbandes das Merkmal Querschnittsfläche. **Bild 2.11** zeigt beispielhaft einige praxisorientierte Mengengerüste.

Eindimensionales Mengengerüst

Werkstoffbezeichnung nach DIN 17007	Anteil an der Sollproduktion in%
1.0355	10
1.0358	10
1.0305	10
1.0150	35
1.0841	35

Zweidimensionales Mengengerüst

Außendurchmesser in mm \ Anteil in%	Wanddicke in mm 2,6	5	8	12,5	16	20
20	3	2	—	—	—	—
30	3	8	2	—	—	—
44,5	2	6	10	2	—	—
70	—	7	14	11	4	—
82,5	—	3	5	7	1	1
108	—	1	1	2	3	2

Bild 2.11: Praxisorientierte Mengengerüste.

2.2.2. Energien

Aus praxisorientierter Sicht sind für stoffdurchsetzende technische Systeme die Energien besonders wichtig, welche zur Erzeugung oder Aufrechterhaltung eines technischen Verfahrensablaufes dienen. Das sind beispielsweise Antriebsenergien oder Energien zur Temperaturerhöhung. Energiearten sind

- mechanische,
  - potentielle,
    - Lage-,
    - Druck-,
  - kinetische,
- thermische,
- elektrische sowie magnetische,

- akustische,
- optische,
- chemische und
- atomare

Energien. Energieumsätze, auch Energieumwandlungen genannt, sind entweder gewollt oder Nebenerscheinungen eines Verfahrensablaufes. Es gibt auch unerwünschte Nebenerscheinungen bei Energieumsätzen. Demnach kann der Umsatz von elektrischer Energie in thermische Energie im Anker eines Elektromotors eine unerwünschte Nebenerscheinung sein. Mit der Verwirklichung gewollter Energieumsätze und der Begrenzung unerwünschter Energieumwandlungen auf ein Mindestmaß befaßt sich die Energietechnik.
Die Form einer Energie kann unter anderem durch den

- Zustand des Energieträgers und
- Ungleichförmigkeitsgrad

beschrieben werden. Darüberhinaus können Energieformen durch zusätzliche Angaben, wie

- Frequenz,
- Frequenzgang und
- Phasen

näher gekennzeichnet werden. Als Beispiel für die Beschreibung der Form einer Energie nach dem Zustand des Energieträgers dient der Energieträger Wasser. Hierbei lassen sich die Formen

- überhitzter Dampf,
- Sattdampf,
- Naßdampf und
- Heißwasser

unterscheiden.
Energien können, gemessen am Grad ihrer Umwandelbarkeit, welcher auch ein Maßstab für die Nutzbarkeit in technischen Systemen ist, in

- umsetzbare,
- teilweise umsetzbare und
- nicht umsetzbare

Energien eingeteilt werden. Somit kann die Nutzbarkeit ein Maß für die Güte einer Energie sein.

2.2.3. Signale

Signale sind Darstellungen von Informationen mittels physikalischer Größen. Solche physikalischen Größen werden manchmal auch als Signalträger bezeichnet. Ein Informationsaustausch erfolgt stets durch die Übermittlung von Signalen. Der Signalparameter ist diejenige Kenngröße des Signales, welche die Informationen trägt. Signale können entweder analog oder digital dargestellt werden. Das analoge Signal ist ein solches, bei dem einem kontinuierlichen

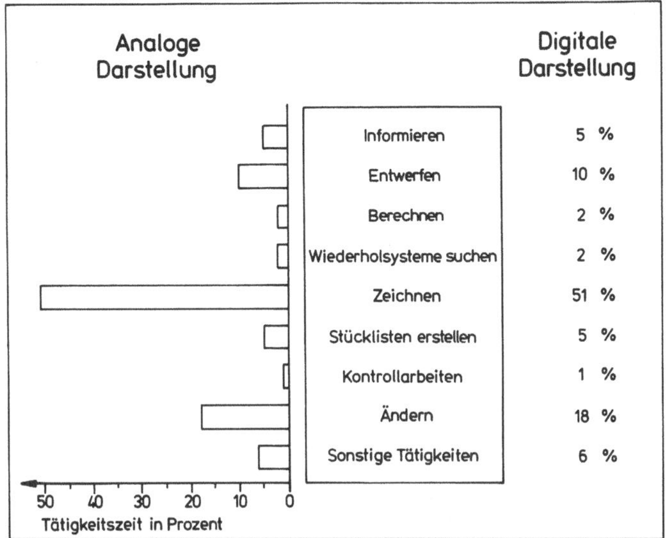

Bild 2.12: Analoge und digitale Darstellung der Tätigkeiten beim klassischen Konstruieren komplexer technischer Systeme für das Ur- und Umformen der Metalle, nach / 19 /.

Wertebereich des Signalparameters Punkt für Punkt unterschiedliche Informationen zugeordnet sind. Unter einem digitalen Signal ist ein solches mit einer endlichen Anzahl von Wertebereichen des Signalparameters zu verstehen. Dabei ist jedem Wertebereich als Ganzem eine bestimmte Information zugeordnet / 4 /. Der Unterschied zwischen analoger und digitaler Darstellung von Informationen ist in **Bild 2.12** verdeutlicht. Das **Bild 2.13** zeigt die Abhängigkeiten zwischen dem Kostenaufwand und der erreichbaren Genauigkeit bei analoger sowie digitaler Darstellung von Signalen. Demnach wird die digitale Darstellung mit größer werdender Genauigkeit kostengünstiger als die analoge.

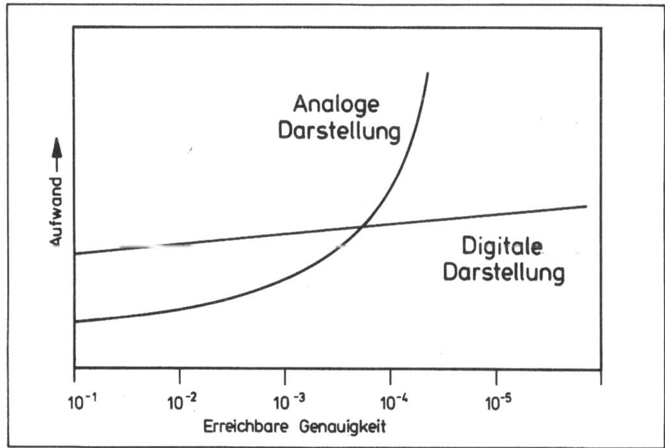

Bild 2.13: Abhängigkeiten zwischen Kostenaufwand und erreichbarer Genauigkeit bei analoger sowie digitaler Darstellung von Signalen.

Signalarten können nach ihrer Übertragungsart beispielsweise in

- mechanische,
- thermodynamische,
- elektrische, magnetische sowie elektromagnetische,
- akustische und
- optische

Signale eingeteilt werden.
Unter Signalformen sind ihrem Zwecke oder ihrer Wirkung entsprechend

- Meß-,
- Führungs-,
- Stell- und
- Stör-

Signale zu verstehen.
Die Güte eines Signales ist unter anderem von

- der Modulationsfähigkeit des Signalgebers,
- dem Auflösungsvermögen des Signalempfängers,
- der Leitfähigkeit des Signalübertragers und
- der Informationsdichte

abhängig.

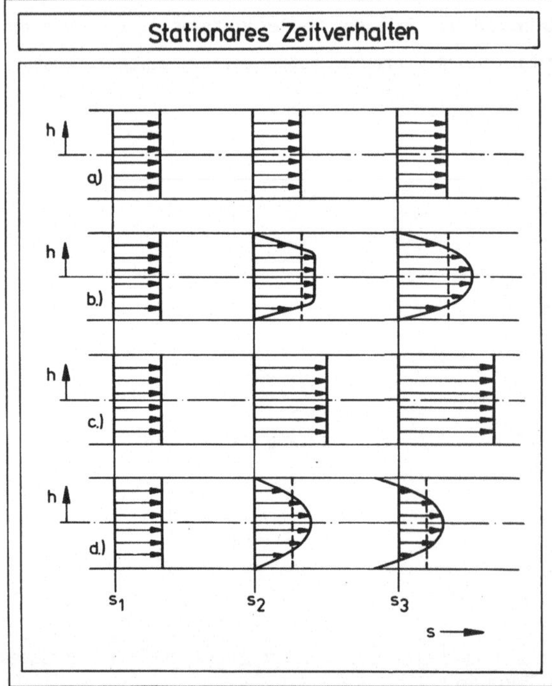

Bild 2.14: Erscheinungsformen des stationären Zeitverhaltens von Stoffflüssen.

Aus praxisorientierter Sicht können unter Signalmengen beispielsweise entweder die Anzahl der notwendigen Signale zur Aufrechterhaltung eines Verfahrensablaufes in einem komplexen technischen System oder bei diskontinuierlichen Messungen die Signalfolge je Zeiteinheit und Informationsquelle verstanden sein.

Wie bereits gesagt, können Stoffe, Energien sowie Signale durch Art- und Mengenmerkmale näher gekennzeichnet werden. Eine solche Kennzeichnung ist im allgemeinen dann hinreichend, wenn Zustände, beispielsweise Anfangs- und Endzustände von Prozessen, zu betrachten sind. Zur Kennzeichnung von Zeitabhängigkeiten, zum Beispiel während der Verfahrensabläufe in stoff-, energie- und signaldurchsetzenden technischen Systemen, ist ein weiteres Merkmal, das Zeitverhalten der Stoffe, Energien und Signale, zu betrachten. Bei Energien und Signalen ist diese Information oft schon in Daten über ihre Formen und/oder Güten enthalten. Das ist bei Stoffen oft nicht gegeben. Hierbei wird meist die zusätzliche Angabe ihres Zeitverhaltens erforderlich. Das Zeitverhalten von Stoffflüssen kann beispielsweise in die Gruppen

- stationär,
    - unveränderlich über den Weg sowie den Querschnitt, (a),
    - im Mittel unveränderlich über den Weg, veränderlich über den Querschnitt, (b),
    - veränderlich über den Weg, gleichförmig über den Querschnitt, (c),
    - veränderlich über den Weg sowie den Querschnitt, (d), **Bild 2.14**,
- instationär regelmäßig,
    - schwellend,
    - wechselnd,
- instationär unregelmäßig,
    - schwellend,
    - wechselnd, **Bild 2.15**,

eingeteilt werden. Stationäre Flüsse sind solche, bei denen die den Fluß kennzeichnenden Größen an jedem Punkt des Weges innerhalb eines Bezugszeitraumes gleichbleiben. Flüsse werden instationär genannt, wenn sich ihr Verhalten an wenigstens einem Punkt des Weges innerhalb eines Bezugszeitraumes ändert. Ein regelmäßiges Zeitverhalten kann unmittelbar mathematisch

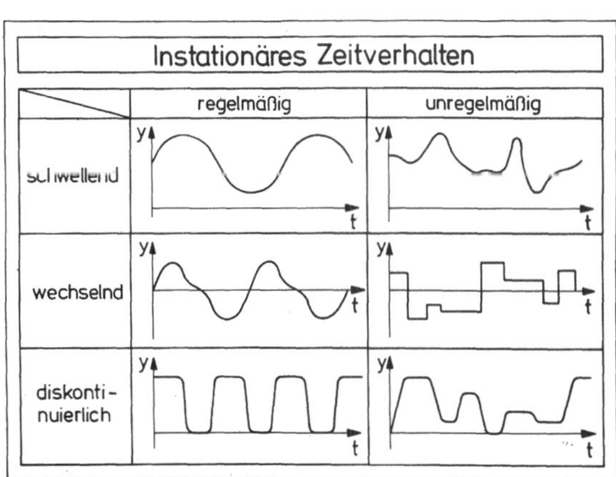

Bild 2.15: Erscheinungsformen des instationären Zeitverhaltens von Stoffflüssen.

beschrieben werden. Das unregelmäßige Zeitverhalten eines Flusses ist meist vom Zufall oder von unbekannten Einflüssen abhängig und läßt sich im allgemeinen nur mit statistischen Methoden beschreiben. Bei regel- sowie unregelmäßigem instationärem Zeitverhalten von Flüssen können schwellende und wechselnde Verläufe unterschieden werden.
In der Praxis wird besonders bei technischen Systemen, die feste oder flüssige Stoffe durchsetzen, oft auch von diskontinuierlichen und kontinuierlichen Betriebsweisen der Systeme gesprochen. Dabei sind unter diskontinuierlichen Betriebsweisen im allgemeinen solche mit, in einem Bezugszeitraum, unterbrochenen Stoffflüssen und unter kontinuierlichen Betriebsweisen solche mit, in einem Bezugszeitraum, ununterbrochenen Stoffflüssen zu verstehen.

2.3. Zeiten

Nach Klärung der geforderten Stoff-, Energie- und/oder Signal-Flüsse sowie -Umsätze, deren Qualitäts- und Quantitätsmerkmale Arten sowie Mengen am Aus- und Eingang des technischen Systems werden Zeiten ermittelt. Dabei wird nach W.H. Mieth / 5 / zwischen

- Kalenderzeit,
- Betriebszeit,
- Stillstandszeit,
- Nutzungszeit,
- Nutzungshauptzeit,
- Nutzungsnebenzeit und
- Unterbrechnungszeit

unterschieden, **Bild 2.16.** Die hier behandelten Zeiten beziehen sich auf das Betriebsverhalten der technischen Systeme und sind keine Termine.

Die "Kalenderzeit" eines technischen Systems ist der in einer Zeitbilanz betrachtete Gesamtzeitraum, entweder als Kalenderzeitabschnitt (Jahr, Monat, Woche, Tag) oder als bestimmte Zeitdauer eines in sich geschlossenen Vorganges, welcher in der Zeitbilanz aufgeteilt werden soll. "Betriebszeit" ist die Differenz zwischen Kalenderzeit und Stillstandszeit. Während der Betriebszeit ist das gemäß Stellenbesetzungsplan zugehörige Personal tätig. Unter "Stillstandszeit" ist die Zeit zu verstehen, während der ein technisches System nicht genutzt wird und das zugehörige Personal entweder nicht anwesend oder am System nicht bestimmungsgemäß eingesetzt ist. Gründe für eine Stillstandszeit können unter anderem Vorschriften des Gesetzgebers, betriebliche Vereinbarungen oder Auftragsmangel sein. In dieser Zeit können beispielsweise auch langfristig notwendig gewordene Wartungs- und Reparaturarbeiten durchgeführt werden. Unter "Nutzungszeit" ist der Zeitraum der Betriebszeit zu verstehen, in dem ein System seiner Aufgabe entsprechend eingesetzt ist oder dafür vorbereitet wird. Die "Nutzungshauptzeit" ist der Zeitraum der Nutzungszeit, in dem das System seiner Aufgabe entsprechend genutzt wird. Eine "Nutzungsnebenzeit" ist derjenige Teil der Nutzungszeit, in dem das technische System für seine zweckbestimmte Nutzung eingerichtet und vorbereitet wird.

Demnach ist beispielsweise beim Stahlstranggießen die Dauer des Gießvorganges (Gießzeit) die "Nutzungshauptzeit" und die Zeit zum Entleeren sowie Vorbereiten (Rüstzeit) einer Gießanlage für das Gießen die "Nutzungsnebenzeit". Beim Halbzeug-, Stabstahl- oder Drahtwalzen ist die Walzzeit einschließlich der unvermeidlichen Block- oder Knüppelfolgezeiten "Nutzungshauptzeit" und die Zeit für das Umbauen, Einrichten sowie Probewalzen "Nutzungsnebenzeit". Die "Unterbrechungszeit" ist die Differenz zwischen Betriebs- und Nutzungszeit. Unterbrechungszeiten werden auch Ausfallzeiten genannt und können beispielsweise infolge von Bedienungsfehlern oder Störungen der Betriebsabläufe auftreten.

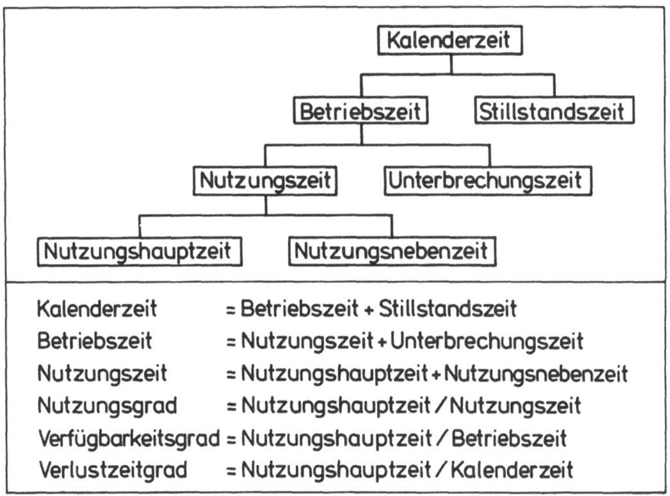

Bild 2.16: Einteilung der Zeiten zur Aufstellung von Zeitbilanzen für technische Systeme.

Das Verhältnis der Nutzungshauptzeit zur Nutzungszeit wird "Nutzungsgrad" genannt. Der Nutzungsgrad eines Systems wird entweder mit wachsender Nutzungshauptzeit oder mit sinkender Nutzungsnebenzeit größer. Das Verhältnis der Nutzungshauptzeit zur Betriebszeit wird "Verfügbarkeitsgrad" genannt. Der Verfügbarkeitsgrad eines Systems wird entweder mit wachsender Nutzungshauptzeit oder mit sinkenden Unterbrechungs- und/oder Nutzungsnebenzeiten größer.

Das Verhältnis der Nutzungshauptzeit zur Kalenderzeit wird "Verlustzeitgrad" genannt. Der Verlustzeitgrad eines Systems wird entweder mit wachsender Nutzungshauptzeit oder mit sinkenden Stillstands-, Unterbrechungs- und/oder Nutzungsnebenzeiten größer.

Zeitgrade sind besonders aussagekräftige Merkmale für eine Bewertung komplexer technischer Systeme. Eine Zeitbilanz ist, in Verbindung mit Stoff-, Energie- oder Signalmengen sowie mit deren Mengengerüsten, Grundlage für die Ermittlung der betrieblichen Verarbeitungskosten.

2.4. Umwelt- und Systemeinflüsse

Unter der Umwelt eines technischen Systems sind alle Gegebenheiten in seiner vorgesehenen oder tatsächlichen Umgebung zu verstehen, mit denen das System mittelbar sowie unmittelbar in Wechselwirkungen steht oder treten kann. Diese Wechselwirkungen müssen, neben den Beziehungen zwischen Forderungen und erfüllten Forderungen, beim Projektieren und Konstruieren technischer Systeme berücksichtigt werden. Dabei sind einerseits die Umwelt- und Systemeinflüsse und andererseits die umwelt- und systembezogenen Bedingungen zu unterscheiden. Umwelteinflüsse sind Gegebenheiten, die von der Umwelt auf das technische System wirken. Systemeinflüsse sind Gegebenheiten, die von dem System auf die Umwelt wirken. Umwelteinflüsse gehen beispielsweise von

- geographischen,
- klimatischen,
- geologischen,
- biologischen und/oder
- technischen

Gegebenheiten sowie vom Menschen aus. Bei der Einteilung der Daten über Umwelteinflüsse müssen Komplexität sowie Zugehörigkeit des zu bearbeitenden technischen Systems beachtet werden. Umwelteinflüsse, die beim Projektieren und Konstruieren eines komplexen Systems, beispielsweise eines Hüttenwerkkombinates (Werkegruppe), zu berücksichtigen sind, können wie folgt eingeteilt werden.

Geographische Gegebenheiten:

- Lage,
- bestehende Verkehrsverbindungen,
    - Seeschiffahrtswege,
    - Binnenschiffahrtswege,
    - Schienenwege,
    - Straßen,
    - Flughäfen,
- Zuliefermärkte,
- Absatzmärkte,

Klimatische Gegebenheiten:

- Lufttemperatur,
    - Tag/Nacht,
    - Sommer/Winter,
- Luftfeuchtigkeit,
    - Tag/Nacht,
    - Regenzeit/Trockenzeit,
- Luftdruck,
- Luftbewegung,

      - Windstärken,
      - Windrichtungsverteilung,
  - Luftanalyse,
      - Zusammensetzung,
      - Besondere Beimischungen,
          - Gase,
          - Aerosole.

Geologische Gegebenheiten:
  - Bodenverhältnisse,
      - Bodenart,
      - Bodengestalt,
      - Bodenbeschaffenheit,
      - Abgrabungen (Bergbau),
  - Rohstoff- und Energievorkommen,
  - Seismizität.

Biologische Gegebenheiten:
  - Landschaftsschutzgebiet,
  - Tierschutzgebiet,
  - Schädlinge.

Technische Gegebenheiten:
  - Belastungen durch benachbarte technische Systeme,
      - Erschütterungen,
      - Dunst,
      - Staub,
      - chemisch aktive Substanzen,
      - Lärm.

Einflüsse von Menschen:
  - Arbeitsmarkt,
      - Beschäftigungsniveau,
      - Lohnkostenniveau,
      - Ausbildungsniveau,
  - Bevölkerung,
      - Siedlungsdichte,
      - öffentliche Meinung,
  - politische Struktur und Wirtschaftsstruktur,
      - Staatsform,
      - Wirtschaftsform,
      - industrielle und gewerbliche Nutzung,
      - land- und forstwirtschaftliche Nutzung.

Die Aufzählung dieser Gegebenheiten läßt erkennen, daß es nicht möglich ist, eine vollständige, für alle technischen Systeme allgemeingültige Liste der Umwelteinflüsse zu erstellen. Das wird besonders bei einem Vergleich mit Umwelteinflüssen, welche bei anderen technischen Systemen als Hüttenwerken zu berücksichtigen sind, deutlich. Beispielsweise sind oft nicht alle genannten klimatischen Gegebenheiten beim Projektieren und Konstruieren eines Hallenkranes zu beachten, jedoch müßte diese Unterteilung zur Projektierung einer Klimaanlage für den Bedienungsraum eines solchen Kranes verfeinert werden. Auch können für Teilsysteme eines komplexen Gesamtsystems die Listen der Umwelteinflüsse unterschiedlich aufgebaut sein. Besonders bei niedrig komplexen Systemen, beispielsweise Teilegruppen, ist eine Begrenzung auf solche Daten, die vom sogenannten "Normalzustand" abweichen, angebracht. Dabei können die Umwelteinflüsse auf wenige Informationen schrumpfen. Es ist aber stets zu bedenken, daß Umwelteinflüsse, die beim Projektieren oder Konstruieren unbeachtet bleiben, oft aufwendige nachträgliche Änderungen erforderlich machen und damit das Betriebsergebnis erheblich beeinflussen.
Informationen, die zu den einzelnen Gegebenheiten erhalten werden, lassen sich zum Teil durch Zahlenangaben (quantifizierbar) und zum Teil nur beschreibend (qualifizierbar) darstellen. Unter quantifizierbaren Daten sind solche zu verstehen, die ohne Änderung in Berechnungsformeln eingesetzt werden können. Das gilt beispielsweise für Luftdruck und Lufttemperatur bei der Ermittlung des Wirkungsgrades von Verdichtern oder Feuerungen. Manche Angaben lassen sich auch unter Verwendung von, auf Erfahrungswerten beruhenden, Tabellen in quantitativ nutzbare Daten umsetzen. Beispielsweise sind, abhängig von der Klimazone, bestimmte Schneelasten zu beachten, die bei der Berechnung von Stahlbauten (Hallen) berücksichtigt werden müssen / 6 /. Qualifizierbare Daten sind solche, die nicht in Berechnungsformeln einsetzbar sind. Hierbei sind die Einflüsse der Gegebenheiten, welche durch diese Daten beschrieben werden, oft sehr kompliziert und deshalb nicht mathematisch erfaßbar. Solche Informationen müssen jedoch bei der Bewertung und Auswahl der physikalischen sowie konstruktiven Lösungsmöglichkeiten berücksichtigt werden. Umwelteinflüsse sind unabhängig von dem zu bearbeitenden technischen System sowie den zu erfüllenden Forderungen.

Systemeinflüsse haben ihren Ursprung in dem technischen System. Deshalb können die Wirkungen der Systemeinflüsse erst dann ermittelt werden, wenn die konstruktive Ausführung des Systems festgelegt ist. Die Wirkungen der Systemeinflüsse sind aber bei der Aufgabenklärung aufgrund ihrer Kenntnis bei ähnlichen, schon verwirklichten technischen Systemen zumindest teilweise quantifizierbar und zum großen Teil qualifizierbar. Eine Liste der Systemeinflüsse kann im allgemeinen nach den gleichen Merkmalen wie diejenige der Umwelteinflüsse eingeteilt werden. Am Beispiel eines Stahlwerkes, **Bild 2.17**, wird dargelegt, welche wesentlichen unmittelbaren Einflüsse eines komplexen technischen Systems auf die Umwelt in Betracht zu ziehen sind und wie diese Systemeinflüsse qualitativ und quantitativ dargestellt werden können, **Bild 2.18.** Das in Bild 2.17 (Grundriß) schematisch gezeigte Stahlwerk besteht aus einem Schmelzbetrieb mit einem 25-t-UHP-Lichtbogenofen und einem Stranggießbetrieb mit einer zweiadrigen Gießanlage. Es ist für eine Erzeugungsmenge von 48.000 t Strang-Knüppel mit Abmessungen 127 mm x 127 mm bis 180 mm x 180 mm (Querschnitt) und 3000 mm bis 5000 mm (Länge) je Jahr ausgelegt. Dem Bild 2.18 sind neben Ein- und

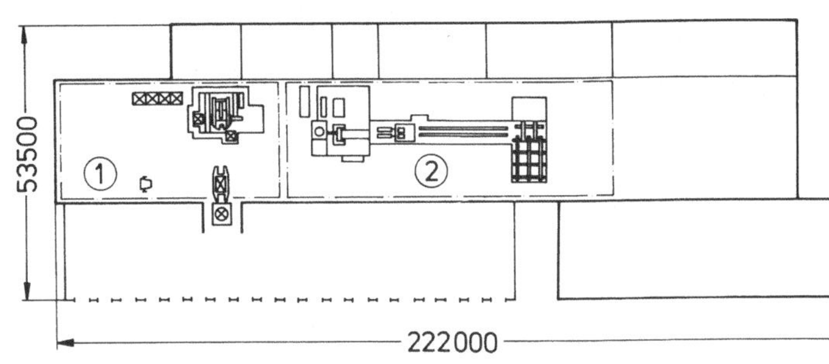

Bild 2.17: Grundriß eines Elektro-Stahlwerkes in schematischer Darstellung.

① Schmelzbetrieb
② Stranggießbetrieb

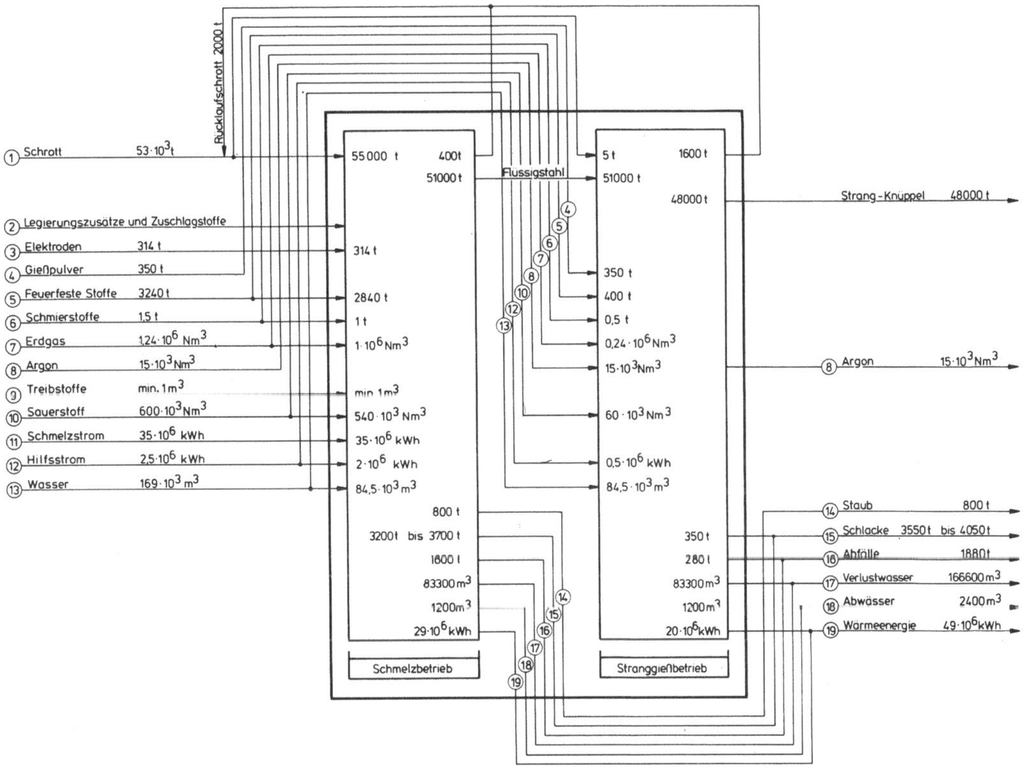

Rücklaufschrott 2000 t
① Schrott 53·10³ t
② Legierungszusätze und Zuschlagstoffe
③ Elektroden 314 t
④ Gießpulver 350 t
⑤ Feuerfeste Stoffe 3240 t
⑥ Schmierstoffe 1,5 t
⑦ Erdgas 1,24·10⁶ Nm³
⑧ Argon 15·10³ Nm³
⑨ Treibstoffe min. 1 m³
⑩ Sauerstoff 600·10³ Nm³
⑪ Schmelzstrom 35·10⁶ kWh
⑫ Hilfsstrom 2,5·10⁶ kWh
⑬ Wasser 169·10³ m³

Schmelzbetrieb
55000 t
314 t
2840 t
1 t
1·10⁶ Nm³
min 1 m³
540·10³ Nm³
35·10⁶ kWh
2·10⁶ kWh
84,5·10³ m³
400 t
51000 t
800 t
3200 t bis 3700 t
1600 t
83300 m³
1200 m³
29·10⁶ kWh

Flüssigstahl

Stranggießbetrieb
5 t
51000 t
350 t
400 t
0,5 t
0,24·10⁶ Nm³
15·10³ Nm³
60·10³ Nm³
0,5·10⁶ kWh
84,5·10³ m³
1600 t
48000 t
350 t
280 t
83300 m³
1200 m³
20·10⁶ kWh

Strang-Knüppel 48000 t
⑧ Argon 15·10³ Nm³
⑭ Staub 800 t
⑮ Schlacke 3550 t bis 4050 t
⑯ Abfälle 1880 t
⑰ Verlustwasser 166600 m³
⑱ Abwässer 2400 m³
⑲ Wärmeenergie 49·10⁶ kWh

Bild 2.18: Ein- und Ausgangsdaten für Stoffe sowie Energien und wichtige Emissionen des in Bild 2.17 dargestellten Elektro-Stahlwerkes.

Ausgangsdaten für Stoffe und Energien auch die wichtigen Emissionen des in Bild 2.17 dargestellten Elektrostahlwerkes

- Argon,
- Staub,

- Schlacke,
- Abfälle,
- Verlustwasser,
- Abwasser sowie
- Abwärme

mit gerundeten, auf den Jahresdurchschnitt bezogenen Mengenangaben zu entnehmen. In diesem Bild sind Daten über Lärmemission nicht enthalten. Folgende Darlegungen sollen die Wichtigkeit der Erfassung auch dieser Informationen im Rahmen der Aufgabenklärung verdeutlichen. Weil die Lärmbelästigung eines 400 m vom Stahlwerk entfernten Wohngebietes durch einen dort zulässigen Schallpegel von höchstens 50 dB (A) begrenzt ist, die Lärmentwicklung am Lichtbogenofen aber etwa 105 dB (A) beträgt und die Schallabnahme aufgrund der Entfernung (400 mm) mit 25 dB (A) berücksichtigt werden kann, müssen noch Maßnahmen für eine Lärmdämmung von 30 dB (A) vorgesehen werden.
Wie weitreichend die Einflüsse technischer Systeme auf ihre Umwelt sind, kann am Beispiel eines Hüttenwerkkombinates erklärt werden, welches in einem jungen Industrieland errichtet wird. Verkehrswege und Transportmittel für die Verbindungen zu den Zuliefer- sowie Absatzmärkten müssen geschaffen oder ausgebaut werden. Arbeitskräfte werden gebunden. Das Einkommen der Bevölkerung steigt, neue Bedüfnisse werden geweckt. Über die erweiterten Verkehrsverbindungen gelangen auch neue Waren in das Gebiet, Nachfrage und Angebot steigen. Durch den Bedarf an qualifizierten Arbeitskräften erhöht sich der Ausbildungs- und Bildungsstandard. Infolge der Bemühungen des Betreibers, Krankheitsfälle zu vermeiden, wird das Gesundheitswesen verbessert.

Systemeinflüsse können schädlich oder unerwüncht sein und werden deshalb vom Kunden oder von überwachenden Institutionen durch Vorschriften begrenzt. Diese Begrenzungen werden umweltbezogene Bedingungen genannt.

2.5. Umwelt- und systembezogene Bedingungen

Umweltbezogene Bedingungen grenzen die zu erwartenden Systemeinflüsse auf die Umwelt ein und sind Vereinbarungen, Verpflichtungen, Bestimmungen sowie Abmachungen zwischen Vertragspartnern oder Vertragspartnern und Dritten. Zur vollständigen Erfassung dieser Bedingungen ist die Kenntnis von damit in Zusammenhang stehenden, einzuhaltenden Gesetzen und anderen Vorschriften erforderlich. Umweltbezogene Bedingungen können von

- dem Auftraggeber (Kunden),
- technischen Fachverbänden,
- dem Staat,
- zwischenstaatlichen Organisationen,
- nichtstaatlichen internationalen Organisationen und
- privaten nationalen Organisationen

festgelegt werden. Solche Bedingungen werden manchmal auch als Verkaufsargumente vom Hersteller technischer Systeme dem Kunden vorgeschlagen. Sie sind in

- Anfragen oder Ausschreibungen,
- Aufträgen,
- VDI-, VDE-, VDEh-, DIN-, ISO-, ASA-Richtlinien oder Empfehlungen und
- Gesetzen, Verordnungen oder Verwaltungsvorschriften

niedergelegt.
Umweltbezogene Bedingungen haben meist die

- Abfallbeseitigung,
- Reinhaltung von
    - Luft
    - Wasser,
        - Grundwasser,
        - Binnengewässern,
        - Küstengewässern,
        - hoher See,
    - Boden,
    - Natur sowie Landschaft und
- Belastungen durch
    - Schall,
    - Erschütterungen,
    - Wärme,
    - Strahlen,
    - Gerüche

zum Inhalt.
Unter Abfallbeseitigung ist das

- Einsammeln,
- Befördern,
- Behandeln,
- Lagern,
- Ablagern und
- Wiederverwenden

von Abfällen aller Art, hier insbesondere von Sondermüll (das sind zum Beispiel radioaktive sowie produktionsspezifische Stoffe) und inerten Stoffen, zu verstehen. Die Wiederverwendung von Abfällen ist im allgemeinen durch

- Verwertung im Produktionsprozeß,
- Nutzung des Energieinhaltes und
- Rückführung in biologische Kreisläufe

erreichbar. Diese Möglichkeiten sollten bereits bei der Aufgabenklärung in Betracht gezogen werden.

Wichtige stoffliche Verunreinigungen von Luft, Wasser, Boden, Natur sowie Landschaft, die zu Schäden führen können und deshalb einer Begrenzung bedürfen, sind

- Schwermetallverbindungen der Elemente
  - Quecksilber,
  - Kadmium,
  - Blei,
- Kohlenmonoxid,
- Schwefeloxide,
- Stickoxide,
- Fluorverbindungen,
- Chlorverbindungen,
- Kohlenwasserstoffe,
- Pestizide,
- Düngemittel,
- Waschmittel,
- Streusalze und
- sonstige Umweltchemikalien / 7 /.

Bei der Begrenzung der Luftverunreinigung sind der innerbetriebliche und außerbetriebliche Bereich voneinander zu unterscheiden. Dabei sind besonders die MAK- und MIK-Werte zu beachten. Im innerbetrieblichen Bereich ist unter maximaler Arbeitsplatzkonzentration (MAK) die Konzentration eines gas-, dampf- oder staubförmigen Stoffes in der Luft am Arbeitsplatz zu verstehen, die nach derzeitiger Kenntnis auch bei langfristiger, in der Regel achtstündiger Einwirkung, jedoch bei Einhaltung einer Wochenarbeitszeit bis zu 45 Stunden, im allgemeinen die Gesundheit der Beschäftigten nicht schädigt. MAK-Werte sind von Land zu Land unterschiedlich. Sie werden durch Versuche ermittelt und sind in Listen zusammengefaßt erhältlich / 8 /. Die Begrenzung der außerbetrieblichen Luftverunreinigung (Immission) zum Schutze der Allgemeinheit ist durch die maximale Immissionskonzentration (MIK) festgelegt. Dabei werden zwei MIK-Werte, MIK_D und MIK_K, unterschieden / 9 /. MIK_D ist der Grenzwert für dauernde und MIK_K derjenige für kurzzeitige Einwirkung. Umweltbezogene Bedingungen zur Reinhaltung von Wasser können je nach Lage des Standortes technischer Systeme verschieden sein. So sind beispielsweise die Konzentrationen verunreinigender Stoffe in Abwässern besonders dann niedrig zu halten, wenn sie in Binnengewässer ohne natürlichen Abfluß geleitet werden. Auch sind örtlich begrenzte besondere Schutzmaßnahmen in der Umgebung von Trinkwasser-Gewinnungsgebieten zu beachten.

Als Schall werden mechanische Schwingungen eines elastischen Stoffes um eine Mittellage im Frequenzbereich der Wahrnehmbarkeit des menschlichen Ohres bezeichnet. Töne sind sinusförmige Schwingungen. Mehrere gleichzeitig hörbare Einzeltöne bilden ein Geräusch, wenn ihre Schwingungszahlen in einem nicht ganzzahligen Verhältnis zueinander stehen. Unter Lärm sind störend wirkende Geräusche zu verstehen. Die Beurteilung von Arbeitslärm ist in einer VDI-Richtlinie festgelegt / 10 /. Erschütterungen können nicht nur den Menschen beeinflussen, sondern auch das Betriebsverhalten technischer Systeme, beispielsweise das Verhalten schnell laufender Turbomaschinen.

Bei der Beschreibung umweltbezogener Bedingungen mit Hilfe von Meßwerten müssen daneben die zugehörigen Meßverfahren, Meßzeiten und Meßorte angegeben werden. Das ist auch für einen späteren Nachweis der Erfüllung solcher Bedingungen bedeutungsvoll. Umweltbezogene Bedingungen sollten stets gewissenhaft geprüft werden, weil der Aufwand für ihre Erfüllung oft unerwartet hoch ist und er sich meist hinter wenig aussagekräftigen Angaben verbirgt. Zudem steigen die Kosten für die Vermeidung oder Beseitigung unerwünschter Einflüsse im Verhältnis zu dem Grad des geforderten oder angestrebten Schutzes der Umwelt im allgemeinen stark überproportional. Eine Hilfe zur Beurteilung dieser Bedingungen bei der Aufgabenklärung ist ein Verhältnis-Kostenverzeichnis. Darin sind, aufgrund bereits konstruierter und in Betrieb befindlicher technischer Systeme, umweltbezogene Bedingungen mit den Aufwendungen für ihre Erfüllung zusammengestellt.

Systembezogene Bedingungen sind Vereinbarungen, Verpflichtungen, Bestimmungen und Abmachungen, sie sich unmittelbar auf bestimmte technische Systeme beziehen. Sie verringern oft die Lösungsvielfalt und begrenzen dadurch die Handlungsfreiheit des Projekteurs sowie Konstrukteurs. Einerseits können diese Bedingungen den Arbeitsaufwand beim Projektieren sowie Konstruieren verkleinern, indem beispielsweise bestimmte konstruktive Lösungen oder Teilsysteme vorgegeben werden. Andererseits können solche Bedingungen den Arbeitsaufwand vergrößern, wenn beispielsweise durch vorgegebene konstruktive Lösungen oder technische Teilsysteme umfangreiche Aufwendungen zur Anpassung sowie Integration in Gesamtsysteme notwendig werden. Systembezogen Bedingungen können von

- dem Auftraggeber (Kunden),
- Fachverbänden,
- dem Staat und
- dem Auftragnehmer (Hersteller)

sowie aufgrund von Arbeitsergebnissen aus vorgeordneten Komplexitätsebenen festgelegt werden. Sie sind in

- Anfragen oder Ausschreibungen,
- Aufträgen,
- VDI-, VDE-, VDEh-, DIN-, ISO-, ASA-Richtlinien oder Empfehlungen,
- Gesetzen, Verordnungen, Verwaltungsvorschriften,
- innerbetrieblichen Konstruktionsvorschriften und
- Ausgabedateien (Datensammlung von Arbeitsergebnissen) vorgeordneter Komplexitätsebenen

niedergelegt. Diese Bedingungen beinhalten meist Aussagen über

- Art sowie Umfang der Kundenbeistellungen,
- besondere Eigenschaften der Systeme,
- zusätzlich geforderte Funktionen sowie Teilsysteme,
- Festlegung bestimmter Unterlieferanten für Zukaufsysteme,
- zusätzliche Sicherheitsvorkehrungen,
- besondere Berechnungen zu Teilsystemen sowie Teilen,

- Daten, die aufgrund durchgeführter Projektierungs- oder Konstruktionsarbeiten die Variationsmöglichkeiten begrenzen, und/oder
- Daten, die erfahrungsgemäß zur Berechnung der Teilsysteme notwendig sind.

Unter Kundenbeistellungen sind hier technische Systeme zu verstehen, die vom Auftraggeber (Kunden) selbst beschafft oder aus seinen eigenen Beständen gestellt werden. Das hat manchmal umfangreiche Anpassungsmaßnahmen zur Folge. Besondere Eigenschaften der Systeme sind beispielsweise

- Ausbaufähigkeit,
- Umrüstbarkeit,
- Wechselbarkeit und
- Austauschbarkeit von Teilsystemen untereinander.

Zusätzlich geforderte Funktionen sowie Teilsysteme sind solche, die nicht zur Erfüllung der Haupt- oder Grundfunktionen mit ihren zugehörigen Teilfunktionen sowie zum Betrieb der Haupt- oder Grundsysteme mit ihren zugehörigen Teilsystemen notwendig sind. Solche Funktionen oder Teilsysteme sind oft dadurch gekennzeichnet, daß sie zum Zeitpunkt ihrer Vereinbarung den sogenannten Stand der Technik überschreiten. Zukaufsysteme sind technische Systeme, die nicht vom Auftragnehmer (Hersteller) selbst gefertigt oder vom Kunden beigestellt, sondern von Dritten (Unterlieferanten) bezogen werden. Das können beispielsweise Öfen, Motore oder regelungstechnische Geräte sein. Manchmal gibt es zwischen Herstellern oder Kunden und Unterlieferanten Verträge sowie Vereinbarungen die den Bezug von Zukaufsystemen bestimmter Unterlieferanten vorschreiben. Sicherheitsvorkehrungen, beispielsweise Fluchtwege, Geländer, doppelte Ausführung wichtiger Antriebsysteme und Notenergie-Versorgungseinrichtungen, sind oft durch Richtlinien technischer Fachverbände sowie Gesetze, Verordnungen oder baupolizeiliche Vorschriften geregelt. Es können aber auch zusätzliche Sicherheitsvorkehrungen vom Kunden oder Hersteller gefordert sein. Aus Gründen möglichst großer Betriebsfestigkeiten, kleiner Stillstands-, Unterbrechungs- sowie Nutzungsnebenzeiten technischer Systeme fordert der Kunde manchmal zu deren Teilsystemen oder Teilen besondere Berechnungen, die über den allgemein üblichen Berechnungsaufwand hinausgehen. Hierzu zählen beispielsweise

- Festigkeitsberechnungen von Walzen-, Pressen- und Maschinenständern nach der "Finite-Elemente-Methode" sowie
- Berechnungen der Walzgerüstmodule.

Solche Berechnungen können auch, beispielsweise zur Minderung der eigenen Wagnisse bei außergewöhnlichen Gewährleistungsforderungen des Kunden oder bei notwendigen Stoffgewichtsminimierungen, vom Hersteller vorgeschrieben werden. Wenn die Projektierungs- und Konstruktionsarbeiten nicht auf der dem technischen System entsprechenden Komplexitätsebene, sondern bereits auf einer weiter vorgeordneten Ebene begonnen wurden, dann können schon Arbeitsergebnisse vorliegen, aufgrund derer die Verwendung einiger physikalischer oder konstruktiver Varianten ausgeschlossen ist. Hierzu gehören beispielsweise vorgegebene Grundflächen- oder Raumabmessungen, die nicht überschritten werden dürfen, Zeitbilanzen, Geschwindigkeiten, Durchsatzmengen und Kräfte. Wenn beispielsweise bei der Anordnung der

Anlagen einer Bandbehandlungslinie (Beizlinie) beim Projektieren auf Anlagen-Ebene Senkrecht-Speicheranlagen (Schlingentürme) eingesetzt werden, **Bild 2.19**, dann können beim weiteren Projektieren auf Maschinengruppen-Ebene Anordnungen von Teilsystemen in vorwiegend waagerechter Orientierung (Schlingenwagen) nicht mehr in Betracht gezogen werden, **Bild 2.20.** Bei der Zusammenstellung der Berechnungsgrundlagen für ein zu bearbeitendes technisches System oder aus der Analyse bereits konstruierter gleicher und ähnlicher Systeme ergeben sich Daten sowie Informationen, die zur Bearbeitung der möglichen Verfahren oder Teilsysteme erforderlich sind und diese näher beschreiben. Dazu gehören unter anderen

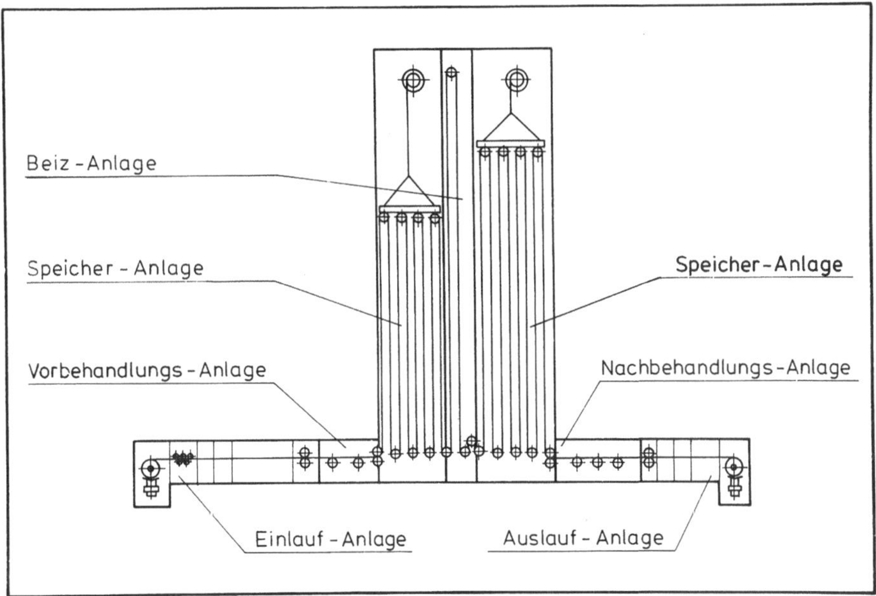

Bild 2.19: Schematische Darstellung einer Beizlinie mit Speicheranlagen in senkrechter Bauweise.

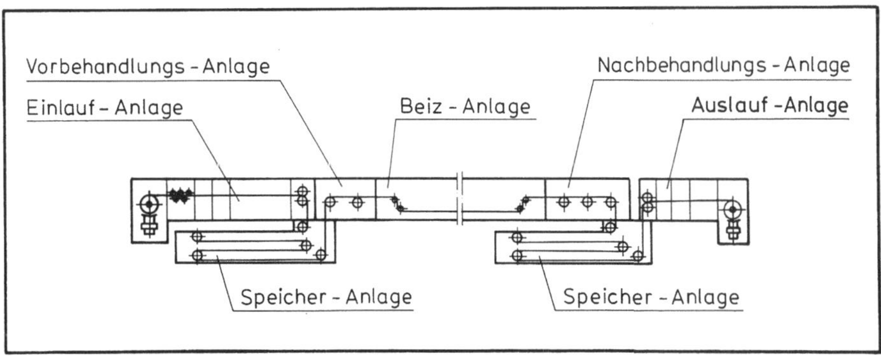

Bild 2.20: Schematische Darstellung einer Beizlinie mit Speicheranlagen in waagerechter Bauweise.

- technologische Grenzwerte,
- für die Berechnungen erforderliche charakteristische Daten und
- systemspezifische Konstanten.

Technologische Grenzwerte sind beispielsweise kleinste und größte Schichtdicken, die zur Zeit mit dem jeweils gewählten Verfahren bei der Beschichtung von Stahlbändern erreicht werden können, oder die nach dem jeweiligen Stand der Technik größtmöglichen, noch wirtschaftlich erreichbaren Temperaturen in Durchlauföfen. Zu den für die Berechnung charakteristischen Daten, die bei der Aufgabenklärung berücksichtigt werden können, gehören kennzeichnende Größen zur Abstufung bei Baureihen. Systemspezifische Konstanten werden im allgemeinen dann benötigt, wenn der Rechenablauf auf empirischem Wege ermittelte Berechnungsformeln enthält. In diesen Konstanten sind für bestimmte Bereiche oft die der Theorie nicht zugänglichen Einflüsse zusammengefaßt / 11 /. Eine vorausschauende und möglichst vollständige Sammlung von Informationen zu dieser Datengruppe ist besonders dann wichtig, wenn eine automatisierte Bearbeitung, beispielsweise mit Hilfe elektronischer Datenverarbeitungssysteme vorgesehen ist.

2.6. Projektierungs- und Konstruktionsbedingungen

Projektierungs- und Konstruktionsbedingungen sind Vereinbarungen, Verpflichtungen, Bestimmungen und Abmachungen, die sich auf Art, Umfang und Ausführung der Arbeitsgänge und -ergebnisse beim Projektieren und Konstruieren beziehen. Diese Bedingungen können sich sowohl auf beide Tätigkeiten, als auch auf eine dieser Tätigkeiten beziehen. Sie regeln unter anderem

- Berechnungsgänge hinsichtlich
  - Verfahren,
  - Reihenfolge und
  - Ausführung,
- Verwendung von Norm- und Serienteilen,
- Berücksichtigung von Baureihen- und Baukastensystemen,
- allgemeine Ausführungsbestimmungen sowie
- Ausführung der Dokumentation

und sind in

- Konstruktions- und Berechnungsrichtlinien des Herstellers,
- Richtlinien und Empfehlungen technischer Fachverbände sowie
- Anfragen und Anforderungslisten

niedergelegt.

Besonders beim Gestalten von Teilen, Teilegruppen und niedrigkomplexen technischen Systemen müssen Berechnungsvorschriften beachtet werden. Dazu sind in Werknormen und Richtlinien technischer Fachverbände meist Berechnungsverfahren, Reihenfolge sowie Ausführung der Berechnungen festgelegt. Oft werden auch maßgebliche Daten, beispielsweise Sicherheitsfaktoren oder Zuschläge und Belastungskenngrößen durch solche Richtlinien vorgegeben.

Norm- und Serienteile sind beispielsweise Schrauben, Muttern, Scheiben, Bolzen, Splinte, Stifte, Hülsen, Profile, Rohre, Federn, Lager, Zahnräder, Armaturen und Schalter.
Eine Baureihe technischer Systeme ist im allgemeinen dadurch gekennzeichnet, daß ihre Systeme dem gleichen Zweck dienen, die gleichen Funktionen erfüllen und diese mit den gleichen konstruktiven Lösungen ausüben. Die einzelnen Systeme einer Baureihe können sich im wesentlichen durch Größenstufen (Abmessungswechsel) und Anzahlstufen (Zahlwechsel) unterscheiden. Ein Baukasten technischer Systeme ist im allgemeinen dadurch gekennzeichnet, daß sich aus einer begrenzten Anzahl von Teilsystemen (Bausteine) durch unterschiedliche Kombination Systeme zusammensetzen lassen, die für unterschiedliche Anwendungsgebiete unterschiedliche Geamtfunktionen ausüben können. Dabei werden die einzelnen Bausteine des Baukastens nicht mehr verändert und zeichnen sich durch besonders leichte Anpaßbarkeit zueinander aus. Die Teilsysteme können zu Baureihen gehören. Baureihen- und Baukastensysteme dienen der Rationalisierung der Projektierungs-, Konstruktions- sowie Fertigungsbereiche der Hersteller technischer Systeme und dienen dem Kunden meist durch Preisgünstigkeit der Systeme sowie deren kürzere Lieferzeit.
Unter allgemeinen Ausführungsbestimmungen sind beispielsweise

- ästhetische Eigenschaften,
    - Form,
    - Farbe,
    - visuelle Struktur und
- Gebrauchseigenschaften,
    - Bedienbarkeit,
    - Zugänglichkeit,
    - Übersichtlichkeit,

zu verstehen. Auch die allgemeinen Leitsätze der Vornorm / 12 / "Gestalten von Arbeitssystemen nach arbeitswissenschaftlichen Erkenntnissen" können zu den allgemeinen Ausführungsbestimmungen gezählt werden.
Beim Projektieren und Konstruieren technischer Systeme sind Voraussetzungen, Annahmen, Festlegungen, Berechnungen sowie Arbeitsergebnisse zu dokumentieren. Damit werden dem Hersteller unter anderem Arbeitsabläufe und deren Ergebnisse überschaubar sowie reproduzierbar gemacht und dem Kunden unter anderem die Vollständigkeit sowie Richtigkeit der durchgeführten Arbeiten bestätigt. Entsprechend verschiedener Zielsetzungen können auch die Anforderungen, welche an eine Dokumentation zu stellen sind, unterschieden werden. Deshalb müssen bereits bei der Aufgabenklärung

- Umfang,
- Ausführlichkeit,
- Aufbau und
- Sprache

der Dokumentation in Form von Texten, Listen und Zeichnungen festgelegt werden. Neben der Ausführung von Listen, wie beispielsweise

- Stücklisten,

- Zeichnungslisten,
- Motorlisten,
- Hydrauliklisten und
- Pneumatiklisten,

für die unter anderem

- Listenformat,
- Listenbeschriftung und
- Listenaufbau

zu klären sind, wird auch die Zeichnungsausführung einerseits vom Hersteller und andererseits vom Kunden beeinflußt. In diesem Zusammenhang sind besonders

- Zeichnungsformate,
- Zeichnungsbeschriftung und
- Zeichnungssystem (Sammel- oder Einzelblattsystem)

festzulegen.
Manchmal ist es erforderlich, zwei oder mehr Dokumentationen nebeneinander anzufertigen. Projektierungs- sowie Konstruktionsbedingungen können einerseits zu den systembezogenen Bedingungen und andererseits zu den Fertigungsbedingungen übergreifend sein.

2.7. Sonstige technische Bedingungen

Unter sonstigen technischen Bedingungen sind hier Fertigungsbedingungen, Zusammenbau-, Versand- und Montagebedingungen, Inbetriebnahme- und Betriebsbedingungen sowie Prüfungs-

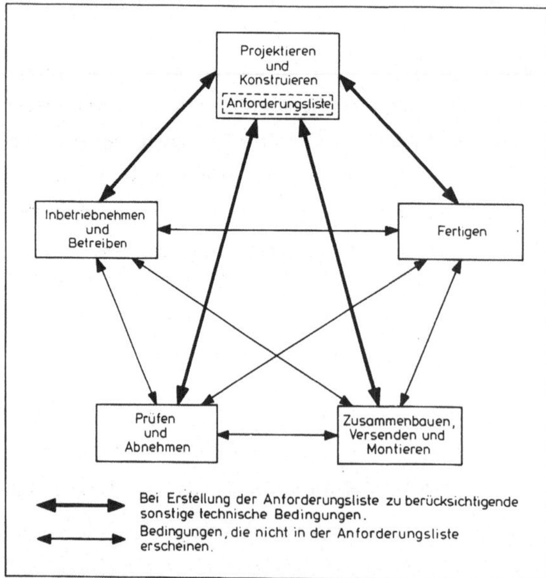

Bild 2.21: Bedingungen an die technischen Unternehmensbereiche sowie von den technischen Unternehmensbereichen und deren Berücksichtigung in der Anforderungsliste.

und Abnahmebedingungen zu verstehen. Das sind Bedingungen, die

- von anderen an diese Bereiche oder
- von diesen Bereichen an andere

gestellt werden. Dabei sind im Rahmen der Anforderungsliste für das Projektieren und Konstruieren nur diejenigen Bedingungen zu betrachten, die von außen an diese Bereiche herangetragen werden oder die das Projektieren und Konstruieren unmittelbar betreffen. So müssen beispielsweise Bedingungen des Kunden an den Fertigungsbereich des Herstellers deshalb in die Anforderungsliste aufgenommen werden, weil in der Regel eine Kommunikation zwischen dem Kunden und der Fertigung nicht unmittelbar, sondern über Projekteure oder Konstrukteure als Mittler erfolgt. Bedingungen beispielsweise vom Fertigungsbereich an den Versand betreffen im allgemeinen nur unternehmensinterne Beziehungen und werden demzufolge in der Anforderungsliste nicht erfaßt. **Bild 2.21** verdeutlicht diese Zusammenhänge.

2.7.1. Fertigungsbedingungen

Bei den Fertigungsbedingungen sind die vom Kunden an die Fertigungsbereiche zu stellenden Bedingungen und die von den Fertigungsbereichen an die Projektierungs- und Konstruktionsbereiche zu stellenden Bedingungen voneinander zu unterscheiden.
Bedingungen an die Fertigung können beispielsweise

- Fertigungsorte,
- Fertigungsverfahren und
- Ausführung der Bearbeitung

betreffen.
Der Fertigungsort ist der Ort, an dem ein technisches System, entsprechend den im Konstruktionsbereich angefertigten Erstellungsunterlagen, gefertigt wird. Bei der Festlegung des Fertigungsortes sind unter anderem Kapazitäten, Auslastungen und technische Möglichkeiten der zur Verfügung stehenden oder in Betracht zu ziehenden Fertigungsbereiche sowie Zeitaufwände, Transportmöglichkeiten und Kosten zu berücksichtigen. Entscheidungen darüber können dem Hersteller aber auch abgenommen werden. Beispielsweise kann der Kunde einen bestimmten Fertigungsort zur Bedingung machen. Dabei können psychologische, sozialpolitische oder wirtschaftliche Gründe und vertragliche Bedingungen von Einfluß sein.
Die Einflußnahmen der Projektierungs- und Konstruktionsbereiche auf die Fertigungsbereiche hinsichtlich Fertigungsverfahren und Reihenfolge der Bearbeitungsschritte sind bei auftragsgebundener Einzelfertigung besonders groß. Damit ist die Handlungsfreiheit der Fertigungsplanung und -vorbereitung erheblich eingeengt. Ein günstiges Fertigungsverfahren kann im allgemeinen durch eine technische sowie wirtschaftliche Bewertung im Rahmen der Festlegung der konstruktiven Wirkzusammenhänge ermittelt werden / 13 bis 15 /. Bei der Wahl der Fertigungsverfahren durch die Fertigungsplanung oder -vorbereitung sind auch umweltbezogene Bedingungen zu beachten.

Manchmal werden vom Kunden auch Bedingungen an die Fertigung hinsichtlich der Ausführung der Bearbeitung gestellt. Hierzu zählen beispielsweise Qualitätsforderungen, die über den Rahmen des Üblichen hinausreichen.

Bedingungen vom Fertigungsbereich an die Projektierungs- sowie Konstruktionsbereiche legen beispielsweise die

- herstellbaren Größen und Gewichte der Werkstücke,
- möglichen Toleranzen und Güten sowie
- zu bevorzugenden Fertigungsverfahren

fest. Das sind kennzeichnende Größen eines Fertigungsbereiches. Sie werden besonders durch innerbetriebliche Merkmale, beispielsweise Fertigungs-, Förder- und Lagereinrichtungen sowie verfügbare Arbeitskräfte gebildet. Veränderungen im Fertigungsbereich sind im allgemeinen so frühzeitig bekannt, daß ihre Berücksichtigung beim Beginn des Konstruierens möglich ist. In Einzelfällen werden Konstruktionen erst dann als schwer oder gar nicht fertigbar erkannt, wenn deren Erstellungsunterlagen bereits im Fertigungsbereich benutzt werden. Zur Vermeidung solcher Fehler ist es sinnvoll, im Fertigungsbereich Kataloge anzulegen, in denen solche Fälle beispielhaft dargestellt und die mit ihnen verbundenen Schwierigkeiten beschrieben sind. Diese Beispielsammlungen sollten den Konstrukteuren zur Verfügung stehen. Damit kann sichergestellt werden, daß ein Rückfluß von Erfahrungen aus dem Fertigungs- in den Konstruktionsbereich stattfindet. Fertigungsbedingungen an die Konstruktionsbereiche können auch in Form von Richtlinien über

- urformgerechtes,
- umformgerechtes,
- trenngerechtes und
- fügegerechtes

Gestalten der Werkstücke gegeben werden. Bedingungen dieser Art sind auch in Lehrbüchern der Maschinenelemente und Konstruktionstechnik sowie Richtlinien und Empfehlungen technischer Fachverbände zu finden. Daneben können Bedingungen der Fertigung sich auf die Ausführung der Fertigungsunterlagen beziehen. Der Einfluß der Ausführung von Erstellungs- oder Fertigungsunterlagen in Form von Zeichnungen, Stücklisten sowie Montageanweisungen auf Kosten, Termine und Qualität der Fertigung sowie Erzeugnisse ist oft bedeutsam. Aufbau, Eindeutigkeit sowie Ausführlichkeit solcher Unterlagen sind besonders bei automatischer Fertigung einflußreich.

2.7.2. Zusammenbau-, Versand- und Montagebedingungen

Technische Systeme werden aus ihren Bestandteilen in zwei grundsätzlich voneinander zu unterscheidenden Zeitabschnitten zusammengesetzt. Im ersten Zeitabschnitt wird das System oder Teilsystem nach Beendigung der Teilefertigung in der Werkstatt zusammengebaut. Dieser

Abschnitt wird im allgemeinen Zusammenbau genannt. Der zweite Zeitabschnitt, in dem das technische System auf der Baustelle errichtet wird, heißt Baustellenmontage, kurz Montage genannt. Manchmal werden Teilsysteme in der Werkstatt oder auf der Baustelle vormontiert und als fertige Baugruppen in das Gesamtsystem eingesetzt. Die Teile eines Systems werden im allgemeinen nach der Fertigung nur soweit zusammengebaut, wie dies für die im Fertigungsbereich notwendigen Funktions- und Abnahmeprüfungen erforderlich ist. Danach werden sie zu versandgerechten Baugruppen, die, soweit möglich, gleich den vorher zusammengebauten Teilsystemen sein sollten, zusammengestellt und durch zweckentsprechende Verpackung vor Beschädigung bei Handhabung, Transport sowie Lagerung geschützt. In dieser Form werden die Systeme, Teilsysteme oder Teile zur Baustelle bewegt. Diese Tätigkeit, einschließlich Planung, Überwachung und Abwicklung aller Vorgänge, welche erforderlich sind, das technische System oder seine Teilsysteme und Teile vom Fertigungs- oder Versandort zum Aufstellungs- oder Montageort (zur Baustelle) zu bewegen, wird Versand genannt. Der Ablauf dieser Tätigkeiten ist durch Versandbedingungen geregelt. Während und nach Beendigung der folgenden Montage sowie Inbetriebnahme des Systems werden im allgemeinen weitere Abnahmeprüfungen, gemäß den dafür geltenden Abnahmebedingungen durchgeführt.

Bei den Zusammenbau-, Versand- und Montagebedingungen sind, ebenso wie bei den Fertigungsbedingungen, diejenigen von den und solche an die mit diesen Aufgaben befaßten Unternehmensbereiche zu unterscheiden.

Bedingungen an den Zusammenbau und die Montage regeln beispielsweise die

- Aufteilung der erforderlichen Arbeiten auf die Werkstatt und Baustelle,
- Berücksichtigung der betrieblichen Erfordernisse sowie Gegebenheiten am Aufstellungsort,
  - zulässige Störungen des laufenden Betriebes,
  - bevorzugte Montagezeiten aus der Sicht des Kunden,
- Aufteilung der Leistungen und Beistellungen für die Montage auf den Hersteller und den Kunden,
  - Personal,
  - Verwaltungs- und Sozialeinrichtungen,
  - Nachrichtenverbindungen,
  - Lager- und Arbeitsbereiche,
  - Fördermittel,
  - Montageausrüstungen und Werkzeuge,
  - Energien sowie
  - Verbrauchsstofe.

Bei der Aufteilung der erforderlichen Zusammenbau- und Montagearbeiten auf Werkstatt und Baustelle sind neben den kalkulatorischen Merkmalen auch die Bereitstellung der notwendigen sowie Auslastung der vorhandenen Einrichtungen und Arbeitskräfte zu berücksichtigen. Im Falle von Ersatz-, Rationalisierungs-, Umstellungs- und Diversifikationsinvestitionen muß das zu montierende technische System oft in ein übergeordnetes eingefügt werden, ohne daß der

Betriebsablauf der benachbarten Systeme übermäßig gestört wird. Das erlaubte Ausmaß dieser Störungen muß in den Montagebedingungen festgelegt sein. Manchmal ist es auch möglich, für die Montage Zeiten zu nutzen oder in Absprache zwischen Kunden und Hersteller zu planen, in denen der Betrieb ruht, beispielsweise Werksferien oder längere planmäßige Wartungszeiträume. Zur reibungslosen Durchführung von Montagen müssen auf der Baustelle bestimmte Voraussetzungen, beispielsweise hinsichtlich Personal, Material und Einrichtungen erfüllt sein. Vereinbarungen darüber werden im allgemeinen zwischen Hersteller und Kunden getroffen und müssen als Montagebedingungen niedergelegt sein.
Die **Tafeln 2.1 bis 2.8**, Anhang, zeigen eine Anforderungsliste für die Montage, der wesentliche, hier behandelte Merkmale zugrundeliegen.
Zu den Bedingungen von den Zusammenbau- und Montagebereichen zählen hauptsächlich

- die zur Verfügung stehenden technischen und personellen Möglichkeiten,
    - Stand der Automatisierung,
    - räumliche und gewichtsbezogene Einschränkungen,
    - vorhandene Werkzeuge und Einrichtungen.

Hieraus lassen sich weitere Bedingungen ableiten. Das sind beispielsweise die

- Identifizierbarkeit der Teilsysteme und Teile,
- Erfaßbarkeit der Teilsysteme und Teile,
- Begrenzung der notwendigen Bewegungen beim Zusammenbauen und Montieren.

Bedingungen an den Versand regeln

- Versandart (Transportmittel),
- Versandweg,
- Verpackung, Sicherung, Schutz,
- Einteilung der Erzeugnisse nach Verantwortlichkeit für den Versand und die Versandkosten sowie
- Reihenfolge der zu versendenden Erzeugnisse.

Zu den Bedingungen des Versandbereiches zählen besonders die Begrenzungen der Versandgruppen hinsichtlich Gewicht und Abmessungen.

2.7.3. Inbetriebnahme- und Betriebsbedingungen

Die Inbetriebnahme eines technischen Sytems erfolgt nach Abschluß der Montage und erfolgreichen Betriebsfunktionsprüfungen, die beispielsweise bei Stahlstrang-Gießanlagen ohne flüssigen Stahl oder bei Walzstraßen ohne Einsatzstoffe durchgeführt werden. Mit der ersten zu gießenden Schmelze oder der ersten Walzung beginnt die Inbetriebnahme von Gießanlagen oder Walzstraßen. Während der Inbetriebnahmezeit, die sich über einen mehr oder weniger langen Zeitraum, je nach Erfordernissen und Vereinbarungen, hinziehen kann, werden verschiedenartige Betriebsprüfungen bei unterschiedlichen Nennbelastungen durchgeführt. Dabei wird auch die

Leistungsfähigkeit des technischen Systems geprüft. Nach geprüfter Leistungsfähigkeit wird der Leistungsnachweis erbracht. Dieser Nachweis bezieht sich einerseits auf das technische System und andererseits auf die Produktion. Mit erfolgreicher Beendigung des Leistungsnachweises geht im allgemeinen die Verantwortlichkeit für das technische System von dem Hersteller auf den Kunden über. Dieser Übergang wird auch Gefahrenübergang genannt. Danach beginnt der Betrieb des technischen Systems.

Inbetriebnahmebedingungen können

- vom Inbetriebnahmebereich an die Projektierungs- oder Konstruktionsbereiche,
- vom Kunden an den Inbetriebnahmebereich und
- vom Inbetriebnahmebereich an den Kunden

gestellt werden.
Inbetriebnahmebedingungen an die Projektierungs- oder Konstruktionsbereiche sind beispielsweise

- Berücksichtigung für die Inbetriebnahme notwendiger Reserve- und Ersatzteile bereits bei der Projektierung sowie
- Forderungen hinsichtlich des Projektierens und Konstruierens funktional selbständiger Baueinheiten.

Reserveteile oder -systeme, im folgenden der Kürze wegen nur Reserveteile genannt, sind Bestandteile eines Gesamtsystems, die einem zeitlich absehbaren, verhältnismäßig kurzfristigen Verschleiß unterliegen und deshalb zur Aufrechterhaltung des Betriebes eines technischen Systems stets in ausreichender Zahl beim Betreiber vorhanden sein müssen. Solche Teile, auch Verschleißteile genannt, werden von den Wartungs- oder Reparaturabteilungen des Betreibers sicherheitshalber in regelmäßigen Zeitabständen ausgetauscht. Reserveteile sind beispielsweise Bremsbeläge, Kupplungsscheiben, Dichtungen und Arbeitswalzen. Ersatzteile sind Bestandteile des Gesamtsystems, die einem zeitlich unvorhersehbaren Verschleiß sowie Versagen unterliegen. Auch solche Teile sollten zur Aufrechterhaltung der Verfügbarkeit des technischen Systems einsatzbereit vorhanden sein. Ersatzteile sind beispielsweise Motore, Getriebe und Kupplungen. In diesem Zusammenhang sind noch die sogenannten Wechselteile zu erwähnen. Wechselteile sind Bestandteile des Gesamtsystems, die aufgrund verschiedener Formen oder Güten der mit einem stoffdurchsetzenden technischen System herzustellenden Produkte erforderlich sind. Wechselteile sind beispielsweise verschiedenartige

- Kokillen für unterschiedliche Strangquerschnitte beim Stahlstranggießen,
- kalibrierte Walzen für unterschiedliche Formen beim Profilstahlwalzen,
- Arbeitswalzen für unterschiedliche Güten beim Kaltwalzen von Edelstahlband und
- Reifen für unterschiedliche Betriebsweisen (Sommer/Winter) bei Kraftwagen.

Welche Wechselteile für ein technisches System erforderlich sind, ergibt sich zwangsläufig beim Projektieren und Konstruieren aufgrund der Anforderungen, die an das technische System gestellt werden. Wechselteile können gleichzeitig auch Reserve- oder Ersatzteile sein, wenn sie zusätzlich den oben angeführten Erklärungen unterliegen. Wechselteile werden in der Praxis manchmal Zubehör genannt.

Bei der Klärung der Inbetriebnahmebedingungen ist zwischen Hersteller und Kunden unter anderem folgendes festzulegen:

- Verantwortlichkeit für die Inbetriebnahme,
  - Hersteller,
  - Kunde,
  - Beauftragter des Herstellers oder
  - Beauftragter des Kunden,
- Personal,
  - Führungspersonal,
  - Fachpersonal,
  - Hilfspersonal,
- Einsatzstoffe,
  - Arten,
  - Mengen,
- Betriebsmittel (elektrischer Strom, Wasser usw.),
- Vorrichtungen (Hebezeuge, Bedarfsgegenstände usw.),
- Beeinflussung der Produktion anderer technischer Systeme sowie
- Know-how-Vermittlung.

Einzelne Inbetriebnahmebedingungen des Herstellers an den Kunden sind oft in "Allgemeine Lieferbedingungen" des Herstellers enthalten.

Nach erfolgreich erbrachtem Leistungsnachweis beginnt im allgemeinen der Betrieb des technischen Systems. Dazu sind Bedingungen einerseits des Herstellers an den Kunden und andererseits des Kunden an den Hersteller festzulegen.
Betriebsbedingungen des Kunden an den Hersteller können sich beispielsweise auf

- das Betreiben des technischen Systems durch den Hersteller oder von ihm beauftragte Firmen über den Zeitraum der Inbetriebnahme hinaus,
- die Überwachung des Betriebsablaufes durch den Hersteller,
- die Beratung des Kunden durch den Hersteller,
- Art und Dauer der Gewährleistungen des Herstellers für das technische System sowie das Zubehör,
- Reserve- und Ersatzteile,
- Umfang der für einen festzulegenden Zeitraum notwendigen Reserve- und Ersatzteile,
- Bezeichnung der Teile,
- technische Kenndaten der Teile,
- Angabe des Einbauortes sowie Aus- und Einbauvorschriften für diese Teile sowie
- Name und Anschrift des Herstellers dieser Teile

beziehen. Die Bedingung des Herstellers hinsichtlich des Betreibens des technischen Systems ist im allgemeinen das Beachten der Betriebsanleitungen. Eine derartige Betriebsanleitung enthält beispielsweise Angaben über

- technische Daten des Systems und seiner Produkte,

- Aufbau und Wirkungsweise des Systems,
- Instandhaltung des Systems
  - tägliche Inspektionen und Wartungen,
  - wöchentliche Inspektionen und Wartungen,
  - monatliche Inspektionen und Wartungen,
  - sonstige Inspektionen und Wartungen,
  - Reparaturen,
- Arten und Mengen der Betriebsmittel für das System sowie
- Sicherheitsvorschriften während des Betriebes des Systems.

Die Beschreibung des Aufbaues eines Systems ist zweckmäßigerweise nach Komplexitätsgraden und daneben in

- mechanische Ausrüstung,
- elektrische Ausrüstung,
- hydraulische Ausrüstung,
- pneumatische Ausrüstung sowie
- Meß-, Steuer- und Regelsysteme

einzuteilen. Zu den Aussagen über die Wirkungsweise des technischen Systems zählt auch die Beschreibung der vom Betriebspersonal auszuführenden Tätigkeiten bei

- Ein- und Ausschalten,
- Not-Abschaltung,
- allen Betriebsweisen sowie
- Programmwechsel.

2.7.4. Prüfungs- und Abnahmebedingungen

Technische Systeme und deren Teile müssen vor, während und nach ihrer Verwirklichung dahingehend geprüft werden, ob sie den beim Projektieren sowie Konstruieren festgelegten Anforderungen und Bedingungen genügen. Solche erfolgreich durchgeführten Prüfungen werden Abnahmen genannt. **Bild 2.22** ist zu entnehmen, daß verschiedenartige Prüfungen zu unterscheiden sind. Diese werden bei den Herstellungstätigkeiten in den unterschiedlichsten Komplexitätsebenen durchgeführt. Dabei wird beim Prüfen sowie Abnehmen technischer Systeme und deren Teile - im Gegensatz zur Vorgehensweise beim systematischen Projektieren und Konstruieren - beginnend mit dem Rohling oder Teil vom untergeordneten zum übergeordneten komplexen System vorgegangen. Bei den Prüfungen und Abnahmen beispielsweise eines Kaltwalzwerkes werden zunächst Werkstoffe geprüft. Über die Prüfung der Teile, Teilegruppen, Maschinen, Maschinengruppen und Anlagen wird schließlich der Nachweis der Leistungsfähigkeit der Anlagengruppen und damit des Werkes erbracht.
Nach ihren Zielsetzungen lassen sich

- Werkstoffprüfungen,

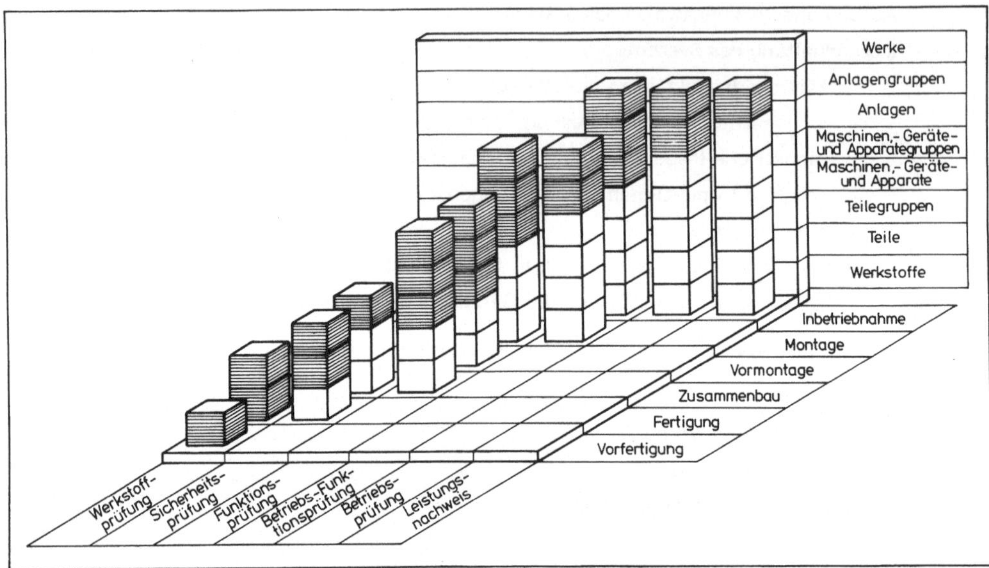

Bild 2.22: Prüfungen der Bestandteile, Teile und Teilesysteme eines Werkes während seiner schrittweisen Verwirklichung.

- Sicherheitsprüfungen,
- Funktionsprüfungen,
- Betriebsfunktionsprüfungen,
- Betriebsprüfungen und
- Leistungsnachweise

unterscheiden. Werkstoffprüfungen dienen zur Feststellung der Güten verwendeter Werkstoffe. Sicherheitsprüfungen sind besonders an hochbelasteten Teilen und Teilsystemen erforderlich, wenn die Möglichkeit besteht, daß bei ihrem Versagen Menschen oder Güter gefährdet werden. Zur Ermittlung des vorgesehenen funktionsgerechten Zusammenwirkens von Teilen und Teilsystemen werden niedrigkomplexe technische Systeme Funktionsprüfungen unterzogen. Bei komplexen technischen Systemen werden solche Prüfungen zunächst im Leerlauf, ohne Last, durchgeführt. In diesem Falle wird von Betriebsfunktionsprüfungen gesprochen. Diese Prüfungen befassen sich besonders mit dem regelungstechnischen Verhalten des Systeme. Anschließend finden Betriebsprüfungen unter Nennbelastungen statt. Sie geben Aufschluß über das gesamte Verhalten der technischen Systeme unter Betriebsbedingungen. Die letzte Prüfung eines technischen Systems ist der Leistungsnachweis. Dieser Nachweis bezieht sich neben dem Verhalten und den Eigenschaften des technischen Systems auch auf die Arten und Mengen seiner Produkte. Daneben können noch spezielle und allgemeine Prüfungen unterschieden werden. Spezielle Prüfungen werden an einem einzelnen, bestimmten technischen System, allgemeine Prüfungen an einer Gruppe von Systemen, beispielsweise stichprobenartig, durchgeführt.

In Anlehnung an die bereits beschriebene Kennzeichnung von Stoffen durch deren Qualitäts- und Quantitätsmerkmale, Arten sowie Mengen, können sich Prüfungen und Abnahmen auf

- Arten,
  - Formen,
  - Güten,
    - Aufbau,
    - Eigenschaften,
    - Beschaffenheit,
- Mengen,
  - Gewicht,
  - Volumen und/oder
  - Stückzahl

der Maschinenbauerzeugnisse beziehen. Das gilt bis zu den Betriebsprüfungen einschließlich. Beim Leistungsnachweis werden die genannten Merkmale sowohl auf das technische System als auch auf seine Produkte angewendet.
Prüfungs- und Abnahmebedingungen müssen im einzelnen

- eine hinreichend genaue Bezeichnung der zu prüfenden Gruppe von Systemen bei allgemeinen Prüfungen oder des zu prüfenden technischen Systems bei speziellen Prüfungen,
- die Art der Prüfung,
- Ort und Zeitpunkt der Prüfung,
- Meßverfahren und Meßstelle,
- die Prüfanforderungen hinsichtlich
  - Belastung und
  - Dauer,
- die zulässigen Abweichungen durch
  - Meßfehler aufgrund von Ungenauigkeiten in der Prüfanordnung sowie in den Meßgeräten und
  - systembedingte Gegebenheiten,
- die Art der Dokumentation und Glaubhaftmachung von Prüfergebnissen,
- die mit den Prüfungen zu beauftragenden Instanzen und Personen sowie
- einschränkende Vereinbarungen, die sich besonders auf die Möglichkeiten der Nachbesserungen der Systeme, Wiederholbarkeiten der Prüfungen und Nichterfüllung der Bedingungen beziehen.

beinhalten.

2.8. Anschluß- und Schnittstellenbedingungen

Anschlußstellen und Schnittstellen dienen bei einem technischen System oder einem seiner Teile der eindeutigen Abgrenzung gegen seine Umgebung. Dabei sind unter Umgebung sowohl die Gegebenheiten der natürlichen Umwelt als auch benachbarte technische Systeme oder Teile zu verstehen. "Schnittstellenbedingungen" und deren Befolgung sind Voraussetzungen für die

Berechnung sowie Gestaltung technischer Systeme beim systematischen Projektieren und Konstruieren unter Zugrundelegung ihrer Einteilbarkeit in Komplexitätsebenen. Die Beachtung der "Anschlußbedingungen" erleichtert den Vorgang des Einfügens eines fertigen Systems in seine Umgebung. Gleichzeitig grenzen diese Bedingungen die Verantwortungsbereiche der Kunden von denjenigen der Hersteller bei der Erstellung des technischen Systems ab.

2.8.1. Anschlußbedingungen

Technische Systeme üben ihre Funktionen nicht unabhängig von ihrer Umgebung aus, sondern stehen in wechselwirkenden Beziehungen einerseits zu ihrer natürlichen Umwelt und andererseits meist auch zu anderen technischen Systemen. Wenn ein technisches System projektiert oder konstruiert wird, dann muß auch festgelegt werden, welcher Art diese Beziehungen sind und wo sie auftreten. Das trifft besonders dann zu, wenn zu verwirklichende Systeme in bereits bestehende Systeme integriert werden sollen. Dann müssen also Anschlußstellen festgelegt sowie definiert werden, die das technische System eindeutig und vollständig abgrenzen. Mit dieser Abgrenzung, die sich unmittelbar auf das technische System bezieht, wird gleichzeitig der Umfang der damit verbundenen Projektierungs- und Konstruktionsaufgabe festgelegt sowie eine klare Trennung der Verantwortungsbereiche zwischen Kunden und Hersteller erreicht. Als Anschlußbedingungen werden alle erforderlichen Informationen bezeichnet, welche die Anschlußstellen sowie mit ihnen zusammenhängende Gegebenheiten unmißverständlich beschreiben. Somit können die organisatorischen Einheiten des Kunden und desjenigen des Herstellers in selbständigen Arbeitsabläufen ohne Kenntnis der Arbeitsmethoden, Problemlösungen und Zwischenergebnisse des jeweiligen Partners zu Ergebnissen gelangen, die miteinander vereinbar, zusammenpassend und widerspruchsfrei sind. Sie bilden gleichzeitig die Grundlage zur Festlegung des Liefer- oder Leistungsumfanges und damit zur Formulierung des Angebotes oder Auftrages. Die genannten Informationen können sowohl organisatorische als auch technische Daten beinhalten. Zu den technischen Daten gehören beispielsweise die Festlegung von Mindestanschlußleistungen, von Tragfähigkeitsnachweisen oder die konstruktive Ausführung von Verbindungselementen. Organisatorische Daten können sich unter anderem auf Termine, noch nachzureichende Unterlagen oder Art und Umfang des Informationsflusses beziehen. Anschlußbedingungen werden während der Projektierung zwischen dem Kunden und dem Hersteller qualitativ und quantitativ ermittelt und gelten mit Annahme des Auftrages durch den Hersteller als endügltig festgelgt. Damit sind sie für die Auftragsabwicklung und die von ihr veranlaßten Tätigkeiten (beispielsweise Konstruieren, Fertigen, Zusammenbauen, Versenden, Montieren, Prüfen und Inbetriebnehmen) maßgeblich und dürfen nicht verändert werden. Diese Bedingungen sind erst dann abschließend erfüllt, wenn technische Systeme nach der Inbetriebnahme nachweislich alle Funktionen bestimmunggemäß ausüben. Zwar werden die Anschlußbedingungen beim systematischen Projektieren aufgrund der Bearbeitung nach Komplexitätsebenen nach und nach ermittelt sowie festgelegt, sie sind aber selbst unmittelbar weder von der Komplexität des zu liefernden Systems abhängig, noch bestimmten Ebenen zuzuordnen. Mit zunehmender Komplexität des technischen Systems steigt in der Regel der Umfang der Anschlußbedingungen.

MERKMALE ZUR FESTLEGUNG DER ANSCHLUSSBEDINGUNGEN	
2.4. TERMINE 3.3. BETRIEBSMITTEL - BEREITSTELLUNGSVERANTWORTLICHKEIT - BEREITSTELLUNGSORT 5. UMWELT- UND SYSTEMEINFLÜSSE - VERANTWORTLICHKEIT FÜR DIE BESEITIGUNG ODER VERMEIDUNG UNGÜNSTIGER GEGEBENHEITEN 6.1. UMWELTBEZOGENE BEDINGUNGEN - AUFTEILUNG DER VERANTWORTLICHKEIT 6.2.1. ART UND UMFANG VON KUNDENBEISTELLUNGEN - TECHNISCHE ANPASSUNG - ZEITLICHE ABSTIMMUNG 6.2.4. FESTLEGUNG BESTIMMTER UNTERLIEFERANTEN FÜR ZUKAUFTEILE - AUFTEILUNG DER VERANTWORTLICHKEIT 7. PROJEKTIERUNGS- UND KONSTRUKTIONSBEDINGUNGEN - INFORMATIONSÜBERTRAGUNG UND AUSFÜHRUNG BEI UNTERLAGEN FÜR SYSTEME, DEREN FERTIGUNG ODER BEREITSTELLUNG BEIM KUNDEN LIEGT	- ALLGEMEINE AUSFÜHRUNGSANFORDERUNGEN HINSICHTLICH ÜBEREINSTIMMUNG MIT BEREITS BESTEHENDEN ODER VOM KUNDEN BEIZUSTELLENDEN TECHNISCHEN SYSTEMEN 8.2. ZUSAMMENBAU-, VERSAND- UND MONTAGEBEDINGUNGEN - TECHNISCHE ABSTIMMUNG (ABMESSUNGEN, GEWICHTE) - ZEITLICHE ABSTIMMUNG (TERMINE) - BETRIEBLICHE ABSTIMMUNG (STÖRUNGEN) - AUFTEILUNG DER VERANTWORTLICHKEIT 8.3.1. INBETRIEBNAHMEBEDINGUNGEN - ERFORDERLICHE EINSATZSTOFFE - ERFORDERLICHE BETRIEBSMITTEL - AUFTEILUNG DER VERANTWORTLICHKEIT 8.4. PRÜFUNGS- UND ABNAHMEBEDINGUNGEN - ZEITLICHE ABSTIMMUNG (TERMINE) - AUFTEILUNG DER VERANTWORTLICHKEIT - DURCHFÜHRUNG VON NACHBESSERUNGEN

Bild 2.23: Merkmale zur Festlegung der Anschlußbedingungen.

Bei unvollständiger Ermittlung oder Nichtbeachtung dieser Bedingungen wird die Wahrscheinlichkeit oder Möglichkeit, eine Minderung des Gewinns oder einen Verlust hinnehmen zu müssen, erheblich vergrößert.
Die in den Anschlußbedingungen niedergelegten Daten sind oft zum Teil schon in anderen Bedingungen festgelegt. Auch diese Daten sollten aber wegen ihrer besonderen Wichtigkeit im Hinblick auf die Minderung oder Vermeidung von Wagnissen noch einmal gesondert herausgestellt werden. Weil die Anschlußbedingungen die Grundlage zur Abgrenzung des Lieferumfanges sowie zur Formulierung des Vertrages sind und einen Übergang zu den kommerziellen und

juristischen Bedingungen bilden, stehen sie neben den Schnittstellenbedingungen am Ende der Liste technischer Bedingungen. Punkte, die in der Beschreibung der Merkmale zur Erstellung einer Anforderungsliste bereits unter anderen Bedingungen und Anforderungen aufgeführt sind, können übergreifend auch Anschlußbedingungen beinhalten. In **Bild 2.23** sind wesentliche, bei der Festlegung der Anschlußbedingungen zu berücksichtigende Merkmale zusammengefaßt. Dabei entsprechen die den Punkten vorangestellten Nummern denjenigen der Merkmalliste, Tafeln 1.1 bis 1.6, Anhang.

Mit drei folgenden Beispielen der Praxis soll verdeutlicht werden, welche Auswirkungen einerseits eine mißverständliche, unvollständige oder fehlende und andererseits eine eindeutige sowie vollständige Ermittlung, Festlegung und Darlegung von Anschlußbedingungen haben kann. Dabei wird auch erkennbar, welche Gegebenheiten durch Anschlußbedingungen festgelegt werden sollten.

Beispiel A: Gegenstand eines Vertrages war die Lieferung eines schlüsselfertigen, betriebsfähigen LKW-Montagewerkes. Der Hersteller bemerkte erst längere Zeit nach Vertragsabschluß, daß am Standort dieses Werkes keine ausreichende elektrische Energie verfügbar war. In diesem Falle ging der Kunde von der Annahme aus, daß der Hersteller aufgrund des Liefer- und Leistungsumfanges verpflichtet sei, die fehlende elektrische Energie von einem etwa 10 km vom Wirkort entfernt gelegenen Kraftwerk zu dem Montagewerk zu bringen. Nach einer späteren Einigung zwischen Kunde und Hersteller hatte der Hersteller etwa 50 % der zusätzlichen Kosten für die Zuführung der elektrischen Energie zu tragen.

Beispiel B: Für den zu liefernden Wärmekraftbetrieb eines Chemiewerkes war die Erstellung der Fundamente nicht Bestandteil des Lieferumfanges, sondern gehörte zum Verantwortungsbereich des Kunden. Die Anschlußbedingungen für einige in Kellerräumen aufzustellende Ver- und Entsorgungssysteme waren bei Vertragsabschluß nicht endgültig festgelegt worden. Zudem wurde versäumt, einerseits entsprechende Unterlagen bis zum Beginn der Fundamentbauarbeiten nachzureichen und andererseits diese Nachinformation vorher vertraglich festzulegen. So war der Hersteller bei der Montage der technischen Systeme gezwungen, die in Spannbeton-Bauweise errichteten Decken zum Anschluß von Entlüftungssystemen auf eigene Kosten zu durchbrechen und danach einen ordnungsgemäßen Zustand wieder herzustellen.

Beispiel C: Im Vertrag zur Lieferung eines Stahlwerkes war die Bereitstellung des erforderlichen Kühlwassers vom Kunden übernommen worden. Der Hersteller legte als Anschlußbedingungen Mengen, Güten und Orte der bereitzustellenden Wasserarten in engen Grenzen fest. Ein großer Teil des Brauchwassers wurde einem fließenden Gewässer entnommen. Als durch eindringende organische Bestandteile und sonstige Verunreinigungen des Kühlwassers Schäden an einigen technischen Systemen verursacht wurden, konnten aufgrund der sehr umsichtig und ausführlich festgelegten Anschlußbedingungen Gewährleistungsansprüche des Kunden vom Hersteller zurückgewiesen werden.

Diese Beispiele zeigen, wie die Auswirkungen von Anschlußbedingungen sein können. Ein großer Teil aller Anschlußbedingungen bezieht sich auf unscheinbare Gegebenheiten, die aber weitreichende Auswirkungen haben können. Das sind beispielsweise Gleisanschlüsse zwischen inner- und außerbetrieblichen schienengebundenen Fördermitteln, Anschlüsse der Energie- und Medienversorgung, Anschlüsse an Tragkonstruktionen, die Ausführung von Fundamenten oder die Koordination von Liefer- und Montageterminen. Dabei muß immer klar und eindeutig abgegrenzt werden, wieweit das Aufgabengebiet des Herstellers reicht und wo dasjenige des Kunden beginnt. Fehler bei der Festlegung der Anschlußbedingungen entstehen oft nicht, weil die Gedankengänge zu ihrer Ermittlung besondere Schwierigkeiten bereiten, sondern aufgrund ihrer großen Anzahl und Reichweite. Deshalb ist es sinnvoll, Kataloge mit möglichen Anschlußbedingungen zu erstellen und diese bei jedem neuen Projekt zu aktualisieren. Damit kann die Vollständigkeit der üblichen Anschlußbedingungen leicht geprüft werden.

2.8.2. Schnittstellenbedingungen

Beim Projektieren oder Konstruieren technischer Systeme sind meist mehrere Komplexitätsebenen zu bearbeiten. Dabei nimmt der Datenumfang während der Bearbeitung eines Gesamtsystems von einer Ebene in die jeweils nachgeordnete Ebene zu. Bei jedem Übergang in die nachgeordnete Komplexitätsebene ist es sinnvoll, das zu untersuchende komplexe technische System in Teilsysteme einzuteilen, Bild 1.6, und jedes dieser Teilsysteme als abgeschlossenes System zu behandeln. Mit dieser Vorgehensweise kann die jeweils zu verarbeitende Datenmenge in überschaubaren Grenzen gehalten werden. Eine solche Einteilung ist auch aus anderen Wissenschaftszweigen bekannt und wird allgemein als Schnittprinzip bezeichnet. Beispiele sind das Ritter-Schnitt-Verfahren in der Statik der Fachwerke, das Finite-Elemente-Verfahren in der Festigkeitslehre zur Lösung dreidimensionaler Probleme oder die Anwendung des Impulssatzes in der Thermodynamik. Hierbei ist es wichtig, die Schnitte so zu legen, daß jeweils funktionell selbständige sowie geschlossene Teilsysteme der nachfolgenden Komplexitätsebene erfaßt werden. Der geometrische Ort eines Schnittes heißt Schnittstelle. Er ist beiden durch den Schnitt getrennten Teilsystemen zugeordnet. Demnach kann sowohl von der Schnittstelle zwischen zwei Systemen, als auch von den Schnittstellen eines jeden der beiden Systeme gesprochen werden. Auch ist die Schnittstelle eines vorgeordneten komplexen technischen Systems oft gleichzeitig Schnittstelle wenigstens eines nachgeordneten Systems, **Bild 2.24.** Das Bilden von Schnittstellen kann zwei verschiedenen Zwecken dienen. Einerseits ist es möglich, mit ihrer Hilfe Systeme zu beschreiben, ohne Kenntnis über deren innere Wirkungsweise zu haben. Das trifft besonders für das genannte Beispiel der Anwendung des Impulssatzes in der Thermodynamik zu. Dabei werden zur Berechnung nur die jeweiligen Systemgrenzen betrachtet. Andererseits können durch das Schneiden von Systemen an geeigneten Stellen komplexe Systeme in kleinen, und damit leichter erfaßbaren Arbeitsschritten behandelt werden, beispielsweise mit der Finite-Elemente-Methode. Das hier behandelte Schnittprinzip vereint diese beiden Zielsetzungen.

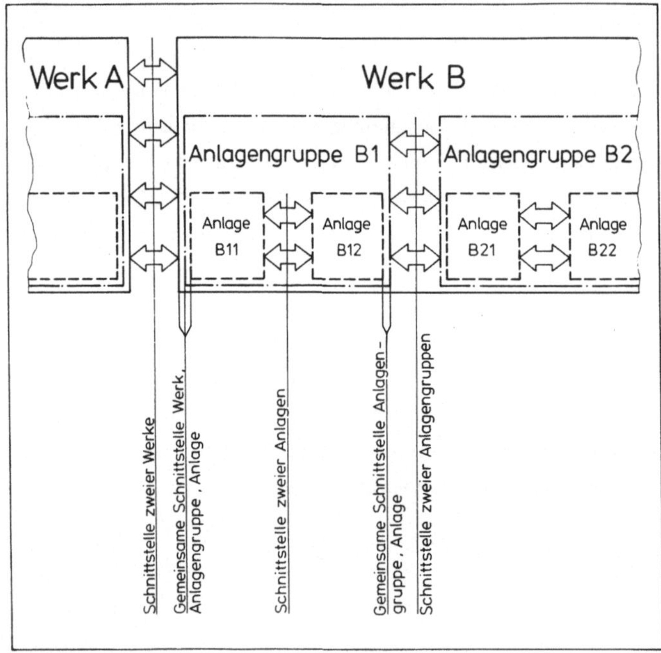

Bild 2.24: Schematische Darstellung von Schnittstellen zwischen zwei Werken, ihren Anlagengruppen und Anlagen.

Bei der Anwendung des Schnittprinzips auf Konstruktionsaufgaben ist zu berücksichtigen, daß die durch Schnitte getrennten Teilsysteme während der Bearbeitung nicht derart verändert werden dürfen, daß ihre Schnittstellen sich nach der Bearbeitung nicht mehr entsprechen. Wenn beispielsweise funktionelle und/oder konstruktive Änderungen in einem der Teilsysteme vorgenommen werden, dann können daraus Auswirkungen auf die benachbarten Systeme oder auf die gesamte Systemkette entstehen. Folglich müssen alle Größen, die eine Schnittstelle zwischen zwei Teilsystemen oder ihre Einflüsse auf die Systeme beschreiben, bei der Klärung der Aufgabe festgelegt werden. Diese Größen werden Schnittstellenbedingungen genannt. Sie beschreiben zum Beispiel die Zeit- und Durchsatzmengenbilanzen zwischen den Anlagengruppen zur Berechnung stoffdurchsetzender technischer Systeme in der Anlagenebene oder den Zusammenhang zwischen Spannungen, Dehnungen, Biegewechselbelastungen und Temperaturen eines durchzusetzenden Stoffes an den Grenzen der Anlagen des gleichen Systems in der Maschinengruppenebene. Schnittstellenbedingungen sind auf die jeweilige Komplexitätsebene zu beziehen. Demzufolge sind Schnittstellenbedingungen verschiedener Komplexitätsebenen unterschiedlich voneinander. Das gilt auch dann, wenn sie sich auf dieselbe Schnittstelle beziehen, Bild 2.24.

Schnittstellen sind also keine ursächlichen gegenständlichen Bestandteile technischer Systeme, sondern sind konkrete Denkmodelle, die der Erleichterung sowie Vereinfachung der Projektierungs- und Konstruktionstätigkeiten dienen. Zur Ermittlung und Festlegung sinnvoller Schnittstellen eignet sich besonders eine Gliederungssystematik auf der Grundlage der Einteilung technischer Systeme nach Komplexitätsebenen entsprechend Bild 1.5 / 16 /.

Berechnungen zu den Schnittstellenbedingungen werden möglichst in einem Berechnungsgang für alle zu behandelnden Systeme gleicher Komplexität durchgeführt. Das dient der Erleichterung einer gegenseitigen Anpassung der Systeme. Eine solche gleichzeitige Aufgabenklärung ist auch deshalb zweckmäßig, weil ein großer Teil der Eingabedaten alle Systeme mittel- oder unmittelbar berührt.

Schnittstellen entstehen nicht nur durch das Einteilen komplexer technischer Systeme in Teilsysteme beim Übergang in nachgeordnete Komplexitätsebenen, sondern auch bei der Aufgabenstellung, in ein bestehendes System ein Teilsystem einzubauen. Bei einer solchen Aufgabenstellung sind also Schnittstellen gegeben und deren Bedingungen zu beachten. Diese werden im allgemeinen als Anforderungen und/oder Bedingungen vom Auftraggeber gestellt oder unter Umständen rechnerisch ermittelt. In diesem Falle können Schnittstellenbedingungen eine Teilmenge der Anschlußbedingungen sein. Auch bei alleinstehenden technischen Systemen - das sind solche, die keine unmittelbaren Nachbarsysteme haben, mit denen sie zusammenwirken - sind Schnittstellenbedingungen zu beachten.

Bei der Festlegung von Schnittstellen und rechnerischen Ermittlung von Schnittstellenbedingungen ist grundsätzlich zwischen

- bekannten Teilsystemen (bereits bestehende oder konstruierte, festgelegte sowie vereinbarungsgemäß nicht zu verändernde Systeme) und
- unbekannten Teilsystemen (Systeme ohne Vorbild, neuzukonstruierende Systeme)

zu unterscheiden. Bekannte Teilsysteme sind durch das Festliegen vieler Gegebenheiten, welche auf die Schnittstellen und deren Bedingungen Einfluß haben, gekennzeichnet. Für eine Systemkette von Teilsystemen, **Bild 2.25**, mit einer beliebigen Anzahl bekannter Teilsysteme,

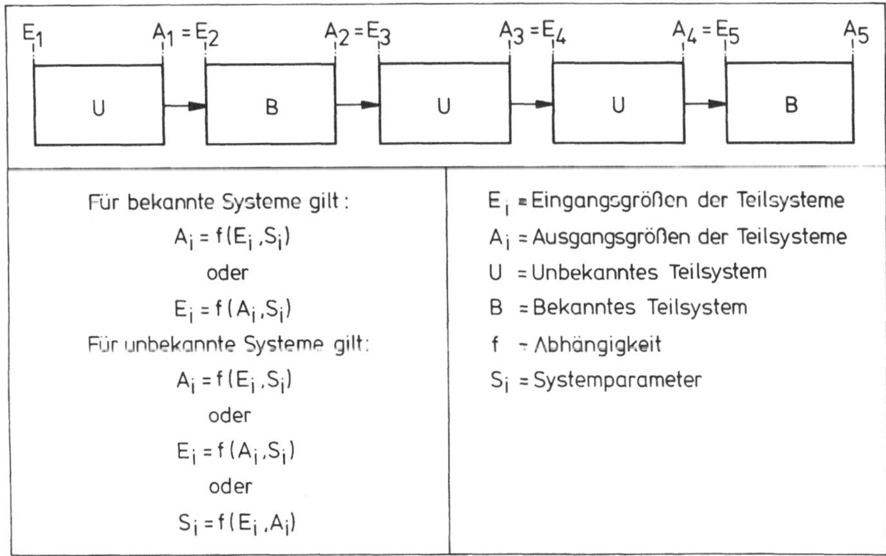

Bild 2.25: Darstellung zur Verdeutlichung einer Systemkette mit bekannten und unbekannten Teilsystemen.

jedoch wenigstens einem unbekannten Teilsystem, gilt, daß die Ausgangsgrößen einerseits vom System und andererseits von den Eingangsgrößen abhängig sind.

$$A = f\ (S,\ E) \qquad (2.1)$$

A = Ausgangsgrößen, f = Abhängigkeit, S = Systemparameter, E = Eingangsgrößen.

Dabei ist also A die zu berechnende, unbekannte Zielgröße und S sowie E sind bekannt. In gleicher Weise können auch bei gegebenen Ausgangsgrößen eines bekannten Systems die Größen an seinem Eingang hergeleitet werden.

$$E = f\ (S,\ A) \qquad (2.2)$$

Bei unbekannten Systemen enthalten die beiden oben angegebenen Abhängigkeiten jeweils zwei Unbekannte. Das sind neben der Zielgröße A oder E noch das System S selbst. Demnach gilt hierbei zusätzlich:

$$S = f\ (E,\ A) \qquad (2.3)$$

Daraus folgt, daß bei der Ermittlung und Festlegung von Schnittstellenbedingungen unbekannter Systeme sowohl die Bedingungen dem System als auch das System den Bedingungen angepaßt werden können. Eine der beiden Unbekannten, das System oder die Bedingungen, muß vorab durch Annahmen festgelegt werden. Wenn für bekannte und unbekannte Systeme der gleiche Berechnungsweg, den Formeln A = f (S, E) oder E = f (S, A) entsprechend, beschritten werden soll, dann ist es sinnvoll, das technische System festzulegen. Annahmen zur Festlegung des unbekannten Systems können auf unterschiedliche Weise gewonnen werden. Einerseits sind aus der Analyse gleichartiger, bereits konstruierter Systeme

- ein sogenanntes repräsentatives System oder
- systembeschreibende Verhältniszahlen

zu bilden, die der Berechnung zugrunde gelegt werden. Andererseits können die erforderlichen Daten auch vom Bearbeiter aufgrund seiner Erfahrung festgelegt werden. In diesen Fällen stellt die Berechnung der Schnittstellenbedingungen für eine Systemkette, die wenigstens ein unbekanntes Teilsystem enthält, in der Regel ein iteratives Verfahren dar. Das heißt, daß die getroffenen Annahmen mit den Ergebnissen des Berechnungsganges verglichen, daran gemessen und gegebenenfalls geändert werden müssen. Danach kann mit den neuen Annahmen ein weiterer Berechnungsgang durchgeführt werden. Die Anzahl der Berechnungsgänge wird im wesentlichen durch die erforderliche Genauigkeit der Ergebnisse und die Güte der Annahmen bestimmt.
Wenn die Berechnungen ergeben, daß Schnittstellenbedingungen zweier benachbarter Systeme aufgrund unvereinbarer Randbedingungen nicht aneinander angepaßt werden können, dann wird es erforderlich, diese Systeme durch geeignete Verbindungselemente oder Verbindungssysteme miteinander zu koppeln. Solche Verbindungssysteme werden im allgemeinen gesondert bearbeitet.

Mit Abschluß der Bearbeitung aller durch Schneiden erzeugten Teilsysteme in einer Komplexitätsebene, unter Einhaltung der Schnittstellenbedingungen, gehen die Schnittstellen zwischen den Teilsystemen im Gesamtsystem auf und verlieren ihre Bedeutung für das technische System. Damit sind die Teilsysteme sozusagen fugenlos miteinander verbunden und bilden wieder eine Einheit. Fehler, die bei der Festlegung von Schnittstellen und ihren Bedingungen gemacht werden, wirken sich meist nur durch eine Verlängerung der Bearbeitungszeit auf, weil sie eine Wiederholung des Bearbeitungsganges erfordern.

Zur Verdeutlichung des Vorgehens bei der Anwendung des Schnittprinzips sollen die beiden folgenden Beispiele dienen. Sie zeigen auch, daß das beschriebene Schnittprinzip für jede Komplexitätsebene gültig ist.

Die **Bilder 2.26 und 2.27** zeigen den Grundriß und das Stoffflußdiagramm eines Kaltbreitband-Walzwerkes. Dem **Bild 2.28** sind die Schnittstellenbedingungen zwischen den durch Bildzeichen dargestellten Anlagengruppen dieses Walzwerkes zu entnehmen. Der Überschaubarkeit wegen sind die Bedingungen hier nicht ausdrücklich beschrieben, sondern nur schematisch durch Pfeile angedeutet. Notwendige Berechnungen beziehen sich im wesentlichen auf den Stofffluß zwischen sowie den Stoffdurchsatz **in** den Anlagengruppen und werden im Rahmen der Aufgabenklärung in der Anlagenebene durchgeführt. Dabei müssen auch Gegebenheiten berücksichtigt werden, welche die Lagerhaltung und den Transport sowie das Verhalten bei Ausfall einzelner Anlagengruppen oder der Versorgung betreffen.

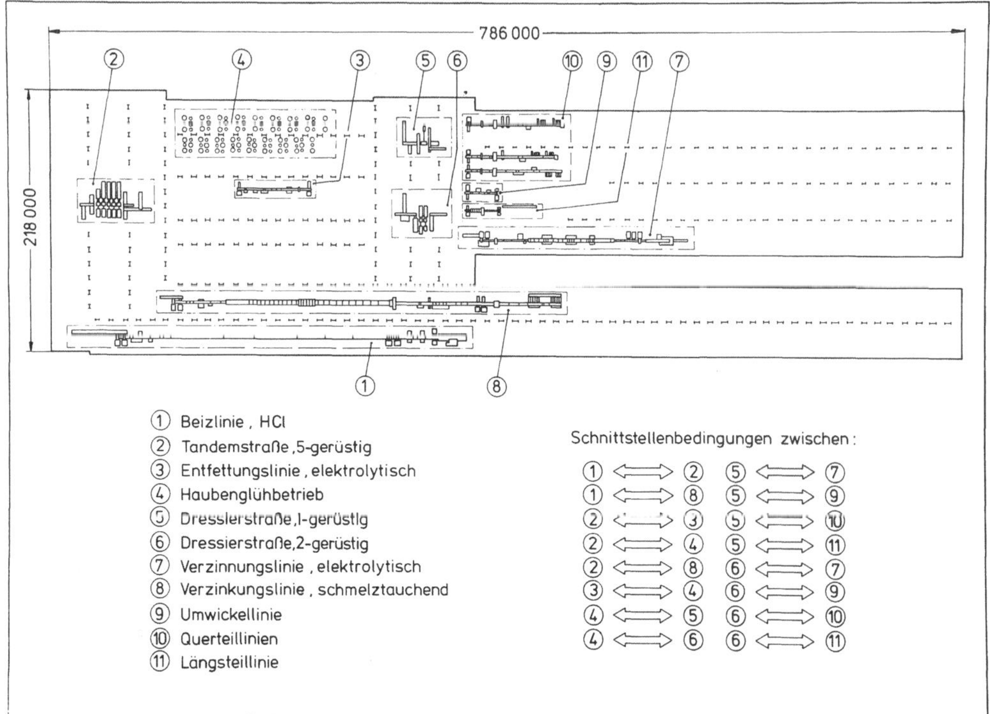

Bild 2.26: Schematische Darstellung eines Kaltbreitband-Walzwerkes mit seinen Anlagengruppen (Grundriß).

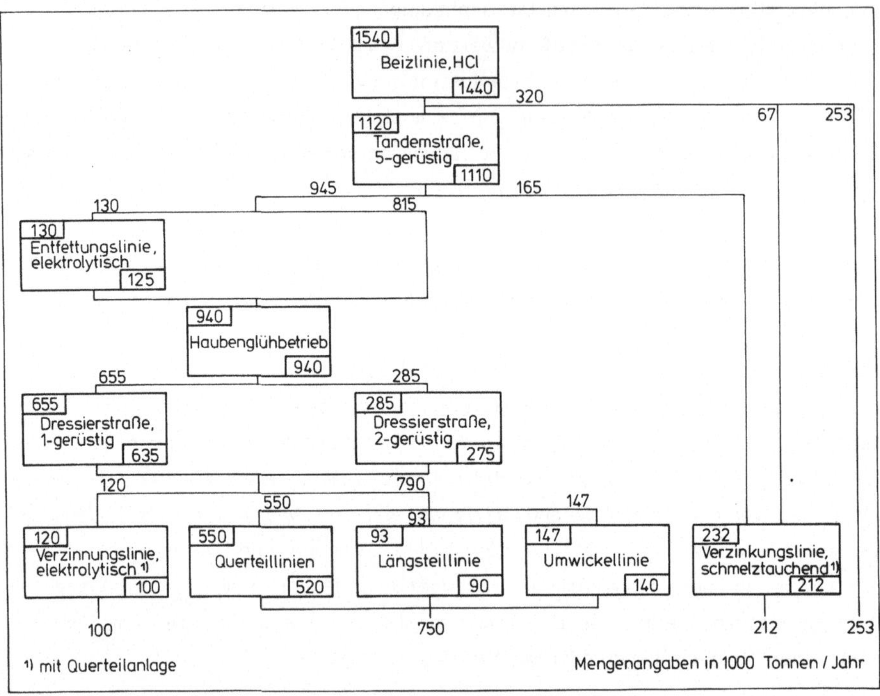

Bild 2.27: Stofffflußschaubild des in Bild 2.26 dargestellten Kaltbreitband-Walzwerkes.

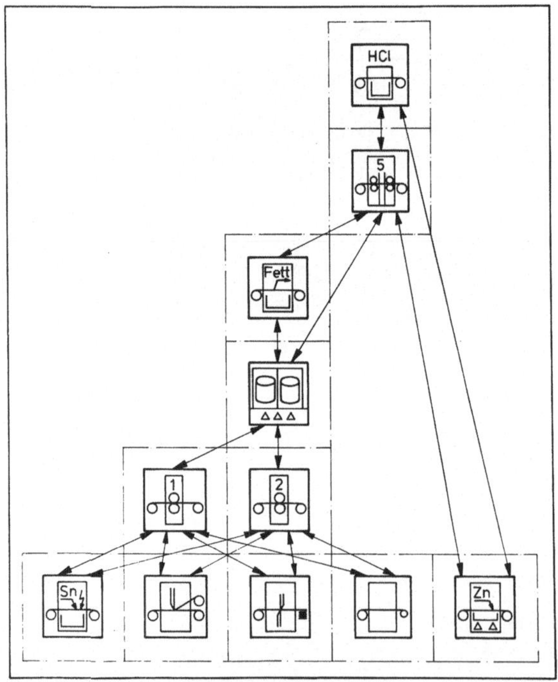

Bild 2.28: Darstellung zur Verdeutlichung der Schnittstellenbedingungen zwischen den Anlagengruppen des Kaltbreitband-Walzwerkes in Bild 2.26.

Das zweite Beispiel ist der Teileebene zuzuordnen. Zum besseren Verständnis wird dieses Beispiel - abweichend von der Vorgehensweise beim systematischen Projektieren und Konstruieren technischer Systeme - in umgekehrter Richtung, vom Konkreten zum Abstrakten, dargestellt. Hierzu wurde eine Doppelbackenbremse gewählt, **Bild 2.29**. Der Komplexität nach handelt es sich um eine Maschine, die aus den drei Teilegruppen

- Bremszange,
- Hebelgetriebe und
- Bremslüfter

besteht. Im folgenden werden beispielhaft nur die Schnittstellen und deren Bedingungen der Teilegruppe "Bremszange" verdeutlicht.

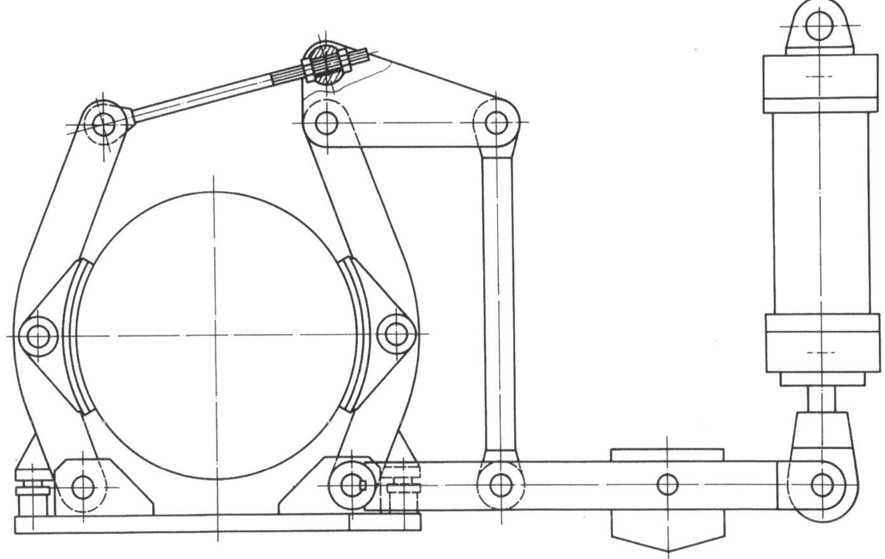

Bild 2.29: Vereinfachte Darstellung einer Doppelbackenbremse.

Im **Bild 2.30** sind die drei genannten Teilegruppen mit ihren Schnittstellen, sowie das mit der Bremse in Verbindung stehende, im Kraftfluß folgende Nachbarsystem (das kann beispielsweise eine Bremstrommel oder eine Radscheibe sein) schematisch dargestellt. Die Teilegruppe "Bremszange" besitzt also vier Schnittstellen, je zwei an den oberen Anlenkpunkten (B) und an den Bremsbacken. Schnittstellenbedingungen sind in diesem Falle die zwischen den Teilegruppen wirkenden Reaktionskräfte sowie die mit ihnen zusammenhängenden Längen- und Winkelverhältnisse. Letztere können aus der Zusammenstellungszeichnung des Systems entnommen werden. Die Berechnungen zur Festlegung sowie die graphische und mathematische Darstellung der Schnittstellenbedingungen sind **Bild 2.31** zu entnehmen. Hier wird auch deutlich, daß die konstruktive Ausführung der übrigen Teilegruppen, solange die Schnittstellenbedingungen eingehalten werden, keinen Einfluß auf die Bremszange hat. Demnach kann beispielsweise das Übersetzungsgetriebe durch einen Hydraulikzylinder ersetzt werden.

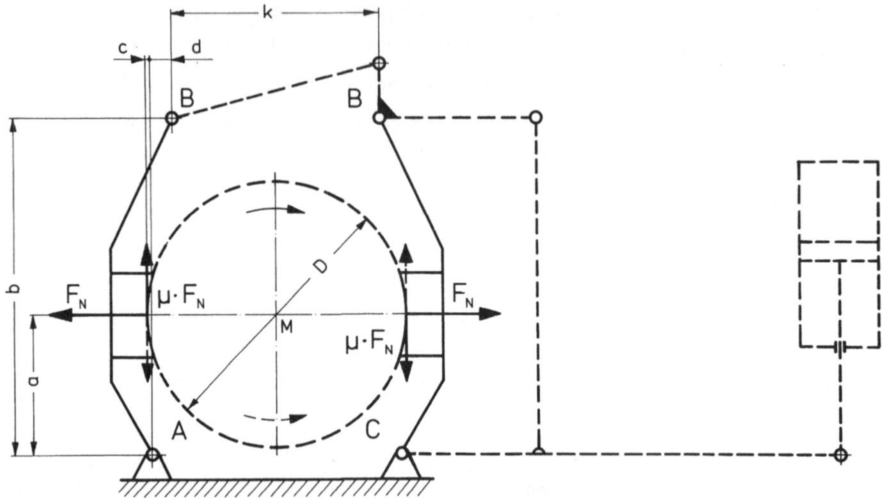

Bild 2.30: Schematische Darstellung der Doppelbackenbremse des Bildes 2.29 mit den Schnittstellen der Bremszange.

Grundlagen zur Festlegung der Schnittstellenbedingungen	Darstellung der Schnittstellenbedingungen	
	graphisch	mathematisch
$\Sigma F_H = 0$ $B_H - F_N + A_H = 0$ $\Sigma F_V = 0$ $B_V + \mu \cdot F_N - A_V = 0$ $\Sigma M_A = 0$ $\mu \cdot F \cdot c - F_N \cdot a - B_V \cdot d + B_H \cdot b = 0$ Kraftrichtung bei B $\frac{B_V}{B_H} = \tan\alpha$ $\Sigma M_M = 0$ $\mu \cdot F_N \cdot D = M_{Br.}$		$F_R = \mu \cdot F_N$ $B_H = \frac{F_N \cdot (a - \mu \cdot c)}{b - \tan\alpha \cdot d}$ $B_V = \frac{B_H \cdot b + \mu \cdot F_N \cdot c - F_N \cdot a}{d}$

Bild 2.31: Schnittstellenbedingungen zur Bremszange der Doppelbackenbremse in Bild 2.29.

Als Beispiel für den Aufbau einer anwendungszweckorientierten Anforderungsliste auf der Grundlage der hier beschriebenen Merkmale können die **Tafeln 3.1 bis 3.4** des Anhanges dienen. Diese Tafeln zeigen den Ausschnitt aus der Anforderungsliste für das Projektieren der Anlagen einer Feuerverzinkungslinie auf der Maschinengruppenebene, der die Informationen zur Kühlanlage enthält. Die Anforderungsliste ist aufbauend auf Erkenntnissen aus der Erstellung eines Programmsystems zur rechnerunterstützten Projektierung der Verzinkungslinien für ein aktuelles Projekt angefertigt worden. Dabei wurde die Ordnung der Merkmallisten, Tafeln 1.1 bis 1.6, Anhang, übernommen und die Einteilung den Erfordernissen angepaßt / 17 und 18 /.

2.9. Schrifttum

1. Baumann, H.G.: Klärung der Aufgabe beim systematischen Projektieren und Konstruieren komplexer technischer Systeme, Teil I. Verfahrenstechn. 13 (1979) 1, S. 36/40.
2. Koller, R.: Konstruktionsmethode für den Maschinen-, Geräte- und Apparatebau. Springer-Verlag, Berlin, Heidelberg, New York, 1976.
3. Hornbogen, E.: Werkstoffe. Springer-Verlag, Berlin, Heidelberg, New York, 1973.
4. DIN 19226: Regelungstechnik und Steuerungstechnik, Begriffe und Benennungen. Mai 1968.
5. Mieth, W.H.: Entwicklung einer allgemeinen Zeitbilanz für hüttenmännische Betriebsmittel. Stahl u. Eisen 81 (1961) 7, S. 422/431.
6. DIN 1055, Teil 5: Lastannahmen für Bauten, Verkehrslasten und Eislast. Juni 1975.
7. Bundesminister des Inneren: Umweltplanung, Materialien zum Umweltprogramm der Bundesregierung 1971, Deutscher Bundestag - 6. Wahlperiode, zu Drucksache VI/2710.
8. Veröffentlichungen, Bundesinstitut für Arbeitsschutz, Koblenz.
9. VDI-Richtlinie 2306: Maximale Immissions-Konzentrationen (MIK), Organische Verbindungen. VDI-Verlag, Düsseldorf, 1966.
10. VDI-Richtlinie 2058, Blatt 1: Beurteilung von Arbeitslärm in der Nachbarschaft. Juni 1973. Blatt 2: Beurteilung von Arbeitslärm am Arbeitsplatz hinsichtlich Gehörschäden. VDI-Verlag, Düsseldorf, 1970.
11. Baumann, H.G.: Klärung der Aufgabe beim systematischen Projektieren und Konstruieren komplexer technischer Systeme, Teil II. Verfahrenstechn. 13 (1979) 2, S. 89/94.
12. DIN 33400, Vornorm: Gestalten von Arbeitssystemen nach arbeitswissenschaftlichen Erkenntnissen; Begriffe und allgemeine Leitsätze. Oktober 1975.
13. VDI-Richtlinie 2225: Technisch-wirtschaftliches Konstruieren; Anleitung und Beispiele. VDI-Verlag, Düsseldorf, 1977.
14. Baumann, H.G., K.-H. Looschelders und H. von Wyl: Grundlagen der Festlegung konstruktiver Wirkzusammenhänge im Rahmen des systematischen Projektierens und Konstruierens technischer Systeme. Fachber. Hüttenprax. Metallweiterverarb. 18 (1980) 9, S. 642/656.
15. Baumann, H.G. und H. von Wyl: Bewertung und Auswahl konstruktiver Varianten im Rahmen des systematischen Projektierens und Konstruierens technischer Systeme. Fachber. Hüttenprax. Metallweiterverarb. 19 (1981) 2, S. 99/106.
16. Baumann, H.G. und W. Roloff: Unveröffentlichter Bericht. Duisburg 1980.
17. Baumann, H.G. und K.-H. Looschelders: Klärung der Aufgabe, Unterprogramm KLADAU, beim rechnerunterstützten systematischen Projektieren und Konstruieren. Arch. Eisenhüttenwes. 51 (1980) 10, S. 429/434.
18. Baumann, H.G.: Klärung der Aufgabe beim systematischen Projektieren und Konstruieren komplexer technischer Systeme, Teil III. Verfahrenstechn. 13 (1979) 3, S. 168/173.
19. Genge, U.: Entwicklung einer Systematik zur Auftragsabwicklung komplexer Hüttenwerksysteme. Dr.-Ing.-Dissertation, RWTH Aachen, 1977.

3. Festlegung der logischen Wirkzusammenhänge

Die aus der Aufgabenklärung bekannten Forderungen am Eingang und erfüllten Forderungen am Ausgang eines zu projektierenden oder zu konstruierenden technischen Systems können durch physikalische Größen beschrieben werden. Dabei unterscheiden sich die Ausgangsgrößen von den Eingangsgrößen entsprechend den bei der Aufgabenklärung festgelegten Anforderungen. Zwischen den Gegebenheiten am Eingang des Systems und denjenigen an seinem Ausgang finden also Änderungen statt. Diese Änderungen werden durch Prozesse bewirkt, die innerhalb des technischen Systems ablaufen. Solche Prozesse, ihre Wechselwirkungen sowie Wirkungen auf die zu ändernden Größen lassen sich

- abstrakt-logisch,
- durch physikalische Gesetzmäßigkeiten oder
- konkret durch das Zusammenspiel der Teilsysteme

erklären und beschreiben. Die abstrakt-logische Beschreibung dieser Vorgänge steht im Mittelpunkt der Festlegung logischer Wirkzusammenhänge.
Wirkzusammenhänge können aufgefaßt werden als Gesamtheit der Ursachen für die Änderungen physikalischer Größen, deren Wirkung sich durch die Überführung der Forderungen am Eingang eines technischen Systems in die erfüllten Forderungen an seinem Ausgang zeigt. Dabei beschreiben logische Wirkzusammenhänge was in einem technischen System geschehen muß, damit eine solche Wirkung erzielt wird.
Es wird deshalb von Wirkzusammenhängen gesprochen, weil einerseits für Projektierungs- und Konstruktionsaufgaben die beabsichtigten Wirkungen der Prozesse Ausgangspunkt der Bearbeitung sind und andererseits diese nicht getrennt voneinander betrachtet werden können, sondern auch Beziehungen zueinander haben und somit Zusammenhänge bilden.

Zwecke und Ziele der Projektierungs- und Konstruktionssystematik haben auch Gültigkeit für den Hauptschritt der Festlegung logischer Wirkzusammenhänge. Darüber hinaus ist die Zweckmäßigkeit der Festlegung logischer Wirkzusammenhänge im wesentlichen durch die notwendige

- Öffnung des Konstruktionsgeschehens für alle Lösungen mit Hilfe einer abstrakten Arbeitsweise,
- Ermittlung und Darstellung der grundlegenden funktionellen Struktur technischer Systeme sowie
- Verdeutlichung und Darstellung der unterschiedlichen Betriebsweisen und Betriebszustände technischer Systeme sowie deren Auswirkungen auf das übergeordnete Gesamtsystem

gekennzeichnet.

Die abstrakte Arbeitsweise bei der Festlegung logischer Wirkzusammenhänge soll bewirken, daß bei der Bearbeitung von Konstruktionsaufgaben Lösungen nicht durch unbewußte, und damit unkontrollierte Assoziationen vorweggenommen werden. Assoziationen sind Verknüpfungen von Vorstellungen zu Ideenkomplexen. Wenn durch äußere Anlässe einzelne Denkinhalte angesprochen werden, dann können assoziative Verbindungen den gesamten Ideenkomplex hervorrufen. Ein solches Festgelegtsein auf vorgegebene, unwillkürliche Gedankenverbindungen verhindert oder erschwert das Ermitteln von neuartigen und oft auch besseren Projektierungs- und Konstruktionsergebnissen. Hierüber wird auch in einer VDI-Richtlinie / 1 / berichtet. Damit ein derartiges Fehlverhalten ausgeschlossen ist und der Konstruktionsgang für alle Lösungen offengehalten wird, ist die Festlegung der logischen Wirkzusammenhänge notwendige Grundlage für das weitere Projektierungs- und Konstruktionsgeschehen.

Bei der Klärung der Aufgabe wurde das technische System bildhaft als schwarzer Kasten dargestellt. Das einzig Bekannte waren die Forderungen an seinem Eingang und die erfüllten Forderungen an seinem Ausgang. Was dabei im Inneren des Kastens vorging, war unbekannt und bisher auch unwesentlich. Bildlich gesprochen wird bei der Festlegung logischer Wirkzusammenhänge erstmals der Deckel des schwarzen Kastens gelüftet. Damit wird ein erstes Erkennen seines Inneren möglich und die grundlegende funktionelle Struktur des technischen Systems kann ermittelt und dargestellt werden. Diese Strukturierung ist nicht nur Grundlage für die weitere Bearbeitung, sondern erleichtert auch das Verständnis der Wirkungsweise des Systems sowie die Erstellung von Gliederungen.

Von technischen Systemen, besonders solchen hoher Komplexität, wird manchmal verlangt, daß sie mehrere Hauptfunktionen wahlweise - nacheinander oder gleichzeitig - ausüben. Das sind beispielsweise kombinierte Feuerverzinkungs- und Feueraluminierungslinien sowie Stranggießanlagen, in denen sowohl Stahlstränge mit quadratischen als auch solche mit rechteckig-flachen Querschnittsformen gegossen werden können. Auch müssen technische Systeme oft für mehrere unterschiedliche Betriebsweisen einsetzbar sein. Ein Beispiel dafür ist die Einlaufanlage kontinuierlicher Bandbehandlungslinien. Sie muß einerseits die einzeln ankommenden Bunde in die Linie einführen und andererseits das Band möglichst gleichmäßig abwickeln und den Behandlungssystemen zuführen. Die Einlaufanlage muß also sowohl diskontinuierlich (bei Einfädel- oder Bundwechselbetrieb), als auch kontinuierlich (bei Normalbetrieb) betrieben werden können. Solche unterschiedlichen Betriebsweisen und deren Wirkungen auf das Gesamtsystem und die Teilsysteme können bei der Festlegung logischer Wirkzusammenhänge besonders gut dargestellt und verdeutlicht werden.

3.1. Grundlagen und Teilschritte der Festlegung logischer Wirkzusammenhänge

Die verdeutlichte und vervollständigte Aufgabenstellung ist in der Anforderungsliste niedergelegt. Davon wird zur Festlegung der logischen Wirkzusammenhänge ausgegangen. Jede einzelne Anforderung muß berücksichtigt werden, nichts darf ausgelassen, nichts hinzugefügt werden. Zur Festlegung logischer Wirkzusammenhänge wird im wesentlichen ermittelt,

- welche durch physikalische Größen ausgedrückten Forderungen am Eingang des technischen Systems innerhalb des Systems Änderungen erfahren müssen,

- welcher Art diese Änderungen zu sein haben,
- welche Auswirkungen die Änderungen auf andere Größen haben und welche Voraussetzungen erfüllt sein müssen, damit die Änderungen möglich werden.

Logische Wirkzusammenhänge nehmen also nicht vorweg, welche physikalischen Gesetzmäßigkeiten den Änderungen zugrundeliegen oder wie die endgültige konstruktive Lösung sein muß. **Bild 3.1** gibt einen zusammenfassenden Überblick über alle Teilschritte der Festlegung logischer Wirkzusammenhänge.

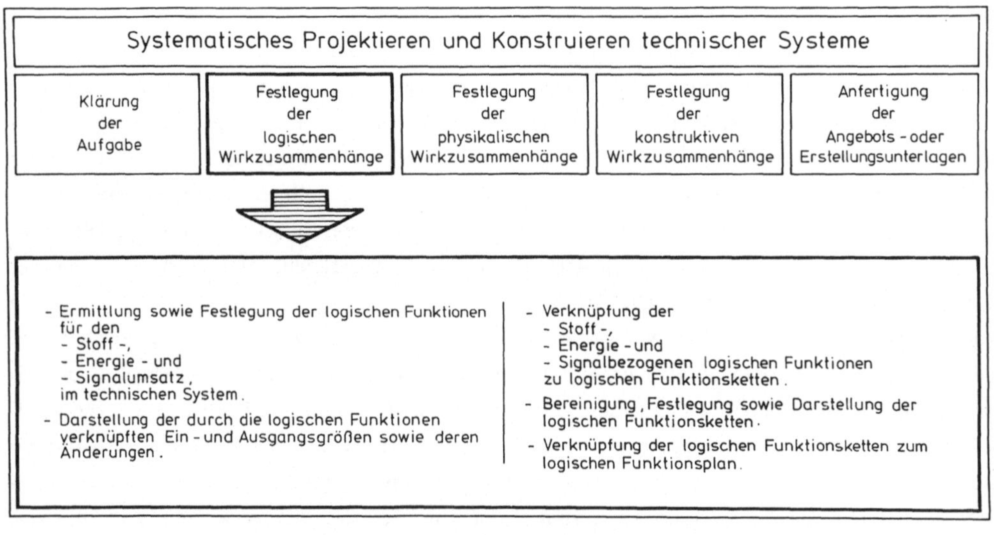

Bild 3.1: Teilschritte der Festlegung logischer Wirkzusammenhänge beim systematischen Projektieren und Konstruieren technischer Systeme.

Der Begriff "logische Wirkzusammenhänge" wurde deshalb gewählt, weil die hierbei festgelegten Beziehungen sowie Verknüpfungen sich zwingend und eindeutig ergeben. Sie führen im Gegensatz zu den physikalischen und konstruktiven Wirkzusammenhängen nicht zu varianten Lösungen. Mit Hilfe der logischen Wirkzusammenhänge kann die innere Wirkungsweise technischer Systeme in allgemeinster Form dargestellt, beschrieben und erklärt werden.

Die Arbeitsweise bei der Festlegung logischer Wirkzusammenhänge ist im Vergleich zu den folgenden Hauptschritten des systematischen Projektierens und Konstruierens sehr abstrakt und stellt besondere Ansprüche an das diskursive Denken des Bearbeiters. Aufgrund dieser besonderen Ansprüche ist es unerläßlich bei dem Hauptschritt der Festlegung logischer Wirkzusammenhänge mit äußerster Sorgfalt und ständiger Selbstkontrolle zu arbeiten. Dabei ist es hilfreich, stets bewußt in kleinen Schritten vorzugehen und alle Ideenassoziationen, die nur schwer oder gar nicht kontrolliert zu vergegenwärtigen sind, zu erkennen und sorgfältig zu prüfen. Das wird beispielsweise erreicht, indem alle Gedanken erst einmal in Zweifel gezogen und nicht nur Argumente dafür, sondern auch dagegen in Rechnung gestellt werden.

In diesem Zusammenhang stoßen zwei gegensätzliche Forderungen aufeinander. Einerseits kann eine möglichst hohe Abstraktionsstufe die Fehler, welche durch assoziative gedankliche Verknüpfungen einfliessen, weitgehend vermeiden helfen. Andererseits sollen die anzuwendenden Vorgehensweisen für jeden Anwender verständlich und praxisnah sein, ohne dabei Unsicherheiten, Verständnisschwierigkeiten und Unzuordbarkeiten hervorrufen. Dieser Gegensatz ist auch ein Grund dafür, daß bisher bekannte Konstruktionsmethoden in diesem Arbeitsschritt voneinander abweichen. Bei der Entwicklung der hier vorgestellten Projektierungs- und Konstruktionssystematik wurde eine größtmögliche Praxisbezogenheit angestrebt.
Über die Logik in technischen Systemen haben insbesondere W.G. Rodenacker / 2 / und R. Koller / 3 und 4 / berichtet. Die im folgenden beschriebenen logischen Funktionen wurden unter Zugrundelegung der von R. Koller / 3 und 4 / vorgeschlagenen und vertretenen "physikalischen Elementarfunktionen bzw. Grundoperationen" aufgestellt. Diese logischen Funktionen wurden in Abstimmung mit Projekteuren und Konstrukteuren des Hüttenanlagenbaues besonders für die Bearbeitung komplexer technischer Systeme aufgestellt.

3.2. Logische Funktionen

Unter logischen Wirkzusammenhängen ist, wie bereits gesagt, die Gesamtheit der Ursachen zu verstehen, die eine Änderung der physikalischen Größen innerhalb technischer Systeme bewirken. Jeder einzelnen Ursache entspricht eine logische Funktion. Eine solche Funktion beschreibt entweder qualitativ oder qualitativ und quantitativ die Beziehung zwischen einer Ein- und einer Ausgangsgröße. Beispielsweise ist die Aussage "Kraft vergrößern" eine rein qualitative Beschreibung der Änderung dieser Größe und "Kraft im Verhältnis i vergrößern" eine qualitative und quantitative Beschreibung dieses Sachverhaltes. Rein quantitative Beschreibungen logischer Funktionen sind nicht möglich, weil die Art und Weise der Änderung Bestandteil der Funktion ist und eine qualitative Aussage enthält.
Eine logische Funktion ist vollständig festgelegt, wenn ihre Ein- und Ausgangsgrößen, die Art der Beziehung zwischen diesen Größen sowie die zur Funktionserfüllung notwendigen Voraussetzungen am Ein- und Ausgang bekannt sind.
Die durch logische Funktionen hergestellten Beziehungen sind eindeutig. Demzufolge gibt es für eine bestimmte Aufgabenstellung zur Verwirklichung eines technischen Systems nur eine Kombination logischer Funktionen. Im Gegensatz zur mathematischen Logik beschreiben die hier betrachteten logischen Funktionen nicht die Beziehung zwischen Wahrheitswerten, sondern zwischen sich ändernden physikalischen Größen. Deshalb und aufgrund oben angeführter Erklärungen unterscheiden sich die logischen Funktionen, mit denen beim systematischen Projektieren und Konstruieren gearbeitet wird, grundsätzlich von denen der mathematischen Logik.

3.2.1. Darstellung logischer Funktionen

Logische Funktionen können

- mit Worten (I),
- als Matrix (II),
- in Formeln (III) und
- durch Bildzeichen (IV)

dokumentiert werden. **Bild 3.2** verdeutlicht an einem Beispiel die vier genannten Möglichkeiten des Dokumentierens der Funktionen. Die Beschreibung logischer Funktionen mit Worten nimmt verhältnismäßig viel Zeit und Raum in Anspruch. Bei einer großen Anzahl zu verarbeitender Funktionen wird die Übersichtlichkeit eingeschränkt. Dagegen kann auf Einzelheiten ausführlich eingegangen werden.

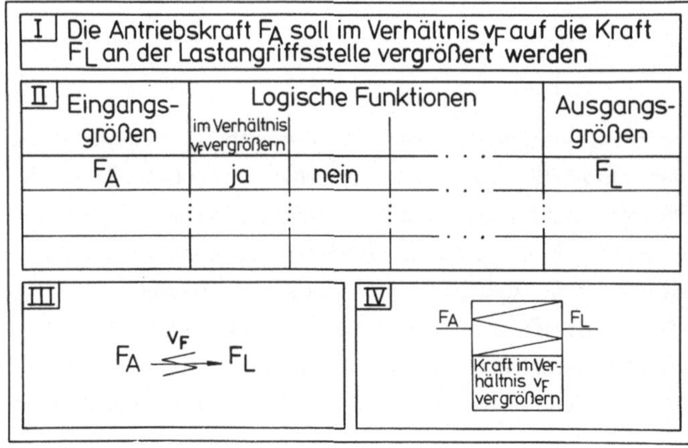

Bild 3.2: Darstellungsformen logischer Funktionen

Die Matrix, auch Wertetafel genannt, eignet sich besonders dazu, eine große Anzahl zu unterscheidender Größen, die durch mehrere verschiedene Funktionen verknüpft sind, auf kleinem Raum überschaubar darzustellen.

Formeln, auch Kurzzeichen-Darstellungen genannt, sind kurz und übersichtlich. Damit lassen sich Beziehungen zwischen verschiedenen Aussagen leicht herstellen. Sie können jedoch ohne erklärenden Text meist nicht mit der Aufgabenstellung in Verbindung gebracht und von Dritten nachvollzogen werden.

Der letztgenannten Möglichkeit, der Dokumentation logischer Funktionen mit Bildzeichen, kommt eine besondere Bedeutung zu. Darauf wird im folgenden näher eingegangen.

Es gibt nur eine begrenzte Anzahl grundlegender Änderungen, denen physikalische Größen unterworfen sein können, und damit auch nur eine begrenzte Anzahl logischer Funktionen. Deshalb ist es möglich, mit einer übersichtlichen Anzahl allgemein verwendbarer, abstrakter

Bildzeichen zu arbeiten. Über die Erstellung und Verwendung von Bildzeichen ist berichtet worden / 5 bis 9 /.

Eine solche Darstellung logischer Funktionen hat sich in der Praxis für viele Anwendungsbereiche, beispielsweise

- übersichtliche Flußbilder,
- Register in Katalogen,
- Bearbeitung von Projektierungs- und Konstruktionsaufgaben
  - von Hand und
  - rechnerunterstützt mit graphischem Bildschirm,

als sinnvoll und nützlich sowie einheitlich durchführbar erwiesen. Bildzeichen müssen

- von Hand
  - ohne Hilfsmittel,
  - mit Hilfsmitteln (Lineal und Zirkel, Schablonen),
- drucktechnisch und
- durch EDV-Anlagen

schnell, billig, sicher und einfach zu erzeugen sein. Dabei sind besonders die Eigenarten des graphischen Bildschirms zu beachten. Das Bildzeichen sollte sich aus möglichst wenigen Elementen zusammensetzen. Die Elemente müssen möglichst einfach sein, Kurvenzüge sind zu vermeiden, verschiedene Strichdicken können nur durch Überlagerung erstellt werden. Außerdem sollten bereits in Gebrauch befindliche Bildzeichen gleicher Bedeutung verwendet werden. Zum Zwecke einer möglichst guten Erfaßbarkeit durch den Betrachter sollten die Bildzeichen bei ihrer Erstellung stets auf

- richtiges Deuten ihrer Form,
- Sinnfälligkeit,
- Merkwert sowie
- Eindeutigkeit und Unverwechselbarkeit

geprüft werden.

Die Anzahl unterschiedlicher Bildzeichen sollte nicht zu groß werden, denn sonst würden die Unverwechselbarkeit und der Merkwert der Funktionen beeinträchtigt. Deshalb sollte zweckmäßigerweise das im Bildzeichen verwendete Bild nur einen Teil der gesamten darzustellenden Funktion, nämlich die Art der Beziehung, beschreiben. Weitere, für die vollständige Beschreibung einer Funktion erforderliche Informationen werden mit Hilfe eines Zusatzes gegeben. Dieser Zusatz kann in Form von Wörtern oder Kurzzeichen erfolgen, **Bild 3.3.** Bei der Verwendung von Wörtern ist für die Eintragung dieses Zusatzes ein Kasten unterhalb des Bildzeichens vorzusehen. Der Zusatz kann bei den hier beschriebenen Funktionen aus bis zu drei Teilen bestehen. Dabei bezeichnen

- ein Hauptwort oder mehrere Hauptwörter die Aus- und/oder Eingangsgröße(n),
- ein Zeitwort die durchzuführende Änderung und gegebenenfalls
- Eigenschafts- oder Hauptwörter die Art der Änderung oder die Art(en) der Größe(n).

Wenn Verwechslungen und Fehldeutungen ausgeschlossen sind, können zur Vereinfachung und

Abkürzung

- die Bezeichnung der durch ein Zeitwort ausgedrückten Änderung entfallen,
- die durch Hauptwörter dargestellten Aus- und Eingangsgrößen durch Formelzeichen sowie
- die zur näheren Kennzeichnung dienenden Eigenschafts- und Hauptwörter durch Indizes ersetzt werden.

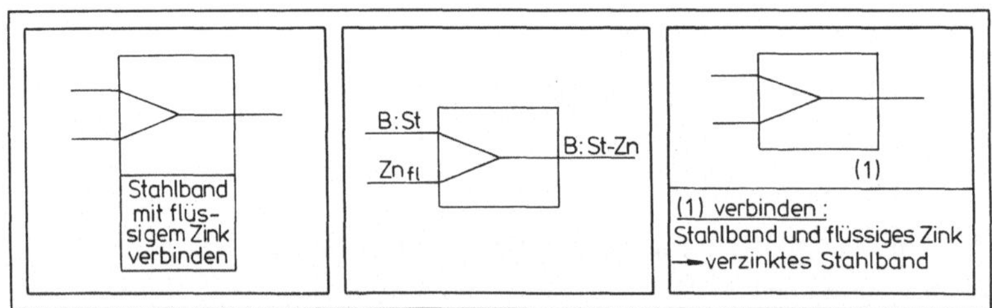

Bild 3.3: Möglichkeiten zur Vervollständigung der in einem Bildzeichen enthaltenen Informationen.

Bei dieser verkürzten Schreibweise werden indizierte Formelzeichen an Verbindungslinien zwischen den Funktionen eingetragen. Eine andere Möglichkeit, die Übersichtlichkeit durch Verminderung der Anzahl von Schriftzeichen beispielsweise in Funktionsplänen zu verbessern, ist die Trennung von schriftlicher und bildlicher Information. Zu diesem Zwecke werden die Funktionen in einem solchen Plan numeriert und an anderer Stelle in Form einer Liste so ausführlich wie erforderlich mit erklärendem Text niedergelegt. Auch diese Möglichkeit ist dem Bild 3.3 zu entnehmen / 10 /.

3.2.2. Beschreibung der logischen Funktionen

Die aus praxisorientierter Sicht, besonders für die Bearbeitung stoffdurchsetzender komplexer technischer Systeme, erforderlichen logischen Funktionen werden im folgenden beschrieben und durch erklärende Beispiele verdeutlicht. Zum besseren Verständnis der Sachverhalte in den Beschreibungen werden zunächst einige Voraussetzungen, die zur Entwicklung dieser logischen Funktionen geführt haben, dargelegt.

Stoffe, Energien und Signale sowie Stoffflüsse, Energieflüsse und Signalflüsse werden in diesem Zusammenhang der Kürze wegen "Grundgrößen" genannt. Zur Erleichterung des Arbeitens mit logischen Funktionen können diese Grundgrößen aus zwei verschiedenen Blickwinkeln gesehen und unterteilt werden:

- Alle Grundgrößen können hier idealisiert in der Weise betrachtet werden, daß sie aus

  - einem statischen Anteil und
  - einem dynamischen Anteil

  zusammengesetzt sind. Bei sogenannten "statischen Grundgrößen" ist der dynamische Anteil Null. Grundgrößen, die einen dynamischen Anteil haben, der größer als Null ist, sollen "zeitbezogene Grundgrößen" genannt werden.
- Daneben können Grundgrößen, statische und zeitbezogene, in anderer Weise idealisiert so betrachtet werden, daß sie aus
  - einem quantitativen Anteil und
  - einem qualitativen Anteil

  bestehen.

Zur Verdeutlichung dieser beiden Betrachtungsweisen kann ein Stofffluß in einer Rohrleitung, beispielsweise Öl, das durch eine Druckleitung strömt, herangezogen werden, **Bild 3.4.** Dabei kann beispielsweise der statische Anteil durch das Merkmal Dichte, das eine Stoffeigenschaft des Öles beschreibt, und der dynamische Anteil durch das Merkmal Geschwindigkeit, das zusammen mit anderen Merkmalen die Strömung kennzeichnet, dargestellt werden. Die quantitativen Anteile werden hierbei durch Zahlenwerte, die qualitativen durch Maßeinheiten ausgedrückt.

		Grundgröße statischer Anteil	Grundgröße dynamischer Anteil
		beispielsweise Stoffeigenschaft: Dichte	beispielsweise Strömungseigenschaft: Geschwindigkeit
Grundgröße	qualitativer Anteil beispielsweise Maßeinheit	$\frac{kg}{m3}$	$\frac{m}{s}$
Grundgröße	quantitativer Anteil beispielsweise Zahlenwert	$0{,}94 \cdot 10^3$	4,5

Bild 3.4: Verdeutlichung der Unterteilung von Grundgrößen in statische und dynamische sowie quantitative und qualitative Anteile dargestellt am Beispiel "Stofffluss (Öl) in einer Rohrleitung".

Diesem Sachverhalt können logische Funktionen zugeordnet werden, **Bild 3.5.** Dabei können sich logische Funktionen auf

- statische,
- dynamische,
- statische und dynamische Anteile,
- quantitative,
- qualitative,
- quantitative und qualitative Anteile

von Grundgrößen beziehen und die Änderungen dieser Anteile beschreiben.

Logische Funktionen können

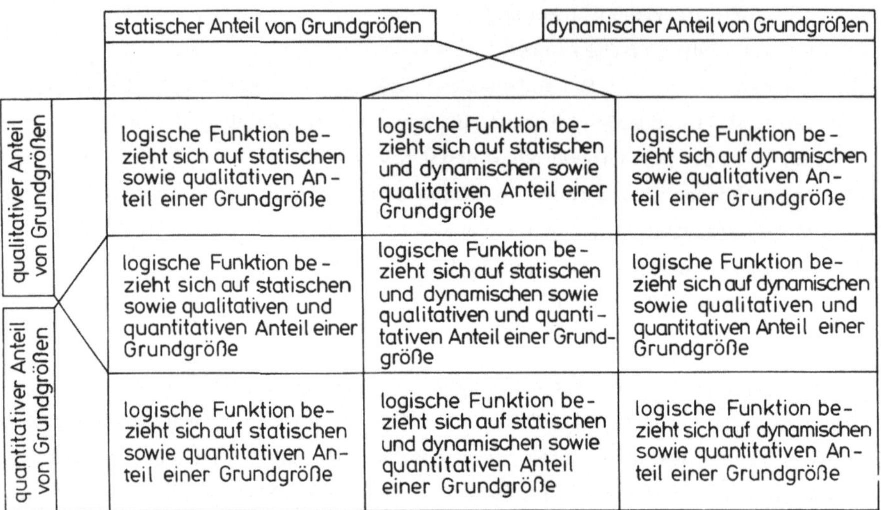

Bild 3.5: Verdeutlichung der Zusammenhänge zwischen statischen, dynamischen, quantitativen, sowie qualitativen Anteilen von Grundgrößen und logischen Funktionen.

- eine Eingangsgröße mit einer Ausgangsgröße,
- eine Eingangsgröße mit mehreren Ausgangsgrößen,
- mehrere Eingangsgrößen mit einer Ausgangsgröße oder
- mehrere Eingangsgrößen mit mehreren Ausgangsgrößen

verknüpfen. Demnach können unter Umständen zwei logische Funktionen auch durch die Anzahl ihrer Eingangs- und Ausgangsgrößen unterschieden werden.

Wesentliche logische Funktionen, Begriffserklärungen und Sachverhalte, insbesondere für die Bearbeitung stoffdurchsetzender technischer Systeme, sind den **Bildern 3.6 und 3.7** zu entnehmen. Darin sind die

- Funktionsbegriffe,
- zugehörigen Bildzeichen,
- Kurzbeschreibungen der Beziehungen sowie
- miteinander verknüpften Größen

zusammengestellt. Diese Funktionen werden im folgenden ausführlich beschrieben und durch praxisnahe Beispiele verdeutlicht.

3.2.2.1. Umwandeln

Wenn eine Grundgröße in eine andere, beispielsweise Stoff in Energie, umgesetzt wird, dann soll diese Änderung "umwandeln" genannt werden. Die logische Funktion "umwandeln" kann im

allgemeinen aus solchen Aufgabenstellungen abgeleitet werden, in denen die Ausführung eines Befehles (Signal → Energie), die "Erzeugung" einer Information (Energie → Signal) oder die "Erzeugung" einer Energie aus einem geeigneten Stoff gefordert werden.
Das wird mit folgenden Beispielen aus der Atomphysik sowie der Meß-, Steuer- und Regeltechnik, denen jeweils die logische Funktion "umwandeln" zugrunde gelegt werden kann, verdeutlicht. Nach dem Einstein'schen Prinzip der Äquivalenz von Masse und Energie besitzt jeder Körper mit der Masse m die Energie W

$$W = m \cdot c^2. \qquad (3.1)$$

Dabei ist c die Lichtgeschwindigkeit. Bei vollständiger Spaltung von einem Kilogramm des Uran-Isotops $^{235}_{92}U$ entsteht ein sogenannter Massendefekt von etwa einem Gramm. Somit wird dieses eine Gramm vollständig in Energie umgewandelt. Die hierbei gewonnene Energiemenge beträgt nach obigem Gesetz

$$W = 0{,}001\ \text{kg} \cdot (3 \cdot 10^8\ \frac{\text{m}}{\text{s}})^2 = 9 \cdot 10^{13}\ \text{J} = 25 \cdot 10^6\ \text{kWh}. \qquad (3.2)$$

Für die Anwendung in der Konstruktionspraxis sind die beiden Umwandlungen von Energie in Signal und von Signal in Energie von größerer Bedeutung. Ein Beispiel für die Umwandlung einer Energie in ein Signal ist die Modulation einer elektromagnetischen Welle nach festgelegtem Schlüssel. Hierbei ist unter Modulation die gezielte Beeinflussung der physikalischen Größe, beispielsweise der Amplitude oder Frequenz eines Wechselstromes, zu verstehen. Ähnlich läßt sich ein Signal in Energie umwandeln, indem der Signalträger zur Erzeugung einer Bewegungsgröße genutzt wird. Das geschieht beispielsweise, wenn das Stellsignal in einem Regelkreis zu einer Stellbewegung führt, welche die zu regelnde Größe beeinflußt.
Eine zu "umwandeln" inverse logische Funktion, beispielsweise "rückwandeln" wurde hier nicht eingeführt, weil alle natürlichen physikalischen Prozesse bekanntlich mit Verlusten behaftet sind (zweiter Hauptsatz der Thermodynamik). Somit kann durch ausschließliches Umkehren eines Vorganges der Ursprungszustand nicht vollständig wiederhergestellt werden.

3.2.2.2. Wandeln

Die logische Funktion "wandeln" beschreibt die Änderung des qualitativen Anteiles oder der Güte einer Grundgröße. Mit dieser Änderung wird eine verfügbare Grundgröße in einen der Aufgabenstellung entsprechenden, nutzbaren Zustand überführt. Dabei wird jeweils nur eine Größe am Eingang der Funktion mit einer Größe an ihrem Ausgang verknüpft. Beispiele für Vorgänge, die durch die logische Funktion "wandeln" beschrieben werden können, sind die Änderungen

- von festen Eisenträgern (beispielsweise Erz, Sinter und Pellets) zu flüssigem Roheisen in einem Hochofenbetrieb,

Logische Funktionen	Beziehungen zwischen Ein-und Ausgangsgrößen	In Beziehung gesetzte Größen am Eingang	am Ausgang
umwandeln	Umsetzung einer Grundgrösse in eine andere Grundgrösse.	ein Stoff eine Energie eine Energie ein Signal	eine Energie ein Stoff ein Signal eine Energie
wandeln	Änderung des qualitativen Anteiles oder der Güte einer Grundgrösse (Überführen einer verfügbaren Grösse in einen der Aufgabe entsprechenden, nutzbaren Zustand).	ein Stoff eine Energie ein Signal	ein Stoff eine Energie ein Signal
verbinden	Änderung des qualitativen Anteiles oder der Güte durch Zusammensetzen von Grössen (Koppeln von für die Aufgabe nützlichen Eigenschaften durch Kopplung der Träger dieser Eigenschaften).	zwei oder mehr verschiedene Stoffe zwei oder mehr verschiedene Energien zwei oder mehr verschiedene Signale	ein Stoff eine Energie ein Signal
trennen	Änderung des qualitativen Anteiles oder der Güte durch Zerlegen zusammengesetzter Grössen.	ein Stoff eine Energie ein Signal	zwei oder mehr verschiedene Stoffe zwei oder mehr verschiedene Energien zwei oder mehr verschiedene Signale
vergrößern/ verkleinern	Änderung des quantitativen Anteiles, der Menge oder des absoluten Betrages einer Grundgrösse.	ein Stoff ein Stofffluss eine Energie ein Energiefluss ein Signal ein Signalfluss	ein Stoff ein Stofffluss eine Energie ein Energiefluss ein Signal ein Signalfluss
fügen	Erhöhung des quantitativen Anteiles oder der Menge infolge Kopplung mehrerer Grundgrössen.	zwei oder mehr Stoffe zwei oder mehr Energien zwei oder mehr Signale zwei oder mehr Flüsse	ein Stoff eine Energie ein Signal ein Fluss

Bild 3.6: Bezeichnungen, Bildzeichen und zusammenfassende Beschreibungen logischer Funktionen.

- von flüssigem, formlosen Stahl zu einem festen Stahlstrang bestimmter Form in einer Stranggießanlage,
- von kaltgewalztem hartem zu weichem Stahlband in Haubenglühbetrieben.

Technische Systeme, in denen die logische Funktion "wandeln" bezogen auf Energie verwirklicht werden kann, sind beispielsweise Feuerungen, Kühlsysteme, Antriebs- und Arbeitsmaschinen. Signale werden unter anderem in Analog-Digital-Umsetzern gewandelt.

Logische Funktionen	Beziehungen zwischen Ein-und Ausgangsgrößen	In Beziehung gesetzte Größen am Eingang	am Ausgang
teilen	VERMINDERUNG DES QUANTITATIVEN ANTEILES ODER DER MENGE DURCH ZERLEGEN EINER GRUNDGRÖSSE.	EIN STOFF EINE ENERGIE EIN SIGNAL EIN FLUSS	ZWEI ODER MEHR STOFFE ZWEI ODER MEHR ENERGIEN ZWEI ODER MEHR SIGNALE EIN, ZWEI ODER MEHR FLÜSSE
zeitwandeln	ÄNDERUNG DES DYNAMISCHEN ANTEILES EINER ZEITABHÄNGIGEN GRUNDGRÖSSE.	EIN STOFFFLUSS EIN ENERGIEFLUSS EIN SIGNALFLUSS	EIN STOFFFLUSS EIN ENERGIEFLUSS EIN SIGNALFLUSS
führen	FESTLEGUNG DER FREIHEITSGRADE ZEITABHÄNGIGER GRÖSSEN (ERZWINGEN EINES VORGEGEBENEN, DEFINIERTEN WEGES).	STOFFFLUSS ENERGIEFLUSS SIGNALFLUSS	STOFFFLUSS ENERGIEFLUSS SIGNALFLUSS
leiten	ERZWINGEN, ERHALTEN ODER ERMÖGLICHEN DER BEWEGUNG EINER ZEITABHÄNGIGEN GRUNDGRÖSSE (ANTREIBEN, BEWEGEN).	STOFFFLUSS ENERGIEFLUSS SIGNALFLUSS	STOFFFLUSS ENERGIEFLUSS SIGNALFLUSS
zuführen	VERBINDUNG DES SYSTEMS MIT EINER GEDACHTEN UNENDLICHEN QUELLE.		STOFF STOFFFLUSS ENERGIE ENERGIEFLUSS SIGNAL SIGNALFLUSS
wegführen	VERBINDUNG DES SYSTEMS MIT EINER GEDACHTEN UNENDLICHEN SENKE.	STOFF STOFFFLUSS ENERGIE ENERGIEFLUSS SIGNAL SIGNALFLUSS	

Bild 3.7: Bezeichnungen, Bildzeichen und zusammenfassende Beschreibungen logischer Funktionen (Fortsetzung).

3.2.2.3. Verbinden und Trennen

"Verbinden" und "trennen" sind zueinander inverse logische Funktionen. Deshalb werden sie hier gemeinsam behandelt. Beide sind mit "wandeln" verwandt, weil auch mit ihnen der qualitative Anteil oder die Güte von Grundgrößen geändert wird. Diese Änderung erfolgt beim "verbinden" durch Kopplung von Größen, die für die Erfüllung der Aufgabenstellung nützliche Eigenschaften besitzen. Durch Kopplung dieser Größen soll gleichzeitig die Kopplung der nützlichen Eigenschaften erreicht werden. Umgekehrt ergibt sich die Änderung der Güte beim "trennen" durch Abspalten einer oder mehrerer Größen mit den gewünschten Eigenschaften aus einer zusammengesetzten Größe. Im Gegensatz zu "wandeln" liegen bei "verbinden" zwei oder mehr Größen am Eingang und bei "trennen" zwei oder mehr Größen am Ausgang vor. Beide Funktionen beschreiben weder die Kopplung unterschiedlicher Grundgrößen, beispielsweise von Stoff mit Energie, noch setzen sie unterschiedliche Grundgrößen am Eingang und am Ausgang miteinander in Beziehung.

Die folgenden Verfahren sind Beispiele für die Funktionserfüllung des Verbindens:

- Durch das Legieren von Stahl mit anderen Metallen, beispielsweise Mangan, Nickel, Chrom, Molybdän und Vanadium, ergibt sich ein neuer Werkstoff mit günstigen, von den Legierungsanteilen herrührenden Eigenschaften.
- Beim Verzinken von Stahlbändern werden die hohe Festigkeit und gute Verarbeitbarkeit des preiswerten Grundwerkstoffes Stahl mit der besseren Korrosionsbeständigkeit des Schichtwerkstoffes kombiniert.
- Zur Verbindung von guten Festigkeitseigenschaften mit einem günstigen Reib- und Verschleißverhalten werden Gleitlagerflächen aus Bronze, Rotguß oder Kunststoff auf Trägerwerkstoffe, beispielsweise Stahl, aufgebracht.

Güteänderungen durch "trennen" werden beispielsweise in Fraktionierkolonnen, Filtersystemen, Entstaubungs- und Kläranlagen durchgeführt. Auch dem Vakuumentgasen und Entzundern von Stahl liegt die logische Funktion "trennen" zugrunde.

3.2.2.4. Vergrößern / Verkleinern

Die logische Funktion "vergrößern/verkleinern" stellt eine Änderung des quantitativen Anteiles, der Menge oder des absoluten Betrages einer Grundgröße dar. Sie kann, falls dies aus der Aufgabenstellung hervorgeht, durch Angabe einer Verhältniszahl die spezifischen Bedeutungen "vergrößern" oder "verkleinern" annehmen. Dabei ist diese Verhältniszahl aus dem Grunde der Sinnfälligkeit immer als das Verhältnis des Betrages der Größe am Ausgang der Funktion zu demjenigen an ihrem Eingang anzugeben. Wenn die Funktion beispielsweise auf Drehzahlen von Getrieben bezogen wird, ist zu beachten, daß das Übersetzungsverhältnis nach DIN 868 / 11 / als Verhältnis der Drehzahl des ersten Rades zu der des zweiten (in Richtung des Kraftflusses), also umgekehrt zu der hier genannten Verhältniszahl festgelegt ist. Zur Erleichterung der Handhabung dieser logischen Funktion und zur Anpassung an entsprechende Aufgabenstellungen ist die Verhältniszahl auch durch die Angabe eines variablen Vergrößerungs- oder Verkleinerungsverhältnisses zu ersetzen. Dieses variable Verhältnis kann durch eine obere und eine untere Grenze eingeschränkt sein. Der durch die beiden Grenzen dargestellte Bereich kann dabei Verhältniszahlen umfassen, die sowohl kleiner als auch größer als Eins sind. In diesem Falle nimmt die logische Funktion die Bedeutung "verkleinern und vergrößern" an.

Folgende Beispiele sollen diese Sachverhalte verdeutlichen. Lose Rollen, beispielsweise in einem Flaschenzug, und Spindeln, beispielsweise in einem Scherenwagenheber, dienen der Vergrößerung einer gegebenen Antriebskraft nach dem Prinzip des Gleichgewichtes der Momente oder Kräfte. Dabei liegt dem Flaschenzug ein unveränderliches Übersetzungsverhältnis, das im allgemeinen mit der Aufgabenstellung vorgegeben oder aus ihr ableitbar ist, zugrunde.
Druckminderventile verkleinern einen vorgegebenen Betriebsdruck auf ein der Aufgabenstellung entsprechendes Maß. Bei der Mikroverfilmung werden optische Signale zur leichteren Handhabung der Datenträger verkleinert.
Einige Automobile besitzen Schaltgetriebe, deren untere Gänge die Motordrehzahl verringern und deren höchster Gang sie vergrößert. Hierbei sind die zugrunde liegenden Verhältniszahlen der Vergrößerung und Verkleinerung von verschiedenen Einflüssen, beispielsweise der Motorcharakteristik sowie vorhandenen Baukasten- oder Baureihensystemen, abhängig und oft in der Anforderungsliste vorgeschrieben. S-Rollen-Aggregate sind angetriebene Rollensysteme, die, beispielsweise in Bandbehandlungslinien, die Aufgabe haben, in dem durchzusetzenden Band, welches die Rollen S-förmig umschlingt, einen Bandzugunterschied zu erzeugen. Dabei ist eine reibschlüssige Krafteinleitung gegeben. Oft müssen diese technischen Systeme je nach Betriebsverhältnissen die Bandzugkraft sowohl vergrößern als auch verkleinern können.

3.2.2.5. Fügen und Teilen

Die beiden logischen Funktionen "fügen" und "teilen" sind wie "verbinden" und "trennen" zueinander invers. "Fügen" beschreibt eine Erhöhung des quantitativen Anteiles oder der Menge infolge Kopplung mehrerer Grundgrößen. Diese Grundgrößen können am Eingang der Funktion sowohl hintereinander als auch nebeneinander vorliegen. Dementsprechend kann das Bildzeichen sowohl mit einer Ablauflinie (hintereinander) als auch mit mehreren Ablauflinien (nebeneinander) am Eingang ausgestattet sein. "Teilen" beschreibt eine Verminderung des quantitativen Anteiles oder der Menge durch Zerlegen einer Grundgröße. Hier können am Ausgang der Funktion entweder eine oder mehrere Größen dargestellt werden. Dieser Sachverhalt kann vereinfachend als "Querteilen" (eine Ausgangsgröße) und "Längsteilen" (zwei oder mehr Ausgangsgrößen) beispielsweise eines Stoffflusses verstanden werden. Aufgrund dieser unterschiedlichen Möglichkeiten ist in den Bildern 3.6 und 3.7 der zweite Eingang der Funktion "Fügen" sowie der zweite Ausgang der Funktion "Teilen" gestrichelt dargestellt. Bei Anwendung beider Funktionen bleiben qualitative Anteile unberücksichtigt; Grundgrößen verschiedener Güte werden also nicht unterschieden.
Die logische Funktion "fügen" wird in kontinuierlich arbeitenden Bandbehandlungslinien erfüllt, wenn in ihren Einlaufanlagen aus einzelnen Bunden ein endloses Band zusammengeschweißt wird. "Teilen" ist die Hauptfunktion von Quer- und Längsteillinien für Stahl- oder Metallband. Hier werden in Bunden gewickelte Bänder zu versandfertigen Tafeln oder Ringen geschnitten. In Stahlstrang-Gießanlagen wird der Stahl aus einer Gießpfanne einem Verteilergefäß zugeführt. Dieses feuerfest ausgekleidete Gefäß dient bei mehradrigen Gießanlagen der Verteilung des Stahles auf die einzelnen Kokillen. Es erfüllt also auch die Funktion "teilen".

Beim Stranggießen wird jede Kokille vor Gießbeginn durch einen Boden (Fahrbolzenkopf), der an einen Fahrbolzen lösbar gekoppelt ist, verschlossen. Bei Beginn des Angießvorganges verbindet sich der flüssige Stahl mit dem Fahrbolzenkopf. Nachdem der Strangfuß das Transportrollensystem verlassen hat, werden Fahrbolzen und/oder -kopf vom Strang gelöst und aus dem Bereich des Strangweges gebracht. Bei der Konstruktion des Fahrbolzens müssen also beide Funktionen "fügen" und "teilen", berücksichtigt werden.

3.2.2.6. Zeitwandeln

Stoffe, Energien und Signale können auch durch Artmerkmale, zu denen die Güte (Aufbau, Eigenschaften sowie Beschaffenheit) und die Form (äußere Gestalt) zu zählen sind, sowie durch Mengenmerkmale näher beschrieben werden. Bei Stoff-, Energie- und Signalflüssen ist zur Kennzeichnung noch das Zeitverhalten zu betrachten. Dabei werden durch den dynamischen Anteil nur das zeitliche Verhalten des Flusses, nicht aber die Merkmale der Art und Menge des statischen Anteiles der Grundgröße, dargestellt. Zeitbezogene Größen können sich durch ihr Zeitverhalten voneinander unterscheiden, Bilder 2.14 und 2.15.
Die Änderung des Zeitverhaltens, also des dynamischen Anteiles einer zeitabhängigen Grundgröße wird durch die logische Funktion "zeitwandeln" beschrieben.
Diese logische Funktion muß in allen technischen Systemen erfüllt sein, in denen ein Stofffluß einem kontinuierlichen Bearbeitungsprozeß unterworfen ist, die Produkte jedoch in einzelnen Schüben, also diskontinuierlich abtransportiert werden. Dabei sind im wesentlichen zwei Möglichkeiten der physikalischen Funktionserfüllung gegeben. Einerseits kann, wie es beispielsweise in Verzinkungslinien üblich ist, ein geeigneter Speicher durch ständiges Füllen und Entleeren für die Anpassung der zwei Zeitverhalten aneinander sorgen. Andererseits ist es auch möglich, durch ein Querteilsystem, das dem Stofffluß mit gleicher Geschwindigkeit folgen kann, den Stofffluß in Abschnitte zu teilen, die dann unabhängig vom Hauptstrom gehandhabt werden können. Diese Möglichkeit ist vielfach in Stahlstrang-Gießanlagen verwirklicht. Hierbei ist kein Speicher erforderlich.
Ein Anwendungsbeispiel für die logische Funktion "zeitwandeln" bezogen auf einen Energiefluß ist eine Diode. Sie kann aus einem Wechselstrom einen schwellenden Gleichstrom herstellen.

3.2.2.7. Führen

Wenn einem Fluß ein vorgegebener, definierter Weg, also eine Bahn, aufgezwungen wird, dann beschreibt dies die logische Funktion "führen". Bewegungsabläufe können beispielsweise durch ihre Freiheitsgrade beschrieben werden. Darunter sind hier die Möglichkeiten einer bewegten Größe zu verstehen, sich in

- einer Richtung, längs einer Geraden,

- zwei Richtungen, auf einer Ebene, oder
- drei Richtungen, im Raume,

frei fortzubewegen sowie

- Drehungen um eine Achse,
- Drehungen um zwei Achsen oder
- Drehungen um drei Achsen

auszuführen. Demnach sind also sechs Freiheitsgrade zu unterscheiden. Zusätzlich können noch weitere Freiheitsgrade, beispielsweise diejenigen der Oszillation, definiert werden. Mit Hilfe von "führen" können die Freiheitsgrade einer bewegten Größe, also die Bewegungsrichtungen, an jedem Punkt ihres Weges vorgegeben oder geändert werden. Dabei bleibt offen, ob die Vorgabe oder Änderung der Richtung einer Bewegung durch das zu konstruierende technische System selbst, das heißt von innen, oder durch einen Zwang von außen erreicht werden soll. Folglich kann das Erzwingen der Einhaltung einer vorgeschriebenen Bahn, also die Erfüllung dieser Funktion, sowohl wie bei einem Kraftfahrzeug durch ein Lenksystem als auch wie bei einem schienengebundenen Fahrzeug durch ein vom technischen System unabhängiges Gleissystem erfolgen. Weitere Beispiele für technische Systeme, denen die logische Funktion "führen" zugrunde liegt, sind Rohrleitungen, Leitbleche, Punkt- und Kurvenführungen, Zielfernrohre, Rollgänge, Steuerrollen, Zentriervorrichtungen, Umlenkrollen, Radial- und Axiallager sowie Parallelführungen.

3.2.2.8. Leiten

Die logische Funktion "leiten" beschreibt, ähnlich wie "führen", Bewegungen und deren Änderungen. Sie ist jedoch nicht auf vektorielle Merkmale, also auf Richtungen, sondern auf skalare Merkmale, also auf absolute Beträge von Bewegungen, bezogen. Leiten kann im Zusammenhang mit Stoffflüssen vereinfachend als "bewegen" oder "antreiben" aufgefaßt werden und bedeutet Erzwingen, Ermöglichen oder Erhalten einer Bewegung. "Leiten" und "führen" werden oft in gegenseitiger Ergänzung verwendet. "Leit-"Systeme müssen oft gleichzeitig auch die Funktion "führen" und "Führ-"Systeme die Funktion "leiten" erfüllen können.
Die logische Funktion "leiten" wird manchmal nicht durch technische Systeme, sondern durch Gegebenheiten und Wirksamkeiten der Umgebung technischer Systeme, denen sie zugeordnet sind, in die Wirklichkeit umgesetzt. Beispiele hierfür sind die Leitung von Schallsignalen durch die Luft sowie die Wärmeübertragung durch Konvektion und Strahlung. Deshalb und wegen des häufigen gemeinsamen Auftretens von "leiten" und "führen", ist bei der Festlegung logischer Wirkzusammenhänge besonders darauf zu achten, daß die Funktion "leiten" nicht vergessen wird, oder versucht wird, sie durch "führen" mitauszudrücken.
Beispiele für die Erfüllung der logischen Funktion "leiten" durch technische Systeme sind Treibaggregate und Antriebsysteme, die zum Bewegen von Gütern oder Stoffflüssen dienen. Daneben werden häufig einige physikalische Effekte, beispielsweise die Schwerkraft zum

Transport von Stoffen, nicht gebundene Elektronen in Metallen oder Ionen in Elektrolyten zur Leitung von elektrischem Strom, genutzt.

3.2.2.9. Zuführen und Wegführen

Die zwei logischen Funktionen "zuführen" und "wegführen" haben einen ähnlichen Zweck, wie die Festlegung von Anschlußstellen und deren Bedingungen bei der Aufgabenklärung. Sie geben dem Bearbeiter die Möglichkeit, die Ein- und Ausgänge des schwarzen Kastens durch logische Funktionen darzustellen, sowie das zu bearbeitende System als geschlossene Einheit zu betrachten und dienen daneben auch der Kopplung des schwarzen Kastens an weitere Systeme. Idealisiert stellen "zuführen" und "wegführen" eine Verbindung der in den logischen Wirkzusammenhängen dargestellten Flüsse mit einer "unendlichen Quelle" und "unendlichen Senke" dar. Dabei steht "zuführen" am Anfang und "wegführen" am Ende von mehreren miteinander in Beziehung stehenden logischen Funktionen.
Diese Sachverhalte können am Beispiel der Festlegung logischer Wirkzusammenhänge für den Energiefluß bei der Konstruktion einer elektrisch anzutreibenden Handbohrmaschine verdeutlicht werden. Nach der Festlegung aller logischen Funktionen, die Änderungen des Energieflusses in dem betrachteten schwarzen Kasten "Handbohrmaschine" beschreiben, könnte der Konstrukteur die logischen Wirkzusammenhänge über die Verteilung der elektrischen Energie, die Wandlung von mechanischer in elektrische, von thermischer in mechanische Energie und so weiter zurückverfolgen und durch logische Funktionen festlegen. Ein solches Vorgehen wäre abwegig und widerspräche auch der Aufgabenstellung. Deshalb legt er durch die logische Funktion "elektrische Energie zuführen" eine den Anforderungen entsprechende Anschlußstelle fest. Die Funktion dieser Anschlußstelle wird in dem genannten Beispiel durch einen Steckanschluß erfüllt, der das technische System "Handbohrmaschine" mit einem weiteren technischen System, beispielsweise "elektrisches Netz", verbindet.

3.2.3. Anwendung logischer Funktionen

Es gibt eine begrenzte Anzahl logischer Funktionen, aus der hier nur ein Auszug wiedergegeben ist. Dieser Auszug ist nach bisherigen Erfahrungen zur Bewältigung der üblichen Projektierungs- und Konstruktionsaufgaben für technische Systeme unterschiedlicher Komplexitätsgrade hinreichend.

Den in den Bildern 3.6 und 3.7 vorgestellten und danach beschriebenen logischen Funktionen liegt ein für die praxisgerechte Anwendung im Konstruktions- und Projektierungsbereich höchster, noch sinnvoller Abstraktionsgrad zugrunde. Je nach Art der Konstruktionsaufgabe ist es aber nicht immer notwendig, so abstrakt zu formulieren. Denn die Formulierung der logischen Wirkzusammenhänge soll so abstrakt wie nötig, nicht aber so abstrakt wie möglich sein.

Die Anwendung hoher Abstraktionsstufen ist besonders dann zweckmäßig, wenn Neues gefunden werden soll, also bei der

- Entwicklung neuartiger technischer Systeme ohne Vorbilder (Neuentwicklung),
- Verbesserung bekannter technischer Systeme (Weiterentwicklung oder Verbesserungskonstruktion) sowie
- Ermittlung neuer Anwendungsmöglichkeiten für vorhandene technische Systeme (Diversifikationskonstruktion).

Wenn es, beispielsweise aus Wirtschaftlichkeitsgründen, das ausdrückliche Ziel der Konstruktionsaufgabe ist,

- weitgehend an bekannten Vorbildern orientierte Lösungen zu finden (Vorbildkonstruktion),
- durch Rückgriff auf vorhandene Unterlagen schon gebauter Teilsysteme variante Konstruktionslösungen aus bereits konstruierten Elementen zusammenzusetzen (Rückgriffsystematik und Variantenkonstruktion) oder
- technische Systeme ausschließlich durch das Zusammenstellen der Elemente eines Baukastens zu gestalten (Baukastenkonstruktion),

dann kann eine weniger abstrakte Formulierung logischer Wirkzusammenhänge vorteilhaft sein. Logische Funktionen können vereinfachend auch als grundlegende, vom technischen System auszuführende Tätigkeiten betrachtet und ausgedrückt werden. Ein Beispiel solcher Vereinfachung ist die Festlegung eines Teiles der logischen Funktionen bei der Projektierung einer Feuerverzinkungslinie für Stahlband auf Anlagenebene. Dabei soll ein möglichst weitgehender Rückgriff auf in Dateien enthaltene Unterlagen im Vordergrund stehen. Aus den Anforderungen gehe unter anderem hervor, daß die Oberfläche des Bandes mit Ölen verunreinigt ist und das Gefüge des Einsatzstoffes nicht dem Sollzustand für das zu fertigende Ausgangsprodukt entspricht. Schnittstellenbedingung für den Eintritt des Bandes in die Verzinkungsanlage, **Bild 3.8**, sei eine Bandtemperatur von 500 ^{o}C. Daraus können die drei logischen Funktionen "Öl vom Band trennen", "Bandgefüge wandeln" und "Bandtemperatur auf 500 ^{o}C vergrößern/verkleinern" hergeleitet werden. Aufgrund der Erfahrung bei der Projektierung und Konstruktion gleichartiger Verzinkungssysteme sowie unter besonderer Berücksichtigung der Forderung nach Rückgriff auf die in den Dateien enthaltenen Lösungen könnten diese drei Funktionen beispielsweise durch den Ausdruck "Band wärmebehandeln" ersetzt werden. Dabei sind aber die Gefahren solcher Vereinfachungen zu beachten, denn jede Verringerung des Abstraktionsgrades engt gleichzeitig die Menge der möglichen Lösungen ein. Damit wächst die Wahrscheinlichkeit, daß günstige Konstruktionen gar nicht erst erkannt werden und die endgültige Konstruktionslösung nur die zweit- oder drittbeste oder gar eine der schlechtesten ist.

Beim Aufstellen der in den Bildern 3.6 und 3.7 dargestellten logischen Funktionen stand auch der Gedanke einer möglichst vielseitigen und allgemeinen Anwendbarkeit im Vordergrund. Dieser allgemeinen Anwendbarkeit kommt besondere Bedeutung zu, wenn die logischen Funktionen im Zusammenhang mit der systematischen Vorgehensweise nach Komplexitätsebenen betrachtet werden. Die beschriebenen logischen Funktionen sind in ihrer gezeigten Darstellungsform auf

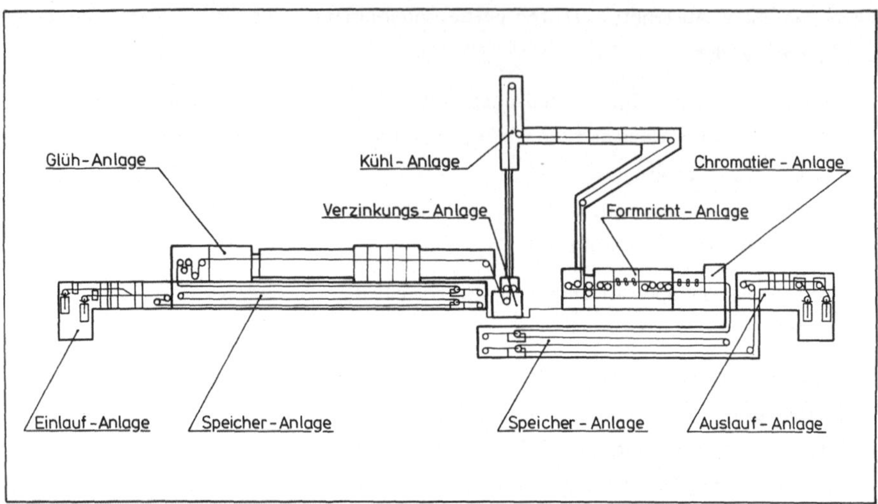

Bild 3.8: Feuerverzinkungslinie für Stahlband in schematischer Darstellung.

allen Komplexitätsebenen anwendbar. Aus einer Funktion kann also die Komplexität des zu ihrer Erfüllung notwendigen Erzeugnisses nicht ohne weiteres abgeleitet werden. So kann beispielsweise eine mit "wandeln" ausgedrückte Eigenschaftsänderung eines Stoffes auf der Werke-Ebene ein Stahlwerk zur Erzeugung von Stahlsträngen aus Roheisen ergeben, oder die logische Funktion "wandeln" kann auf der Maschinengruppen-Ebene ein Glühaggregat zum rekristallisierenden Wärmebehandeln (Gefügeänderung) von Stahlband ergeben. Allenfalls lassen sich aus der, mit Hilfe eines verbalen Zusatzes ausdrückbaren Einschränkung der Funktion für bestimmte Anwendungsfälle oder aus bestimmten Kombinationen mehrerer logischer Funktionen mittelbar Rückschlüsse auf die Zugehörigkeit zu bestimmten Komplexitätsebenen ziehen.

Wenn alle aus der geklärten Aufgabenstellung herrührenden logischen Funktionen ermittelt sind, können darunter auch solche sein, zu deren Erfüllung technische Systeme einer anderen Komplexitätsebene, als der in Bearbeitung befindlichen Ebene, erforderlich sind. Dieser Fall tritt in der Regel nur bei Aufgabenstellungen für Neuentwicklungen oder bei solchen mit detaillierten systembezogenen Bedingungen auf. Dabei kann sich aus der logischen Funktion entweder eine weitere Muß-Bedingung bei der Festlegung und Auswahl der konstruktiven Varianten oder eine sehr spezifizierte systembezogene Bedingung für die weitere Bearbeitung auf der nachgeordneten Komplexitätsebene ergeben.
Somit kann zusammenfassend festgestellt werden, daß die hier vorgestellten logischen Funktionen

- für Erzeugnisse unterschiedlicher Industriezweige,
- unabhängig von der Art der Projektierungs- oder Konstruktionsaufgabe (beispielsweise Neuentwicklungen, Varianten- und Anpassungskonstruktionen) sowie
- unabhängig von der Komplexität des zu bearbeitenden technischen Systems

anwendbar sind.

3.2.4. Ermittlung und Festlegung der logischen Funktionen

Zur Ermittlung der logischen Funktionen wird von der geklärten, in der Anforderungsliste festgelegten, Aufgabenstellung ausgegangen. Logische Funktionen können sich sowohl aus der Überführung der Forderungen in erfüllte Forderungen für Stoffe, Energien und Signale als auch aus einigen Bedingungen, insbesondere Muß-Bedingungen, ergeben. Eine feste Reihenfolge bei der Abarbeitung der Anforderungen und Bedingungen ist nicht vorgeschrieben. Dabei sollte jedoch folgendes beachtet werden. Sinnvollerweise wird mit der Bearbeitung der Informationen, die den im System vorherrschenden Durchsatz (Hauptfluß) beschreiben, begonnen; das sind bei vorwiegend stoffdurchsetzenden technischen Systemen die stoffbezogenen Daten. Dabei ist es oft möglich, eine oder mehrere sogenannte Hauptfunktionen, die aus Ergebnissen oder Festlegungen bei der Bearbeitung vorgeordneter Komplexitätsebenen herrühren, zu ermitteln und festzulegen. Diese dienen dann als Ausgangspunkt für die weitere Bearbeitung. Wenn beispielsweise das zu projektierende oder zu konstruierende technische System eine Feuerverzinkungslinie für Stahlband ist - diese Festlegung kann entweder durch den Kunden oder durch die Ergebnisse der vorgeordneten Komplexitätsebene, in diesem Falle die Anlagengruppenebene, getroffen worden sein -, dann wird "Stahlband mit flüssigem Zink verbinden" zur Hauptfunktion. Danach können unter Berücksichtigung der Anforderungen und Bedingungen, ausgehend von der Hauptfunktion, weitere Funktionen ermittelt werden. Neben dieser Hauptfunktion gibt es eine weitere Gruppe logischer Funktionen, die aus Ergebnissen oder Festlegungen vorgeordneter Ebenen herrühren können. Wie bereits unter 3.2.3. gesagt, kann sich aus einer logischen Funktion der vorgeordneten Komplexitätsebene auch eine sehr spezifizierte systembezogene Bedingung für die zu bearbeitende Ebene ergeben haben. Eine solche Bedingung muß auf dieser Komplexitätsebene im allgemeinen erneut als logische Funktion formuliert werden.

Wenn das technische System mehrere Betriebsweisen zu bewältigen hat, oder wenn die Herstellung mehrerer Produkte berücksichtigt werden muß, dann sollten die Funktionen für diese einzelnen Betriebsweisen sowie Produkte in mehreren Arbeitsgängen, für jede Betriebsweise und jedes Produkt getrennt voneinander, ermittelt werden. Dabei wird eine eventuelle gegenseitige Beeinflussung noch nicht berücksichtigt. In gleicher Weise werden die logischen Funktionen für Energien und Signale erarbeitet.

Je nach Art der Aufgabe und Ziel der Bearbeitung ist es oft ausreichend, nur Funktionen der Hauptflüsse, bei stoffdurchsetzenden Systemen die stoffbezogenen logischen Funktionen, zu ermitteln. Das gilt besonders für die Projektierungstätigkeit auf oberen Komplexitätsebenen.

3.2.5. Ordnen der logischen Funktionen

Weil zur Ermittlung und Festlegung der logischen Funktionen aus der Anforderungsliste keine fest vorzugebende Reihenfolge eingehalten werden muß, ist das Ergebnis dieses Teilschrittes in der Regel eine zwar vollständige, aber ungeordnete Sammlung einzelner Funktionen. Zur Erzielung einer logischen Folge der Funktionen ist es notwendig, diese Funktionen sinnvoll zu ordnen. Ein Hilfsmittel dazu sind die von W. G. Rodenacker / 2 und 12 / vorgeschlagenen "Wenn-Dann-Sätze". Damit läßt sich ein logisches Nacheinander der Tätigkeiten ermitteln, und gleichzeitig können die Beziehungen der einzelnen Funktionen zueinander dargestellt werden. Wenn die logischen Wirkzusammenhänge eines bereits bestehenden technischen Systems, beispielsweise zum Zwecke der Verbesserung dieses Systems, ermittelt und dargestellt werden sollen, dann ist zu beachten, daß die Anordnung der logischen Funktionen zueinander der geometrischen Anordnung der Teilsysteme dieses Systems entsprechen kann. Eine solche Übereinstimmung zwischen logischen und konstruktiven Wirkzusammenhängen hinsichtlich Folge und Anordnung ist weder zwangsläufig noch allgemeingültig und darf demnach nicht als feststehende Regel betrachtet werden / 13 /.

3.3. Logische Funktionsketten

Die logischen Funktionsketten ergeben sich aus den geordneten logischen Funktionen. Nach dem Bezug der in ihnen enthaltenen Funktionen auf Stoffe, Energien und Signale können logische Funktionsketten in stoffbezogene, energiebezogene und signalbezogene Ketten eingeteilt werden. Aufgrund ihrer äußeren Erscheinungsform lassen sich einfache und verzweigte Ketten unterscheiden.

3.3.1. Einfache logische Funktionsketten

Von einfachen logischen Funktionsketten wird dann gesprochen, wenn alle Funktionen der Kette in einer Reihe nacheinander angeordnet sind. Dabei hat jede Funktion in der Kette, mit Ausnahme der ersten, nur einen unmittelbaren Vorgänger sowie, mit Ausnahme der letzten Funktion, nur einen unmittelbaren Nachfolger. Eine einfache logische Funktionskette ergibt sich dann, wenn das zu bearbeitende technische System nur eine Betriebsweise ausführt und nur eine Grundgröße (ein Stoff, eine Energie oder ein Signal) durchsetzt, oder wenn jeweils nur eine Betriebsweise und nur eine Grundgröße (ein Stoff, eine Energie oder ein Signal) betrachtet wird. Solche technischen "Einzwecksysteme" gehören vorzugsweise den unteren Komplexitätsebenen an. Die einfache logische Funktionskette ist aber auch für hochkomplexe technische Systeme mit unterschiedlichen Betriebsweisen und Produkten von Bedeutung. Denn es kann die Arbeit wesentlich erleichtern, wenn bei solchen Systemen erst einmal jede Betriebsweise und jedes Produkt gesondert betrachtet wird, so als wolle man entsprechend viele einzelne technische Systeme entwerfen. Damit können komplizierte Zusammenhänge leichter überschaubar und Arbeitsergebnisse besser nachvollziehbar sowie prüfbar gemacht werden.

3.3.2. Verzweigte logische Funktionsketten

Verzweigte logische Funktionsketten sind dadurch gekennzeichnet, daß sie Funktionen enthalten, die unmittelbar mit zwei oder mehr weiteren Funktionen verbunden sind. Innerhalb der Funktionsketten bestehen also Verzweigungen und/oder Zusammenführungen. Es können offen und geschlossen verzweigte Funktionsketten unterschieden werden. Eine offen verzweigte Funktionskette hat eine Anfangsfunktion und verzweigt sich zu mehreren nicht unmittelbar miteinander verbundenen Endfunktionen oder umgekehrt. Eine geschlossene verzweigte Funktionskette hat eine Anfangs- und eine Endfunktion und wenigsten eine Verzweigung und eine Zusammenführung. Die Art der Funktionskette kann als charakteristisches Merkmal für bestimmte technische Systeme oder Systemfamilien herangezogen werden. Kombinierten Bandbehandlungslinien, beispielsweise zur wahlweisen Feuerverzinkung und -aluminierung, liegen meist geschlossen verzweigte logische Funktionsketten zugrunde. Das ist daran zu erkennen, daß in eine solche Linie, die mit einer Einlauf- und einer Auslaufanlage ausgerüstet ist, technische Systeme integriert sind, die je nach Bedarf in oder außer Eingriff gebracht werden können. Dagegen sind logische Funktionsketten von Kaltbreitband-Walzwerken meist offen verzweigt. In ihnen wird nur ein Einsatzstoff, Warmbreitband, in der Beizlinie, im allgemeinen ohne vorherige Abzweigung, von Zunder befreit und in weiteren, teilweise parallelen Arbeitsgängen zu mehreren unterschiedlichen Endprodukten verarbeitet. Verzweigte logische Funktionsketten werden zweckmäßigerweise so aufgestellt, daß für jede Betriebsweise und/oder jedes zu unterscheidende Produkt eine Einzelkette gebildet wird. Anschließend werden die so erhaltenen Einzelketten überlagert. Ein Hilfsmittel dazu ist die Funktionsmatrix, **Bild 3.9**, in welcher auf der x-Achse alle vorkommenden logischen Funktionen in logisch richtiger Reihenfolge und auf der y-Achse die Unterscheidungsmerkmale der Einzelketten, Betriebsweisen und Produkte, aufgetragen sind. Die einzelnen Ketten werden schematisch durch besetzte und nicht besetzte Plätze in den einzelnen Zeilen der Matrix (also waagerecht nebeneinander stehend) dargestellt. Eine Zusammenfassung der Einzelketten erfolgt in Form eines Ablaufdiagrammes derart, daß alle in einer Spalte (also senkrecht untereinander stehenden) besetzten Plätze der Matrix durch eine einzige logische Funktion im Ablaufdiagramm ersetzt werden.

Unterscheidungsmerkmale		Logische Funktionen							
		L1	L2	L3	L4	L5	L6	L7	L8
Betriebsweise 1	P1	●	●		●			●	●
Betriebsweise 1	P2	●	●			●		●	●
Betriebsweise 1	P3	●	●				●	●	●
Betriebsweise 2	P1	●		●	●				●
Betriebsweise 2	P2	●		●		●			●
Betriebsweise 2	P3	●		●			●		●

Bild 3.9: Schematische Darstellung einer Funktionsmatrix.

Das so entstehende Ablaufdiagramm der verzweigten logischen Funktionskette kann in verschiedenen Formen dargestellt werden. Den **Bildern 3.10, 3.11 und 3.12** sind drei wesentliche

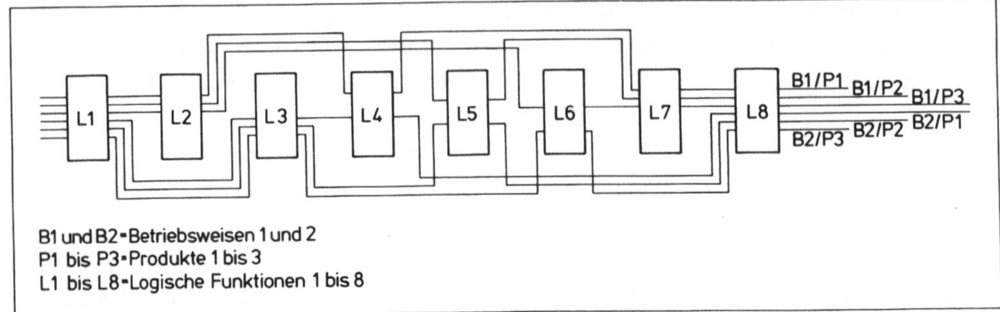

Bild 3.10: Schematische Darstellung einer verzweigten logischen Funktionskette mit besonders hervorgehobenen Einzelketten.

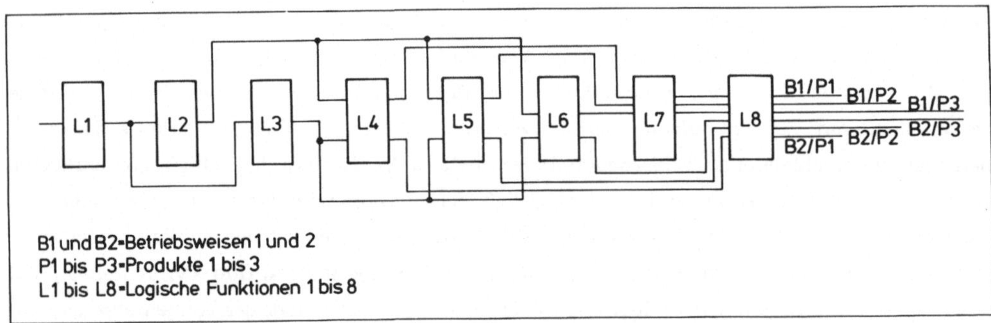

Bild 3.11: Schematische Darstellung einer verzweigten logischen Funktionskette mit besonders hervorgehobenen Verzweigungen.

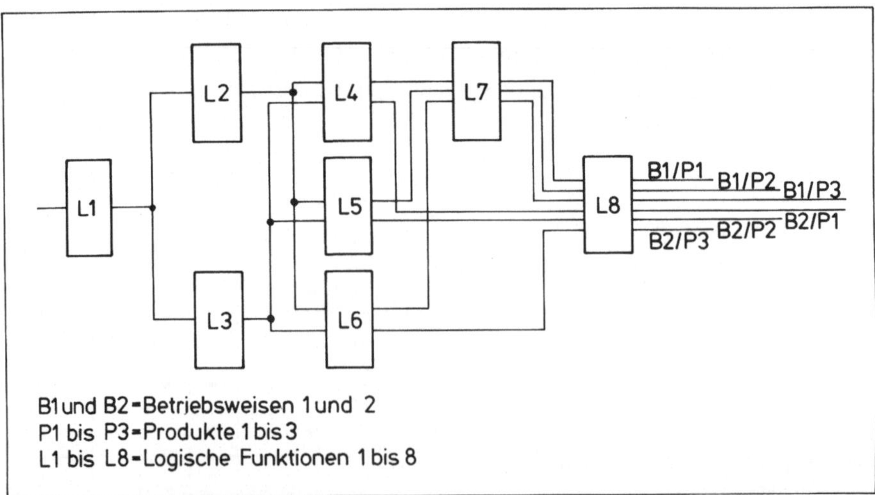

Bild 3.12: Schematische Darstellung einer verzweigten logischen Funktionskette mit besonders hervorgehobener Struktur.

Darstellungsformen zu entnehmen. Darin entsprechen alle Ketten inhaltlich der Funktionsmatrix, Bild 3.9. Die Darstellung in Bild 3.10 kann unmittelbar aus der Matrix abgeleitet werden. Dazu werden die Funktionen in der gleichen Reihenfolge wie in Bild 3.9 hintereinander aufgetragen. Jede Zeile der Matrix (jede logische Einzelkette) wird durch eine Ablauflinie ausgedrückt. Die Ablauflinie wird durch das Funktionszeichen geführt, wenn der entsprechende Matrixplatz besetzt ist, und am Funktionszeichen vorbeigeführt, wenn er nicht besetzt ist. Wenn das Ablaufdiagramm entsprechend dieser Vorgehensweise durch Eintragen aller Einzelketten fertiggestellt ist, kann diese Darstellung vereinfacht werden. Dabei werden, beginnend bei der ersten Funktion, in fortlaufender Reihenfolge alle Ablauflinien, die bis zu einer bestimmten Stelle in der Kette dieselben Funktionen durchlaufen, zu einer Linie zusammengefaßt, Bild 3.11. Im Ablaufdiagramm, Bild 3.12, sind zusätzlich die Funktionen, welche in der Matrix hintereinander stehen, aber keine unmittelbare Verbindung miteinander haben, parallel zueinander angeordnet. Die Wahl der Darstellungsform hängt in erster Linie vom Verwendungszweck ab. Die Diagramme in den Bildern 3.10 und 3.11 sind besonders für die automatisierte Erstellung und Weiterverarbeitung, beispielsweise bei Einsatz der EDV, geeignet. Daneben sind diese beiden Darstellungsformen eine günstige Grundlage zur Festlegung der physikalischen Wirkzusammenhänge. Das Diagramm in Bild 3.12 ist zur automatisierten Erarbeitung weniger gut geeignet, weil die Umstellung der Funktionsplätze einen verhältnismäßig hohen Aufwand erfordert. Es zeigt aber die Verzweigungen und Zusammenführungen innerhalb der logischen Funktionskette und damit die funktionelle Struktur besonders übersichtlich. Gleichzeitig ist diese Darstellungsform wesentliche Grundlage zur Erstellung von Stofffluß-, Energiefluß- sowie Signalflußdiagrammen.

Zum Zwecke der Verknüpfung mehrerer logischer Funktionsketten miteinander kann die Darstellung der Kette noch über Bild 3.12 hinausgehend vereinfacht werden, indem alle Ablauflinien, welche dieselbe Funktion durchlaufen, zu einer Linie zusammengefaßt werden, **Bild 3.13.** Dabei können zwar die einzelnen Produkte und Betriebsweisen nicht mehr nachvollzogen werden, aber Zusammenfassungen mehrerer Ketten werden übersichtlicher. In gleicher Weise kann auch mit logischen Funktionsketten verfahren werden, die nach den Bildern 3.10 oder 3.11 aufgebaut sind.

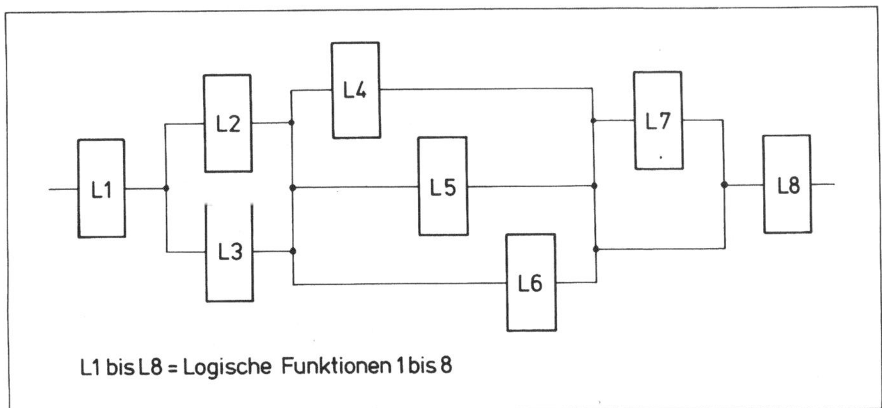

Bild 3.13: Schematische Darstellung einer verzweigten logischen Funktionskette mit vereinfachter Ablaufstruktur.

3.4. Logischer Funktionsplan

Durch Zusammenfassung der logischen Funktionsketten für Stoffe, Energien und Signale entsteht der logische Funktionsplan. Mit diesem Plan kann das Zusammenwirken der in einem System bestehenden Flüsse und damit das Betriebsverhalten des technischen Systems übersichtlich dargestellt werden. Bei der Bearbeitung automatisierter technischer Systeme, beispielsweise numerisch gesteuerte Werkzeugmaschinen und rechnergesteuerte Walzstraßen, ist der logische Funktionsplan besonders bedeutsam.

Zur Erstellung des logischen Funktionsplanes wird von der logischen Funktionskette des Hauptflusses ausgegangen. An die Kette des Hauptflusses werden die logischen Funktionsketten der Nebenflüsse angetragen. Verknüpfungsstellen zwischen den einzelnen Ketten können einerseits mit Funktionen identisch sein und andererseits auf Ablauflinien liegen. Letzteres trifft besonders auf die Ankoppelung von signalbezogenen an stoff- oder energiebezogene Ketten zu. Ablauflinien zwischen den Funktionen haben auch die Bedeutung von Grundgrößen (Stoffe, Energien, Signale und deren Flüsse) oder von Anteilen dieser Grundgrößen. Wenn an der Verknüpfungsstelle zweier Ketten eine solche Größe oder ein sie beschreibendes Merkmal in eine andere Grundgröße umgewandelt wird, dann ist zur Kennzeichnung dieses Sachverhaltes die Verknüpfung auf die Ablauflinie zu legen, welche die umzuwandelnde Größe oder das umzuwandelnde Merkmal darstellen soll. Ein Beispiel hierfür ist die Umwandlung des Merkmales "Strömungsgeschwindigkeit" eines Stoffflusses in ein Meßsignal. Eine Verknüpfungsstelle zwischen Funktionsketten, die mit einer logischen Funktion zusammenfällt, tritt in der Regel dann auf, wenn die durch diese Funktion beschriebene Änderung einer Grundgröße von einer anderen Grundgröße abhängt, beispielsweise wenn ein variables Vergrößerungsverhältnis durch ein Stellsignal einer bestimmten Betriebssituation angepaßt wird. Hierbei wird die Ablauflinie an eine der freien Seiten des Bildzeichens der zu beeinflussenden Funktion herangeführt. Gemäß der Beschreibung logischer Funktionen und den unter 3.2.2. getroffenen Vereinbarungen können die logischen Funktionen "verbinden", "trennen", "fügen" und "teilen" nur gleichartige Grundgrößen miteinander verknüpfen. Demzufolge dürfen für die Kopplung logischer Funktionsketten, die sich auf verschiedenartige Grundgrößen beziehen (beispielsweise stoffbezogene Funktionsketten und energiebezogene Funktionsketten), logische Funktionen nicht verwendet werden.

Die genannten zwei Möglichkeiten der Bildung logischer Funktionspläne durch Verknüpfung der stoff-, energie- und signalbezogenen Ketten werden mit folgendem Beispiel, **Bild 3.14**, verdeutlicht. Dabei sei angenommen, daß in einem technischen System die Dicke eines durchzusetzenden festen Körpers von verschiedenen Anfangswerten auf verschiedene, einstellbare Endwerte verkleinert werden soll. Systeme, die eine wie in diesem Beispiel beschriebene logische Funktionsstruktur haben können, sind unter anderem Walzanlagen für Blöcke, Knüppel, Blech, Warmband und Kaltband. Zur Vereinfachung ist hier nicht die gesamte stoffbezogene Funktionskette eines solchen technischen Systems dargestellt, sondern nur die der betrachteten Änderung zugrunde liegende Funktion "Dicke im Verhältnis v verkleinern" (H1) sowie die zur Abgrenzung dieser Kette dienenden logischen Funktionen "Stoff zuführen" (H2) und "Stoff

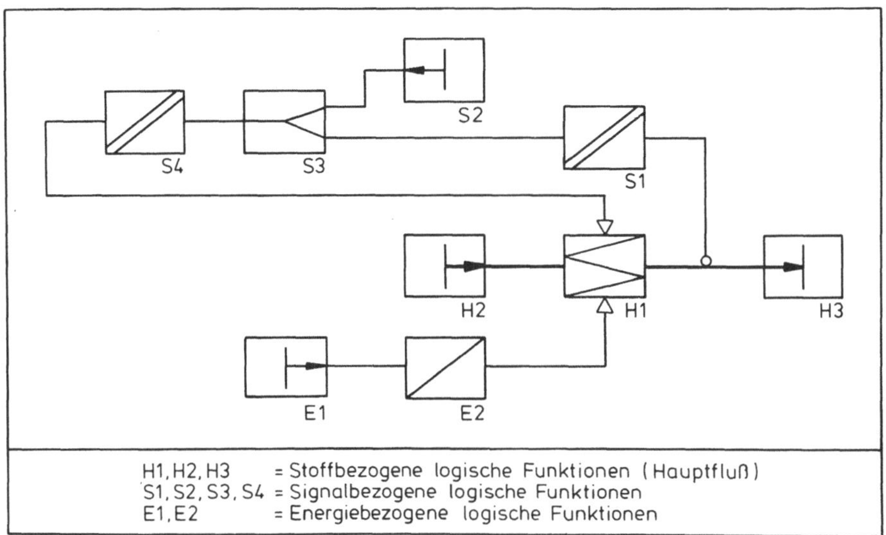

Bild 3.14: Darstellung zur Verdeutlichung der Bildung logischer Funktionspläne.

wegführen" (H3). Voraussetzung für die Erfüllung der Funktion H1 ist die Zuführung des für den Umformvorgang erforderlichen Energiebedarfs, "Elektrische Energie zuführen" (E1). Diese Energie muß vor der Kopplung mit der stoffbezogenen Funktion noch in einen der Stoffänderung entsprechenden Zustand gewandelt werden, "Elektrische in mechanische Energie wandeln" (E2). Daneben muß zur anforderungsgerechten Ausführung der Funktion H1 die Enddicke sowie ein Sollwert bekannt sein, damit das Verkleinerungsverhältnis eingestellt werden kann. Zu diesem Zwecke wird das Merkmal "Dicke" des durchgesetzten Stoffes in ein Signal umgewandelt, Funktion S1. Ein weiteres Signal, das die Information über den Sollzustand der Dicke trägt, muß zugeführt (S2) und mit dem Ist-Signal verbunden (S3) werden. Aus dieser Verbindung der beiden Signale kann ein Stellsignal, das die Information über die notwendige Änderung des Verkleinerungsverhältnisses v enthält, erzeugt werden. Diese Information wird der Funktion "Dicke im Verhältnis v verkleinern" mitgeteilt, indem das Stellsignal in eine Stellenergie, die das Verkleinerungsverhältnis den Gegebenheiten anpaßt, umgewandelt wird (S4).

Bei einem komplexen technischen System ergibt sich oft eine verhältnismäßig komplizierte logische Funktionskette für den Hauptfluß - bei einem stoffdurchsetzenden technischen System ist das der Fluß von den Einsatzstoffen zu den Produkten - sowie je eine oder mehrere kurze, weniger komplizierte Ketten für Energien und Signale. Dabei können diese "Nebenketten" sowohl unmittelbar aus der Überführung der Forderungen in erfüllte Forderungen als auch aus Überlegungen, die zur Festlegung der Funktionen im Hauptfluß erforderlich werden, herrühren. Die Verknüpfung, beispielsweise der beiden Funktionen "Energie zuführen" und "Energie wandeln", stellt eine kurze energiebezogene Kette dar, die häufig eine Voraussetzung für die Durchführung stoffbezogener Funktionen ist. Diese Funktionskette kann innerhalb eines technischen Systems auch mehrmals auftreten. Manche stoffbezogenen Funktionen machen in ähnlicher Weise signalbezogene Funktionsketten, die oft als Schleife ausgeführt sind, erforderlich. Dabei ist unter Schleife eine Kette zu verstehen, deren Wirkrichtung derjenigen des

Hauptflusses entgegengesetzt ist. Das trifft auch für die in Bild 3.14 dargestellte signalbezogene logische Funktionskette S1-S2-S3-S4 zu. Eine solche Schleife kann bei der Festlegung der physikalischen und/oder konstruktiven Wirkzusammenhänge als Regelkreis betrachtet werden, wobei die stoffbezogene logische Funktion zur Regelstrecke und die signalbezogene Funktionskette zur Regeleinrichtung wird.

Manchmal ist es sinnvoll, beispielsweise aus Gründen der Auslegungs- oder Berechnungsreihenfolge, bei vorwiegend stoffdurchsetzenden Systemen die logischen Teilfunktionsketten für untergeordnete Stoffe, beispielsweise Betriebsstoffe, den energie- und signalbezogenen Funktionsketten zuzuordnen. Damit bleibt die wesentliche Aufgabe des technischen Systems, die Überführung der Haupteinsatzstoffe in die Hauptprodukte, klar erkennbar, ohne durch "Hilfs-" Funktionen überlagert zu werden. Beispiele für eine solche Anordnung der Ketten im logischen Funktionsplan sind den Bildern 4.26 und 4.27 unter 4.3.1. zu entnehmen.

3.5. Logisches Funktionsnetz

Eine weitere Möglichkeit, logische Funktionsketten miteinander zu verbinden, stellt das logische Funktionsnetz dar. Ein solches Netz entsteht durch das Zusammenfassen der logischen Funktionsketten, die von der Bearbeitung eines technischen Systems auf mehreren aufeinanderfolgenden Komplexitätsebenen herrühren. Im Hinblick auf die Erhaltung der Übersichtlichkeit werden Funktionsnetze zweckmäßigerweise für stoff-, energie- und signalbezogene Funktionen getrennt dargestellt. Das gilt besonders dann, wenn mehr als zwei Komplexitätsebenen in einer Darstellung erfaßt werden sollen. Aus dem gleichen Grunde sind zur Erstellung von Funktionsnetzen nur diejenigen Funktionsketten geeigent, welche nach den Bildern 3.10 und 3.11 aufgebaut sind. Weil hier die Funktionen hintereinander angeordnet sind, entstehen bei der Zusammenfassung der Funktionsketten keine zusätzlichen Überschneidungen.

3.6. Funktionskataloge

Bei Projektierungs- und Konstruktionsaufgaben, die nicht eine Neuentwicklung technischer Systeme umfassen, sind in der Regel Aufgabenstellungen gegeben, welche denjenigen bereits bearbeiteter Projekte und Konstruktionen gleich oder ähnlich sind. Das gilt besonders für Baukasten- und Variantenkonstruktionen. Wenn die Wiederholhäufigkeit gleicher oder ähnlicher Anfragen und Aufträge groß ist, dann ist es sinnvoll, Kataloge logischer Funktionen, Funktionsketten, -pläne und -netze zu erstellen. Das dient einerseits der Verringerung des Arbeitsaufwandes sowie der Minderung der Fehlermöglichkeiten und ist andererseits eine Voraussetzung für den Rechnereinsatz beim Projektieren und Konstruieren / 14 bis 17 /.
Zur Erstellung solcher Kataloge wird von bereits projektierten oder konstruierten technischen

Systemen ausgegangen. Für diese Systeme und deren Teilsysteme werden, falls nicht schon vorhanden, auf analytischem Wege die logischen Wirkzusammenhänge ermittelt. Durch Vergleich der Ergebnisse, welche bei der Untersuchung dieser Systeme erhalten wurden, kann eine "größtmögliche Anzahl logischer Funktionen" für die untersuchten Systeme ermittelt werden. Auf dieser Grundlage können alle für die Systeme gleicher Art sinnvollen logischen Funktionsketten aufgestellt und festgelegt werden. **Bild 3.15** zeigt die Menge der sinnvollen stoffbezogenen logischen Funktionsketten, welche zum rechnerunterstützten Projektieren von Feuerverzinkungslinien für Stahlband auf der Anlagenebene erstellt wurden / 16 /. Aufgrund des Verwendungszweckes dieser Tafel sind hier die logischen Funktionen als grundlegende vom technischen System auszuübende Tätigkeiten ausgedrückt. Von den 48 dargestellten Ketten wurden die 3., 4., 13., 22. und 27. Kette durch Untersuchung vorhandener Unterlagen, die übrigen durch Kombination ermittelt. Solche Tafeln können für Systemfamilien oder für Erzeugnisse von Unternehmensbereichen zu Katalogen zusammengefaßt werden und durch die Angabe charakteristischer Anforderungen zu wertvollen Hilfsmitteln bei der Festlegung logischer Wirkzusammenhänge für artgleiche technische Systeme erweitert werden. Wenn in gleicher Weise auch die energie- und signalbezogenen logischen Wirkzusammenhänge der betrachteten Systeme aufbereitet werden, dann können die Funktionspläne hochkomplexer technischer Systeme für die zukünftigen Bedarfsfälle erstellt werden / 18 /.

3.7. Beispiel der Festlegung logischer Wirkzusammenhänge

Im folgenden wird die Vorgehensweise bei der Festlegung logischer Wirkzusammenhänge am Beispiel des systematischen Projektierens der Kühlanlage einer Feuerverzinkungslinie unter Zugrundelegung bekannter Konstruktionsvorbilder verdeutlicht. Produktionslinien für das Beschichten der Stahlbänder mit schmelzflüssigem Zink, kurz Feuerverzinkungslinien genannt, sind komplexe technische Systeme der Hüttenindustrie. Solche Linien sind Anlagengruppen und in der Regel Bestandteile von Kaltwalzwerken. Es können vier Feuerverzinkungs-Verfahren,

- Sendzimir-Verfahren,
- United-States-Steel-Verfahren,
- Cook-Norteman-Verfahren sowie
- Granite-City-Verfahren,

unterschieden werden, von denen das erste besonders bedeutsam ist und im folgenden als Beispiel dient.

Eingangsstoff für Feuerverzinkungslinien ist meist zu Bunden gewickeltes Feinblech mit Banddicken bis zu 3 mm, Bandbreiten bis zu 1800 mm und Einsatzgewichten bis zu 50 t. Dieses Feinblech ist infolge vorhergehender Bearbeitungsstufen oft

- kaltverfestigt,
- mit Walzemulsionen oder Walzölen verunreinigt sowie
- mit einer dünnen Eisenoxidschicht behaftet

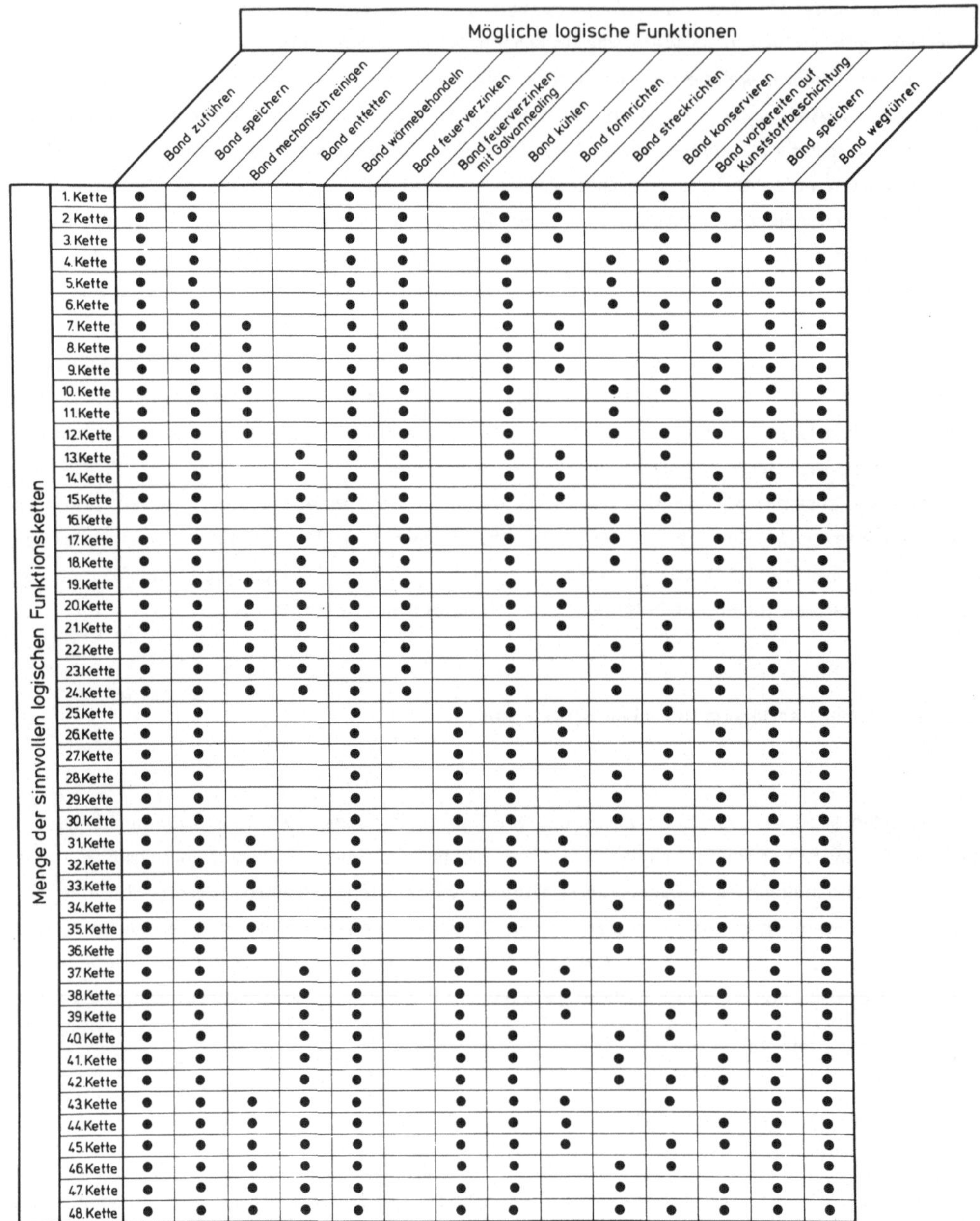

Menge der sinnvollen logischen Funktionsketten / Mögliche logische Funktionen

	Band zuführen	Band speichern	Band mechanisch reinigen	Band entfetten	Band wärmebehandeln	Band feuerverzinken	Band feuerverzinken mit Galvannealing	Band kühlen	Band formrichten	Band streckrichten	Band konservieren	Band vorbereiten auf Kunststoffbeschichtung	Band speichern	Band wegführen
1. Kette	●	●			●	●		●	●		●		●	●
2. Kette	●	●			●	●		●	●			●	●	●
3. Kette	●	●			●	●		●	●		●	●	●	●
4. Kette	●	●			●	●		●		●	●		●	●
5. Kette	●	●			●	●		●		●		●	●	●
6. Kette	●	●			●	●		●		●	●	●	●	●
7. Kette	●	●	●		●	●		●	●		●		●	●
8. Kette	●	●	●		●	●		●	●			●	●	●
9. Kette	●	●	●		●	●		●	●		●	●	●	●
10. Kette	●	●	●		●	●		●		●	●		●	●
11. Kette	●	●	●		●	●		●		●		●	●	●
12. Kette	●	●	●		●	●		●		●	●	●	●	●
13. Kette	●	●		●	●	●		●	●		●		●	●
14. Kette	●	●		●	●	●		●	●			●	●	●
15. Kette	●	●		●	●	●		●	●		●	●	●	●
16. Kette	●	●		●	●	●		●		●	●		●	●
17. Kette	●	●		●	●	●		●		●		●	●	●
18. Kette	●	●		●	●	●		●		●	●	●	●	●
19. Kette	●	●	●	●	●	●		●	●		●		●	●
20. Kette	●	●	●	●	●	●		●	●			●	●	●
21. Kette	●	●	●	●	●	●		●	●		●	●	●	●
22. Kette	●	●	●	●	●	●		●		●	●		●	●
23. Kette	●	●	●	●	●	●		●		●		●	●	●
24. Kette	●	●	●	●	●	●		●		●	●	●	●	●
25. Kette	●	●			●		●	●	●		●		●	●
26. Kette	●	●			●		●	●	●			●	●	●
27. Kette	●	●			●		●	●	●		●	●	●	●
28. Kette	●	●			●		●	●		●	●		●	●
29. Kette	●	●			●		●	●		●		●	●	●
30. Kette	●	●			●		●	●		●	●	●	●	●
31. Kette	●	●	●		●		●	●	●		●		●	●
32. Kette	●	●	●		●		●	●	●			●	●	●
33. Kette	●	●	●		●		●	●	●		●	●	●	●
34. Kette	●	●	●		●		●	●		●	●		●	●
35. Kette	●	●	●		●		●	●		●		●	●	●
36. Kette	●	●	●		●		●	●		●	●	●	●	●
37. Kette	●	●		●	●		●	●	●		●		●	●
38. Kette	●	●		●	●		●	●	●			●	●	●
39. Kette	●	●		●	●		●	●	●		●	●	●	●
40. Kette	●	●		●	●		●	●		●	●		●	●
41. Kette	●	●		●	●		●	●		●		●	●	●
42. Kette	●	●		●	●		●	●		●	●	●	●	●
43. Kette	●	●	●	●	●		●	●	●		●		●	●
44. Kette	●	●	●	●	●		●	●	●			●	●	●
45. Kette	●	●	●	●	●		●	●	●		●	●	●	●
46. Kette	●	●	●	●	●		●	●		●	●		●	●
47. Kette	●	●	●	●	●		●	●		●		●	●	●
48. Kette	●	●	●	●	●		●	●		●	●	●	●	●

Bild 3.15: Menge der sinnvollen stoffbezogenen logischen Funktionsketten zum rechnerunterstützten Projektieren von Feuerverzinkungslinien für Stahlband / 16 /.

und damit einerseits für das Verzinken selbst und andererseits für einige nachfolgende Verfahren ungeeignet. Eine Verfestigung des Stahles kann durch Wärmebehandlung nur vor dem Verzinken beseitigt werden, weil die dafür erforderlichen Glühtemperaturen oberhalb des Zink-Schmelzpunktes liegen. Die Verunreinigungen müssen zur Sicherung einer guten Zinkhaftung auf dem

Stahl entfernt werden, bevor ein Band das Zinkbad erreicht. Diese Reinigung wird beim Sendzimir-Verfahren durch Oxidation und anschließende Reduktion der Stahlbandoberfläche in voneinander getrennten Öfen durchgeführt.
Neuzeitliche Feuerverzinkungslinien arbeiten meist nach dem "abgewandelten Sendzimir-Verfahren". Bild 3.8 zeigt eine nach diesem Verfahren arbeitende Linie in schematischer Darstellung. Das abgewandelte Sendzimir-Verfahren unterscheidet sich von dem Sendzimir-Verfahren im wesentlichen dadurch, daß anstelle eines Oxidationsofens ein Vorerhitzer, der mit dem anschließenden Glühofen die Einheit Ofenanlage bildet, eingesetzt ist. Im Vorerhitzer wird das Band erwärmt. Dabei verdampfen und/oder verbrennen Verunreinigungen der Bandoberfläche. Innerhalb der Ofenanlage ist das Stahlband von Schutzgas umgeben. Dadurch wird eine Oxidation des Stahles vermieden, und eventuell vorhandene, dünne Eisenoxidschichten werden reduziert.
Feuerverzinkungslinien, die nach dem abgewandelten Sendzimir-Verfahren arbeiten, sind kontinuierlich betriebene Anlagengruppen. Solche Linien werden nur für Überholungs- und Reparaturarbeiten stillgesetzt und erreichen Jahreserzeugungsmengen bis zu 200.000 t. Eine derartige Linie ist zum Beispiel etwa 280 m lang, 40 m breit und 35 m hoch. Dabei kann das Stahlband auf seinem Wege durch die Linie eine Entfernung von mehr als 1000 m mit Geschwindigkeiten bis zu 220 m/min zurücklegen.
Eine Feuerverzinkungslinie für Stahlband setzt sich aus Einlauf-, Behandlungs- und Auslaufsystemen zusammen. Einlaufsysteme der Linie sind

- Einlaufanlage und
- Einlaufspeicheranlage.

Die Behandlungssysteme bestehen zum Beispiel aus

- Glühanlage,
- Verzinkungsanlage,
- Kühlanlage,
- Formrichtanlage und
- Chromatieranlage.

Anschließende Auslaufsysteme sind

- Auslaufspeicheranlage und
- Auslaufanlage.

Somit umfaßt diese Anlagengruppe, Verzinkungslinie, neun Anlagen. In der Einlaufanlage werden die zu verzinkenden Stahlbänder zu einem gleichsam endlosen Band zusammengefügt und in der Auslaufanlage wieder geteilt. Dabei ergeben sich Zeiten, in denen die Einlaufanlage kein Band den Behandlungssystemen zuführen und die Auslaufanlage von diesen kein Band aufnehmen kann. Damit die Behandlungssysteme während dieser Zeiten unabhängig von Einlauf- und Auslaufanlage arbeiten können, muß jeweils ein Bandvorrat (Speicher) in Form einer oder mehrerer Schlingen zwischengeschaltet sein.

Bei dem im folgenden beschriebenen Vorgehen sei vorausgesetzt, daß die Bearbeitung der

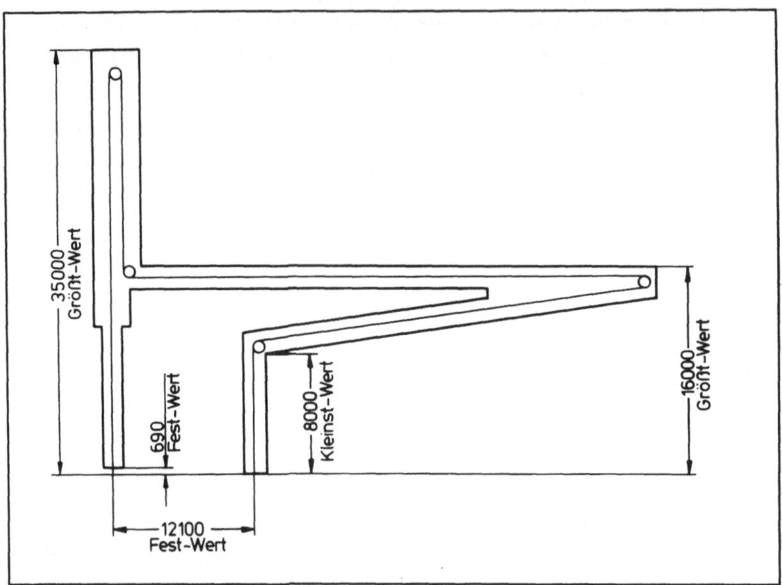

Bild 3.16: Kühlanlage in schematischer Darstellung mit in der Anlagenebene ermittelten Hauptmaßen.

Verzinkungslinie (Anlagengruppe) auf der Anlagenebene einsetzte. Auf dieser Ebene wurde die Auflösung in Anlagen durchgeführt, die entsprechend Bild 3.8 zueinander angeordnet wurden. Dem **Bild 3.16** sind die für die weitere Bearbeitung wesentlichen Abmessungen der Kühlanlage zu entnehmen. Der Konkretisierungsgrad dieser Zeichnungen entspricht den auf der Anlagenebene durch Berechnung oder Festlegung gewonnenen geometrischen Daten. Daneben wurden auf dieser Ebene Daten ermittelt, die im wesentlichen

- Durchsatzmengen,
- Bandgeschwindigkeiten,
- Zeitbilanzen der Linie,
- Bearbeitungszeitanteile der Produkte sowie
- systembezogene Bedingungen zu einzelnen Teilsystemen

betreffen. Die Bearbeitung der Kühlanlage findet, aufbauend auf diesen Informationen sowie auf den diese Anlage betreffenden Angaben des Kunden, auf der Maschinengruppenebene statt. Die dafür zur Verfügung stehenden Informationen sind in Form eines Auszuges aus einer Anforderungsliste den **Tafeln 3.1 bis 3.4** des Anhanges zu entnehmen. In diesen Tafeln ist bei der Auflistung der Stoffdaten nicht zwischen Stoffen am Ausgang des Systems und solchen an seinem Eingang unterschieden. Diese Vereinfachung der Anforderungsliste wurde hier bewußt durchgeführt, weil die Unterschiede zwischen den entsprechenden Ein- und Ausgangsgrößen auf Temperaturunterschiede zurückzuführen und in Diagrammen als Funktion der Temperatur darstellbar sind. Damit werden wichtige Informationen nicht vernachlässigt, sondern auf eine andere Art und Weise ausgedrückt. Das widerspricht nicht den Regeln des systematischen Projektierens und Konstruierens bei der Aufgabenklärung und hat für das zu behandelnde

Beispiel den Vorzug der besseren Übersichtlichkeit. Angaben, die zur Bearbeitung des technischen Systems Kühlanlage auf der Maschinengruppenebene erforderlich sind, wurden vollständig erfaßt, auch diejenigen, welche erst bei der Festlegung der physikalischen und konstruktiven Wirkzusammenhänge Verwendung finden.

Zur Festlegung logischer Wirkzusammenhänge der Kühlanlage liefern die Angaben über

- Bandabmessungen,
- Dichten, Wärmeleitzahlen und spezifische Wärmekapazitäten der Werkstoffe,
- Mengengerüste und Schichtauftragsverteilung,
- Eigenschaften der Betriebsmittel,
- Klimatische Einflüsse,
- Umwelteinflüsse,
- Zahlenwerte geometrischer Daten sowie
- Formänderungszustand und Formänderungsfestigkeit des Bandes

keinen unmittelbaren Beitrag. Denn diese Daten unterscheiden sich entweder am Eingang und Ausgang des Systems nicht voneinander oder sie geben Informationen zu physikalischen und konstruktiven Wirkzusammenhängen. Die an den drei wesentlichen, hier zu unterscheidenden stoffbezogenen physikalischen Größen "Stahlband", "Zinkschicht" sowie "zinkbeschichtetes Stahlband" durchzuführenden Änderungen werden in mehreren einzelnen Arbeitsgängen ermittelt und durch logische Funktionen ausgedrückt. Anschließend sind die Energie- und Signalflüsse zu behandeln.
Wie aus der Anforderungsliste hervorgeht, müssen bei der Bearbeitung der Kühlanlage mehrere Ein- und Ausgangsstoffe berücksichtigt werden. Dabei ist für die Festlegung der logischen Wirkzusammenhänge die Beschaffenheit des Grundwerkstoffes von untergeordneter Bedeutung und deshalb brauchen auch seine verschiedenen Güten nicht beachtet zu werden. Wesentlich sind dagegen die drei Schichtarten

- Zinkschicht mit normal ausgeprägter Zinkblume,
- Zinkschicht mit besonders kleiner (unterdrückter) Zinkblume und
- Eisen-Zink-Schicht, sogenanntes galvannealtes Band,

für die jeweils eine Einzelfunktionskette erstellt werden muß. Von den zwei aufgrund der Anforderungen zu berücksichtigenden Betriebszuständen,

- Normalbetrieb und
- Verhalten bei Bandriß,

wird in diesem Beispiel zur Wahrung der Übersichtlichkeit nur der Normalbetrieb betrachtet.
Für das erste Ausgangsprodukt, verzinktes Stahlband mit normal ausgeprägter Zinkblume, können aus der Anforderungsliste folgende logische Funktionen abgeleitet werden.

- Aufgrund des Verzinkungsverfahrens, Eintauchen des Bandes in schmelzflüssiges Zink, liegt die Zinkschicht am Eingang der Kühlanlage in flüssigem Zustand vor. Deshalb wurde auf der vorgeordneten Komplexitätsebene, der Anlagenebene, entschieden, daß die notwendige Änderung des Aggregatzustandes des Zinkes durch Wärmeabfuhr zu erzielen sei. Die Bandtemperatur beträgt beim Verlassen des Zinkbades etwa 450 °C und die Erstarrungstemperatur des Zinkes 419 °C. Demnach ist die erste logische Funktion "Bandtemperatur von 450 °C auf 419 °C verkleinern".

- Sobald das beschichtete Band bis zur Erstarrungstemperatur abgekühlt ist, kann durch weitere Wärmeabfuhr die Zinkschicht vom flüssigen in den festen Aggregatzustand überführt werden, "Schicht wandeln, flüssig - fest".
- Innerhalb des Zeitraumes vom Eintritt des Bandes in die Kühlanlage bis zur völligen Erstarrung des Zinkes, ist der Aggregatzustand ganz oder teilweise flüssig. Weil der den Güteanforderungen entsprechende, endgültige Schichtauftrag noch in der Verzinkungsanlage durchgeführt wird, muß sichergestellt sein, daß die Verteilung des Zinkes auf der Bandoberfläche während des Erstarrungsvorganges so erhalten bleibt, wie sie beim Verlassen der Verzinkungsanlage war. Diese Notwendigkeit wird durch die logische Funktion "Schicht führen" ausgedrückt.
- Weiter muß gewährleistet sein, daß sich das verzinkte Band auf einem vorgeschriebenen Weg mit der erforderlichen Geschwindigkeit durch die Kühlanlage bewegt. Dies führt zu den beiden logischen Funktionen "Band in der Kühlanlage führen" und "Band durch die Kühlanlage leiten". Dabei ist unter "Band in der Kühlanlage führen" im wesentlichen die Vermeidung einer seitlichen Abweichung des Bandverlaufes von der Sollinie (Mittellinie der Anlage) zu verstehen. Solche Abweichungen können beispielsweise durch säbelartige Formfehler des eingesetzten Bandes entstehen und machen sich in technischen Systemen mit großer Ausdehnung in Richtung des Stoffflusses besonders stark bemerkbar.

Danach wird die weitere Abkühlung des Bandes bis zur erforderlichen Endtemperatur betrachtet. Dabei werden auch Informationen verwertet, die aus Vorbildkonstruktionen herrühren. Die hierbei gegebene Einschränkung der Lösungsvielfalt wird zugunsten einer Verringerung der Bearbeitungszeit und des Aufwandes in Kauf genommen. Für die Ermittlung und Festlegung der folgenden logischen Funktionen sind drei Informationen, die aufgrund bestehender Konstruktionsvorbilder bekannt sind, maßgeblich.

- Die auf das Band bezogenen Führ- und Leitfunktionen können in der Praxis nur durch unmittelbare Berührung zwischen den diese Funktionen ausübenden technischen Systemen und dem Band unter Einleitung von Kräften erfüllt werden.
- Eine ausreichende Haft- und Abriebfestigkeit der Zinkschicht als Sicherheit gegen mechanische Beschädigung ist erst bei einer Temperatur unter 350 °C gegeben.
- Der Grundwerkstoff besitzt einen Blausprödigkeitsbereich, welcher je nach der Güte des eingesetzten Stahles zwischen 300 °C und 150 °C liegt. Innerhalb dieses Bereiches sollen im Band, zur Vermeidung von Coilbreaks und Sprödbrüchen, möglichst keine zusätzlichen Spannungen erzeugt werden.

Mit diesen Informationen und unter Zugrundelegung der bereits ermittelten logischen Funktionen können folgende Aussagen gemacht werden.

- Voraussetzung für die Erfüllung der Führ- und Leitfunktionen ist eine Senkung der Bandtemperatur auf etwa 350 °C oder niedriger. Gleichzeitig soll der Bereich der

Blausprödigkeit vermieden werden. Das wird durch die logische Funktion "Bandtemperatur von 419 °C auf 350 °C bis 300 °C verkleinern" ausgedrückt.

- Danach ist eine weitere Abkühlung bis zur festgelegten Endtemperatur möglich, "Bandtemperatur von 350 °C bis 300 °C auf 60 °C verkleinern".

Die für das zweite Produkt, verzinktes Stahlband mit unterdrückter Zinkblume, zu berücksichtigenden Funktionen sind bis auf eine Ausnahme mit den für das erste Produkt hergeleiteten identisch. Diese Ausnahme besteht in der logischen Funktion, welche die Erstarrung der Zinkschicht beschreibt. Hier muß die Ausgangsgröße aufgrund anderer Anforderungen detaillierter gekennzeichnet werden. Damit ergibt sich die Funktion "Schicht wandeln, flüssig - fest mit unterdrückter Zinkblumenbildung".

Zur Herstellung des dritten Ausgangsproduktes nach dem sogenannten Galvannealing-Verfahren wird die Temperatur des noch mit flüssigem Zink überzogenen Bandes unmittelbar nach Verlassen des Zinkbades auf 500 °C bis 520 °C erhöht und in diesem Bereich kurzzeitig gehalten. In dieser Zeitspanne wird durch Diffusion eine Legierungsschicht gebildet, die aus Fe-Zn-Phasen besteht. Wenn das gesamte Reinzink in dieser Weise mit dem Eisen des Bandes reagiert hat, dann ist der Galvannealingvorgang beendet, und der Aggregatzustand der Schicht ist fest. Für die notwendige Wärmezufuhr wird im allgemeinen ein Ofen eingesetzt, der von der Seite in die Bandlaufebene eingefahren werden kann. Dieser sogenannte "Galvannealingofen" ist funktionell der Verzinkungsanlage zugeordnet. Deshalb wird sowohl die nochmalige Temperaturerhöhung als auch die Erstarrung der Schicht bei der Ermittlung logischer Wirkzusammenhänge der Kühlanlage nicht betrachtet, und die Funktionen "Bandtemperatur von 450 °C auf 419 °C verkleinern" sowie "Schicht führen" sind hierbei nicht erforderlich. Darüber hinaus ist die Schicht des galvannealten Bandes härter als diejenige des ersten und zweiten Ausgangsproduktes. Damit entfällt auch die Einschränkung, ohne mechanische Beanspruchung des Bandes durch das Führen und Leiten auf weniger als 350 °C abzukühlen. Die Führ- und Leitfunktionen können wie oben beschrieben hergeleitet werden. Somit werden für das dritte Ausgangsprodukt noch die beiden Funktionen" Bandtemperatur von 520 °C auf mehr als 300 °C verkleinern" und "Bandtemperatur von mehr als 300 °C auf 60 °C verkleinern" festgelegt. Die Aufteilung des Abkühlvorganges auf zwei logische Funktionen ist auch bei diesem Ausgangsprodukt notwendig. Denn aufgrund des zu berücksichtigenden Blausprödigkeitsbereiches des Grundwerkstoffes müssen die Führ- und Leitfunktionen unter einer Bandtemperatur von 520 °C und über einer solchen von 300 °C ausgeführt werden.

Unter "9.1.2. Schnittstellenbedingungen" der Anforderungsliste, Tafel 3.4 des Anhanges, ist die Notwendigkeit einer Bandlaufregelung, die in der Verzinkungsanlage wirksam und durch ein der Kühlanlage zugehöriges Teilsystem auszuführen ist, festgelegt. Daraus wird die logische Funktion "Band in der Verzinkungsanlage führen" abgeleitet. Diese Funktion ist auch für alle drei Produkte gleich. Eine solche Vorgehensweise - Zuordnung einer logischen Funktion der Verzinkungsanlage zur logischen Funktionskette der Kühlanlage - ist nur deshalb möglich, weil aufgrund bekannter Konstruktionsvorbilder bereits Informationen über die technischen Möglichkeiten und Unmöglichkeiten der Erfüllung einzelner Funktionen in der Aufgabenstellung enthalten sind. Dem **Bild 3.17** sind alle stoffbezogenen logischen Funktionen für die drei genannten Produkte zu entnehmen. Daneben sind in dieser Tafel die im weiteren verwendeten

Stahlband mit normal ausgeprägter Zinkblume		Stahlband mit unterdrückter Zinkblume		Stahlband, galvannealed	
Bandtemperatur von 450°C auf 419°C verkleinern	450-419	Bandtemperatur von 450°C auf 419°C verkleinern	450-419	Band in der Kühlanlage führen	KA
Schicht wandeln, flüssig-fest	Zn	Schicht wandeln, flüssig-fest mit unterdrückter Zinkblumenbildung	Zn,U	Band durch die Kühlanlage leiten	KA
Schicht führen	Zn	Schicht führen	Zn	Bandtemperatur von 520°C auf mehr als 300°C verkleinern	520->300
Band in der Kühlanlage führen	KA	Band in der Kühlanlage führen	KA	Bandtemperatur von mehr als 300°C auf 60°C verkleinern	>300-60
Band durch die Kühlanlage leiten	KA	Band durch die Kühlanlage leiten	KA	Band in der Verzinkungsanlage führen	VA
Bandtemperatur von 419°C auf 350 bis 300°C verkleinern	419-300	Bandtemperatur von 419°C auf 350 bis 300°C verkleinern	419-300		
Bandtemperatur von 350 bis 300°C auf 60°C verkleinern	300-60	Bandtemperatur von 350 bis 300°C auf 60°C verkleinern	300-60		
Band in der Verzinkungsanlage führen	VA	Band in der Verzinkungsanlage führen	VA		

Zn = Zinkschicht
Zn,U = Zinkschicht mit unterdrückter Zinkblume
KA = Kühlanlage
VA = Verzinkungsanlage
Zahlenwerte = Temperaturen in °C

Bild 3.17: Tabellarische Zusammenstellung der stoffbezogenen logischen Funktionen der Kühlanlage des Bildes 3.16.

Bildzeichen für die einzelnen Funktionen dargestellt. Die zur genaueren Kennzeichnung unter den Bildzeichen eingetragenen Formelzeichen und Abkürzungen sind an die verbalen Beschreibungen der logischen Funktionen angelehnt. Sie werden unverändert für die noch folgenden Darstellungen zur Verdeutlichung des vorliegenden Beispieles weiterverwendet und gegebenenfalls durch weitere, gleichartig aufgebaute Zeichen ergänzt.

Die in Bild 3.17 zusammengestellten stoffbezogenen logischen Funktionen für die drei betrachteten Produkte sind noch nicht zu einem folgerichtigen, logischen Ablauf geordnet, sondern in der Reihenfolge aufgelistet, welche sich bei ihrer Ermittlung ergab. Damit diese Funktionen zu drei logischen Einzelfunktionsketten für die drei Produkte verknüpft werden können, müssen sie geordnet werden. Dieser Teilschritt, die Festlegung der folgerichtigen, logischen Reihenfolge, wird der Kürze wegen hier nur am Beispiel der logischen Funktionen für das zweite Ausgangsprodukt, Stahlband mit unterdrückter Zinkblume, beschrieben. Bei den beiden anderen Produkten wird in gleicher Weise vorgegangen. Zur Festlegung der Reihenfolge wird von den durch die Anforderungsliste festgelegten Zuständen der durchzusetzenden Stoffe am Eingang und durchgesetzten Stoffe am Ausgang des technischen Systems ausgegangen. Diese Anfangs- und Endzustände der Stoffe sowie alle weiteren beim Durchlaufen des technischen Systems sich einstellenden Zwischenzustände sind im wesentlichen durch die Bandtemperatur sowie die davon abhängenden Stoffeigenschaften gekennzeichnet. Am Eingang des Systems ist der Aggregatzustand der Schicht des Bandes mit unterdrückter Zinkblume flüssig. Die zu erstellende logische Einzelfunktionskette muß also mit einer Funktion beginnen, die auf die Zinkschicht in flüssigem Zustand bezogen ist. Dieser Forderung entsprechen, wie aus Bild 3.17 zu entnehmen ist, die drei logischen Funktionen

- "Schicht führen" (H1),
- "Bandtemperatur von 450 °C auf 419 °C verkleinern" (H2) und
- "Schicht wandeln, flüssig - fest mit unterdrückter Zinkblumenbildung" (H3).

Die letzte dieser drei Funktionen kann den Anfang der Kette deshalb nicht bilden, weil ihre Ausgangsgröße bereits die Schicht in festem Aggregatzustand darstellt. Voraussetzung für diese Wandlung des Aggregatzustandes ist das Erreichen der Erstarrungstemperatur. Dieser enge Zusammenhang zwischen den Funktionen H2 und H3 wird in der Funktionskette dadurch zum Ausdruck gebracht, daß diese beiden Funktionen unmittelbar hintereinander angeordnet werden. Damit liegt zwangsläufig die Funktion "Schicht führen" als Anfangsfunktion dieser Einzelkette fest. Denn diese Funktion hat die flüssige Zinkschicht sowohl als Eingangs- wie auch als Ausgangsgröße und kann demnach H3 nicht nachgeordnet werden. Zudem stimmt ihre Ausgangsgröße mit der Eingangsgröße von H2 überein. Die Führ- und Leitfunktionen

- "Band in der Verzinkungsanlage führen" (H5),
- "Band in der Kühlanlage führen" (H6) und
- "Band durch die Kühlanlage leiten" (H7)

müssen, wenn sie sich wie hier auf das technische System als Ganzes und nicht auf einzelne logische Funktionen beziehen, möglichst nahe an den Anfang der Kette gestellt werden. Sie können aber, wie bereits dargelegt, zur Vermeidung von Beschädigungen der Schicht, erst nach einer nochmaligen Verminderung der Bandtemperatur durchgeführt werden. Deshalb folgt als vierte Funktion nach H3

- "Bandtemperatur von 419 °C auf 350 °C bis 300 °C verkleinern" (H4).

Hieran ist unmittelbar H5 angeschlossen, weil diese Funktion in enger Beziehung zu der in logischer Ablaufrichtung vorgeordneten Funktionskette der Verzinkungsanlage steht und demzufolge so nahe wie möglich zu dieser angeordnet sein muß. Als letzte logische Funktion bleibt

- "Bandtemperatur von 350 °C bis 300 °C auf 60 °C verkleinern" (H8).

Die Ausgangsgröße dieser Funktion entspricht auch dem in der Anforderungsliste festgelegten Ausgangszustand des betrachteten Stoffes. Mit H8 an letzter Stelle dieser Einzelfunktionskette sind für das zweite Ausgangsprodukt die gestellten Forderungen am Eingang des technischen Systems in erfüllte Forderungen an seinem Ausgang umgewandelt. Damit liegt die stoffbezogene Einzelfunktionskette für dieses Produkt fest, **Bild 3.18.** Dem Bild 3.18 sind auch die stoffbezogenen Einzelfunktionsketten für die beiden übrigen Ausgangsprodukte, Stahlband mit normal ausgeprägter Zinkblume und galvannealtes Stahlband, zu entnehmen. Die hier dargestellte logische Reihenfolge ist zwingend notwendig und eindeutig, auch wenn die aus einigen logischen

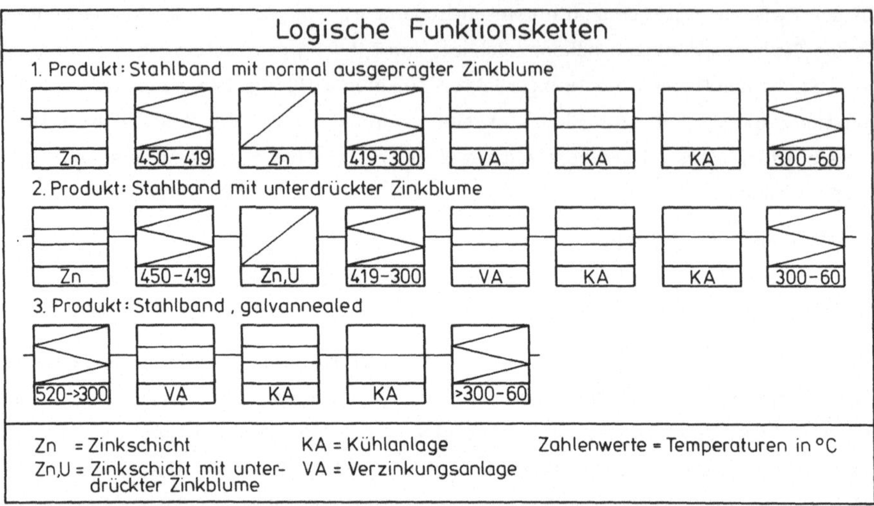

Bild 3.18: Stoffbezogene logische Einzelfunktionsketten für die drei in der Kühlanlage, Bild 3.16 durchzusetzenden Stoffe.

Produkte \ Funktionen	Zn	450-419	Zn	Zn,U	419-300	520->300	VA	KA	KA	300-60	>300-60
1. Stahlband mit normal ausgeprägter Zinkblume	•	•	•		•		•	•	•	•	
2. Stahlband mit unterdrückter Zinkblume	•	•		•	•		•	•	•	•	
3. Stahlband, galvannealed						•	•	•	•		•

Zn = Zinkschicht
Zn,U = Zinkschicht mit unterdrückter Zinkblume
KA = Kühlanlage
VA = Verzinkungsanlage
Zahlenwerte = Temperaturen in °C

Bild 3.19: Funktionsmatrix der stoffbezogenen logischen Funktionen des Bildes 3.18.

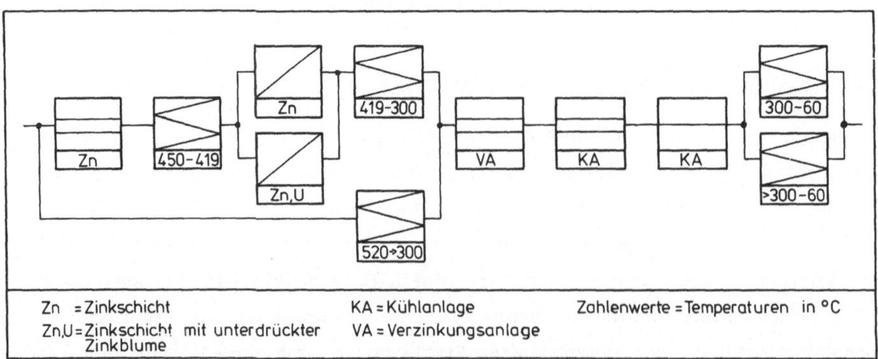

Bild 3.20: Stoffbezogene verzweigte logische Funktionskette der Kühlanlage des Bildes 3.16.

Funktionen sich ergebenden physikalischen Prozesse gleichzeitig ablaufen können. Das ist beispielsweise in bestehenden Kühlanlagen bei H1 und H2 der Fall.

Unter Zugrundelegung der Einzelketten des Bildes 3.18 wird eine Funktionsmatrix, **Bild 3.19**, entwickelt. Dazu werden alle in den drei Ketten auftretenden logischen Funktionen, die sich voneinander unterscheiden, in der vorher festgelegten Reihenfolge waagerecht und die drei zu betrachtenden Produkte senkrecht in der Matrix aufgetragen. Jetzt können die logischen Funktionen in der Matrix den drei Ausgangsprodukten zugeordnet werden. Hierbei entspricht jede Zeile der logischen Einzelkette eines Produktes. Unter Zuhilfenahme der Funktionsmatrix wird dann die stoffbezogene verzweigte logische Funktionskette festgelegt, **Bild 3.20.** Als Darstellungsform wurde hier diejenige nach Bild 3.13 gewählt, weil diese eine Erweiterung der Funktionskette durch Hinzufügen der energie- und signalbezogenen Einzelketten zum logischen Funktionsplan sehr erleichtert.

Nachdem die logische Funktionskette für den Hauptfluß festliegt, können die logischen Funktionen sowie deren Ketten für die Nebenflüsse, Energien und Signale, ermittelt und festgelegt werden. Die energie- und signalbezogenen logischen Funktionen bilden, im Gegensatz zu denjenigen des Hauptflusses, keine geschlossene, sondern mehrere kurze, von einzelnen stoffbezogenen Funktionen abhängige Ketten. Zu ihrer Festlegung wird einerseits von den Gegebenheiten, die in der stoffbezogenen Funktionskette niedergelegt sind, und andererseits von den Informationen, die in der Anforderungsliste enthalten sind, ausgegangen. Die Bearbeitung erfolgt zweckmäßigerweise entsprechend dem Nacheinander der logischen Funktionen in der stoffbezogenen Kette, Bild 3.20. Im folgenden werden beispielhaft die Ermittlung und Festlegung je einer signalbezogenen und einer energiebezogenen Funktionskette ausführlich beschrieben. Dabei soll von der stoffbezogenen Funktion "Band in der Kühlanlage führen" ausgegangen werden. Die für diese Funktion maßgebliche Größe ist die seitliche Abweichung des Bandes von der Sollinie, welche von der Säbelförmigkeit des Bandes und der Länge der zu durchlaufenden Wegstrecke abhängt. Dabei ist zu berücksichtigen, daß die Säbelförmigkeit des Bandes im Gegensatz zu der zu durchlaufenden Wegstrecke variabel ist. Sie kann unterschiedliche Werte annehmen und nach beiden Seiten hin wirksam sein. Ihre Größe und Richtung ist nicht vorherbestimmbar. Daneben können auch andere Faktoren auf die seitliche Abweichung Einfluß nehmen. Deshalb ist es für die Erfüllung der Führfunktion erforderlich, eine Information über die Größe und Richtung des fehlerhaften Bandverlaufes zu erhalten und die Reaktion dieser Funktion auf die jeweiligen Störungen abzustimmen. Das wird erreicht, indem die seitliche Abweichung des Bandes von der Sollinie (BA) am Ausgang der Kühlanlage, und damit am Ende der stoffbezogenen Funktionskette, in ein Meßsignal (MS) umgewandelt wird. Dieses Meßsignal wird mit einem Führsignal (FS), welches die Information über den Sollzustand des Bandverlaufes trägt, verbunden. Aus dieser Verbindung wird ein Stellsignal (SS) gewonnen. Mit Hilfe dieses Stellsignales kann nach einer Umwandlung in eine Stellenergie (SE) die Funktion "Band in der Kühlanlage führen" zu einer den Erfordernissen entsprechenden Funktionsausübung veranlaßt werden.

Diese Funktionsausübung erfolgt unter Einleitung einer Energie in das Band. Aus Konstruktionsvorbildern kann gefolgert werden, daß es sich dabei um eine kinetische Energie (KE) handelt. Der Anforderungsliste ist zu entnehmen, daß zum Antrieb technischer Systeme, welche diese Funktion ausüben sollen, hydraulische Energie (HE) zur Verfügung steht. Damit kann die energiebezogene Funktionskette mit den Funktionen

- "Hydraulische Energie zuführen" und
- "Hydraulische Energie in kinetische Energie wandeln"

festgelegt werden. Die beiden so abgeleiteten Einzelfunktionsketten für Signale und Energien, die von der stoffbezogenen logischen Funktion "Band in der Kühlanlage führen" abhängen, sind in Form von Ablaufdiagrammen in **Bild 3.21** dargestellt.

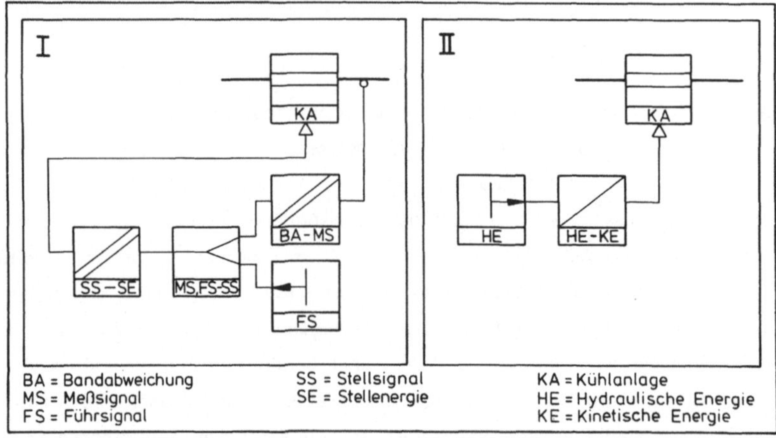

Bild 3.21: Signalbezogene (I) und energiebezogene (II) logische Einzelfunktionsketten, die von einer stoffbezogenen logischen Funktion abhängen.

In der gleichen Weise ist bei der Ermittlung und Festlegung der weiteren energie- und signalbezogenen Einzelketten zu den übrigen logischen Funktionen des Hauptflusses vorzugehen. Auf eine ausführliche Beschreibung der Bearbeitung aller Funktionen kann hier verzichtet werden, weil die Vorgehensweisen grundsätzlich gleich den oben dargestellten sind. Nach Abschluß dieses Teilschrittes werden alle energie- und signalbezogenen Einzelketten an die stoffbezogene verzweigte logische Funktionskette angetragen. Damit liegen die logischen Wirkzusammenhänge der Kühlanlage, die in dem logischen Funktionsplan, **Bild 3.22**, dokumentiert sind, fest. In diesem Bild sind in der Mitte waagerecht verlaufend, durch verstärkte Linien hervorgehoben, die stoffbezogene logische Funktionskette und die energie- sowie signalbezogenen Einzelketten, oben und unten angetragen, dargestellt. Die Ketten der Nebenflüsse sind in Bild 3.22 vollständig, entsprechend der Darstellung des Bildes 3.21, eingetragen. Mögliche Zusammenfassungen von Funktionen, wie sie mit Hilfe der Funktionsmatrix für die stoffbezogene Kette durchgeführt wurden, sind in dieser Darstellung noch nicht enthalten. Die Darstellungsform des Funktionsplanes kann für verschiedene Verwendungszwecke abwandelt werden. Dabei ist zu beachten, daß durch solche Abwandlungen die logischen Wirkzusammenhänge nicht verändert werden. **Bild 3.23**

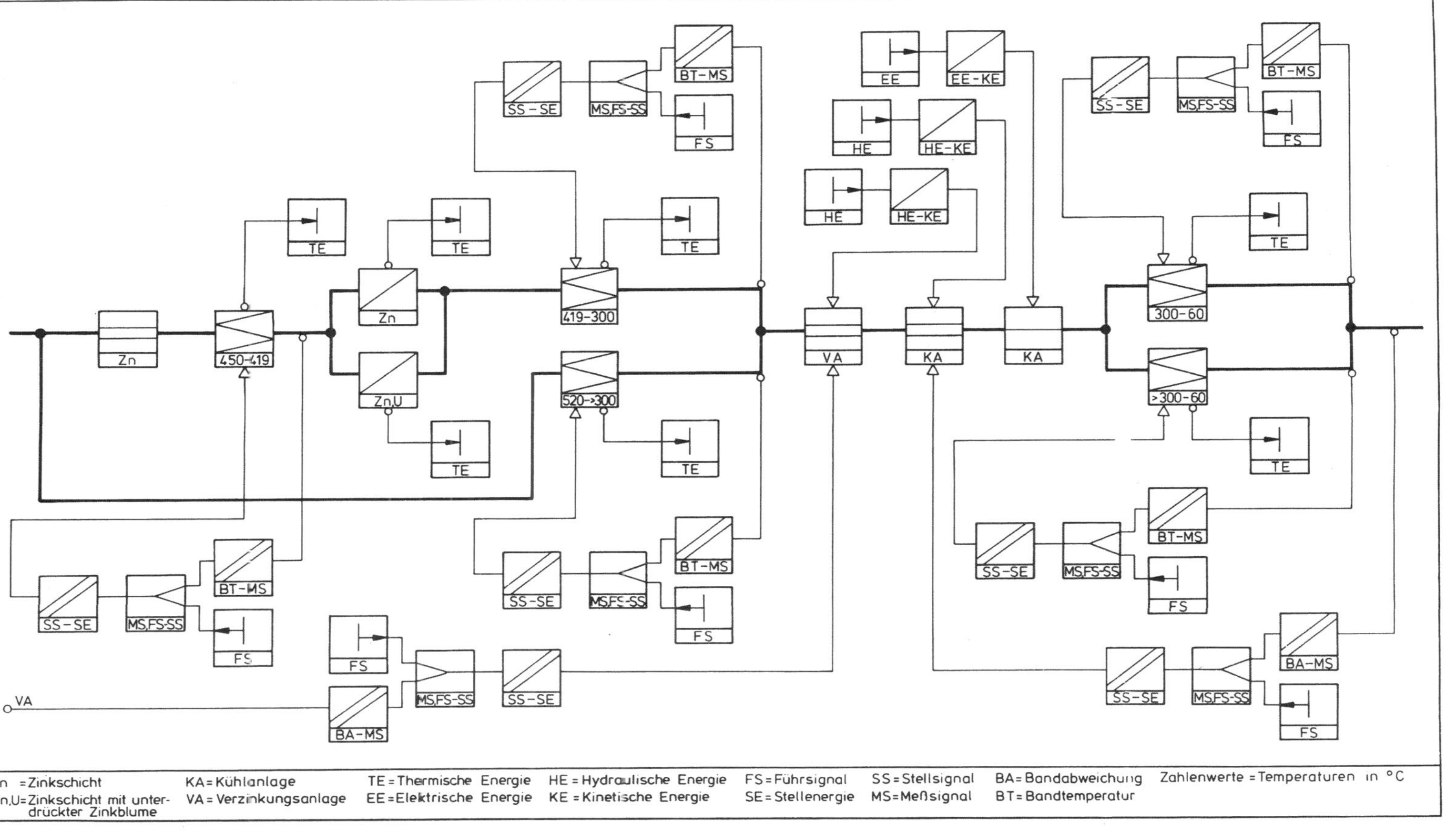

Bild 3.22: Ausführlicher logischer Funktionsplan der Kühlanlage des Bildes 3.16.

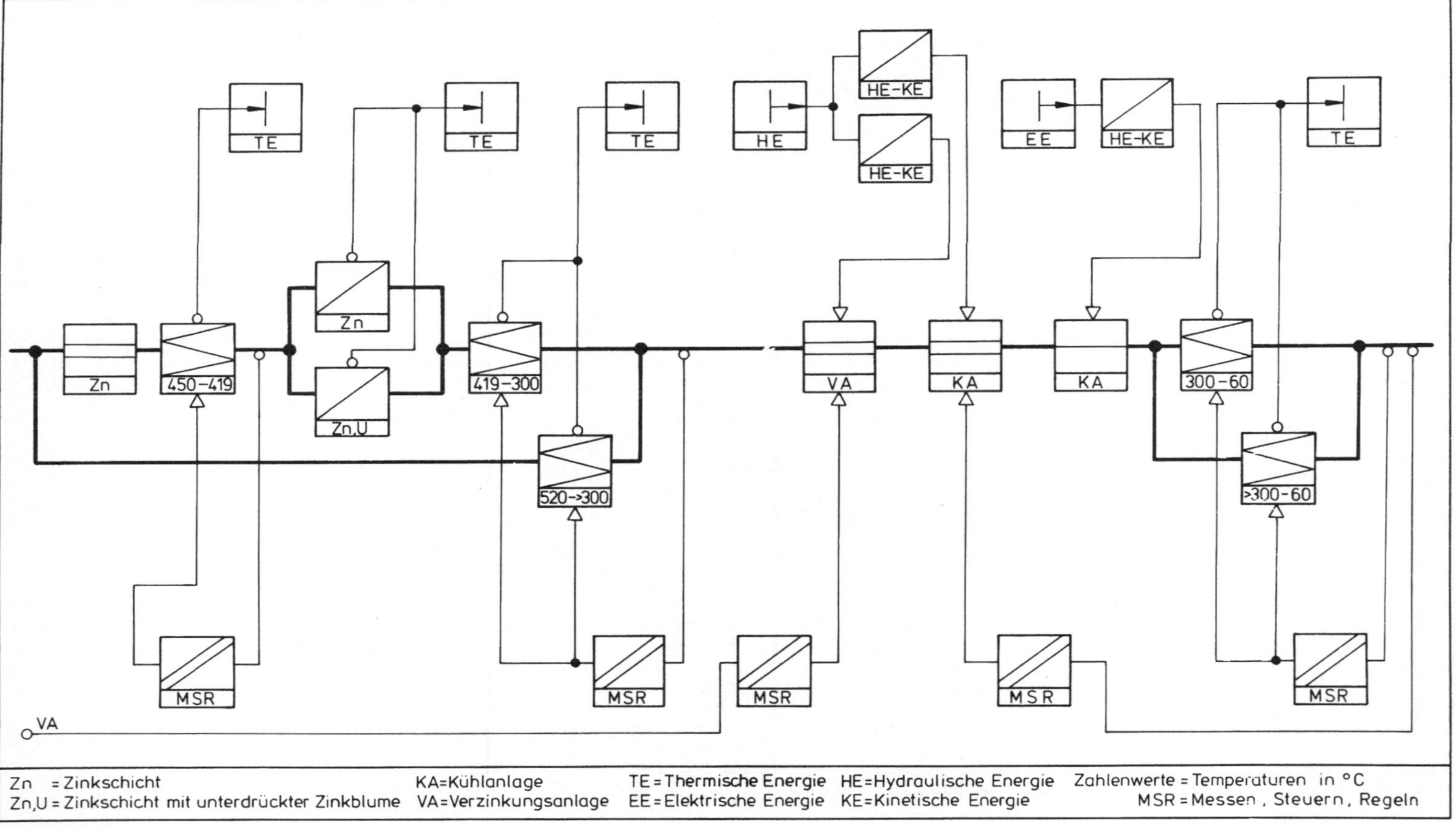

Bild 3.23: Vereinfachter logischer Funktionsplan der Kühlanlage des Bildes 3.16.

zeigt beispielhaft den Funktionsplan der Kühlanlage mit einigen Vereinfachungen zum Zwecke der Verbesserung der Übersichtlichkeit. In dieser Darstellung wurden zur Vereinfachung

- mehrmals auftretende gleichartige Funktionen und Teile von Funktionsketten zusammengefaßt,
- die signalbezogenen Einzelketten (Regelkreise) durch jeweils ein einzelnes Bildzeichen ersetzt sowie
- die Bereiche für die drei Grundgrößen - Stoffe, Energien und Signale - voneinander getrennt, wobei die stoffbezogene Funktionskette in der Mitte angeordnet blieb, die energiebezogenen Funktionen oberhalb und die signalbezogenen Funktionen unterhalb des Hauptflusses liegen.

Logische Funktionspläne der hier beschriebenen Art können, neben der Anwendung im Rahmen des systematischen Projektierens und Konstruierens technischer Systeme als Voraussetzung zur Durchführung der nächsten Hauptschritte, Festlegung der physikalischen und konstruktiven Wirkzusammenhänge, auch im Hinblick auf andere Verwendungszwecke erstellt werden. Als ein Beispiel für viele andere sei hier auf die Möglichkeit einer übersichtlichen und sinnfälligen Beschriftung sowie funktionsgerechten Kenntlichmachung von komplexen Überwachungs- und Steuereinrichtungen hingewiesen. Diese Möglichkeit wurde für die in den **Bildern 3.24 und 3.25** gezeigten Schalt- sowie Anzeigetafeln zur Überwachung des Betriebsverhaltens einiger Teilsysteme in Hüttenwerken genutzt. Zu diesem Zwecke können die diesen Schaltbildern zugrunde liegenden logischen Funktionspläne der jeweiligen Aufgabe entsprechend abgewandelt werden / 19 und 20 /.

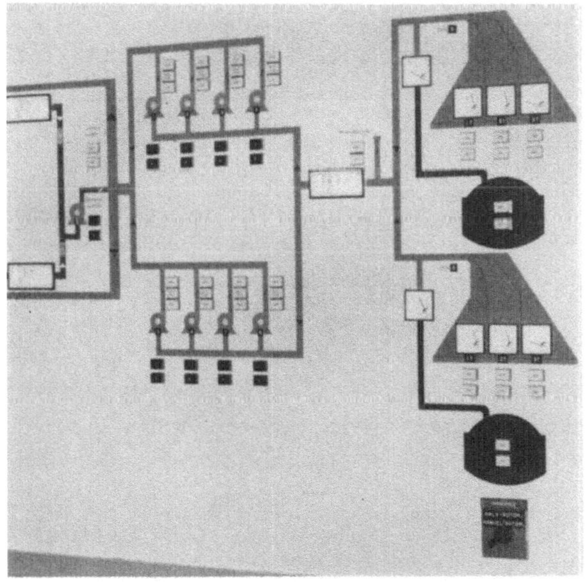

Bild 3.24: Überwachungssysteme für die Entstaubungsanlage eines Elektrostahlwerkes.

Bild 3.25: Zentrale Meß-, Steuer- und Regelsysteme eines Hochofenbetriebes.

3.8. Schrifttum

1. VDI-Richtlinie 2222 Blatt 1: Konstruktionsmethodik, Konzipieren technischer Produkte. VDI-Verlag, Düsseldorf, 1977.
2. Rodenacker, W.G. und U. Claussen: Regeln des methodischen Konstruierens, Band 1. Krauskopf-Verlag, Mainz, 1973. Band 2. Krauskopf-Verlag, Mainz, 1975.
3. Koller, R.: Eine algorithmisch-physikalisch orientierte Konstruktionsmethodik. VDI-Z. 115 (1973) 2, S. 147/152, 4, S. 309/317, 10, S. 843/847 und 13, S. 1078/1085.
4. Koller, R.: Konstruktionsmethode für den Maschinen-, Geräte- und Apparatebau. Springer-Verlag, Berlin, Heidelberg, New York, 1976.
5. Just, U. und E. Heller: Begriffsnormung und Definitionen für Bildzeichen, Vorschläge und Erläuterungen. DIN-Mitteilungen 46 (1967) 4, S. 170/173.
6. DIN 30600 T1: Bildzeichen, Allgemeine Grundlagen, Juni 1971; T2: Bildzeichen, Übersicht, Juli 1976.
7. DIN E 40100 T1: Bildzeichen der Elektrotechnik, Grundlagen, Gliederung nach Sachgruppen. Dezember 1976.
8. DIN 19227 T1: Bildzeichen und Kennbuchstaben für Messen, Steuern, Regeln in der Verfahrenstechnik, Zeichen für funktionelle Darstellung. September 1973.
9. E IEC 3.550: Änderung der Publikation 416, Allgemeine Grundlagen für die Festlegung von Bildzeichen. November 1976.
10. Baumann, H.G., K.-H. Looschelders und H. von Wyl: Klärung der Aufgabe und logische Wirkzusammenhänge beim systematischen Projektieren und Konstruieren. Arch. Eisenhüttenwes. 50 (1979) 2, S. 69/74.
11. DIN 868: Allgemeine Begriffe und Bestimmungsgrößen für Zahnräder, Zahnradpaare und Zahnradgetriebe. Dezember 1976.
12. Rodenacker, W.G.: Methodisches Konstruieren. Springer-Verlag, Berlin/Heidelberg/ New York, 1. Auflage 1970, 2. Auflage 1976.
13. Baumann, H.G., K.-H. Looschelders und H. von Wyl: Logische Funktionen im Rahmen der Festlegung logischer Wirkzusammenhänge komplexer technischer Systeme. Arch. Eisenhüttenwes. 50 (1979) 3, S. 117/122.
14. Grabowski, H. und W. Bracke: Rechnerunterstützte Anlagenprojektierung. Ind.-Anz. 97 (1975) 14, S. 157/260.
15. Eversheim, W. und W. Bracke: Programmsystem zur rechnerunterstützten Anlagenprojektierung. Ind.-Anz. 99 (1977) 61, S. 1171/1174.
16. Baumann, H.G. und K.-H. Looschelders: Rechnerunterstütztes systematisches Projektieren komplexer technischer Systeme. Unveröffentlichter Bericht, Duisburg, 1978.
17. Bracke, W.: Automatisierte technische Angebotsbearbeitung für Industrieanlagen. Dr.-Ing.-Dissertation, RWTH Aachen, 1978.
18. Baumann, H.G., K.-H. Looschelders und H. von Wyl: Logische Funktionsketten, -pläne und -netze. Arch. Eisenhüttenwes. 50 (1979) 4, S. 151/154.
19. Baumann, H.G., K.-H. Looschelders und H. von Wyl: Anwendungsbeispiel zur Festlegung logischer Wirkzusammenhänge. Arch. Eisenhüttenwes. 50 (1979) 5, S. 201/206.
20. Baumann, H.G., K.-H. Looschelders und H. von Wyl: Festlegung der logischen Wirkzusammenhänge beim systematischen Projektieren und Konstruieren komplexer technischer Systeme. Metall 33 (1979) 2, S. 167/176.

4. Festlegung der physikalischen Wirkzusammenhänge

Die Festlegung physikalischer Wirkzusammenhänge ist das Bindeglied zwischen der durch logische Funktionen abstrakt formulierten Aufgabe und der durch konstruktive Wirkzusammenhänge festzulegenden Gestalt des gegenständlichen Erzeugnisses. Wesentlicher Zweck dieses Schrittes ist also die

- Konkretisierung der im Rahmen der Festlegung logischer Wirkzusammenhänge ermittelten Beziehungen durch naturgesetzliche Gegebenheiten.

Mit diesem Schritt können bereits vor der konstruktiven Gestaltung des technischen Systems die in ihm zu verwirklichenden Verfahrensabläufe berücksichtigt werden. Neben der notwendigen Schaffung der Voraussetzungen für die Festlegung konstruktiver Wirkzusammenhänge ist die Festlegung physikalischer Wirkzusammenhänge aus folgenden Gründen zweckmäßig und notwendig:

- Mit Auswahlvorgängen, die auf Bewertungen beruhen, und/oder mit Optimierungsmethoden werden günstige Verfahren zur Erfüllung einer gegebenen Aufgabe ermittelt.
- Infolge der Wahl günstiger Verfahren werden Auslegungsfehler vermindert.
- Der Arbeitsaufwand wird auf das notwendige Maß begrenzt.
- Nebenwirkungen physikalischer Funktionen werden erkannt und damit auch beherrschbar gemacht.
- Das Verhalten des Systems, also seine Reaktion auf äußere Einflüsse, wird ermittelt.
- Gegenseitige Beeinflussungen von Funktionen werden ermittelt, ungünstige Beeinflussungen können vermieden werden.
- Durch den Einsatz exakter Arbeitsverfahren, beispielsweise mathematischer Methoden, und geeigneter Hilfsmittel, beispielsweise Rechner, wird die Beschreibung der Vorgänge innerhalb des technischen Systems weitgehend den tatsächlichen, später zu verwirklichenden Verhältnissen angenähert.
- Die zur Berechnung der Schnittstellenbedingungen bei der Aufgabenklärung getroffenen Annahmen werden geprüft und bestätigt oder verbessert.

Damit trägt die Festlegung physikalischer Wirkzusammenhänge, bei folgerichtiger Einhaltung der systematischen Arbeitsweise, zur

- Erhöhung der Zuverlässigkeit und Betriebssicherheit technischer Systeme,
- Minderung der Wagnisse beim Projektieren und Konstruieren technischer Systeme,
- Erweiterung der Erkenntnisse und Verdichtung der Informationen über das bearbeitete technische System sowie
- Verbesserung und Diversifikation bestehender technischer Systeme

entscheidend bei. Daneben können noch bestehende lösungsbedürftige Probleme gezielt sichtbar gemacht werden.

4.1. Grundlagen und Teilschritte der Festlegung physikalischer Wirkzusammenhänge

Zur Festlegung der physikalischen Wirkzusammenhänge wird von logischen Wirkzusammenhängen, die in Form logischer Funktionspläne oder logischer Funktionsketten für Stoffe, Energien und/oder Signale festgelegt wurden, ausgegangen. In den logischen Funktionsketten und -plänen sind die in technischen Systemen um- und/oder durchzusetzenden Stoffe, Energien und Signale als logische Funktionen dargestellt. Diese Umsätze und/oder Durchsätze müssen durch geeignete Wirksamkeiten erzwungen werden. Neben den logischen Wirkzusammenhängen sind die Informationen aus der Anforderungsliste zu beachten. Hier sind besonders die Informationen von Bedeutung, welche der Festlegung der Eignung sowie der technischen und wirtschaftlichen Grenzen gewählter nutzbarer Wirksamkeiten dienen. Dabei ist zu beachten, daß diese Wirksamkeiten auch Einfluß auf Gegebenheiten, mit denen sie nicht ursächlich in Beziehung stehen, nehmen können und daß zu ihrer Nutzung oft bestimmte Voraussetzungen erfüllt sein müssen.
Die bei der Festlegung physikalischer Wirkzusammenhänge zu berücksichtigenden Wirksamkeiten können Gegenstand verschiedener Wissenschaftsbereiche, beispielsweise der

- Physik,
- Chemie oder
- Biologie

sein.
Einerseits beruhen die Vorgänge sowie Zusammenhänge in technischen Systemen im wesentlichen auf physikalischen Gegebenheiten. Andererseits bedienen sich andere Wissenschaftsbereiche oft physikalischer Methoden und ihre wissenschaftlichen Arbeitsergebnisse sind häufig mit physikalischen Gesetzen beschreibbar. Deshalb und der Kürze wegen wird im folgenden bei der Behandlung physikalischer, chemischer, biologischer oder ähnlicher Wirkzusammenhänge nur von physikalischen Wirkzusammenhängen gesprochen.

In **Bild 4.1** sind alle Teilschritte der Festlegung physikalischer Wirkzusammenhänge in Kurzform zusammengestellt. Kennzeichen dieses Hauptschrittes ist der große Anteil Berechnungen, der im wesentlichen von den Teilschritten

- Bewertung varianter physikalischer Funktionen,
- Bewertung varianter physikalischer Funktionsketten,
- Bewertung varianter physikalischer Funktionspläne sowie
- Berechnung der physikalischen Wirkzusammenhänge

herrührt. Dabei sei an dieser Stelle besonders auf den hier letztgenannten Teilschritt, Berechnung der physikalischen Wirkzusammenhänge, hingewiesen, weil dessen Bedeutung im Hinblick auf den Arbeitsumfang in der Übersicht, Bild 4.1, nicht angemessen zum Ausdruck kommen konnte. In der Praxis entfällt auf ihn ein Großteil, nicht selten mehr als die Hälfte, der Bearbeitungszeit für den gesamten Hauptschritt. Dagegen können Tätigkeiten, die mit der Festlegung des physikalischen Funktionsplanes in Zusammenhang stehen, manchmal ganz oder teilweise entfallen. Dafür können unter anderem folgende Gründe maßgeblich sein:

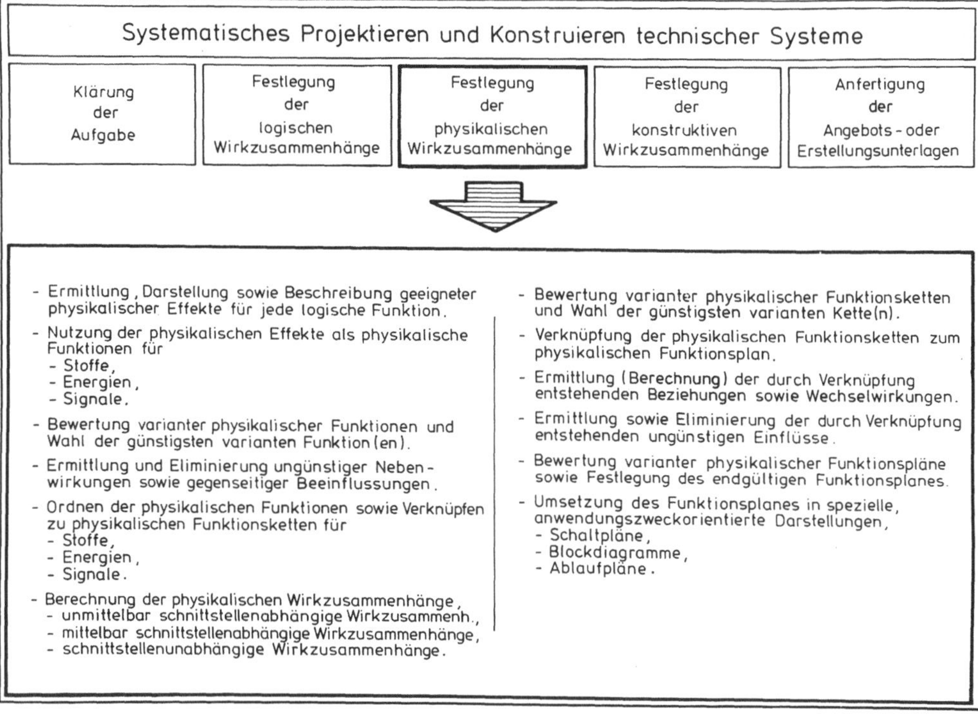

Bild 4.1: Teilschritte der Festlegung physikalischer Wirkzusammenhänge beim systematischen Projektieren und Konstruieren technischer Systeme.

- Der notwendige Konkretisierungs- und Detaillierungsgrad ist, beispielsweise zur Anfertigung des Kontaktangebotes für ein Stahlwerk, so niedrig, daß fast ausschließlich Informationen über die sogenannten Hauptsysteme gewonnen werden müssen.
- Beim Projektieren sind ausschließlich Bestandteile eines Rückgriff- oder Baukastensystems zu verwenden, in denen Informationen, die im allgemeinen in diesen Teilschritten zu ermitteln wären, bereits enthalten und verarbeitet sind.

Bei der Abschätzung des Arbeitsaufwandes unter Zugrundelegung des Bildes 4.1 ist weiterhin zu berücksichtigen, daß gegebenenfalls, aufgrund der Ergebnisse einzelner Teilschritte, die Wiederholung vorangegangener Teilschritte erforderlich werden kann. Diese Möglichkeit einer iterativen Vorgehensweise ist in der Übersicht über den dritten Hauptschritt, Bild 4.1, nicht dargestellt. Im folgenden werden die Teilschritte der Festlegung physikalischer Wirkzusammenhänge sowie deren Beziehungen zueinander ausführlich beschrieben / 1 /.

4.2. Physikalische Effekte und Funktionen

Physikalischen Wirkzusammenhängen liegen einzelne Wirksamkeiten zugrunde. Das sind physikalische Effekte oder physikalische Funktionen. Als physikalische Funktionen werden die genannten Wirksamkeiten im folgenden dann bezeichnet, wenn sie zur Erfüllung einer bestimmten Aufgabe - das ist hier das Erzwingen einer logischen Funktion - angewendet werden. Physikalische Funktionen sind also zweckgebunden. Das dritte Newtonsche Axiom (actio = reactio), nach dem jede Kraft eine gleichgroße, ihr entgegengerichtete Reaktionskraft erzeugt, ist eine physikalische Wirksamkeit. Diese Wirksamkeit nutzt ein Flößer, der seine Muskelkraft über eine Stange auf den Grund überträgt und so, mit Hilfe der Reaktionskraft, sein Floß vorwärts treibt. Das dritte Newtonsche Axiom ist aber stets, auch ohne eine zweckgebundene Nutzung durch Menschen, gültig. Es besteht und bestand auch unabhängig von seiner Entdeckung und Beschreibung durch Isaac Newton. Deshalb werden physikalische Wirksamkeiten, welche ohne Bezug auf eine konkrete Aufgabenstellung betrachtet werden, im folgenden als physikalische Effekte bezeichnet. Physikalische Effekte sind also zweckfrei. Durch Anwendung auf eine bestimmte Aufgabe wird ein physikalischer Effekt zu einer physikalischen Funktion.

Physikalische Effekte werden manchmal auch als "Physikalische Grundprinzipien", "Sätze der Physik", "physikalische Gesetzmäßigkeiten" oder "Naturgesetze" bezeichnet. Beispiele hierfür sind die Hauptsätze der Thermodynamik, der Impulssatz, der Hebeleffekt, das Gravitationsgesetz, die. Stoßgesetze, das Hookesche Gesetz, der Doppler-Effekt, das Huygensche Prinzip der Wellenausbreitung und der Carnotsche Kreisprozeß. Diese Vorstellung von physikalischen Effekten ist im Rahmen des systematischen Projektierens und Konstruierens komplexer technischer Systeme in Richtung auf

- Gesetzmäßigkeiten anderer naturwissenschaftlicher Bereiche sowie
- vollständige, unter einem feststehenden Begriff bekannt gewordene Verfahren

zu erweitern. Beispiele für diese erweiterte Vorstellung physikalischer Effekte sind biologische Verfahren zur Abwasserreinigung und Abfallbeseitigung, das Niederdruckverfahren nach Ziegler zur Herstellung von Polyäthylen, die Verfahren zur Sodaherstellung nach Leblanc oder Solvay, das Hochofenverfahren zur Herstellung von Roheisen, das Purofer-Verfahren und das Midrex-Verfahren für die Herstellung von Eisenschwamm, das LD-Verfahren zur Erzeugung von Rohstahl sowie das Sendzimir-Verfahren zum Feuerverzinken von Stahlband.
Aus den genannten Beispielen wird auch deutlich, daß physikalische Effekte, ähnlich wie technische Systeme, nach Komplexitätsgraden unterschieden werden können. Die genannten "Verfahren" sind gedanklich in "Teileffekte" oder "Einzeleffekte" zerlegbar. Der Komplexitätsgrad physikalischer Effekte ist jedoch nicht unmittelbar mit demjenigen technischer Systeme vergleichbar. Deshalb können auch keine allgemeingültigen Regeln genannt werden, nach denen die verschiedenen Effekte bestimmten Komplexitätsebenen technischer Systeme zugeordnet werden könnten. Solche Zuordnungen können aber aufgrund von Merkmalen, die empirisch ermittelbar sind, getroffen werden. Ein Beispiel für ein solches Merkmal ist die Energiezufuhr. Wenn ein physikalischer Effekt nur unter Zufuhr einer zusätzlichen Energie wirksam werden kann, dann ist dieser Effekt der Komplexitätsebene der Maschinen / Geräte / Apparate oder einer höheren Ebene zuordbar.

Die Wirkung einer physikalischen Funktion ist stets an einen Funktionsträger gebunden. Je nach Art der Funktion kann der Funktionsträger stofflich und/oder energetisch sein. Der Funktionsträger gibt der Funktion eine reale Erscheinungsform. Besonders beim Konstruieren niedrigkomplexer technischer Systeme und Teile ist die Wahl des Werkstoffes von entscheidender Bedeutung für die Festlegung des Funktionsträgers. Gleichzeitig sind Funktionsträger oft eine wesentliche Hilfe zur Verbesserung des Verständnisses und der Anschaulichkeit von Wirkzusammenhängen. Beispielsweise ist ein Hebel einfacher vorstellbar als das Hebelprinzip.

4.2.1. Darstellung und Beschreibung der physikalischen Effekte und Funktionen

Physikalische Wirksamkeiten - sowohl Effekte als auch Funktionen - können grundsätzlich mit

- Worten,
- Bildern oder Bildzeichen und
- mathematischen Methoden

dargestellt sowie beschrieben werden. Bei der Bearbeitung physikalischer Wirkzusammenhänge im Rahmen des systematischen Projektierens und Konstruierens technischer Systeme ist die Darstellung und Beschreibung der Funktionen mit mathematischen Methoden besonders bedeutsam. Dabei können aufgrund ihrer äußeren Erscheinungsform zwei Darstellungsarten,

- Größengleichungen und
- Nomogramme,

unterschieden werden. Grundlagen zur Erstellung sowohl von Größengleichungen als auch von Nomogrammen können

- Meßreihen,
- theoretische Ableitungen und/oder
- Erfahrungswerte

sein. Dabei sind Meßreihen im allgemeinen leichter in Nomogrammen und die Ergebnisse theoretischer Ableitungen in der Regel besser durch Größengleichungen darzustellen. Nomogramme und Größengleichungen sind ineinander umwandelbar.

4.2.1.1. Nomogramme

Wegen ihrer weitgehenden Schematisierung, guten Übersichtlichkeit und einfachen Handhabbarkeit stellen Nomogramme verhältnismäßig geringe Ansprüche an die theoretischen Fachkenntnisse des Bearbeiters. Deshalb sind sie besonders dort nützlich, wo fachspezifische Berechnungen von Nichtfachleuten durchgeführt werden müssen. Nomogramme eignen sich auch dann, wenn eine Bearbeitung ohne Rechenhilfsmittel (Rechenschieber, Rechner) vorzunehmen ist.

Zur Berechnung einiger, meist niedrigkomplexer Effekte sind fertige Nomogrammsammlungen erhältlich. Als Beispiele für solche Nomgrammsammlungen seien der "VDI-Wärmeatlas, Berechnungsblätter für den Wärmeübergang", die "Arbeitsmappe für den Konstrukteur" sowie "Nomogramme für die Praxis des Warm- und Kaltwalzens von Stahl, Edelstählen und Nichteisenmetallen" / 2 bis 4 / genannt. Die Erstellung neuer Nomogramme ist im allgemeinen nur dann sinnvoll, wenn eine häufige Anwendung sichergestellt ist.

Nomogramme können in

- Diagramme,
- Netztafeln,
- Fluchtlinientafeln,
  - Paralleltafeln,
  - N-Tafeln,
  - Strahlentafeln und
  - Tafeln mit krummlinigen Skalenträgern

eingeteilt werden / 5 /. Beispiele einiger Nomogrammarten sind den **Bildern 4.2 bis 4.4** zu entnehmen.

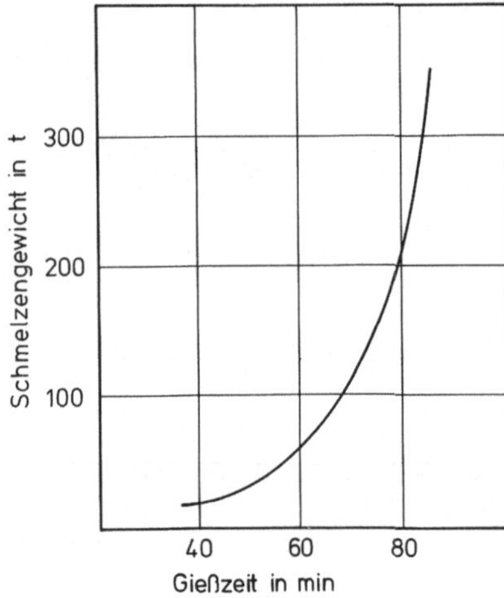

Bild 4.2: "Entleerungszeiten für Gießpfannen beim Stahlstranggießen" als Beispiel zur Verdeutlichung von Diagrammen / 14 /.

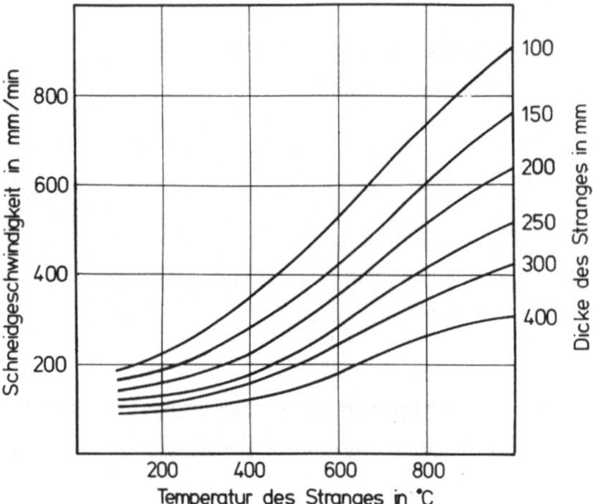

Bild 4.3: "Geschwindigkeiten beim Brennschneiden von Stahlsträngen (normaler O_2-Verbrauch)" nach / 46 / als Beispiel zur Verdeutlichung von Netztafeln.

Aus den Bildern 4.2 bis 4.4 wird deutlich, daß die Darstellung von mehr als drei Variablen in einem Nomogramm im allgemeinen zu Unübersichtlichkeiten, Handhabungsschwierigkeiten oder Begrenzungen der Wertebereiche führt. Manchmal ist es aber erforderlich, die Beziehungen zwischen sehr vielen Variablen möglichst klar und überschaubar abzubilden. In diesem Falle können mehrere Nomogramme zu einem Nomogrammsystem verknüpft werden, **Bild 4.5.** In solchen Nomogrammsystemen kann eine beliebige Anzahl Einflußgrößen berücksichtigt werden.

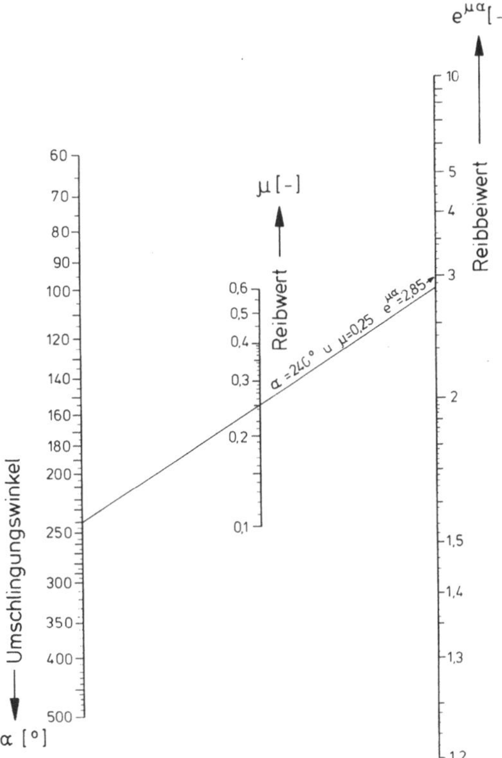

Bild 4.4: "Nomogramm zur Bestimmung des Umschlingungswinkels, Reibwertes oder Reibbeiwertes" als Beispiel zur Verdeutlichung von Paralleltafeln / 47 /.

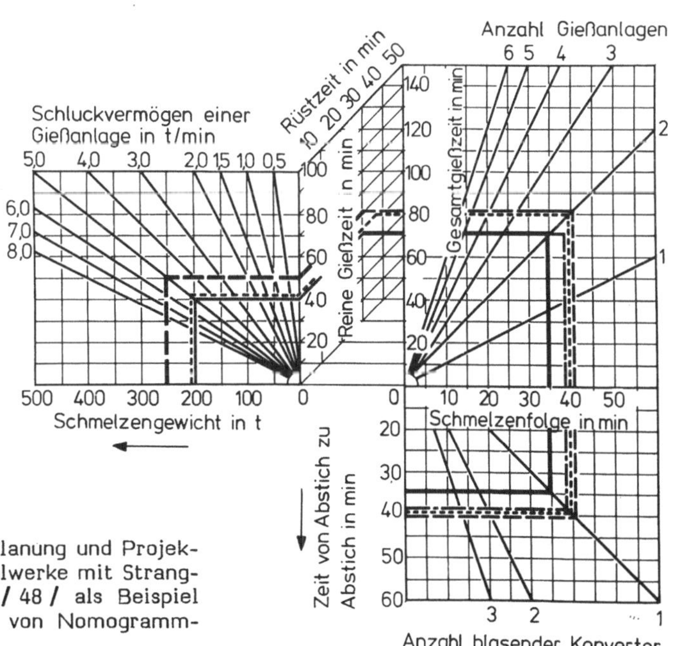

Bild 4.5: "Nomogramm zur Planung und Projektierung der LD-Stahlwerke mit Stranggießanlagen" nach / 48 / als Beispiel zur Verdeutlichung von Nomogrammsystemen.

Begrenzungen sind meist nur durch das Papierformat gegeben. Eine allgemeingültige Empfehlung zur Verwendung eines bestimmten Nomogrammtyps kann nicht gegeben werden. Die Wahl der geeigneten Darstellungsform ist von Fall zu Fall unter Berücksichtigung des jeweiligen Verwendungszweckes sowie des zulässigen Fehlers zu treffen.

4.2.1.2. Größengleichungen

Häufiger als mit Nomogrammen werden mathematisch auszudrückende Zusammenhänge durch Größengleichungen dargestellt. Besonders bei einem vorgesehenen Einsatz elektronischer Datenverarbeitungsanlagen ist die Beschreibung und Darstellung physikalischer Wirksamkeiten durch Größengleichungen erforderlich. In diesem Falle müssen oft auch Wertetafeln oder Nomogramme durch geeignete Verfahren, beispielsweise

- Regressionsrechnung,
- kontinuierliche Ausgleichsmethode,
- Approximation durch Ausgleichskurven oder
- Approximation durch Interpolationspolynome,

in sogenannte Ersatzfunktionen überführt werden. Damit können auch auf Meßreihen beruhende Wertepaarungen EDV-gerecht abgebildet werden. Über die EDV-gerechte Darstellung mathematischer Zusammenhänge, und damit auch physikalischer Wirkzusammenhänge, wurde berichtet / 6 /.

Manchmal stehen zur Beschreibung einer physikalischen Wirksamkeit mehrere verschiedenartige Gleichungen, welche aus unterschiedlichen Betrachtungsweisen herrühren, zur Wahl. Thermodynamische Vorgänge können beispielsweise "makroskopisch" oder "mikroskopisch" betrachtet werden. Die sogenannte "allgemeine Gasgleichung" kann in der Form

$$p \cdot V = m \cdot R \cdot T \qquad (4.1)$$

mit

p = Druck
V = Volumen
m = Masse
R = Gaskonstante
T = thermodynamische Temperatur

oder in der Form

$$p \cdot V = \frac{1}{3} \cdot N \cdot m_M \cdot v^2 \qquad (4.2)$$

mit

N = Anzahl der Moleküle
m_M = Molekülmasse
v = mittlere Geschwindigkeit der Moleküle

geschrieben werden. Beide Gleichungen führen hier zu gleichen Ergebnissen und sind ineinander überführbar. Allerdings bietet die erstgenannte für Anwendungen beispielsweise im Maschinenbau den Vorteil der bequemeren Handhabbarkeit.
Die Wahl der geeigneten Beschreibungsform ist bei der Festlegung physikalischer Wirkzusammenhänge sehr wichtig. Wenn für die Beschreibung einer Wirksamkeit mehrere Formeln zur Verfügung stehen, dann ist anhand geeigneter Merkmale, beispielsweise

- Güte der Ergebnisse,
- Handhabbarkeit und
- Herleitungsaufwand,

die günstigste auszuwählen.

4.2.1.3. Voraussetzungen für die Anwendung von Nomogrammen und Größengleichungen

In der täglichen Projektierungs- und Konstruktionspraxis ist für den Gebrauch sowohl von Gleichungen als auch von Nomogrammen die Kenntnis der Grundlagen zu ihrer Herleitung weniger bedeutungsvoll. Dabei ist vielmehr die Kenntnis des Gültigkeitsbereiches, der Randbedingungen sowie der Vereinfachungen, welche in solchen Gleichungen oder Nomogrammen enthalten sind oder ihnen zugrundeliegen, wesentlich. Unter Vereinfachungen sind beispielsweise die Vernachlässigung von Reibungsverlusten bei Bewegungsabläufen oder das Nichtberücksichtigen kleiner elastischer Formänderungen von Tragsystemen, unter Randbedingungen sind Begrenzungen auf bestimmte Werkstoffe oder die Zugrundelegung bestimmter Körperformen und unter Gültigkeitsbereich ist die Einengung einer mathematischen Darstellungsform auf einen bestimmten Wertebereich eines Funktionsparameters zu verstehen. Der Gültigkeitsbereich einer Gleichung oder eines Nomogramms ist im allgemeinen unabhängig vom Definitionsbereich der damit beschriebenen physikalischen Funktion.
Die letzte Aussage wird durch das folgende Beispiel verdeutlicht. Ein physikalischer Effekt sei bekannt, aber zum Zwecke seiner Verwendung bei der Festlegung physikalischer Wirkzusammenhänge bisher nicht hinreichend genau beschrieben. Weil eine theoretische Ableitung des Effektes nicht möglich ist, werden zu seiner genaueren Beschreibung Messungen durchgeführt. Dazu wird eine Reihe von Kombinationen wesentlicher Einflußgrößen, Meßreihe genannt, aufgestellt. Zu jeder Kombination von Einflußgrößen werden Meßwerte ermittelt und dokumentiert. In der Regel ist es nicht möglich, die Intervalle zwischen den einzelnen Meßwerten infinitesimal klein zu machen. Somit kann also kein geschlossener Kurvenzug, sondern eine Anzahl sogenannter "Stützstellen" erhalten werden. Die Abstände zwischen diesen Stützstellen sind so zu wählen, daß die Lage von Extremwerten, Sprüngen, Instabilitäten und anderen Unwägbarkeiten mit Sicherheit erkannt wird. Ferner können die Einflußgrößen bei der Messung, aufgrund technischer und/oder wirtschaftlicher Einschränkungen, im allgemeinen nicht auf jeden denkbaren Wert eingestellt werden. Deshalb beschränkt man sich auf einen Meßbereich, der dem jeweiligen Stand der Technik entspricht und/oder dem vorgesehenen Anwendungszweck angepaßt ist. Unter Zugrundelegung der Stützstellen wird eine Gleichung

abgeleitet und/oder ein Nomogramm gezeichnet. Bei dieser mathematischen Beschreibung der betrachteten physikalischen Wirksamkeit sind

- der Definitionsbereich der mathematischen Gleichung,
- der Gültigkeitsbereich der Beschreibung und
- der Definitionsbereich der physikalischen Wirksamkeit

zu unterscheiden, **Bild 4.6.**

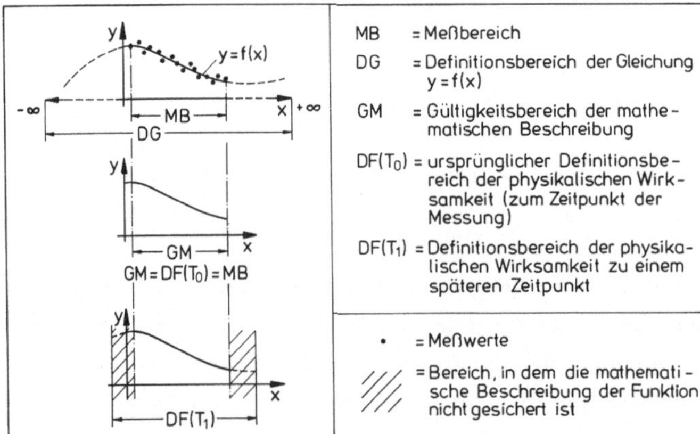

Bild 4.6: Darstellung zur Verdeutlichung der Meß-, Definitions- und Gültigkeitsbereiche bei der mathematischen Beschreibung einer physikalischen Wirksamkeit.

Der Definitionsbereich der mathematischen Gleichung hat hier nur eine untergeordnete Bedeutung. Er sagt aus, welche Zahlen aufgrund mathematischer Rechenregeln in die Gleichung eingesetzt werden dürfen. Er ist im allgemeinen von der Art der gewählten Gleichungsform (beispielsweise ganze rationale Funktion, Potenzfunktion oder Exponentialfunktion) abhängig.

Der Gültigkeitsbereich der Beschreibung wird im wesentlichen durch die am Anfang und Ende des Meßbereiches liegenden äußeren Stützstellen (Meßwerte) begrenzt. Er sagt aus, in welchem Bereich die bei einer Anwendung der Beschreibung erhaltenen Ergebnisse als gesichert angesehen werden dürfen. Rechenergebnisse, welche nicht in den Gültigkeitsbereich der Beschreibung fallen, sind mit einer Fehlerwahrscheinlichkeit behaftet. Diese Fehlerwahrscheinlichkeit wächst mit zunehmender Entfernung vom Gültigkeitsbereich. Bei Meßergebnissen mit breiter Streuung ist es oft sinnvoll, weniger als den gesamten Meßbereich als Gültigkeitsbereich zuzulassen.

Der Definitionsbereich der zu beschreibenden physikalischen Wirksamkeit ist von technologischen Grenzen, das heißt, von den zum Zeitpunkt der Bearbeitung bestehenden technischen und/oder wirtschaftlichen Möglichkeiten abhängig. Zum Zeitpunkt der Messung ist der Definitionsbereich der physikalischen Wirksamkeit meist deckungsgleich mit dem Gültigkeitsbereich seiner mathematischen Beschreibung. Die technischen und wirtschaftlichen Möglichkeiten sind aber einem ständigen Wandel unterworfen. Damit einhergehend ist eine ständige Verschiebung der Grenzen des Definitionsbereiches der physikalischen Wirksamkeit, oft im Sinne einer Erweiterung, gegeben. Deshalb sind die Gültigkeitsbereiche der Beschreibungen physikalischer Wirksamkeiten von Zeit zu Zeit den sich ändernden Definitionsbereichen anzupassen.

Wenn ein ausreichender Informationsrückfluß beispielsweise aus Betriebserfahrungen gewährleistet ist, dann sind neue Meßreihen im allgemeinen nicht erforderlich.

Bei mathematischen Beschreibungen physikalischer Wirksamkeiten sind also stets die enthaltenen Randbedingungen und Vereinfachungen sowie der Gültigkeitsbereich mit anzugeben. Die Nichtberücksichtigung dieser drei Einschränkungen führt oft zu Fehleinschätzungen der gegebenen Sachverhalte und damit zu einer Vergrößerung der Wagnisse.
Wenn ein physikalischer Effekt auf verschiedene Zusammenhänge mit voneinander unabhängigen Größen anwendbar ist, dann kann die Beschreibung dieser Zusammenhänge nicht durch eine einzige Gleichung erfolgen. Ein Beispiel hierfür ist der Hebeleffekt, **Bild 4.7.** Der obere Teil des Bildes zeigt eine Skizze zur Verdeutlichung der durch den Hebeleffekt herstellbaren Zusammenhänge. Im unteren Teil sind einige der Größen, auf welche dieses physikalische Grundprinzip angewendet werden kann, sowie die Formeln, durch die es jeweils darstellbar ist, aufgeführt

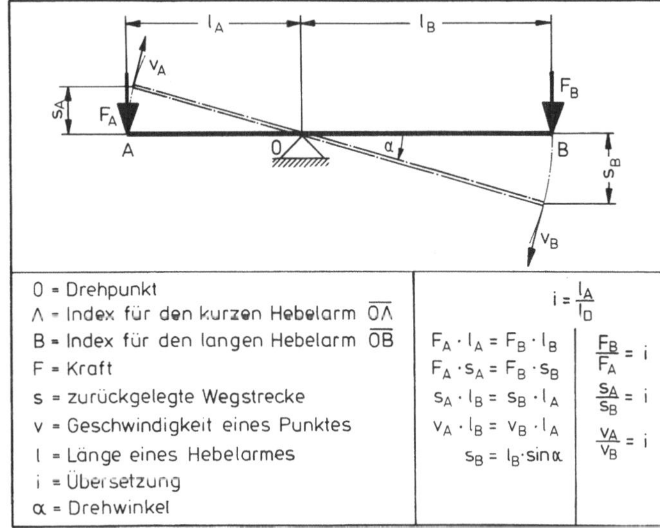

Bild 4.7: Darstellung zur Verdeutlichung des Hebeleffektes mit möglichen Beziehungen zwischen verschiedenen Einflußgrößen.

Demnach können mit Hilfe des Hebeleffektes Beziehungen beispielsweise zwischen

- Kräften,
- Wegstrecken,
- Geschwindigkeiten und/oder
- Winkeln

hergestellt werden. Die im Bild 4.7 enthaltenen Formeln gelten für eine idealisierte Betrachtungsweise, bei der völlige Verlustfreiheit (von Reibung, Massenträgheit) sowie ein starrer Hebel vorausgesetzt sind.
Mit dem im Bild 4.7 gezeigten Beispiel wird auch deutlich, daß, wenn ein Effekt vollständig beschrieben werden soll, alle Größen, die durch ihn in Beziehung gesetzt werden können, sowie

die Beziehungen selbst bekannt und beschreibbar sein müssen. Bei der Anwendung dieses Effektes auf eine konkrete Aufgabenstellung - also bei dem Übergang vom Effekt zur Funktion - ist eine derart vollständige Beschreibung im allgemeinen nicht erforderlich. Hierbei kann die der Aufgabenstellung entsprechende, maßgebliche Größengleichung ausgewählt werden. Dann ist aber zu beachten, daß damit alle anderen Eigenschaften des Effektes nicht vernachlässigt werden dürfen, weil sie als sogenannte "Nebenwirkungen" bestehen bleiben. Die nachträgliche Beseitigung nicht berücksichtigter Nebenwirkungen kann zu erheblichen Mehrkosten führen. Deshalb ist es vor allem bei der Verwendung neuartiger physikalischer Effekte sehr wichtig, diesen Zusammenhängen Beachtung zu schenken. Damit können bereits in einem frühen Stadium des Projektierens oder Konstruierens technischer Systeme Wagnisse erheblich gemindert werden.

4.2.1.4. Bildzeichen

Für die Darstellung physikalischer Wirksamkeiten durch Bildzeichen gilt hinsichtlich ihrer Anwendbarkeit, Erzeugbarkeit und Darstellungsweise das für Bildzeichen logischer Funktionen unter 3.2.1. Gesagte.

Bei der Herleitung von Bildzeichen physikalischer Wirksamkeiten sind darüber hinaus noch andere Regeln zu beachten, weil

- die Anzahl verschiedenartiger physikalischer Wirksamkeiten wesentlich größer als diejenige logischer Funktionen ist und
- die physikalischen Wirksamkeiten nicht in einige wenige, voneinander abgrenzbare Gruppen eingeteilt werden können.

Deshalb ist es, im Gegensatz zur Erstellung von Bildzeichen logischer Funktionen, nicht möglich, eine begrenzte Menge fest vorgegebener Bildzeichen für physikalische Wirksamkeiten anzugeben. Aus diesem Grunde werden Regeln genannt, nach denen für jeden Bedarfsfall einheitlich aufgebaute Bildzeichen erstellt werden können. Dazu sind die in einem solchen Bildzeichen enthaltenen Informationen in die Gruppen

- Zuordnung zum Komplexitätsgrad technischer Systeme,
- Darstellung des Gegenstandsbegriffes,
- Zusatzinformationen zum Gegenstandsbegriff,
- Beschreibung der Ein- und/oder Ausgangsstoffe nach
    - Formen und
    - Güten sowie
- Beschreibung zusätzlich erforderlicher Stoffe

eingeteilt worden. Jede Information zu einer dieser Gruppen wird durch feststehende Bildelemente ausgedrückt. Diese Bildelemente werden deshalb feststehend genannt, weil ein Element, welches einmal zur Darstellung einer bestimmten Information festgelegt wurde, immer nur für diesen Zweck verwendet und die genannte Information durch kein anderes Element ausgedrückt wird. Dem **Bild 4.8** sind einige feststehende Bildelemente jeder Gruppe zu entnehmen. Daneben werden einige Beispiele des Aufbaues von Bildzeichen aus diesen Elementen gegeben.

Für die Erstellung neuer Bildelemente sind bereits bestehende Begriffe, Abkürzungen oder Bildzeichen, beispielsweise diejenigen der DIN 30600 zu berücksichtigen / 7 /. In den **Bildern 4.9 und 4.10** sind Beispiele von Bildzeichen-Vorbildern physikalischer Wirksamkeiten aus der Hüttenanlagentechnik zusammengestellt.

Wenn zur Darstellung physikalischer Wirksamkeiten keine solchen Vorbilder verfügbar sind, dann können die gegenstandsnahen Bildelemente entsprechend der folgenden Vorgehensweise in drei Schritten entwickelt werden.

1. Vom darzustellenden abstrakten Begriff wird der Bezug zum Gegenständlichen hergestellt.
2. Diejenige Einzelheit des Gegenständlichen, welche den abstrakten Begriff am besten kennzeichnet, wird ermittelt.
3. Unter Zugrundelegung der äußeren Form dieser Einzelheit wird das Bildelement entworfen und gezeichnet.

	Komplexitätsgrade	Gegenstandsbegriffe	Zusatzinformationen zu Gegenstandsbegriffen	Ein- und Ausgangsstoffe Formen	Güten	Zusätzlich erforderliche Stoffe
Beispiele feststehender Bildelemente	Werkegruppe	Bad	elektrische Energie	Bramme	ohne Kennz. Massenstahl	Zn Zink
	Werk	Walze, Rolle	Wärmezufuhr	Rohr	NE Nichteisenmetalle	Sn Zinn
	Anlagengruppe	angetriebene Walze, Rolle	Wärmeabfuhr	Profil	X Edelstahl	HCl Salzsäure
	Anlage	Hochofen	5 Anzahl	Band		H_2SO_4 Schwefelsäure
	ohne Kennz. Maschinengruppe	mehrfach gestützte Walze	Bewegungsrichtung	Flüssigkeit		
		Kreismesser	Stofffluß	Stückgut		

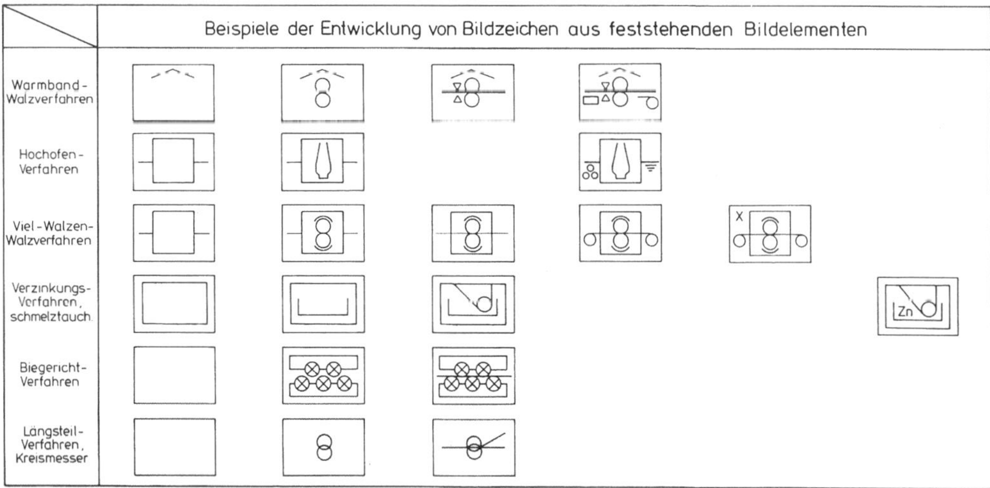

Bild 4.8: Beispiele der Entwicklung von Bildzeichen physikalischer Wirksamkeiten unter Zugrundelegung feststehender Bildelemente.

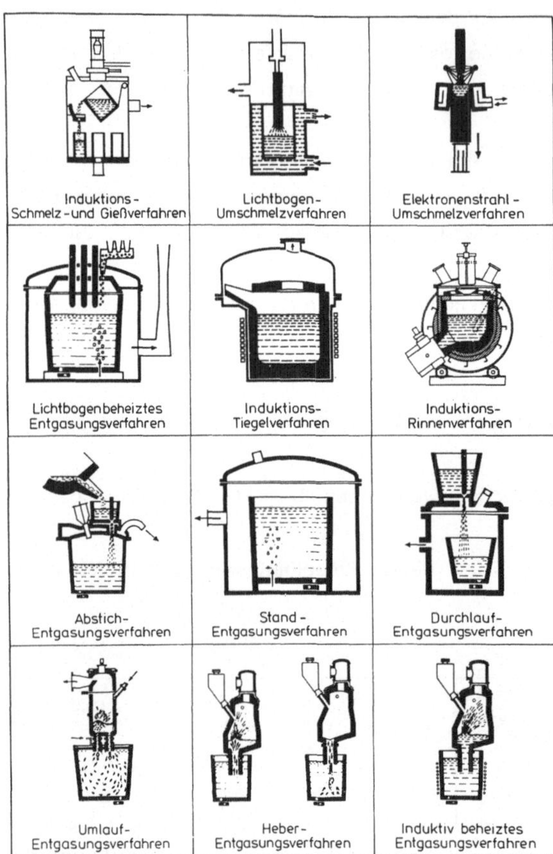

Bild 4.9: Vakuum-Behandlungs-Verfahren als Beispiele für Bildzeichen-Vorbilder physikalischer Wirksamkeiten.

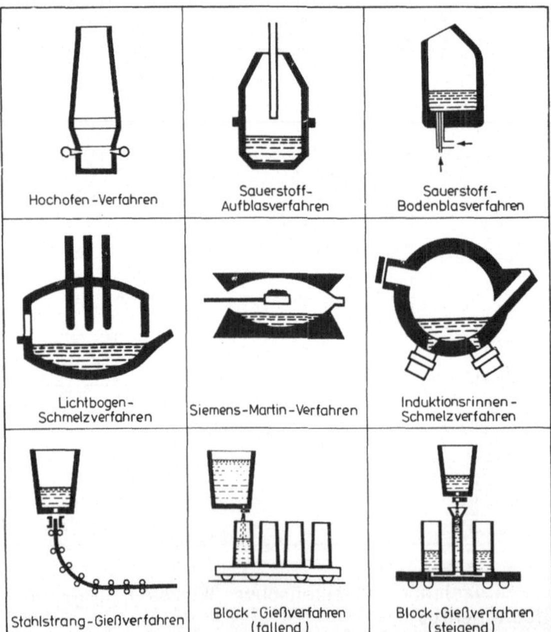

Bild 4.10: Verfahren der Hüttenanlagentechnik als Beispiele für Bildzeichen-Vorbilder physikalischer Wirksamkeiten.

Diese Vorgehensweise ist in **Bild 4.11** beispielhaft beschrieben. Als Gegenständliches (Gegenstandsbegriff) zu einer physikalischen Wirksamkeit bieten sich beispielsweise ein Funktionsträger oder charakteristische Nomogramme an. Beispiele dazu zeigt das **Bild 4.12.** Dem **Bild 4.13** sind physikalische Wirksamkeiten, welche einer Hüttenwerkegruppe zugrunde liegen können, in Form von Bildzeichen zu entnehmen. Dabei sind die Bildzeichen den Komplexitätsebenen technischer Systeme zugeordnet / 8 /.

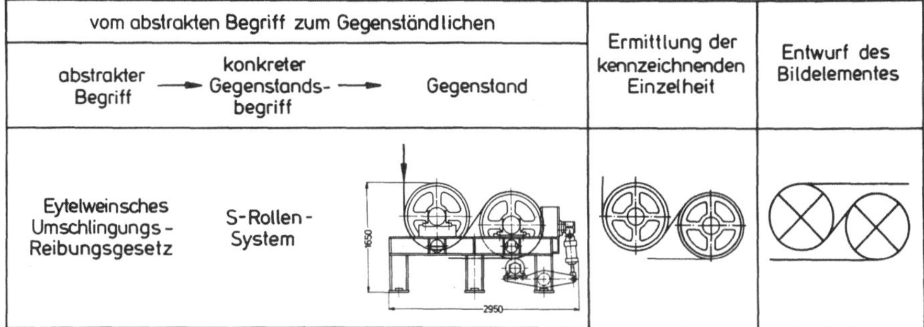

Bild 4.11: Entwicklung des Bildzeichens einer physikalischen Wirksamkeit.

physikalische Wirksamkeiten	Hochofen-verfahren	Kapillar-prinzip	Eytelweinsches Umschlingungs-Reibungs-gesetz	Hookesches Gesetz	Hysterese-prinzip	Carnotscher Kreisprozeß
Bildelemente				σ, ε	B, H	T, S

Bild 4.12: Funktionsträger und Nomogramme als Gegenstandsbegriffe.

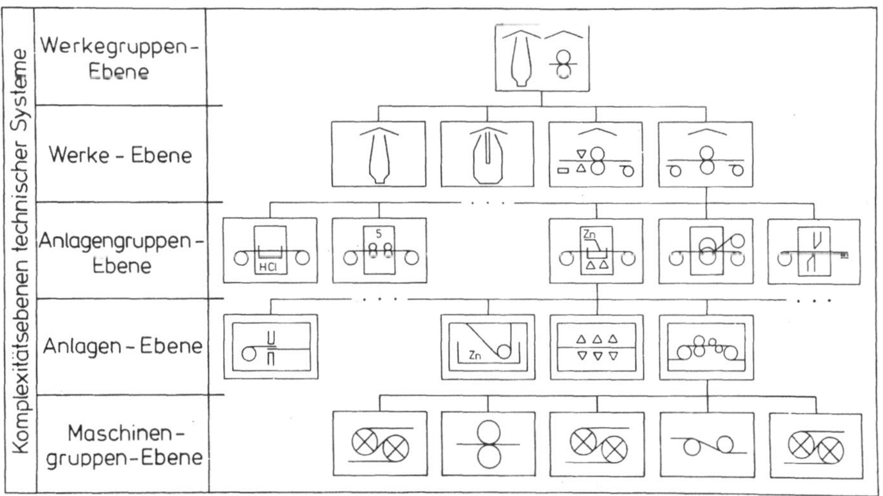

Bild 4.13: Gliederung physikalischer Funktionen einer Hüttenwerkegruppe.

4.2.2. Ermittlung physikalischer Effekte und Festlegung physikalischer Funktionen

Im Rahmen der Festlegung physikalischer Wirkzusammenhänge werden zunächst für jede der im logischen Funktionsplan enthaltenen logischen Funktionen physikalische Effekte, die zu deren Erfüllung geeignet sind, ermittelt. Dazu ist es sinnvoll, mit den logischen Funktionen des Hauptflusses zu beginnen. Das sind bei stoffdurchsetzenden technischen Systemen diejenigen der stoffbezogenen logischen Funktionskette. Diese Funktionen sind in der Reihenfolge zu bearbeiten, die durch die logische Funktionskette vorgegeben ist. Danach sind in entsprechender Weise die Ketten der Nebenflüsse zu behandeln.
Geeignete Hilfsmittel zum schnellen Finden physikalischer Effekte sind Effektkataloge. In Effektkatalogen sind gebräuchliche Effekte gesammelt und nach bestimmten Merkmalen geordnet. Wesentliche Ordnungsmerkmale, die bei der Planung solcher Kataloge für das systematische Projektieren und Konstruieren komplexer technischer Systeme berücksichtigt werden sollten, sind die

- Zuordnungen der Komplexitätsgrade physikalischer Effekte zu denjenigen technischer Systeme und
- Stoff-, Energie- oder Signalbezogenheit der physikalischen Effekte.

Der Effektkatalog soll eine möglichst erschöpfende Auskunft über die in ihm enthaltenen Effekte geben. Deshalb sind bei jedem Effekt Daten anzugeben, welche ihn einerseits hinreichend kennzeichnen und andererseits gegen andere Effekte eindeutig abgrenzen. Dabei können je nach dem vorgesehenen Anwendungszweck des Kataloges unterschiedliche Arten von Informationen den Vorrang erhalten. Für die Neuentwicklung technischer Systeme sind beispielsweise andere Informationen bedeutsam, als für Varianten- oder Baukastenkonstruktionen. Ebenso ist die Art der aufzunehmenden Daten vom Grad der zu bearbeitenden Komplexitätsebene abhängig. Zu solchen kennzeichnenden und abgrenzenden Daten sowie Informationen sind beispielsweise

- möglichst vollständige Beschreibungen der wesentlichen
    - Einflußgrößen und
    - Beziehungen,
- mögliche Zuordnungen zu logischen Funktionen,
- bereits erfolgreich durchgeführte Anwendungen in technischen Systemen,
- Bildzeichen,
- Klassifizierungsnummern,
- Erklärungen zum besseren Verständnis sowie
- Prinzipskizzen

zu zählen.
Effektkataloge sind aber nicht Voraussetzung für die Einführung oder Anwendung der Projektierungs- und Konstruktionssystematik. Sie können auch nach und nach erstellt werden. Bei einer solchen schrittweisen Erstellung sind die Kataloge im Laufe der Zeit sowohl hinsichtlich der Anzahl erfaßter physikalischer Effekte als auch hinsichtlich des Umfanges sowie De-

taillierungsgrades der kennzeichnenden und abgrenzenden Daten zu erweitern. Mit der Sammlung, Untersuchung, Beschreibung und Katalogisierung physikalischer Effekte sowie mit ihrer Anwendung auf technische Aufgabenstellungen hat sich besonders R. Koller / 9 / beschäftigt. **Bild 4.14** zeigt einen Auszug aus dem von R. Koller veröffentlichten "Prinzipkatalog".

Nach den Regeln der hier beschriebenen Projektierungs- und Konstruktionssystematik ist der Prinzipkatalog von R. Koller / 9 / ein Katalog physikalischer Funktionen, weil aufgrund der gewählten Ordnungsmerkmale bereits eine Zuordnung der physikalischen Effekte zu logischen Funktionen, und damit zu einer konkreten Aufgabenstellung, getroffen ist. Das wird durch die

Prinzipkatalog: Wandeln der Energie- bzw. Signalart Ursache: Elektrische Spannung, Elektrischer Strom, Elektrisches Feld					
Ursache	Physikalischer Effekt		Gesetz	Literatur	Anwendungsbeispiele
01.10 Länge, Querschnitt, Volumen	Piezo-Effekt	Δl, U	U über Δl (linear)	[29], S.14	Dehnungsmesser, Gasanzünder
	Plattenabstand (beim Kondensator)	U, Q, d	$U = \frac{Q}{\varepsilon_0 \varepsilon_r A} d$ ε = Dielektrizitätskonstante	[40], S.69	Bandgenerator
	Stoßionisation	Tritt in einer Röhre mit geringem Gasdruck aus der Kathode ein Elektronenstrom I_k aus, so vervielfacht sich dieser in Abhängigkeit des Anoden-Kathoden-Abstandes d	$I = I_k e^{\alpha d}$ α = Ionisierungszahl	[40], S.176	
02.10 Geschwindigkeit	Induktionsgesetz	B, v, U, l		[40], S.200	Durchflußmesser, Tacho-Generator
	Elektrokinetischer Effekt	P, v, l, U, ε_r	$U = v \frac{l\,\eta}{\zeta\, \varepsilon_r\, \varepsilon_0}$ ε = Dielektrizitätskonst. ζ = Elektrokinetisches Potential η = Dyn. Zähigkeit	[5], S.886 [30], S.310 [22], S.221	Elektrokinetischer Geschwindigkeitsgeber
	Ionisation	Radioaktives Präparat, v, Ionen, I, U Zwischen den Elektroden fließt ein wegen der Rekombinationszeit der Ionen von v abhängiger Strom I	I über U, v	[8], S.305	Vorstrom-Anemometer
03.10 Beschleunigung	Tolmann-Effekt	Durch die Massenträgheit der Elektronen tritt zwischen den Endflächen eines metallischen Leiters bei Beschleunigung ein elektrisches Feld auf	$E = b \frac{1}{e/m}$	[11], S.200	
	Elektrodynamischer Effekt	ω, N, S, U_{Sp}, z.B. Cu	$U = K \cdot B \cdot \frac{d\omega}{dt}$ B = Magnetische Induktion K = Anordnungs- und Materialkonstante	[2.2], S.200	Beschleunigungsmesser

Bild 4.14: Auszug aus dem Prinzipkatalog von R. Koller / 9 /.

Überschrift in Bild 4.14 "Prinzipkatalog: Wandeln der Energie- bzw. Signalart" deutlich. Daneben sind die in diesem Prinzipkatalog aufgeführten Funktionen, nach den Regeln der Projektierungs- und Konstruktionssystematik, den unteren Komplexitätsebenen technischer Systeme (Teileebene bis Maschinenebene) zuzuordnen.

Die Erstellung eines Funktionskataloges, in dem sowohl alle physikalischen Effekte als auch deren Zuordnungen zu denkbaren Aufgabenstellungen enthalten sind, ist sehr schwierig und langwierig. Deshalb ist für die Erstellung eines Funktionskataloges eine Begrenzung auf bestimmte, beispielsweise bereits nutzbringend angewendete, Effekte sowie deren Zuordnungen zu bestimmten, beispielsweise schon bearbeiteten, Aufgabenstellungen empfehlenswert und zweckmäßig. Somit sind Funktionskataloge insbesondere Hilfsmittel für Vorbild-, Varianten- und Baukastenkonstruktionen. Nützliche Hilfsmittel für Verbesserungs- und Neukonstruktionen sind insbesondere Effektkataloge ohne unmittelbaren Bezug der darin enthaltenen Effekte zu Aufgabenstellungen.

Physikalische Effekte können aber auch ohne Effektkataloge ermittelt werden. Sie sind dem Fachschrifttum sowie den Projektierungs- und Konstruktionsunterlagen zu entnehmen. Allerdings ist die Darlegung physikalischer Effekte in solchen Unterlagen oft nicht unmittelbar zur Anwendung beim systematischen Projektieren und Konstruieren geeignet. Zuordnungen, beispielsweise zu logischen Funktionen oder Komplexitätsebenen technischer Systeme, müssen in der Regel vom Bearbeiter selbst getroffen werden. Kennzeichnende und abgrenzende Daten zu einem physikalischen Effekt sind oft aus verschiedenen Unterlagen zu entnehmen.

Bereits während der Ermittlung physikalischer Effekte können durch Einsatz günstiger Ermittlungsverfahren die Eigenschaften der zu projektierenden oder zu konstruierenden technischen Systeme verbessert werden. Seit langem bekannte Effekte können durch Anwendung auf neue Aufgaben zu bisher unbekannten physikalischen Funktionen führen. Ein solches Vorgehen wird "physikalische Funktionsdiversifikation" genannt. Zur Erklärung dieses Begriffes dienen folgende Beispiele.

Das Tragflügelprinzip, das ist die Erzeugung einer Kraft an einem umströmten Körper senkrecht zur Strömungsrichtung durch zweckentsprechende Profilierung, ist seit langem bekannt. Es wird unter anderem im Flugzeug- und Strömungsmaschinenbau genutzt. Insbesondere nach 1976 hat dieser Effekt auch Eingang in den Kraftfahrzeugbau gefunden. Dort wurde er bei neuzeitlichen Rennwagen, den sogenannten "Wing-Cars", genutzt, **Bild 4.15**.

Das Prinzip der Flüssigkeitsreibung wird seit langem in hydrostatisch oder hydrodynamisch geschmierten Gleitlagern genutzt. Nach 1974 wurden technische Systeme zum Streckbiegerichten von Stahlbändern bekannt, denen dieser Effekt zugrundeliegt. Dem **Bild 4.16** ist der Unterschied solcher Systeme zu herkömmlich aufgebauten Streckbiegericht-Aggregaten zu entnehmen. Dabei wird deutlich, daß die Änderung der Reibungsart wesentlichen Einfluß auf die Gestalt der Wirkkörper hat. Die beiden Hauptanforderungen an Streckbiegericht-Systeme (die Übertragung hoher Bandzugkräfte und die Erzeugung definierter, möglichst kleiner Biegeradien) lassen sich bei Anwendung der Rollreibung mit bewegten Wirkflächen (Biegerollen) nur unter verhältnismäßig großem Lagerungsaufwand erfüllen. Die durch Einsatz der Flüssigkeitsreibung erzielte unbewegte Ausführung der Wirkflächen ermöglicht eine vergleichsweise einfache, beliebig steife und zweckentsprechend gerundete Gestaltung des Wirkkörpers **/** 10 **/**.

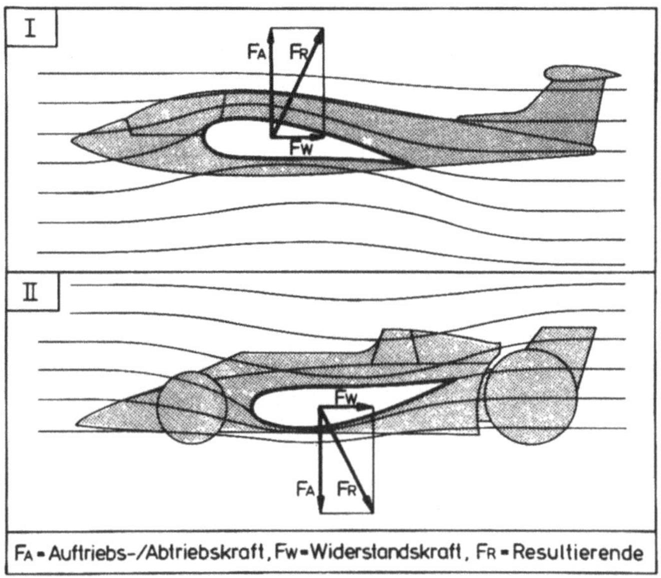

Bild 4.15: Darstellung des Tragflügelprinzipes an einem Flugzeug und einem Fahrzeug zur Verdeutlichung einer physikalischen Funktionsdiversifikation.

Prinzip der Rollreibung	Prinzip der Flüssigkeitsreibung	
Nutzung in einem Streckbiegericht-Aggregat	Nutzung in einem hydrostatisch geschmierten Gleitlager	Nutzung in einem Streckbiegericht-Aggregat

Bild 4.16: Nutzung des Prinzipes der Flüssigkeitsreibung im Gegensatz zum Prinzip der Rollreibung in einem Streckbiegericht-Aggregat als Beispiel einer physikalischen Funktionsdiversifikation.

Die Nutzung elektromagnetischer Felder für das Schmelzen von Stahl und/oder Bewegen von Stahlschmelzen ist seit vielen Jahrzehnten bekannt. Nach 1960 wurden zunächst versuchsweise elektromagnetische Felder in einigen Stahlstrang-Gießanlagen für das Bewegen des flüssigen Anteiles der Stahlstränge im Bereich der Kokillen eingesetzt. Für die Stahlzuführung beim Stranggießen ist nach 1970 ein elektromagnetisch arbeitendes Zuteilungssystem entwickelt und zur Beschickung einer Gießanlage eingesetzt worden / 11 bis 14 /. Daneben wurde versucht, das elektromagnetische Prinzip für das Fördern von Stahl in sogenannten "elektromagnetischen Förderrinnen" zu nutzen. Das sind Beispiele physikalischer Funktionsdiversifikationen aus der Stahlwerkspraxis.

Bei der Ermittlung physikalischer Effekte ist es also sinnvoll, nicht nur den eigenen, bereits

bekannten sowie oft weitgehend ausgeschöpften Erfahrungsbereich, sondern zumindest auch angrenzende Fachgebiete heranzuziehen und zu berücksichtigen.
Eine andere Möglichkeit der Anwendung physikalischer Effekte, als allgemein üblich, ist manchmal durch die Nutzung ihrer Nebenwirkungen gegeben. Beispiele hierfür sind die sogenannten "Abfallprodukte" der Raumfahrttechnik oder die Nutzung der kinetischen und thermischen Energie von Abgasen in Verbrennungsmotoren mit Turboladern.

Die Ermittlung neuartiger physikalischer Effekte ist in der Regel den Entwicklungs-, und/oder Forschungsbereichen überlassen. Hilfsmittel zur Ermittlung neuartiger physikalischer Effekte sind Modellstudien. Modelle sind vereinfachte sowie vorweggenommene Abbilder der Wirklichkeit. Vereinfachungen müssen so geartet sein, daß beispielsweise Zugänglichkeit, Handhabbarkeit, Beschreibbarkeit und/oder Beeinflußbarkeit gegenüber der abzubildenden Wirklichkeit (dem Original) erleichtert werden. Dabei muß das Modell aber die wesentlichen Eigenschaften des Originals besitzen. Zwischen Abbild und Original bestehen also Analogien, welche die am Modell gewonnenen Erkenntnisse auf die Wirklichkeit übertragbar machen. Modelle können einerseits gegenständlich bestehende Versuchseinrichtungen und andererseits beispielsweise mathematische Systeme (Schreibtischmodelle) sein.
Gegenständliche Modelle werden im allgemeinen dann geplant sowie entwickelt, wenn entweder die zu verwirklichenden technischen Systeme in großen Serien gefertigt werden sollen, oder wenn es sich um eine Neuentwicklung höher-komplexer technischer Systeme mit umfangreichen Forderungen an die Zuverlässigkeit, vielen Unabwägbarkeiten und geringen kostenmäßigen Begrenzungen (Raumfahrt, Wehrtechnik) handelt. Diese Voraussetzungen treffen auf technische Systeme des Hüttenanlagenbaues nicht zu. Die Wiederholhäufigkeit solcher Systeme ist vergleichsweise gering, ihr Komplexitätsgrad hoch und die Kalkulationsspannen sind aufgrund der scharfen Wettbewerbssituationen äußerst eng. Deshalb ist für die Hüttenwerksysteme das systematische Vorgehen unter Zugrundelegung geeigneter mathematischer Modelle bei der Festlegung physikalischer Wirkzusammenhänge besonders bedeutungsvoll. Durch die Anwendung der Methoden der Projektierungs- und Konstruktionssystematik können verhältnismäßig große Kostenersparnisse bei gleichzeitiger Wertsteigerung der technischen Systeme erzielt werden.

4.2.3. Variante physikalische Funktionen und deren Behandlung

Bei der Erklärung der Vorgehensweise zur Ermittlung physikalischer Effekte wurde bereits deutlich, daß mehrere physikalische Effekte zur Erfüllung derselben Aufgabe, das ist hier das Erzwingen einer logischen Funktion, geeignet sein können. Aus solchen Effekten gebildete physikalische Funktionen werden variant genannt. Physikalische Funktionen sind also dann Varianten, wenn sie zur Erfüllung derselben Aufgabe geeignet und vorgesehen sind. Von zwei physikalischen Effekten, die bei der Anwendung auf eine bestimmte Aufgabenstellung zu Varianten werden, kann bei der Betrachtung ihrer Anwendbarkeit auf eine andere Aufgabenstellung unter Umständen nur eine zu einer physikalischen Funktion führen. Das Freiform-Schmiedeverfahren und das Blockwalzverfahren sind beispielsweise im Hinblick auf die Aufgabe

"nach dem Blockgießverfahren hergestellte Stahlblöcke für das Stabstahl- und Drahtwalzen kleiner Erzeugungsmengen vorbereiten" als variante physikalische Funktionen zu behandeln. Wegen der begrenzten Durchsatzleistung beim Freiform-Schmieden ist es aber nicht sinnvoll, Schmiedeverfahren zur Herstellung von Massenstahl großer Erzeugungsmengen als Variante zum Blockwalzverfahren einzusetzen. Varietät ist also kein Merkmal zur Kennzeichnung ähnlicher physikalischer Effekte, sondern kann erst bei dem Übergang zur physikalischen Funktion in Verbindung mit einer Aufgabenstellung auftreten.
Hier wird auch ein wesentlicher Unterschied zwischen der Festlegung logischer und der Festlegung physikalischer Wirkzusammenhänge deutlich. Denn aus einer bestimmten, vollständig und widerspruchsfrei formulierten Anforderung kann eindeutig nur eine bestimmte logische Funktion hergeleitet werden. Zu dieser einen logischen Funktion können aber oft mehrere variante physikalische Funktionen, welche alle zur Erfüllung der gestellten Aufgabe geeignet sind, ermittelt werden. Weil das Ziel der Projektierungs- und Konstruktionstätigkeiten die Verwirklichung nur eines technischen Systems ist, muß aus der Vielzahl möglicher Lösungen eine ausgewählt werden. Damit bei diesem Auswahlvorgang die unter den gegebenen Umständen günstigste Lösung erkannt wird, ist es notwendig, möglichst objektive und zweckentsprechende Entscheidungsfindungsmethoden anzuwenden.

Methoden zur Entscheidungsfindung sind für verschiedene Zwecke, beispielsweise zur Auswahl technischer Systeme, Lösung organisatorischer Probleme oder Optimierung wirtschaftlicher Strategien, entwickelt worden. Einige dieser Methoden, unter anderem

- technisch-wirtschaftliche Bewertungen / 15 /,
- Nutzwertanalysen / 16 / sowie
- Erstellung von Entscheidungstafeln / 17 /,

können durch geeignete Maßnahmen den Erfordernissen bei der Auswahl varianter physikalischer Funktionen angepaßt werden. Eine wichtige Maßnahme zur Anpassung an die Erfordernisse ist die Ermittlung und Festlegung von Bewertungsmerkmalen sowie Bewertungsmaßstäben, welche auf physikalische Funktionen anwendbar sind. Bewertungsmerkmale sind beim systematischen Projektieren und Konstruieren in Form von Sollbedingungen der Anforderungsliste zu entnehmen. Bewertungsmaßstäbe sind im allgemeinen durch die gewählte Bewertungsmethode festgelegt. Entsprechend den Hinweisen zum Vorgehen bei der Aufgabenklärung können für Bewertungen geeignete "Soll"-Bedingungen schon gewichtet, das heißt mit Maßzahlen zur Verdeutlichung ihrer Wichtigkeit versehen, sein. Solche Maßzahlen sind auf den gegebenen Bewertungsmaßstab abzustimmen.
Diese erste Bewertung im Rahmen des systematischen Projektierens und Konstruierens gibt Aufschluß über den ungefähren Wert der in Frage kommenden physikalischen Funktionen. Damit wird eine erste Vorauswahl möglich. Dies kann aber nur ein erster Schritt auf dem Wege zu einer Optimierung des zu verwirklichenden technischen Systems sein und ist alleine noch nicht hinreichend. Die Bewertung muß im Verlaufe der weiteren Teilschritte aufgrund der dabei gewonnenen zusätzlichen Informationen erweitert und verbessert werden. Auch im folgenden Hauptschritt der Systematik, der Festlegung konstruktiver Wirkzusammenhänge, sind Bewertungs- und Auswahlvorgänge durchzuführen. Die frühzeitige, mit der Bewertung physikalischer

Funktionen verbundene Auswahl führt im wesentlichen zu einer Verminderung des beim Projektieren und Konstruieren mitzuführenden Datenumfanges und damit zu einer Arbeitserleichterung.

Die **Bilder 4.17 bis 4.19** zeigen Beispiele zur Verdeutlichung der Varietät physikalischer Funktionen. Alle Beispiele des Bildes 4.17, denen die logische Funktion "Kraft vergrößern/verkleinern" zugrunde liegt, sind hinsichtlich ihrer Komplexität der Teilegruppenebene zuzuordnen. Somit können aus den hier dargestellten physikalischen Funktionen im allgemeinen nur technische Systeme dieses Komplexitätsgrades entstehen. In dieser Tafel aufgeführte physikalische Effekte sind in Worten, durch allgemeine Größengleichungen sowie mit kennzeichnenden Begriffen beschrieben. Darunter sind physikalische Funktionen in Form von

- Skizzen als Verständnishilfen,
- zweckbezogenen Größengleichungen zur genaueren Beschreibung sowie
- Bildzeichen

dargestellt. Zum Zwecke eines Vergleiches der Funktionen enthält Bild 4.17 auch Bewertungsmerkmale. Diese Merkmale können nur Hinweise sein, weil sie hier nicht auf eine in einer Anforderungsliste niedergelegte, konkrete Aufgabenstellung bezogen sind. Die Bilder 4.18 und 4.19 sind in gleicher Weise wie Bild 4.17 aufgebaut. Alle Beispiele des Bildes 4.18 gehören zur Maschinengruppenebene und dienen hier zur Erfüllung der logischen Funktion "Bandzugkraft verkleinern". Mathematische Beschreibungen wurden durch Diagramme ergänzt. Die Beispiele des Bildes 4.19 sind der Werkeebene zuzuordnen und zum Erzwingen der logischen Funktion "Erz in Eisenschwamm wandeln" geeignet. Damit wird noch einmal deutlich, daß einerseits die für physikalische Effekte und Funktionen beschriebenen grundlegenden Zusammenhänge sowie Vorgehensweisen auf allen Komplexitätsebenen gleich sind, aber andererseits die Art der in Betracht zu ziehenden physikalischen Effekte von der Komplexität des zu bearbeitenden technischen Systems abhängig ist.

4.2.4. Nebenwirkungen physikalischer Funktionen und deren Behandlung

Zur Verwirklichung eines logischen Wirkzusammenhanges durch physikalisches Geschehen bestehen vier grundsätzlich verschiedene Zuordnungsmöglichkeiten von physikalischen zu logischen Funktionen:

- Zum Erzwingen **einer** logischen Funktion steht **eine** physikalische Funktion zur Verfügung.
- Zum Erzwingen **einer** logischen Funktion sind **mehrere** physikalische Funktionen **gemeinsam** - also eine physikalische Funktionskette - erforderlich.
- **Mehrere** logische Funktionen können **gemeinsam** durch **eine** physikalische Funktion erzwungen werden.
- Zum Erzwingen **einer** logischen Funktionen stehen **mehrere variante** physikalische Funktionen und/oder Funktionsketten **zur Wahl.**

physikalische Effekte	Gleichgewicht der Momente $\Sigma M_0 = 0$		Gleichgewicht der Drücke $p = \frac{F}{A} = \text{konstant}$	Gleichgewicht der Kräfte $\vec{F} = \vec{F}_X + \vec{F}_Y$		
	Hebelgesetz	Prinzip der Losen Rolle	Prinzip der Druckausbreitung	Prinzip der Schraube	Keilgesetz	Prinzip der Kraftzerlegung
physikalische Funktionen – Darstellung – graphisch	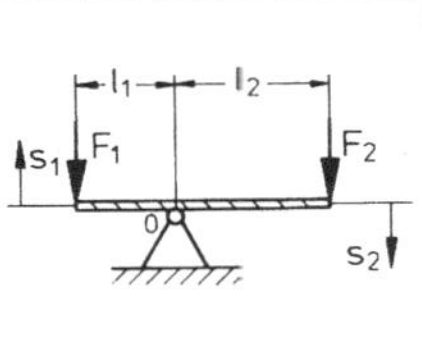	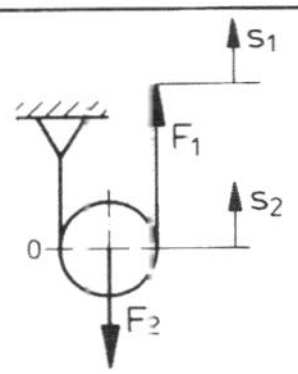	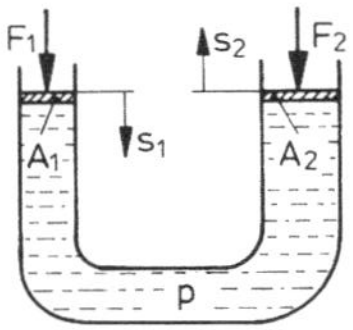	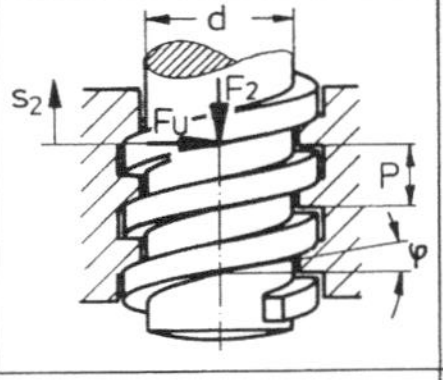	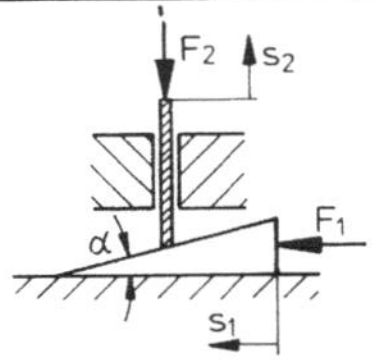	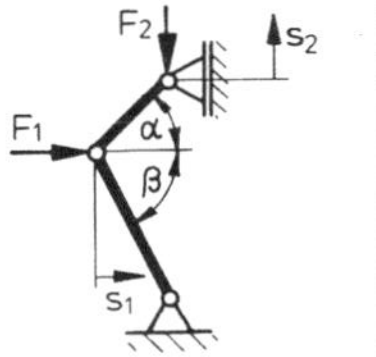
physikalische Funktionen – Darstellung – mathematisch	$F_1 \cdot l_1 = F_2 \cdot l_2$ $\frac{s_1}{l_1} = \frac{s_2}{l_2}$ $F_1 \cdot s_1 = F_2 \cdot s_2$	$F_1 = \frac{1}{2} \cdot F_2$ $s_1 = 2 \cdot s_2$ $F_1 \cdot s_1 = F_2 \cdot s_2$	$\frac{F_1}{A_1} = \frac{F_2}{A_2}$ $s_1 \cdot A_1 = s_2 \cdot A_2$ $F_1 \cdot s_1 = F_2 \cdot s_2$	$\varphi = \arctan \frac{P}{d \cdot \pi}$ $F_U = F_2 \cdot \tan \varphi$ $s_2 = N \cdot P$ $F_U \cdot N \cdot \pi \cdot d = F_2 \cdot s_2$	$F_1 = F_2 \cdot \tan \alpha$ $s_2 = s_1 \cdot \tan \alpha$ $F_1 \cdot s_1 = F_2 \cdot s_2$	$F_2 = F_1 \frac{1}{\cot \alpha + \cot \beta}$ $s_1 = s_2 \frac{1}{\cot \alpha + \cot \beta}$ $F_1 \cdot s_1 = F_2 \cdot s_2$
physikalische Funktionen – Darstellung – Bildzeichen	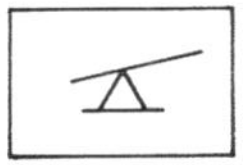	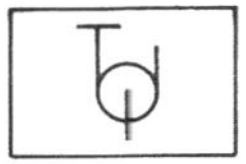	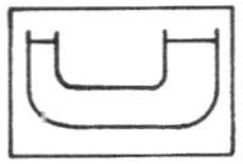	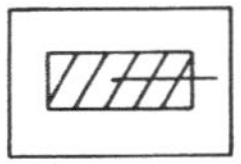	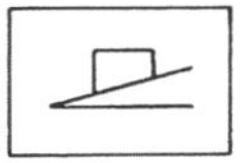	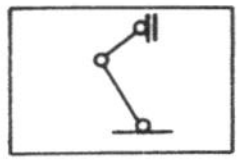
physikalische Funktionen – Bewertung	Hebelverhältnis beim Konstruieren frei wählbar, nach Verwirklichung konstant; verschleißarm; kleine Reibungsverluste; Selbsthemmung nicht sinnvoll.	Hebelverhältnis prinzipbedingt festliegend, nach Verwirklichung konstant; Verschleiß des Seiles; mittlere Reibungsverluste; Selbsthemmung nicht möglich.	Übersetzungsverhältnis beim Konstruieren frei wählbar, nach Verwirklichung konstant; verschleißarm; mittlere Reibungsverluste; Leckverluste; Selbsthemmung nicht sinnvol.	Übersetzungsverhältnis beim Konstruieren in Grenzen wählbar, nach Verwirklichung konstant; mittlerer Verschleiß; große Reibungsverluste, Selbsthemmung möglich.	Übersetzungsverhältnis beim Konstruieren in Grenzen wählbar, nach Verwirklichung infolge Formgebung beim Konstruieren veränderbar; großer Verschleiß; große Reibungsverluste; Selbsthemmung möglich.	Übersetzungsverhältnis beim Konstruieren frei wählbar, nach Verwirklichung wegabhängig; mittlerer Verschleiß; mittlere Reibungsverluste; Selbsthemmung nicht sinnvoll.

Bild 4.17: Variante physikalische Funktionen zur Verwirklichung der logischen Funktion "Kraft vergrößern/verkleinern" (Teilegruppenebene).

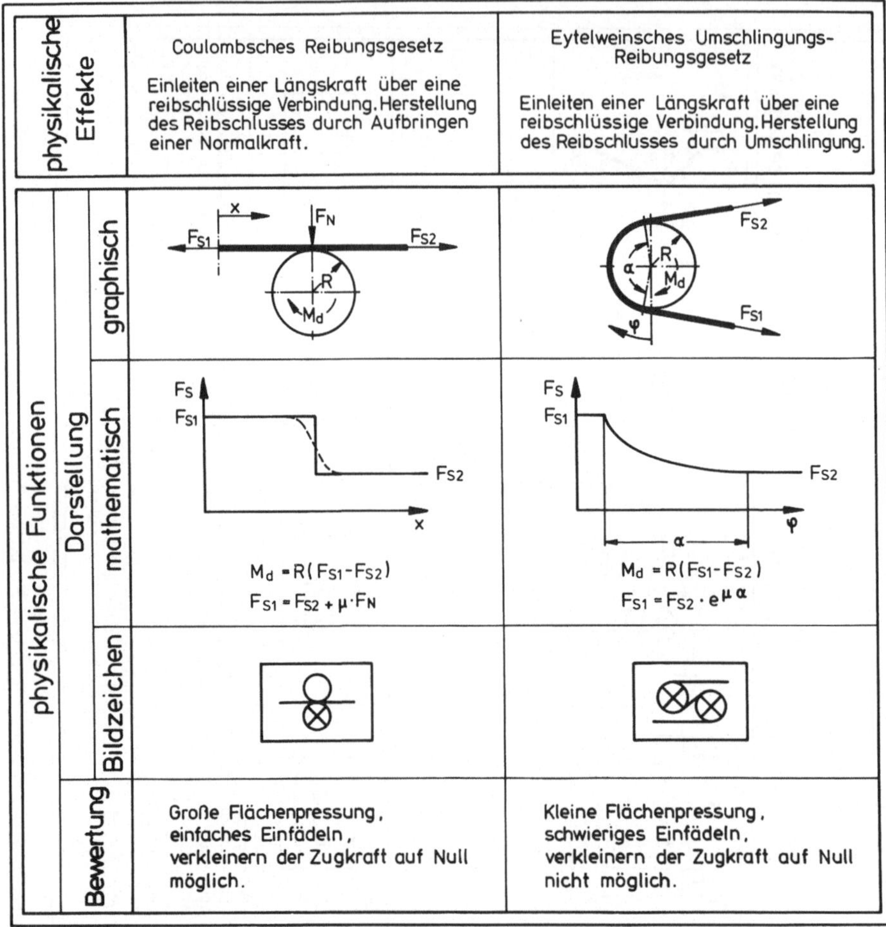

Bild 4.18: Variante physikalische Funktionen zur Verwirklichung der logischen Funktion "Bandzugkraft verkleinern" (Maschinengruppenebene).

Die erste Zuordnungsmöglichkeit ist allgemein verständlich und bedarf deshalb keiner weiteren Erklärung. Der vierte Zuordnungsfall ist durch die unter 4.2.3. bereits beschriebene Varietät physikalischer Funktionen zu erklären. Weil Ursachen und Auswirkungen der zweiten und dritten Zuordnungsmöglichkeit für die praktische Arbeit besonders bedeutsam sind, werden diese im folgenden ausführlich beschrieben.

Physikalische Effekte sind bekanntlich oft auf verschiedene, nicht unmittelbar voneinander abhängige Einflußgrößen anwendbar. Bei der Nutzung eines solchen Effektes zum Erzwingen einer logischen Funktion wird die für diese besondere Aufgabe wesentliche Paarung von Einflußgrößen in den Vordergrund gestellt. Damit wird der physikalische Effekt zur physikalischen Funktion. Die übrigen möglichen, durch den gewählten Effekt herstellbaren Beziehungen treten in bezug auf die Verwirklichung der zugrundeliegenden logischen Funktion in den Hintergrund. Sie werden zu Nebenwirkungen der physikalischen Funktion.

physikalische Effekte	Reduktion im ruhenden Festbett mit gasförmigen Reduktionsstoffen HYL - Verfahren	Reduktion im bewegten Festbett mit gasförmigen Reduktionsstoffen Midrex - Verfahren	Purofer - Verfahren	Armco - Verfahren	Reduktion im ortsveränderlichen durchmischten Festbett mit festen Reduktionsstoffen SL/RN - Verfahren
physikalische Funktionen – Darstellung – graphisch	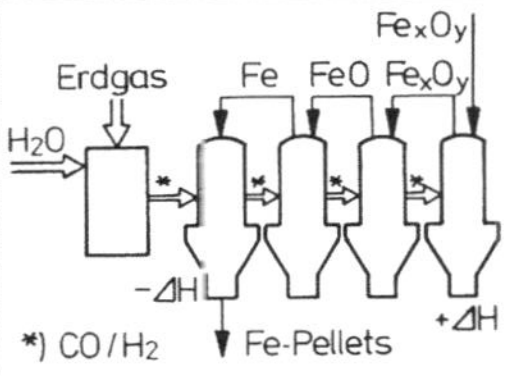 Erdgas, H_2O, Fe, FeO, Fe_xO_y, Fe_xO_y, $-\Delta H$, $+\Delta H$, Fe-Pellets, *) CO/H_2	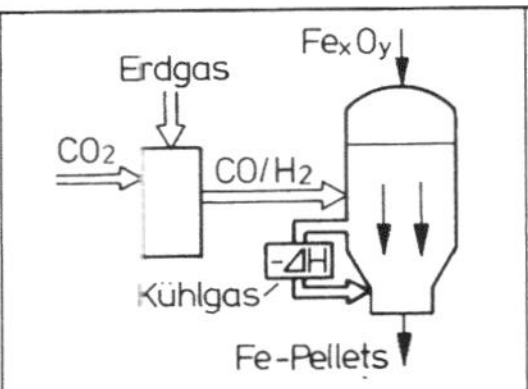 Erdgas, CO_2, CO/H_2, Fe_xO_y, $-\Delta H$, Kühlgas, Fe-Pellets	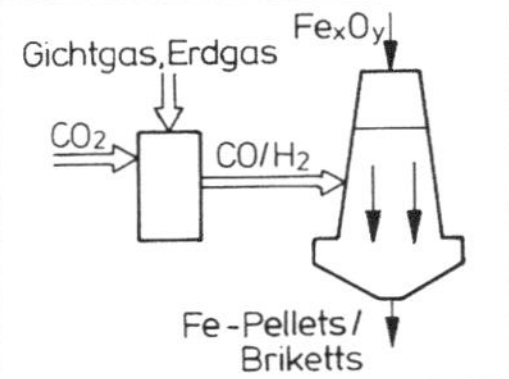 Gichtgas, Erdgas, CO_2, CO/H_2, Fe_xO_y, Fe-Pellets / Briketts	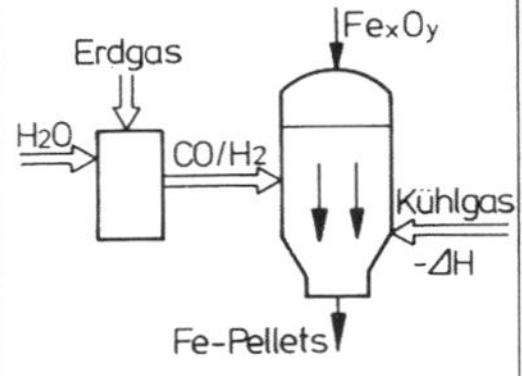 Erdgas, H_2O, CO/H_2, Fe_xO_y, Kühlgas, $-\Delta H$, Fe-Pellets	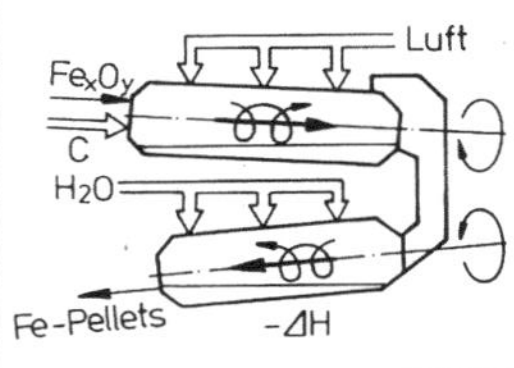 Fe_xO_y, C, H_2O, Luft, Fe-Pellets, $-\Delta H$
mathematisch	$CH_4 + H_2O = CO + 3H_2$ $Fe_xO_y + yCO = xFe + yCO_2$ $Fe_xO_y + yH_2 = xFe + yH_2O$	$CH_4 + CO_2 = 2CO + 2H_2$ $Fe_xO_y + yCO = xFe + yCO_2$ $Fe_xO_y + yH_2 = xFe + yH_2O$	$CH_4 + CO_2 = 2CO + 2H_2$ $Fe_xO_y + yCO = xFe + yCO_2$ $Fe_xO_y + yH_2 = xFe + yH_2O$	$CH_4 + H_2O = CO + 3H_2$ $Fe_xO_y + yCO = xFe + yCO_2$ $Fe_xO_y + yH_2 = xFe + yH_2O$	$C + O_2 = CO_2$ $CO_2 + C = 2CO$ $Fe_xO_y + yCO = xFe + yCO_2$
Bildzeichen		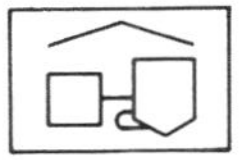	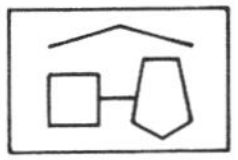	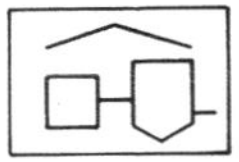	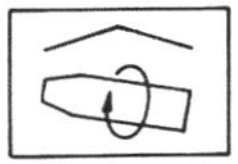
Bewertung	diskontinuierlich, Reduktionsgrad: 85-90% Fe, gezielte Aufkohlung möglich, Reduktionsmittel: gasförmige Kohlenwasserstoffe, kalter Austrag, Erzeugungsmengen: < 500 t/d.	kontinuierlich, Reduktionsgrad: 85% Fe. keine Aufkohlung möglich, Reduktionsmittel: gasförmige und flüssige Kohlenwasserstoffe, kalter Austrag, Erzeugungsmengen: < 1100 t/d.	kontinuierlich, Reduktionsgrad: 95% Fe, keine Aufkohlung möglich, Reduktionsmittel: gasförmige Kohlenwasserstoffe, heißer Austrag, Erzeugungsmengen: < 1100 t/d.	kontinuierlich, Reduktionsgrad: 92% Fe, keine Aufkohlung möglich, Reduktionsmittel: gasförmige und flüssige Kohlenwasserstoffe, kalter Austrag, Erzeugungsmengen: < 950 t/d.	kontinuierlich, Reduktionsgrad: 96% Fe, Aufkohlung möglich, Reduktionsmittel: feste Kohlenstoff-Träger, kalter Austrag, Erzeugungsmengen: < 1400 t/d.

→ Hauptstoffe $-\Delta H$ = Wärmeabfuhr
⇒ Betriebsstoffe $+\Delta H$ = Wärmezufuhr

Bild 4.19: Variante physikalische Funktionen zur Verwirklichung der logischen Funktion "Erz in Eisenschwamm wandeln" (Werkeebene) nach / 49 /.

Mit dem Hebelgesetz, Bild 4.7, können beispielsweise Kräfte, Geschwindigkeiten und Wege zueinander in Beziehung gesetzt werden. Wenn dieser Effekt zur Erfüllung der logischen Funktion "Kraft am Eingang des Systems im Verhältnis i vergrößern" genutzt wird, dann stellen die Kräfte F_E (am Eingang des Systems) und F_A (am Ausgang des Systems) die wesentliche Paarung von Einflußgrößen für die entstehende physikalische Funktion dar. Zwischen ihnen besteht nach dem Hebelgesetz die Beziehung

$$F_E \cdot l_E = F_A \cdot l_A, \qquad (4.3)$$

wobei l_E und l_A die zugehörigen Hebelarme sind. Der Quotient $i = l_E/l_A$ wird Hebelverhältnis oder Übersetzung genannt. Die Beziehung zwischen den übrigen Einflußgrößenpaarungen, auf die auch das Hebelgesetz anzuwenden ist, sind damit Nebenwirkungen der physikalischen Funktion. Manchmal ist es möglich, eine solche Nebenwirkung zum Erzwingen einer weiteren logischen Funktion zu nutzen, ohne die Wirkung, welche ursprünglich für die Wahl der Funktion maßgeblich war, zu beeinträchtigen. In diesem Falle kann die Anzahl physikalischer Funktionen im Vergleich zu derjenigen logischer Funktionen eines technischen Systems abnehmen. Eine solche Nutzung von Nebenwirkungen ist nicht steuerbar. Die Anzahl der für die Verwirklichung einer bestimmten logischen Funktion zur Wahl stehenden Effekte ist meist begrenzt und die Art der durch sie gegebenen Wirkungen und Nebenwirkungen nicht willkürlich beeinflußbar.
Meist sind die Nebenwirkungen physikalischer Funktionen jedoch unerwünscht. Damit stehen sie im Widerspruch zur Aufgabenstellung oder mindern den Wert des technischen Systems. In diesem Falle müssen, sofern keine geeigneten varianten Funktionen verfügbar sind, diese Nebenwirkungen durch Einfügen zusätzlicher physikalischer Funktionen kompensiert werden. Dabei nimmt die Anzahl physikalischer Funktionen im Vergleich zu derjenigen logischer Funktionen eines technischen Systems zu.

Eine andere Ursache struktureller Abweichungen physikalischer von logischen Wirkzusammenhängen in einem technischen System ist die gegenseitige Beeinflussung einzelner physikalischer Funktionen. Solche gegenseitigen Beeinflussungen sind besonders bei energie- oder signalbezogenen Funktionen bekannt; sie treten aber auch bei stoffbezogenen Wirksamkeiten auf. Wenn diese gegenseitige Beeinflussung die geforderte Wirkung einer oder mehrerer beteiligter Funktionen unzulässig beeinträchtigt, dann wird von einer funktionellen Unverträglichkeit gesprochen. Funktionelle Unverträglichkeiten können nicht nur zwischen unmittelbar miteinander verbundenen Funktionen, sondern auch zwischen solchen, die durch weitere Funktionen voneinander getrennt sind, bestehen. Deshalb ist die vollständige Ermittlung derartiger Beeinflussungen erst dann möglich, wenn alle logischen Funktionen durch physikalische Wirkzusammenhänge konkretisiert sind. Zur Vermeidung oder Neutralisierung von Unverträglichkeiten kann die Ermittlung weiterer physikalischer Funktionen, die nicht aus den logischen Wirkzusammenhängen ableitbar sind, erforderlich werden. Vor der Festlegung solcher zusätzlicher Funktionen ist aber zu prüfen, ob durch eine Änderung der Reihenfolge funktionelle Unverträglichkeiten und unerwünschte Nebenwirkungen vermieden, aufgehoben oder gemindert werden können.

Zur Verdeutlichung der Auswirkungen von Nebenwirkungen und funktionellen Unverträglichkeiten physikalischer Funktionen dienen folgende Beispiele. In Feuerverzinkungslinien für Stahlband sind oft Glühanlagen enthalten, welche die Aufgabe haben, das durchlaufende Band einerseits von Verunreinigungen zu befreien und andererseits einer bestimmten Wärmebehandlung zu unterziehen. Dementsprechend treten bei der Bearbeitung dieser Anlage auf der Maschinengruppenebene im Rahmen der Festlegung logischer Wirkzusammenhänge neben anderen die beiden logischen Funktionen "Verunreinigungen vom Band trennen" und "Bandtemperatur von Raumtemperatur auf mehr als 750 °C vergrößern" auf. Zur Reinigung wird das Band in einem sogenannten Vorerhitzer Temperaturen bis zu 1300 °C ausgesetzt. Dabei verdampfen und/oder verbrennen die Verunreinigungen. Solche Verunreinigungen sind im allgemeinen Walzöle oder Walzemulsionen. Aufgrund der Zusammensetzung der Gasatmosphäre treten am Band selbst keine oder nur geringe reduzierende chemische Reaktionen auf. Gleichzeitig wird durch Strahlung und Konvektion Wärme auf das Band übertragen. Somit können beide logischen Funktionen bei zweckdienlicher Auslegung des Vorerhitzers (physikalischer Funktionsträger) durch dieselbe physikalische Gegebenheit ("Erhitzen durch offene Flamme in Schutzgasatmosphäre"), also durch nur eine physikalische Funktion erzwungen werden. Demgegenüber wird in elektrolytischen Verzinnungslinien, wo in der Regel keine Wärmebehandlungen durchgeführt werden, die Reinigung des Stahlbandes auf mechanischem und/oder chemischem Wege erzielt.

Beim Projektieren von Kaltwalzwerken sind häufig solche Systeme im Stofffluß nacheinander anzuordnen, deren logische Funktionen das Kaltwalzen und das anschließende Wärmebehandeln des Stahlbandes beschreiben. Zur Erfüllung dieser beiden logischen Funktionen können jeweils mehrere variante physikalische Funktionen zur Verfügung stehen. In bestimmten Fällen kann es vorteilhaft oder aufgrund bestehender Bedingungen unumgänglich sein, zu diesem Zwecke das Umkehrwalzverfahren und das Haubenglühverfahren zu wählen. Zwischen diesen beiden physikalischen Funktionen besteht jedoch eine Unverträglichkeit. Beim Umkehrwalzverfahren werden die Bänder mit sehr hohen Bandzügen zu Bunden aufgewickelt. Außerdem werden die im Haubenglühverfahren zu behandelnden Bunde üblicherweise in der Form eingesetzt, in der sie die vorangegangene Anlagengruppe verlassen haben. Dabei können bei der Kombination Umkehrwalzverfahren → Haubenglühverfahren die großen, durch das Aufwickeln hervorgerufenen inneren Spannungen und die hohe Glühtemperatur zusammen mit noch auf der Bandoberfläche haftenden Walzölen zu einem Zusammenbacken der einzelnen Bandlagen während des Glühvorganges führen. Zur Vermeidung dieser schädlichen gegenseitigen Beeinflussung kann, wenn keine Möglichkeiten zur Verwendung anderer Effekte bestehen, eine zusätzliche physikalische Funktion, beispielsweise das Umwickeln der Bunde, zwischengeschaltet werden / 18 /.

Stahlstrang-Gießwalzen ist ein Verfahren, bei dem ein Strang innerhalb der Gießanlage unter Nutzung seiner Wärme querschnittsvermindernd umgeformt wird. Darüber ist besonders nach 1962 berichtet worden / 19 bis 24 /. Beim Gießwalzverfahren können beispielsweise Stahlstränge mit Querschnittsabmessungen 145 mm x 93 mm in Bogen-Gießanlagen gegossen und nach dem Biegepunkt Bogen/Waagerechte durch einen Stich eines kalibrierten Walzenpaares zu Strängen mit quadratischem Querschnitt 100 mm x 100 mm umgeformt werden. Gründe für die Entwicklung dieses Gießwalzverfahrens waren unter anderem, die im Strang gespeicherte Wärme als günstige "Nebenwirkung" zu nutzen sowie die vor 1968 gegebene Unverträglichkeit zwischen dem Stranggießverfahren und folgenden Stabstahl - sowie Draht - Fertigwalzverfahren zu vermeiden. Diese Unverträglichkeit bestand damals besonders in dem durch erhebliche Schwierigkeiten gekennzeichneten Gießen von Strängen mit Querschnittsabmessungen 100 mm x 100 mm oder kleiner sowie der Notwendigkeit des Einsatzes solcher Strangstähle in vor 1968 bereits vorhandene Stabstahl- und Drahtstraßen. Durch das Gießwalzverfahren konnte gegenüber dem vorher üblichen Verfahrensweg,

- Gießen von Strängen mit Querschnittsabmessungen etwa 140 mm x 140 mm oder größer,
- Vorwalzen dieser Strangstähle in Halbzeugstraßen sowie
- Fertigwalzen der Strangstähle in Stabstahl- und Drahtstraßen,

auf das Vorwalzen in Halbzeugstraßen verzichtet werden. Die damalige Unverträglichkeit ist aber nicht nur durch das Stahlstrang-Gießwalzverfahren, sondern insbesondere nach 1970 durch den Einsatz von Stabstahl- und Drahtstraßen für Anstichquerschnitte 130 mm x 130 mm beseitigt worden. Stränge mit solchen Querschnitten können ohne Schwierigkeiten in Gießanlagen hergestellt werden.

Wie den Bewertungsmerkmalen des Bildes 4.17 zu entnehmen ist, haben alle aufgeführten varianten physikalischen Funktionen jeweils ihnen eigene Vorzüge und Nachteile. Manchmal besteht zur Erfüllung einer Aufgabe der Bedarf nach Eigenschaften, die auf mehrere variante Funktionen verteilt sind. In einem solchen Falle können auch zwei oder mehr variante physikalische Funktionen, welche die geforderten Eigenschaften besitzen, zur Erzwingung einer logischen Funktion miteinander kombiniert werden. In **Bild 4.20** sind beispielsweise einige technische Systeme dargestellt, denen Kombinationen der Funktionen aus Bild 4.17 zugrundeliegen. Die zu Funktionsketten kombinierten Funktionen sind aufgrund der Kombination günstiger Eigenschaften durch, an bestimmte Aufgabenstellungen angepaßte, bestmögliche

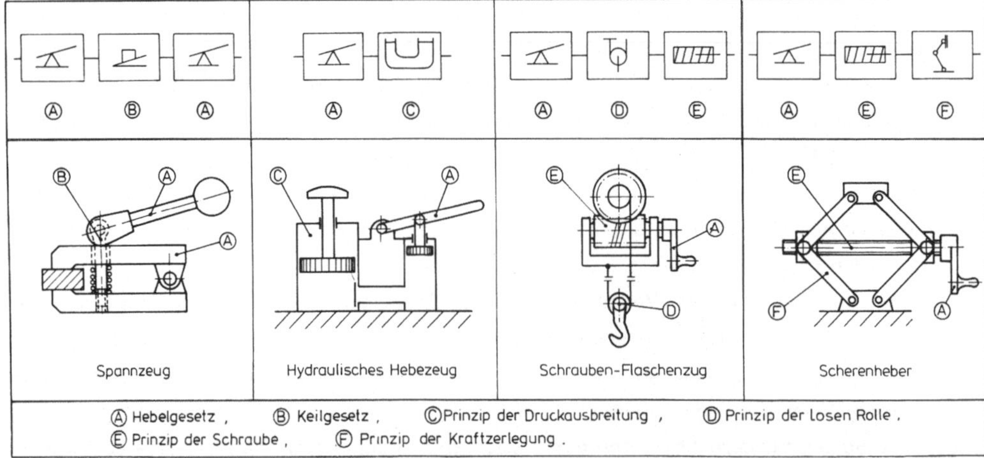

Bild 4.20: Variante physikalische Funktionsketten zur Verwirklichung der logischen Funktion "Kraft vergrößern/verkleinern" (Teilegruppenebene) und deren Anwendung in technischen Systemen.

Funktionserfüllungen gekennzeichnet. Bild 4.20 verdeutlicht auch das schnelle Anwachsen von Variationsmöglichkeiten und damit die Notwendigkeit einer möglichst frühzeitigen Bewertung sowie Auswahl.
Die Nebenwirkungen physikalischer Funktionen können manchmal noch weiter reichende Auswirkungen haben. Wenn Nebenwirkungen zwar verwertbar, aber nicht zur Verwirklichung einer im logischen Funktionsplan festgelegten Funktion geeignet sind, dann können sie unter Umständen zu einer Erzeugnisdiversifikation und damit zur Änderung der vorliegenden Aufgabenstellung oder nachfolgender Aufgabenstellungen führen. Eine Nebenwirkung des Hochofenverfahrens ist beispielsweise die Entstehung von Schlacke. Diese Schlacke kann unter Umständen in einem in der Hüttenwerkegruppe integrierten Zementwerk als Einsatzstoff verwendet werden. In ähnlicher Weise können

- die Mantelkühlung von Elektro-Lichtbogenöfen zur betrieblichen Warmwassererzeugung,
- der zu Produktionszwecken nicht genutzte, überschüssige Dampf in Papierwerken zur Erzeugung elektrischer Energie oder
- das bei einigen Verfahren der Bleigewinnung anfallende Schwefeldioxid zur Herstellung von Schwefelsäure in einem anschließenden Bearbeitungsverfahren

nutzbar sein.

Aus den genannten Beispielen wird deutlich, daß zwischen den logischen und den physikalischen Wirkzusammenhängen in einem technischen System oft strukturelle Abweichungen auftreten. Diese Abweichungen werden durch Nebenwirkungen und Unverträglichkeiten physikalischer Funktionen verursacht. Dabei führen günstige, also zweckdienlich nutzbare Nebenwirkungen im allgemeinen zu einer Verringerung der Anzahl physikalischer gegenüber der Anzahl logischer Funktionen. Durch ungünstige Nebenwirkungen sowie funktionelle Unverträglichkeiten wird die Anzahl physikalischer Funktionen erhöht oder die Reihenfolge innerhalb der physikalischen Wirkzusammenhänge gegenüber der logischen Folge verändert. Strukturelle Abweichungen durch Änderung der Reihenfolge oder Erhöhung der Anzahl physikalischer Funktionen sind weitaus häufiger anzutreffen als strukturelle Abweichungen durch Verringerung der Anzahl physikalischer Funktionen. Die im logischen Funktionsplan festgelegten Zusammenhänge und Gegebenheiten stellen die theoretische Idealform eines technischen Systems, in welchem alle Anforderungen einer widerspruchsfrei und vollständig formulierten Aufgabenstellung erfüllt sind, dar. Demnach bedeutet jede Abweichung vom logischen Funktionsplan, die auf ungünstige Nebenwirkungen oder funktionelle Unverträglichkeiten zurückzuführen ist, in der Regel eine Entfernung von der Ideallösung. Nahezu alle wirklich bestehenden technischen Systeme weisen solche strukturellen Abweichungen auf. Grund dafür ist nicht die Unzulänglichkeit der Ingenieure oder ihrer Arbeitsweise, sondern die Begrenztheit der physikalischen, technischen und/oder wirtschaftlichen Möglichkeiten. Deshalb muß ein optimales technisches System immer der beste Kompromiß zwischen dem Wünschenswerten und dem Machbaren sein. Die Festlegung physikalischer Wirkzusammenhänge im Rahmen des systematischen Projektierens und Konstruierens technischer Systeme ist ein besonders wichtiger Schritt auf dem Wege zu diesem Kompromiß. Den gegebenen Hinweisen und Regeln folgend, können technische Systeme hinsichtlich der in ihnen auftretenden strukturellen Abweichungen physikalischer von logischen Wirkzusammenhängen untersucht werden. Durch solche Untersuchungen, die sowohl an bereits bestehenden als auch an noch zu projektierenden oder zu konstruierenden Systemen durchgeführt werden können, wird die gezielte Ermittlung und quantitative oder zumindest qualitative Beschreibung von Ansatzpunkten für die Verbesserung der Erzeugnisse ermöglicht. Damit sind die Regeln der Festlegung physikalischer Wirkzusammenhänge also auch geeignet, Grundlagen für zweckgerichtete Entwicklungstätigkeiten zu schaffen und zu Forschungstätigkeiten anzuregen / 25 /.

4.3. Physikalische Funktionsketten

Wenn entsprechend den Regeln für die Ermittlung physikalischer Funktionen alle zur Erfüllung einer logischen Funktionskette erforderlichen physikalischen Funktionen festgelegt sind, dann müssen diese Funktionen zu einer physikalischen Funktionskette miteinander verknüpft werden. Zur Bestimmung der erforderlichen Reihenfolge der Funktionen sind grundsätzlich dieselben Merkmale zu berücksichtigen, die auch zur Ordnung innerhalb der logischen Funktionskette geführt haben. Deshalb wird bei der Ordnung physikalischer Funktionen zu Funktionsketten von derjenigen Reihenfolge ausgegangen, welche durch die Folge der Funktionen in den logischen Funktionsketten festgelegt ist. Daneben sind noch zusätzliche Informationen, die bei der Ermittlung und Festlegung der physikalischen Funktionen gewonnen wurden und im wesentlichen Nebenwirkungen oder funktionelle Unverträglichkeiten betreffen, zu berücksichtigen.
Eine Besonderheit bei ihrer Einordnung in physikalische Funktionsketten stellen diejenigen physikalischen Wirksamkeiten dar, welche der Erzwingung der logischen Funktionen "führen" und "leiten" dienen, sofern diese sich auf eine gesamte logische Funktionskette beziehen. Zur Verwirklichung beispielsweise stoffbezogener Führ- und Leitfunktionen der genannten Art werden oft solche physikalischen Funktionen eingesetzt, die nicht nur von außen auf den Stofffluß einwirken, sondern deren Wirkungen erst durch bestimmte Eigenschaften dieser Stoffe ermöglicht und unterstützt werden. Der zu beeinflussende Stoff wird also in diesem Falle selbst zu einem Bestandteil der physikalischen Funktion. Damit können die Stoffeigenschaften zu Nebenwirkungen werden, welche auf die Ordnung der Funktionen in einer Funktionskette Einfluß nehmen können. Das wird im folgenden an der physikalischen Verwirklichung der logischen Funktion "Stoff leiten" verdeutlicht.
Entsprechend der Definition der logischen Funktion "leiten" bedeutet beispielsweise "Stoff leiten" vereinfachend ausgedrückt, die Bewegungsgröße dieses Stoffes entgegen auftretenden Widerständen und Verlusten herzustellen oder aufrecht zu erhalten. Zu diesem Zwecke müssen an jedem Punkt des Stoffflusses Kräfte wirksam sein, welche insgesamt die Richtung der momentanen Bewegung haben und deren absolute Beträge zusammen den jeweiligen Widerständen und Verlusten entsprechen. Diese Kräfte werden oft an örtlich begrenzten, relativ zur Umgebung unbewegten Stellen (Ort der "Krafteinleitung") in den zu bewegenden Stofffluß eingeleitet. Dazu sind geeignete physikalische Wirksamkeiten, beispielsweise das elektromoto-

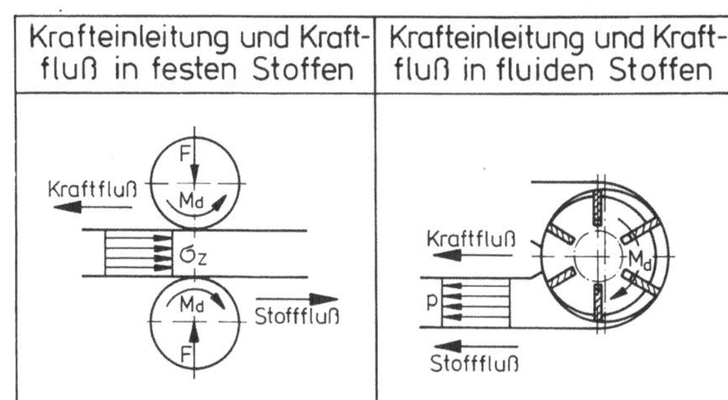

Bild 4.21: Krafteinleitung und Kraftfluß in festen sowie in fluiden Stoffen.

rische Prinzip und der Haftreibungseffekt, verfügbar. Die Verteilung der Kraftwirkung auf alle Punkte des Stoffes ("Kraftfluß") kann bei einem nicht unterbrochenen Fluß durch den Stoff selbst vorgenommen werden. Die Art und Weise dieser Verteilung ist von den Stoffeigenschaften abhängig, **Bild 4.21.** In festen Stoffen, beispielsweise Stahlband in Bandbehandlungslinien oder Kunststoffolien in Extrudern, können die erforderlichen Kräfte durch Zugspannungen aufgebaut und entgegen der Bewegungsrichtung nach rückwärts weitergeleitet werden. Der Stoff wird also durch das betrachtete System hindurch gezogen. Fluide Stoffe, das sind Flüssigkeiten und Gase, können Zugspannungen nur in sehr geringem Maße übertragen. Sie werden deshalb in der Regel durch das Erzeugen einer Druckdifferenz bewegt, also durch das betrachtete System hindurch gedrückt. Dementsprechend sind die physikalischen Funktionen, welche zur Erfüllung der logischen Funktion "Stoff leiten" genutzt werden, für den Durchsatz fester, nicht unterbrochener Stoffflüsse oft am Ende der physikalischen Funktionskette und für den Durchsatz fluider Stoffe häufig an ihrem Anfang einordbar. Ähnliche Überlegungen gelten auch für die logische Funktion "führen".

Bei der Festlegung physikalischer Wirkzusammenhänge können ebenso wie bei logischen Wirkzusammenhängen einfache sowie offen oder geschlossen verzweigte Funktionsketten unterschieden werden. Die äußere Form der physikalischen Funktionskette ist in der Regel gleich derjenigen der logischen Funktionskette. Das gilt auch dann, wenn bei technischen Systemen mit mehreren zu unterscheidenden Betriebsweisen oder Hauptdurchsätzen parallel angeordnete logische Funktionen durch einzelne physikalische Funktionen erzwungen werden können. Dabei kann sich zwar, beispielsweise zur Vereinfachung, die Darstellungsform der Kette, nicht aber ihre Charakteristik ändern. Deshalb brauchen zur Ermittlung und Festlegung verzweigter physikalischer Funktionsketten auch keine Einzelketten erstellt und danach zu einer Gesamtkette zusammengesetzt werden, sondern man kann, ausgehend von der verzweigten logischen Funktionskette unmittelbar die physikalische Funktionskette aufstellen.

4.3.1. Variante Funktionen bei der Bildung physikalischer Funktionsketten

Die Handhabung varianter physikalischer Funktionen macht deutlich, daß eine Bewertung sowie Auswahl solcher Varianten zur Verminderung des Arbeitsaufwandes beim Projektieren und

Konstruieren führt. Manchmal reichen aber die zu diesem Zeitpunkt verfügbaren Informationen für eine eindeutige und zweifelsfreie Entscheidung zugunsten jeweils einer Funktionsvariante nicht aus. In diesem Falle sind weitere Daten zur näheren Kennzeichnung der varianten Funktionen zu ermitteln. Solche Daten werden im Verlaufe der weiteren Bearbeitung physikalischer Wirkzusammenhänge erhalten. Bis zum Erhalt dieser Daten sind variante Funktionen nebeneinander als gleichwertig zu behandeln. Gleichwertige variante Funktionen können durch das Bilden einer entsprechenden Anzahl varianter Funktionsketten berücksichtigt werden. In **Bild 4.22** sind beispielhaft einige denkbar mögliche Kombinationen physikalischer Funktionen, welche beim systematischen Projektieren und Konstruieren eines Abwickelaggregates für Stahlband ermittelt wurden, dargestellt. Dabei wird auch deutlich, daß beim Vorhandensein vieler varianter Funktionen die Darstellung aller im weiteren zu berücksichtigender Kombinationen in Form von Funktionsketten unübersichtlich werden kann. Deshalb werden zur Dokumentation varianter physikalischer Funktionsketten oft morphologische Kästen verwendet.

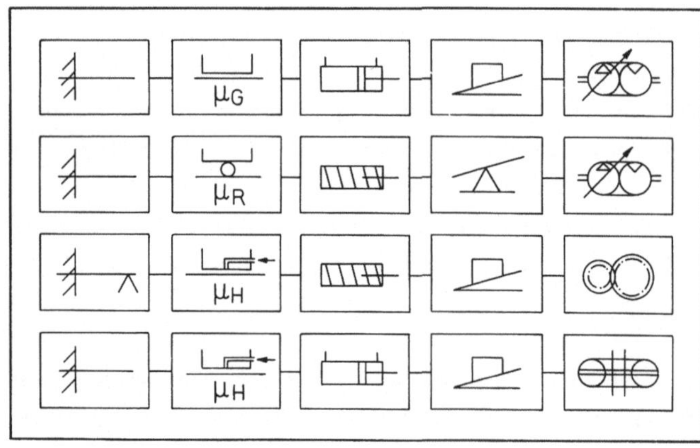

Bild 4.22: Variante stoffbezogene physikalische Funktionsketten eines Abwickelaggregates für Stahlband.

Der Aufbau eines morphologischen Kastens ist ähnlich demjenigen einer Funktionsmatrix zur Festlegung logischer Wirkzusammenhänge, aber anders zu lesen. Im morphologischen Kasten sind in den Zeilen mögliche physikalische Funktionsvarianten zur Erzwingung jeweils einer logischen Funktion und in den Spalten die zur Erzwingung der logischen Funktionskette erforderlichen verschiedenen physikalischen Funktionen geordnet aufgeführt. Durch Eintragen beispielsweise von senkrecht verlaufenden Ablauflinien (Pfaden) können die aus Kombinationen der Einzelfunktionen sich ergebenden sinnvollen physikalischen Funktionsketten dargestellt werden. **Bild 4.23** zeigt den morphologischen Kasten zur Verdeutlichung aller, bei der Festlegung physikalischer Wirkzusammenhänge des Abwickelaggregates in Bild 4.22 in Betracht gezogenen Variationsmöglichkeiten. Zum besseren Verständnis sind die schließlich ausgewählte und verwirklichte physikalische Funktionskette sowie eine schematische Zeichnung des bearbeiteten technischen Systems in **Bild 4.24** zusammengestellt.

Bei der Festlegung physikalischer Wirkzusammenhänge können morphologische Kästen aber auch für die Akquisition und Projektierung technischer Systeme hoher Komplexität erstellt werden

Bild 4.23: Morphologischer Kasten der stoffbezogenen physikalischen Funktionen eines Abwickelaggreates für Stahlband.

logische Funktionen	physikalische Funktionen		
Bund führen	Prinzip des Freiträgers	Prinzip des halb eingespannten Trägers	
	Gesetz der Rollreibung	Gesetz der Gleitreibung	Gesetz der Flüssigkeits-reibung
Spreizkraft zuführen	Prinzip der Schraube	Zylinder-Prinzip	
Spreizkraft leiten	Keil-Prinzip	Hebel-Gesetz	
Drehmoment zuführen Drehmoment vergrößern / verkleinern	Prinzip der Hydrostatischen Übertragung	Prinzip der Hydrodynamischen Übertragung	Prinzip des Zahnradgetriebes

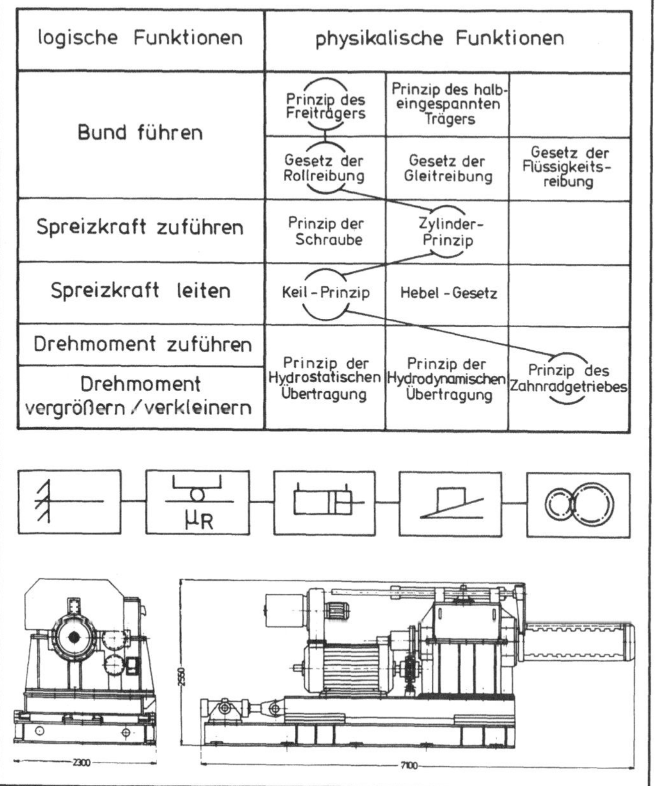

Bild 4.24: Morphologischer Kasten mit ausgewählten physikalischen Funktionen eines Abwickelaggregates für Stahlband, stoffbezogene physikalische Funktionskette des Abwickelaggreates in Bildzeichen sowie Vorder- und Seitenansicht des Aggregates.

/ 26 /. Für solche technischen Systeme sind, bezogen auf eine Erzeugnisart, die Aufgabenstellungen in den wesentlichen Anforderungen oft artgleich oder ähnlich und weichen meist nur in Einzelheiten voneinander ab. Das gilt besonders dann, wenn der Hersteller dieser Systeme beabsichtigt, während des Projektierens oder Konstruierens auf Baureihen von Teilsystemen oder Baukästen mit Teilsystemen zurückzugreifen. Als Beispiele artgleicher Aufgabenstellungen sind in **Bild 4.25** Aus- und Eingangsdaten wesentlicher Stoffe sowie Energien

		Projekt A		Projekt B		Projekt C		Projekt D		Projekt E		Projekt F	
		Ausgang	Eingang	Ausgang	Eingang	Ausgang	Eingang	Ausgang	Eingang	Ausgang	Eingang	Ausgang	Eingang
Stoffe	Stahl - Knüppel	500	—	—	—	800	—	—	—	300	—	—	—
	- Brammen	—	—	1000	—	—	—	1300	—	—	—	1800	—
	Schlacke	85,0	—	170,0	—	110,4	—	179,0	—	51,0	—	248,4	—
	freier Staub	6,0	—	12,0	—	10,0	—	16,2	—	3,6	—	22,5	—
	Ausbruch, Abfälle und Staub	17,0	—	35,3	—	22,9	—	35,7	—	10,2	—	49,5	—
	Roheisen	—	—	—	—	—	716	—	1 162	—	—	—	1613
	Eisenschwamm	—	450	—	900	—	—	—	—	—	270	—	—
	Schrott	25	155	45	305	40	233	58	371	15	93	81	515
	Schlackenbildner	—	37,0	—	74,0	—	59,2	—	96,2	—	22,2	—	133,2
	Legierungsstoffe	—	2,85	—	5,70	—	4,65	—	7,41	—	1,71	—	10,26
	Sauerstoff	—	4,3	—	8,6	—	62,9	—	101,5	—	2,6	—	141,5
	Elektroden	—	2,6	—	5,2	—	—	—	—	—	1,6	—	—
	Feuerfest - Stoffe	—	10,0	—	20,3	—	12,8	—	21,8	—	6,0	—	30,3
Energien	elektrische Energie [10^6 kWh] - Schmelzenergie	—	300	—	600	—	—	—	—	—	180	—	—
	- Hilfsenergie	—	23,0	—	46,0	—	24,8	—	40,0	—	13,8	—	56,0
	Wasser	—	420	—	560	—	800	—	866	—	252	—	1200
	Brennstoffe [10^6 kWh]	—	54,0	—	106,0	—	61,6	—	97,0	—	32,4	—	135,0

Zahlenwerte, falls nicht anders angegeben, in 1000 t

Bild 4.25: Ein- und Ausgangsdaten wesentlicher Stoffe sowie Energien von sechs verschiedenen Stahlwerks-Projekten, nach / 26 /.

gegenübergestellt, welche beim Projektieren und Konstruieren sechs verschiedener Stahlwerke für Massenstahl (Projekte A bis F) zu berücksichtigen waren. Ein Vergleich der in Bild 4.25 enthaltenen Informationen macht deutlich, daß bei diesen sechs Projekten hinsichtlich der Arten durchzusetzender Stoffe und Energien nur geringe Unterschiede bestehen. Weiterhin ist zu erkennen, daß für die Projekte A, B und E sowie für die Projekte C, D und F auch die relativen Mengenverteilungen, das sind die Stoff- und Energiemengen bezogen auf eine der Ein- oder Ausgangs-Hauptstoffmengen, jeweils nahezu identisch sind. Das Erkennen solcher Übereinstimmungen in Aufgabenstellungen verschiedener Projekte und Aufträge ist für die Rationalisierung des Projektierungs- und Konstruktionsgeschehens sehr wichtig.

Neben tabellarischen Übersichten sind zum Erkennen artgleicher oder ähnlicher Aufgabenstellungen logische Funktionsketten besonders geeignet. Denn aus ihnen gehen nicht nur quantitative, sondern auch funktionelle und strukturelle, also qualitative Übereinstimmungen hervor, und die Informationen der Anforderungslisten sind auf das Wesentliche abstrahiert. Zur Verdeutlichung der Anwendung logischer Funktionsketten zu diesem Zweck sind die logischen Funktionsketten der sechs Projekte aus Bild 4.25 in den **Bildern 4.26 und 4.27** dargestellt. Weil zwischen den Projekten A, B und E auf der betrachteten Komplexitätsebene, das ist in diesem Falle die Anlagengruppen-Ebene, keine wesentlichen funktionellen sowie strukturellen Unterschiede bestehen, brauchte für alle drei Projekte nur eine logische Funktionskette dargestellt zu werden, Bild 4.26. Gleiches gilt für die Projekte C, D und F, Bild 4.27. Auch die Unterschiede zwischen den Ketten der Bilder 4.26 und 4.27 (durch größere Strichdicken hervorgehoben) sind geringfügig und beschränken sich auf wenige Funktionen. Deshalb werden diese logischen Funktionsketten artgleich genannt. Die in den Bildern 4.26 und 4.27 enthaltenen logischen Funktionen sind numeriert, um einen Vergleich mit **Bild 4.28** zu ermöglichen. Mit den beiden

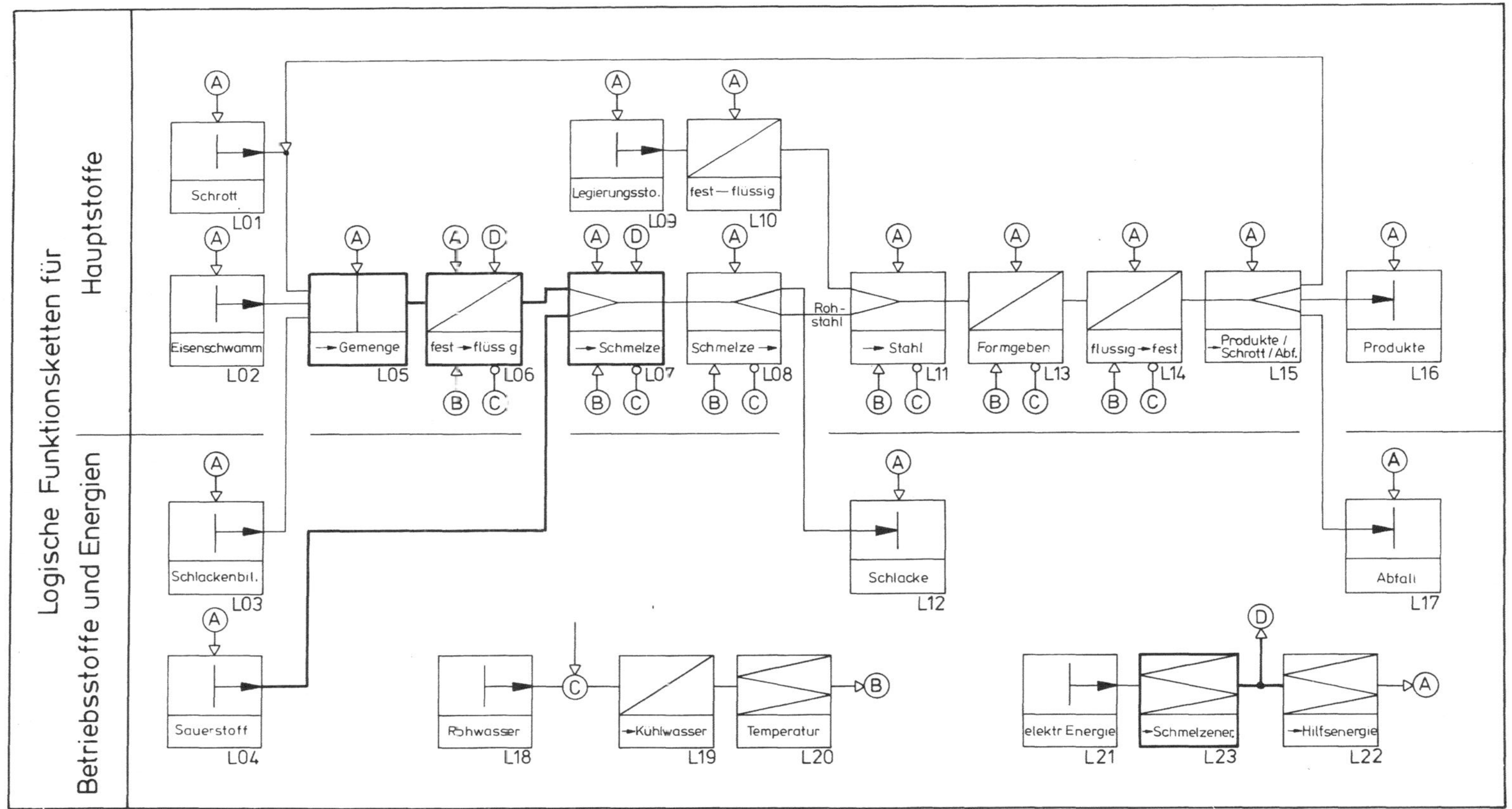

Bild 4.26: Logische Funktionsketten für Stoffe und Energien der Projekte A, B sowie E aus Bild 4.25, nach /26/.

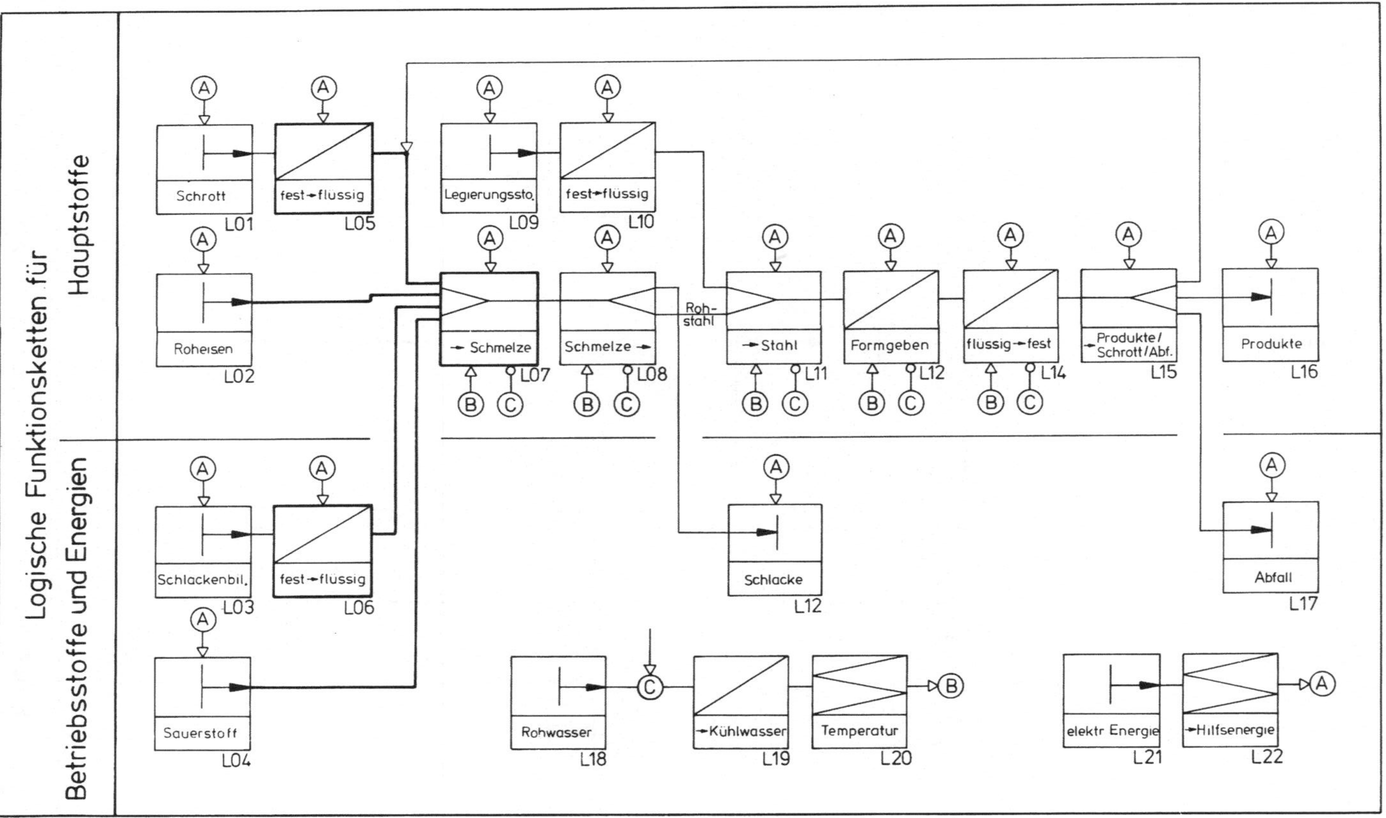

Bild 4.27: Logische Funktionsketten für Stoffe und Energien der Projekte C, D sowie F aus Bild 4.25 nach / 26 /.

Logische Funktionen	Physikalische Funktionen				
L01, L02, L03, L04, L09	P01.1 Flächenorientiertes Lagerverfahren	P01.2 Raumorientiertes Lagerverfahren	P01.3 Kombinierte Lagerverfahren		
	P02.1 Flur-Förderverfahren	P02.2 Vertikal-/Horizontal-Förderverfahren	P02.3 Vertikal-Förderverfahren	P02.4 Stetig-Förderverfahren	P02.5 Kombinierte Förderverfahren
L05, L06, L07, L08, L10, L11	P03.1 Lichtbogen-Schmelzverfahren	P03.2 Aufblas-Schmelzverfahren	P03.3 Bodenblas-Schmelzverfahren		
L13, L14, L15	P04.1 Strang-Gießverfahren	P04.2 Stand-Gießverfahren			
L12, L16, L17	P05.1 Flächenorientiertes Lagerverfahren	P05.2 Raumorientiertes Lagerverfahren	P05.3 Kombinierte Lagerverfahren		
	P06.1 Flur-Förderverfahren	P06.2 Vertikal-/Horizontal-Förderverfahren	P06.3 Vertikal-Förderverfahren	P06.4 Stetig-Förderverfahren	P06.5 Kombinierte Förderverfahren

Bild 4.28: Morphologischer Kasten physikalischer Funktionen zur Bearbeitung von Stahlwerken, die gleich oder ähnlich denen des Bildes 4.25 sind, nach / 26 /.

logischen Funktionsketten der Bilder 4.26 und 4.27 können mehr als 80 % aller in den letzten Jahren für Stahlwerke bekanntgewordenen Aufgabenstellungen bearbeitet werden.

Unter Verwendung solcher artgleichen logischen Funktionsketten können Projekte oder Aufträge in Gruppen gleicher Art eingeteilt und für jede Gruppe morphologische Kästen mit physikalischen Wirksamkeiten gebildet werden. Dabei sind alle dem Hersteller verfügbaren oder seinem technischen Baukastensystem zugrundeliegenden physikalischen Funktionen sowie deren Varianten zu berücksichtigen. Bild 4.28 zeigt beispielsweise den morphologischen Kasten physikalischer Funktionen zur Bearbeitung des Hauptstoffflusses von Stahlwerken auf der Anlagengruppen-Ebene, die artgleich oder ähnlich den mit Bild 4.25 angesprochenen Werken sind. Die

Physikalische Funktionen	Bewertungsmerkmale								
	Stoffart	Einzellasten	Förderlänge	Eigengewicht / Last	Erforderliche Bodenfläche	Antrieb	Investitionen	Betriebskosten	Freizügigkeit in der Ebene
P02.1	alle	0,5 ... 40 t (250 t)	groß	groß	groß	(H) E B M D	mittel bis groß (H ← sehr klein)	klein bis mittel (H ← groß)	keine (gleisgebunden) sehr groß (gleislos)
P02.2	alle	0,02 ... 350 t	mittel	klein	klein	H E M D P (W)	klein bis mittel	klein	begrenzt
P02.3	begrenzt	0,02 ... 3000 t	klein	groß	mittel	H E P (W)	groß	klein	keine
P02.4	vorwiegend Massengüter ohne Unterbrechungen	0 ... 2t	klein bis mittel	sehr klein	klein bis mittel	H S E M P W	mittel bis groß (H, S → klein bis sehr klein)	sehr klein	begrenzt, groß (fahrbar)
H=Hand, E=Elektro (Netz), B=Elektro (Akkumulator/Batterie), M=Brennkraftmaschine, D=Dampfmaschine, P=Pneumatisch, S=Schwerkraft, W=Hydraulisch.									

Bild 4.29: Bewertungsmatrix für die physikalischen Funktionen P 02.1 bis P 02.4 des Bildes 4.28 nach Betriebshütte, 1965, / 27 /.

Nummern logischer Funktionen entsprechen denen der Bilder 4.26 und 4.27. Mit den in diesem morphologischen Kasten zusammengestellten physikalischen Funktionsvarianten können sowohl die logischen Wirkzusammenhänge des Bildes 4.26 als auch diejenigen des Bildes 4.27 erfüllt werden.
Mehrere solcher morphologischer Kästen, die auf unterschiedlichen Aufgabenstellungen beruhen und auf Stoffe, Energien und Signale bezogen sein können, lassen sich in Katalogen zusammenstellen. Damit kann das technisch-physikalische "Know-how" eines Unternehmens übersichtlich und wirkungsvoll vorgestellt werden. Gleichzeitig wird die Information des Kunden verbessert und seine Entscheidungsfindung erleichtert sowie beschleunigt. Daneben können in Kataloge mit morphologischen Kästen physikalischer Funktionen auch zusätzliche Informationen, beispielsweise zur Bewertung und zur Auslegungsberechnung, aufgenommen werden / 26 /. Dann sind sie Hilfsmittel beim Projektieren komplexer technischer Systeme. Als Beispiel zur Verdeutlichung solcher zusätzlicher Informationen sind dem **Bild 4.29** einige Bewertungsmerkmale für die physikalischen Funktionen PO2.1 bis PO2.4 zu entnehmen / 27 /.

4.3.2. Berechnung physikalischer Funktionsketten

Alle in einer physikalischen Funktionskette enthaltenen einzelnen Funktionen müssen zur Erfüllung der gestellten Aufgabe sinnvoll zusammenwirken. Nur durch ein solches sinnvolles sowie zweckgerichtetes Zusammenwirken der physikalischen Funktionen und nicht durch eine summarische Zusammenfassung ihrer einzelnen Eigenschaften kann eine physikalische Kette "funktionieren". Deshalb ist es notwendig, nach der isolierten Betrachtung der physikalischen Funktionen, die physikalische Funktionskette als geschlossenes Ganzes zu beurteilen. Diese Beurteilung der physikalischen Funktionskette sowie die weiteren Teilschritte bei der Festlegung physikalischer Wirkzusammenhänge sind durch weitgehende Anwendung mathematischer Methoden gekennzeichnet.
Beim Projektieren und Konstruieren technischer Systeme, beispielsweise in den Erzeugnisbereichen "Stahlwerksbau" oder "Walzwerksbau" eines Anlagenbauunternehmens, kann festgestellt werden, daß viele der zur Bearbeitung physikalischer Funktionsketten erforderlichen Berechnungsgänge sich ständig wiederholen. Daneben sind bei artgleichen oder ähnlichen Systemen in der Folge einzelner Berechnungen Gleichartigkeiten erkennbar. Dabei ist der Gegenstand dieser Berechnungen im allgemeinen von der bearbeiteten Komplexitätsebene und die Art der Berechnungen hauptsächlich von den zugrundeliegenden Funktionen abhängig. Die Berechnungsfolge entspricht im wesentlichen der Funktionsfolge der Funktionskette. Deshalb ist es zur Vereinfachung des Vorgehens bei der Berechnung physikalischer Wirkzusammenhänge sinnvoll, funktionsspezifische Berechnungsmoduln mit definierten Übergangsstellen zu entwickeln und durch Arbeitsablaufpläne miteinander zu koppeln. Dabei sind alle wesentlichen varianten Funktionen zu berücksichtigen und der Ablaufplan ist so zu gestalten, daß die in ihm enthaltenen Kombinationsmöglichkeiten berücksichtigt werden können. So entsteht ein Berechnungssystem, dessen Aufbau einem morphologischen Kasten ähnlich ist. Eine unmittelbare

Zuordnung von Berechnungssystemen zu in Katalogen zusammengestellten morphologischen Kästen ist beispielsweise durch Klassifizierungsnummern herstellbar. Ein sinnvoll aufgebautes Berechnungssystem ist leicht an sich ändernde Aufgabenstellungen sowie an den technischen Fortschritt anpaßbar. Dabei können einzelne Moduln erweitert, gegeneinander ausgetauscht oder durch neue ersetzt werden. Ein derart systematisierter und modular aufgebauter Berechnungsablauf ist im allgemeinen auch problemlos auf Rechner übertragbar.

4.3.2.1. Berechnung der unmittelbar von den Schnittstellenbedingungen abhängigen Wirkzusammenhänge

Bei der Berechnung zur Beurteilung gesamter physikalischer Funktionsketten sind zunächst diejenigen Wirkzusammenhänge zu betrachten, welche in unmittelbarem Zusammenhang mit der gestellten Aufgabe stehen. Dazu zählen in erster Linie alle diejenigen Wirkungen und Nebenwirkungen der in der Kette enthaltenen Funktionen, welche von Schnittstellenbedingungen abhängen oder auf diese Einfluß nehmen können.
Zur Berechnung dieser physikalischen Wirkzusammenhänge werden die Schnittstellenbedingungen am Eingang oder am Ausgang des zu bearbeitenden technischen Systems zugrunde gelegt. Davon ausgehend werden alle physikalischen Funktionen in der durch die Kette gegebenen Reihenfolge abgearbeitet. Durch physikalische Funktionen festgelegte Beziehungen werden auf die in den Schnittstellenbedingungen qualitativ und quantitativ beschriebenen physikalischen Größen angewendet. Die durch physikalische Funktionen zu verwirklichenden Änderungen können, infolge technologischer Grenzen, einen bestimmten Bereich (Definitionsbereich) oft nicht überschreiten. Solche technologischen Grenzen sind den "Systembezogenen Bedingungen" der Anforderungsliste zu entnehmen.
Wenn die Berechnung der schnittstellenbezogenen physikalischen Wirkzusammenhänge beispielsweise am Eingang des zu bearbeitenden technischen Systems begonnen wird, dann ergibt sich an seinem Ausgang im allgemeinen kein fester Endwert, sondern ein durch je eine obere und eine untere Grenze gekennzeichneter Bereich möglicher Endergebnisse (Wertebereich) für die zu ändernde physikalische Größe. Dieser Wertebereich zeigt, welche Änderungen im äußersten Falle mit der festgelegten physikalischen Funktionskette vorgenommen werden können. Er ist mit den im Rahmen der Aufgabenstellung festgelegten Schnittstellenbedingungen am Ausgang des technischen Systems zu vergleichen.

In der Regel liegen die Schnittstellenbedingungen innerhalb des beschriebenen Wertebereiches. In diesem Falle müssen in einem zweiten Arbeitsgang die physikalischen Funktionen so festgelegt werden, daß durch ihre Wirkungen die Schnittstellenbedingungen am Eingang des technischen Systems genau in diejenigen an seinem Ausgang überführt werden. Dieser Arbeitsgang kann als physikalische Auslegungsberechnung im engeren Sinne bezeichnet werden. Die dabei zu betrachtenden physikalischen Wirkzusammenhänge stehen im allgemeinen in enger Beziehung zu dem durchzusetzenden Hauptfluß des technischen Systems. Hier getroffene Festlegungen wirken meist unmittelbar auf die Haupteingangs- und/oder Hauptausgangsgrößen des Systems, also "nach außen". Deshalb werden die unmittelbar schnittstellenabhängigen physikalischen Wirkzusammenhänge manchmal auch "äußere physikalische Wirkzusammenhänge" und deren Auslegung "Berechnung der äußeren physikalischen Wirkzusammenhänge" genannt. Diesem Arbeitsgang kommt besondere Bedeutung zu, weil hier die Betriebspunkte oder Betriebsbereiche der aus den physikalischen Funktionen entstehenden technischen Systeme sowie Grundlagen zur späteren Festlegung konstruktiver Wirkzusammenhänge bestimmt werden.

Der Betriebspunkt oder Betriebsbereich eines technischen Systems ist dadurch gekennzeichnet, daß in ihm die Parameter der physikalischen Funktionen diejenigen Werte annehmen, welche sie während des Normalbetriebes des zu verwirklichenden Systems haben sollen. Er sollte mit dem Punkt oder Bereich des besten Wirkungsgrades dieses Systems übereinstimmen. Beispiele für Berechnungen zur Festlegung der Betriebspunkte oder Betriebsbereiche sind die Ermittlungen der

- Temperaturprofile und Temperaturbewegungen in Stahlsträngen auf dem Wege ihrer Erstarrung und danach (Digitalrechenprogramm TEMPRO) / 28 bis 30 / sowie
- Biegemomente und Biegebeanspruchungen in Transport-Richtsystemen von Stahlstrang-Gießanlagen (Digitalrechenprogramm MOM) / 30 und 31 /.

Diese Rechenprogramme bestimmen die Betriebsbereiche der Teilsysteme von Stahlstrang-Gießanlagen in der Weise, daß jedem Punkt des Stranges auf dem Wege durch die Anlage Temperaturen und Reaktionskräfte zugeordnet werden, die einerseits als äußere Belastungen auf das zu verwirklichende technische System wirken und andererseits zur anforderungsgerechten Überführung des Eingangsstoffes in das Ausgangsprodukt innerhalb bestimmter Grenzen eingehalten werden müssen.

Unter den Grundlagen zur späteren Festlegung konstruktiver Wirkzusammenhänge sind hier solche konstruktiven Merkmale technischer Systeme zu verstehen, beispielsweise

- Rollendurchmesser sowie Rollenabstände in Stütz-, Führungs- und Transportaggregaten der Stahlstrang-Gießanlagen (Digitalrechenprogramm ROLAB) / 32, 33 und 30 /,
- Durchmesser von Schmelzöfen oder
- Formen von Kurvenscheiben in Steuer- und Regelsystemen,

welche aufgrund physikalischer Gegebenheiten festgelegt wurden und beim Gestalten nicht verändert werden dürfen.

Bei der Anpassung der physikalischen Funktionen an die Schnittstellenbedingungen sind im allgemeinen mehrere Möglichkeiten zu berücksichtigen und gegeneinander abzuwägen. Dabei können sich die Schwergewichte von Aufgabe zu Aufgabe sowie je nach Art und Umfang verfügbarer Informationen verschieben. Wenn vorausgesetzt wird, daß von den Schnittstellenbedingungen am Eingang des technischen Systems ausgegangen wurde, dann sind grundsätzlich folgende mögliche Fälle der Anpassung physikalischer Funktionen an Schnittstellenbedingungen (mit dem Ziel, die Schnittstellenbedingungen an seinem Ausgang zu erfüllen) zu unterscheiden:

1. Alle Funktionen werden auf die unteren Wirkungsgrenzen ihrer Wirkungsmöglichkeiten gesetzt. Eine von ihnen wird solange geändert (ihre Wirkung vergrößert), bis die Schnittstellenbedingungen am Ausgang erfüllt sind oder bis die Änderungsmöglichkeiten dieser Funktion ausgeschöpft sind. In letzterem Falle ist dieser Vorgang mit weiteren Funktionen bis zur Erfüllung der Schnittstellenbedingungen zu wiederholen.
2. Alle Funktionen werden auf die oberen Wirkungsgrenzen ihrer Wirkungsmöglichkeiten gesetzt. Eine von ihnen wird solange geändert (ihre Wirkung verkleinert), bis die Schnittstellenbedingungen am Ausgang erfüllt sind oder bis die Änderungsmöglichkeiten dieser Funktion ausgeschöpft sind. In letzterem Falle ist dieser Vorgang mit weiteren Funktionen bis zur Erfüllung der Schnittstellenbedingungen zu wiederholen.
3. Der Wertebereich der physikalischen Funktionskette ist durch die Schnittstellenbedingungen am Ausgang in zwei Abschnitte unterteilt. Diese Abschnitte werden zueinander oder zum gesamten Wertebereich ins Verhältnis gesetzt. Nach diesem Teilungsverhältnis werden die unteren Wirkungsgrenzen jeder einzelnen physikalischen Funktion angehoben beziehungsweise ihre oberen Grenzen gesenkt. Damit ist eine Erfüllung der Schnittstellenbedingungen am Ausgang, bei gleichem Nutzungsgrad für alle Funktionen, erzielbar.
4. Viele Funktionen sind dadurch gekennzeichnet, daß sie in einem kleinen Teil ihres Definitionsbereiches besonders wirksam arbeiten oder ihre ungünstigen Nebenwirkungen hier besonders gering sind. Dieser Bereich wird bei allen Funktionen angestrebt. Gegebenenfalls ist mit dem Bereich bester Wirksamkeit entsprechend den Fällen 1. bis 3. zu verfahren.
5. Schnittstellenbedingungen betreffen oft mehrere Parameter, die aufeinander abzustimmen sind. Dabei ist es manchmal vorteilhaft, eine oder mehrere dieser Größen festzulegen, welche an der Anpassung nicht teilnehmen, sondern für alle Funktionen in allen Fällen konstant gehalten werden. Dazu eignen sich besonders solche Größen, welche die Gestalt technischer Systeme maßgeblich beeinflussen, beispielsweise
   - Rollendurchmesser in Bandbehandlungslinien oder
   - Förderteilmengen in intermittierenden Stoffflüssen.

   Dadurch können wesentliche Gestaltmerkmale der Bestandteile technischer Systeme vereinheitlicht und somit die Ersatzteilhaltung vereinfacht werden. Anschließend an die Festlegung solcher invarianter Parameter werden die übrigen Größen entsprechend einem der ersten vier Fälle an die Schnittstellenbedingungen angepaßt.
6. Zusätzlich zu den genannten Fällen werden die bei der vorgesehenen Anwendung der Funktionen voraussichtlich auftretenden Kosten berücksichtigt.

Die Güte der Ergebnisse sowie der erreichbare Informationszuwachs steigen im allgemeinen in der angegebenen Reihenfolge dieser Fälle. Daneben steigt in gleichem Maße auch der erforderliche Aufwand. Die vorbeschriebenen Fälle werden im folgenden beispielhaft durch das Vorgehen beim Bearbeiten der stoffbezogenen physikalischen Funktionskette der Formrichtanlage einer Feuerverzinkungslinie für Stahlband auf der Maschinengruppenebene in vereinfachter Weise verdeutlicht, **Bild 4.30.** Dabei sind unter anderem die Einflußgrößen

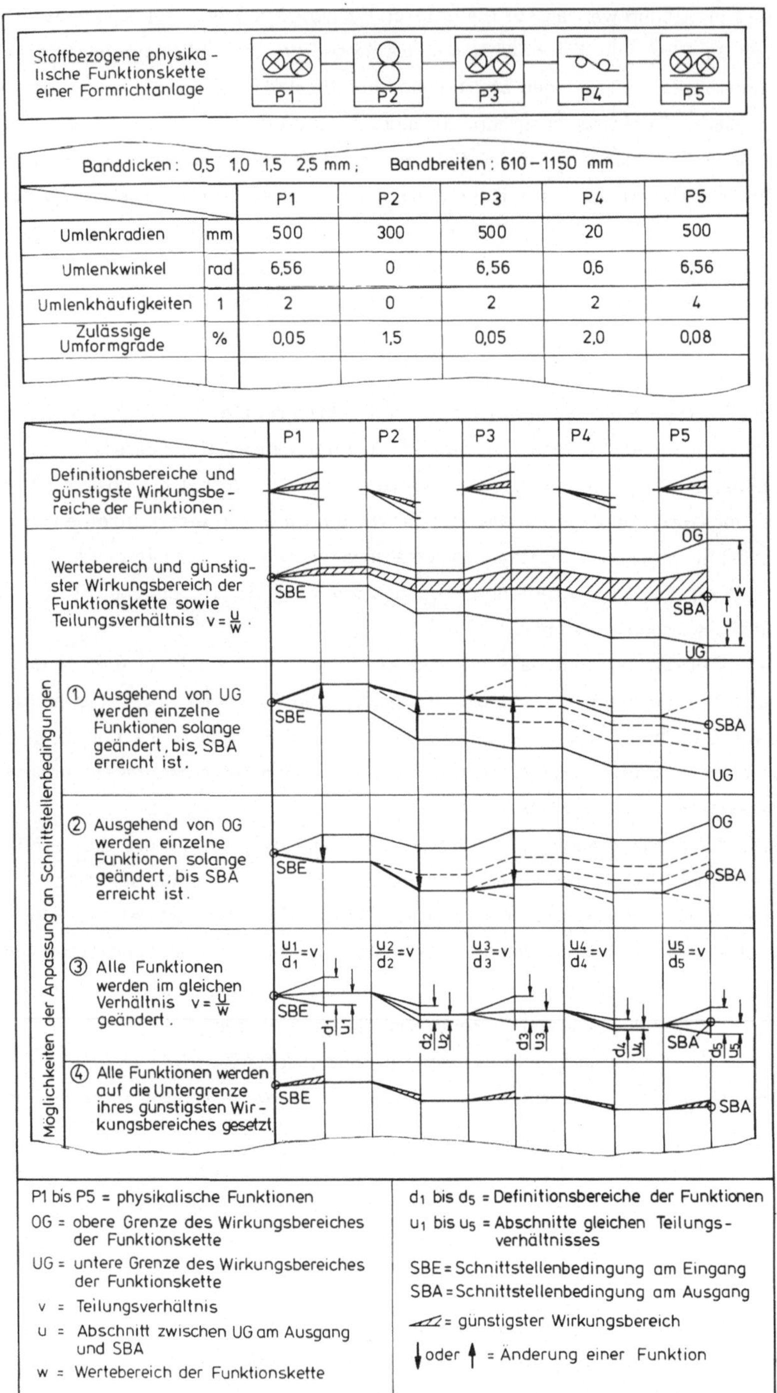

Banddicken: 0,5 1,0 1,5 2,5 mm; Bandbreiten: 610 – 1150 mm

		P1	P2	P3	P4	P5
Umlenkradien	mm	500	300	500	20	500
Umlenkwinkel	rad	6,56	0	6,56	0,6	6,56
Umlenkhäufigkeiten	1	2	0	2	2	4
Zulässige Umformgrade	%	0,05	1,5	0,05	2,0	0,08

Bild 4.30: Stoffbezogene physikalische Funktionskette der Formrichtanlage einer Feuerverzinkungslinie für Stahlband mit wesentlichen zu beachtenden Einflußgrößen sowie möglichen Fällen der Anpassung physikalischer Funktionen an die Schnittstellenbedingungen, dargestellt am Beispiel der Bandzugspannungen, nach / 34 /.

- Bandzugspannungen,
- Banddicken,
- Umlenkradien,
- Umlenkhäufigkeiten sowie
- zulässige Umformgrade

zu berücksichtigen. In Bild 4.30 ist oben die physikalische Funktionskette dieser Anlage durch Bildzeichen beschrieben. Der folgenden Tabelle sind einige Werte wesentlicher Einflußgrößen zu entnehmen. Darunter sind die ersten vier der vorgenannten möglichen Fälle der Anpassung physikalischer Funktionen an die Schnittstellenbedingungen am Beispiel der Bandzugspannungen in Nomogrammform schematisch dargestellt.

Bei jedem der beschriebenen Fälle sind während der Anpassung der physikalischen Wirkzusammenhänge an die Schnittstellenbedingungen grundsätzlich zwei Einschränkungen zu berücksichtigen. Die erste Einschränkung bezieht sich darauf, daß einige technische Systeme imstande sein müssen, mehrere Betriebsweisen mit unterschiedlichen Betriebspunkten oder Betriebsbereichen auszuführen. Wenn in einem solchen Falle dieselbe physikalische Funktion mehrfach (unter verschiedenen Betriebsbedingungen, zu verschiedenen Zwecken) genutzt wird, dann ist dies bei der physikalischen Auslegungsberechnung zu berücksichtigen. Die zweite Einschränkung bezieht sich darauf, daß die Definitionsbereiche (technologische Grenzen) der in einer Kette enthaltenen physikalischen Funktionen manchmal erheblich voneinander abweichen. Dabei kann oft eine Funktion ermittelt werden, deren Definitionsbereich stärker begrenzt ist, als derjenige aller übrigen Funktionen. Dann stellt diese Funktion den sogenannten "Engpaß" dar. Der Engpaß beeinflußt im allgemeinen ganz erheblich die Auslegungsberechnung zu den übrigen Funktionen. Das wird durch folgendes Beispiel verdeutlicht.
Beim systematischen Projektieren von Bandbehandlungslinien auf der Anlagenebene werden als Schnittstellenbedingungen am Ein- und Ausgang der Anlagengruppen Stoffdurchsatzmengen sowie Mengengerüste festgelegt. Zur physikalischen Auslegungsberechnung im Rahmen der Festlegung physikalischer Wirkzusammenhänge in solchen technischen Systemen sind aufgrund des Zusammenhanges

$$\dot{m} = v \cdot A \cdot \rho \qquad (4.4)$$

mit

$\dot{m}$ = Massenstrom
v = Bandgeschwindigkeit
A = Bandquerschnitt
ρ = Dichte des Bandes

oft Abhängigkeiten zwischen Bandabmessungen und möglichen Bandgeschwindigkeiten zu berücksichtigen. Solche Abhängigkeiten sind übersichtlich in Nomogrammen darstellbar. Bei dieser Darstellungsweise erscheinen die Definitionsbereiche physikalischer Funktionen als Flächen zwischen jeweils zwei Grenzkurven. In kontinuierlich arbeitenden Bandbehandlungslinien, mit stetigem Fluß eines zusammenhängenden festen Stoffes, können physikalische Funktionen, die den Stoffdurchsatz betreffen, nur dann zu einer Funktionskette zusammengefaßt werden, wenn die Definitionsbereiche aller Funktionen einen gemeinsamen Schnittbereich haben. Nur in diesem Bereich ist eine physikalische Auslegung möglich. In **Bild 4.31** sind die Definitionsbereiche von vier physikalischen Funktionen (P 1 bis P 4) durch Nomogramme der genannten Art dargestellt. In diesen Nomogrammen ist die Bandgeschwindigkeit als Funktion der Banddicke aufgetragen. Die unteren Grenzkurven werden hier von den Koordinatenachsen gebildet und die Definitionsbereiche sind schraffiert. Im letzten Nomogramm (K) des Bildes 4.31 sind die Definitionsbereiche aller vier Funktionen überlagert. Dabei wird deutlich, daß der Wertebereich einer Funktionskette, die aus diesen vier Funktionen gebildet würde, mit dem Definitionsbereich der Funktion P 4 identisch ist. Funktion P 4 bildet also den Engpaß dieser Kette und ist damit bei der physikalischen Auslegungsberechnung vorrangig zu behandeln / 34 /.

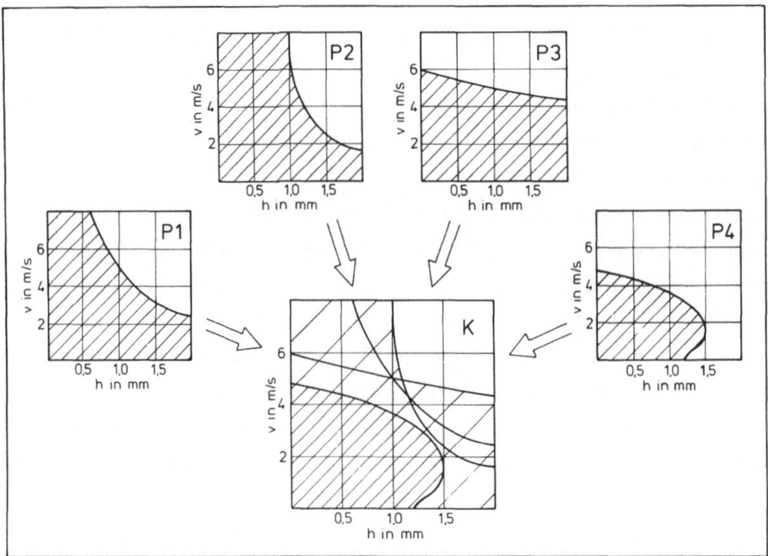

Bild 4.31: Überlagerung der Definitionsbereiche physikalischer Funktionen zum Wertebereich der Funktionskette und Verdeutlichung der den "Engpaß" bildenden physikalischen Funktion, nach / 34 /.

Schnittstellenbedingungen können in Ausnahmefällen auch außerhalb des Wertebereiches der betrachteten physikalischen Funktionskette liegen. Das bedeutet, daß mit der gewählten Kombination physikalischer Funktionen eine Erfüllung der durch die Anforderungsliste festgelegten Aufgabenstellung nicht möglich ist. Diese Unstimmigkeit muß beseitigt werden. Dazu können die folgenden Maßnahmen hinsichtlich ihrer Effektivität geprüft und gegebenenfalls ergriffen werden.

- Es ist zu prüfen, ob die Überschreitung der Schnittstellenbedingungen von merklich ungünstigem Einfluß auf Nachbarsysteme ist und den Wert des Gesamtsystems mindert. Wenn das nachweislich nicht der Fall ist, dann kann die Funktionskette trotz

Nichterfüllung der Schnittstellenbedingungen bei einem Vergleich mit varianten Ketten berücksichtigt oder, falls variante Ketten nicht vorliegen, als zulässig und anforderungsentsprechend behandelt werden. Gleichzeitig sind möglicherweise gebildete variante physikalische Funktionsketten daraufhin zu untersuchen, ob bei ihrer Verwendung ebenfalls eine Überschreitung der Schnittstellenbedingungen gegeben ist.

- Wenn bei der Ermittlung physikalischer Funktionen variante Funktionen gefunden wurden, welche aufgrund ungünstiger Eigenschaften bei der ersten Bewertung ausgesondert und somit nicht zur Bildung varianter Ketten benutzt worden sind, dann ist zu untersuchen, ob bei ihrer Verwendung die Schnittstellenbedingungen eingehalten werden können. Die ungünstigen Eigenschaften dieser varianten Funktionen sind entsprechend den Regeln zur Kompensation unerwünschter Nebenwirkungen zu behandeln. Bei einer nochmaligen Bewertung und Auswahl ist die Einhaltung der Schnittstellenbedingungen als Merkmal mit hoher Wertigkeit einzuführen. Eine neue Funktionskette ist zu bilden und wie bereits beschrieben zu bearbeiten.
- Es ist zu prüfen, ob physikalische Effekte verfügbar sind, durch deren Einfügung in die Funktionskette eine Überschreitung der Schnittstellenbedingungen voraussichtlich vermeidbar ist. Wenn solche Effekte bekannt und anwendbar sind, dann müssen für sie alle Teilschritte zur Festlegung physikalischer Wirkzusammenhänge bis hierher durchgeführt werden; eine neue Funktionskette ist zu bilden und nach den genannten Regeln zu untersuchen.
- Die Schnittstellenbedingungen sind den physikalischen Wirkzusammenhängen anzupassen. Dabei sind die ursprünglich erstellten Funktionsketten zugrundezulegen. Weil eine Änderung der, für das zu bearbeitende Teilsystem maßgebenden Schnittstellenbedingungen auch Einfluß auf andere Teilsysteme haben kann, muß nach Beendigung der Festlegung physikalischer Wirkzusammenhänge eine erneute Aufgabenklärung durchgeführt werden. Dabei ist zu prüfen, welche Auswirkungen sich auf bereits bearbeitete Teilsysteme ergeben. Erforderlichenfalls ist eine Überarbeitung oder Neubearbeitung dieser Systeme durchzuführen.

Die vorgeschlagenen Maßnahmen sind nach ihrem Arbeitsaufwand, welcher von der ersten bis zur letzten erheblich ansteigt, geordnet. Hier nimmt aber mit steigendem Aufwand keineswegs die Güte der Ergebnisse zu. Deshalb sollte die angegebene Reihenfolge bei der Bearbeitung stets eingehalten werden. Wenn schon eine der ersten Maßnahmen zu einem befriedigenden Ergebnis führt, brauchen die weiteren nicht mehr betrachtet zu werden / 34 /.

Aus den vorbeschriebenen Maßnahmen wird auch deutlich, welche Bedeutung einer sorgfältigen Festlegung der Schnittstellen sowie Berechnung der Schnittstellenbedingungen bei der Klärung der Aufgabe zukommt. Schon bei der Aufgabenklärung werden die Weichen für einen reibungslosen Ablauf der Projektierungs- oder Konstruktionstätigkeiten während der folgenden Hauptschritte gestellt. Eine nachlässig durchgeführte oder fehlerhafte Aufgabenklärung kann also erhebliche Mehrarbeit zur Folge haben. Dagegen zeigt sich hier aber auch, daß die beim systematischen Vorgehen notwendige Einteilung technischer Systeme in Teilsysteme und deren isolierte Bearbeitung selbst dann nicht zu fehlerhaften Endergebnissen führen kann, wenn die technischen Systeme, beispielsweise aufgrund fehlender Informationen, unzweckmäßig eingeteilt

wurden. Denn im Bearbeitungsablauf eingebaute Kontrollmechanismen, zu denen auch die Berechnung der schnittstellenabhängigen physikalischen Wirkzusammenhänge zählt, sorgen dafür, daß solche Fehler stets erkannt und beseitigt werden können.
Die Berechnung der unmittelbar schnittstellenabhängigen physikalischen Wirkzusammenhänge ist aber nicht nur eine Kontrollrechnung, sondern damit wird gleichzeitig ein ganz erheblicher Informationszuwachs über die Eigenschaften und die Wirkungsweise des zu bearbeitenden technischen Systems gewonnen. Für den Fall, daß nach der ersten Bewertung der physikalischen Funktionen gleichwertige Varianten übrig bleiben, sind nun Daten verfügbar, die eine neue Bewertung möglich machen. Daneben bilden die in diesem Arbeitsgang erhaltenen Informationen die Grundlage für die Berechnung der schnittstellenunabhängigen Wirkzusammenhänge.

4.3.2.2. Berechnung der nicht unmittelbar von den Schnittstellenbedingungen abhängigen Wirkzusammenhänge

Die Berechnung einer physikalischen Funktionskette ist mit der Festlegung der unmittelbar schnittstellenabhängigen physikalischen Wirkzusammenhänge noch nicht abgeschlossen. In einer solchen Funktionskette sind in der Regel auch noch physikalische Zusammenhänge wirksam, welche zu den Schnittstellenbedingungen entweder nur mittelbar oder gar nicht in Beziehung stehen. Diese Wirkzusammenhänge werden nach Berechnung der unmittelbar schnittstellenabhängigen Wirkzusammenhänge in einem gesonderten Berechnungsgang untersucht und festgelegt. Dabei können sowohl einzelne physikalische Funktionen voneinander getrennt als auch die physikalische Funktionskette als Gesamtheit zu betrachten sein. Der Unterschied zwischen unmittelbar schnittstellenabhängigen physikalischen Wirkzusammenhängen einerseits und mittelbar sowie nicht schnittstellenabhängigen physikalischen Wirkzusammenhängen andererseits wird durch folgende Beispiele verdeutlicht.
Bei der Berechnung stoffbezogener physikalischer Funktionsketten im Rahmen der Projektierung einer Feuerverzinkungslinie (Anlagengruppe) auf der Maschinengruppenebene sind am Ein- und Ausgang jeder Anlage Schnittstellenbedingungen gegeben. Diese Bedingungen werden nach den Regeln der Projektierungs- und Konstruktionssystematik während der Klärung der Aufgabe festgelegt. Mit ihrer Hilfe wird die getrennte Bearbeitung jeder einzelnen Anlage ermöglicht. Für das genannte Beispiel enthalten die Schnittstellenbedingungen unter anderem Informationen über

- Bandzugkräfte,
- Formänderungszustände der Bänder,
- Festigkeitseigenschaften der Bänder sowie
- Temperaturen.

Mit diesen Informationen können unmittelbar schnittstellenabhängige Wirkzusammenhänge berechnet werden. Nach der Berechnung dieser Wirkzusammenhänge liegen entsprechende Angaben auch für jede einzelne physikalische Funktion in der Funktionskette der jeweils betrachteten Anlage, sofern sie unmittelbar mit dem Stofffluß in Verbindung steht, vor.

Ausgehend von diesen Angaben können, beispielsweise für das Abwickeln der Bunde oder das Bewegen, Richten sowie Leiten des Bandes in der Einlaufanlage einer Verzinkungslinie,

- erforderliche Umfangskräfte an Rollen und/oder Drehmomente,
- erforderliche Anstellkräfte sowie
- zulässige und tatsächliche Flächenpressungen zwischen Band und Rollen

ermittelt werden. Daneben sind, unter Verwendung weiterer, in der Anforderungsliste enthaltener Informationen über Bandgeschwindigkeiten sowie vorgesehene Anfahr- und Bremsverhalten,

- Leistungen und
- kennzeichnende Daten

der Antriebe berechenbar. Alle diese Angaben werden unter dem Begriff "mittelbar schnittstellenabhängige physikalische Wirkzusammenhänge" zusammengefaßt, weil zu ihrer Festlegung von den unmittelbar schnittstellenabhängigen Wirkzusammenhängen auszugehen ist. Dabei können die mittelbar schnittstellenabhängigen Wirkzusammenhänge in der Regel die unmittelbar schnittstellenabhängigen Wirkzusammenhänge nicht beeinflussen. Abweichungen von dieser Reihenfolge der Festlegung sind nur in einzelnen Fällen, beispielsweise bei Anpassungskonstruktionen, möglich.
Auch für die Festlegung der mittelbar schnittstellenabhängigen physikalischen Wirkzusammenhänge ist in manchen Fällen die Erstellung modularer Digitalrechenprogramme nützlich. Beispiele hierfür sind die Programme

- WINST: Temperaturverläufe in Rollen oder Walzen aufgrund durchzusetzender Stoffe hoher Temperatur / 30 und 35 /,
- TRUWA: Temperaturverläufe und Wärmespannungen in Rollen oder Walzen bestimmter Gestalt aufgrund durchzusetzender Stoffe hoher Temperatur / 30 und 36 /.

Die letzte Gruppe physikalischer Wirksamkeiten, die bei der Berechnung einer physikalischen Funktionskette auftreten kann, ist diejenige der schnittstellenunabhängigen Wirkzusammenhänge. Zur Festlegung solcher Wirkzusammenhänge zählen in einer stoffbezogenen physikalischen Funktionskette beispielsweise

- Durchsatzmengen-, Druck- und Leistungsberechnungen zur Beschreibung des Düsenabstreifverfahrens in einer Verzinkungsanlage,
- Berechnungen der Kräfte, Wege und Zeiten beim Transportieren der Bunde am Eingang der Einlaufanlage einer Bandbehandlungslinie,
- Berechnungen der Zeitbilanzen für das Sammeln, Behandeln und Abführen von Saumschrott beim Beschneiden der Stahlbänder sowie
- Berechnungen der Temperaturen und der Temperaturbewegungen in Schmelzgefäßen (Digitalrechenprogramm LIDO) / 37 /.

Zur Festlegung dieser Wirkzusammenhänge wird im wesentlichen von Informationen aus der Anforderungsliste ausgegangen. Die schnittstellenunabhängigen Wirkzusammenhänge stehen in der Berechnungsfolge physikalischer Funktionsketten an letzter Stelle, weil hierbei die

Wahrscheinlichkeit einer Rückwirkung auf andere Funktionsketten oder Systeme klein ist. Schnittstellenunabhängige physikalische Wirkzusammenhänge treten besonders häufig in den Ketten der Nebenflüsse - das sind bei vorwiegend stoffdurchsetzenden technischen Systemen die energiebezogenen und die signalbezogenen physikalischen Funktionsketten - auf. Schnittstellenbedingungen bestehen nämlich immer zwischen Teilsystemen, deren Komplexitätsgrad um eine Stufe höher als die zu bearbeitende Komplexitätsebene ist. Kopplungen und Verzweigungen der Nebenketten mit der Hauptkette liegen aber meist innerhalb eines solchen Teilsystems. In diesen Fällen werden die Schnittstellen also von den Nebenflüssen gar nicht berührt, **Bild 4.32.** Bei vorwiegend stoffdurchsetzenden technischen Systemen ist die grundlegende Anforderung darüberhinaus das Umsetzen der Eingangs- in die Ausgangsstoffe. Für Energien und Signale bestehen mit der Aufgabenstellung oft keine Forderungen zum Umsatz, sondern manchmal nur einschränkende Bedingungen für ihre Nutzung. Energie- sowie signalbezogene Funktionen und Funktionsketten werden hauptsächlich aus den Erfordernissen der stoffbezogenen Funktionskette hergeleitet.

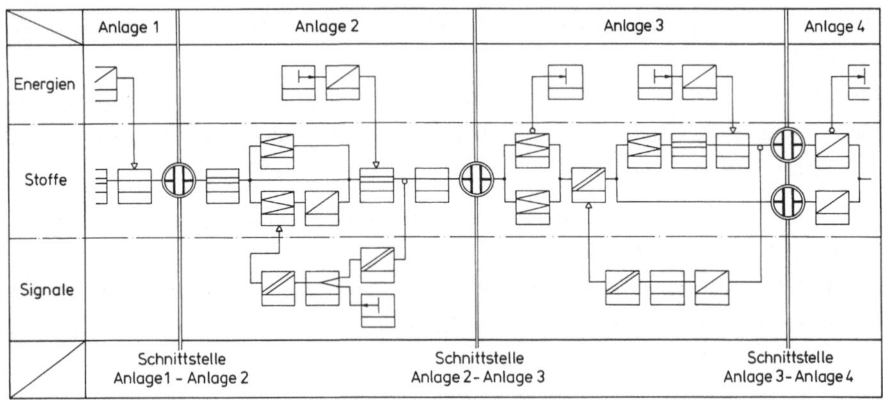

Bild 4.32: Schematische Darstellung zusammengehöriger, durch Schnittstellen voneinander getrennter, logischer Funktionspläne der Anlagen einer Anlagengruppe mit vorwiegendem Stoffdurchsatz.

Aufgrund der für die mittelbar sowie nicht schnittstellenabhängigen physikalischen Wirkzusammenhänge typischen Berechnungsinhalte wird der Arbeitsgang zu ihrer Festlegung manchmal auch physikalische Dimensionierungsberechnung oder Berechnung der inneren physikalischen Wirkzusammenhänge genannt. Die meisten physikalischen Funktionen sowie Funktionsketten des Hauptflusses erfordern sowohl eine physikalische Auslegungsberechnung als auch eine physikalische Dimensionierungsberechnung. Manchmal treten aber auch hier Funktionen - seltener ganze Ketten - mit physikalischen Wirkzusammenhängen auf, welche nur einen der beiden Berechnungsgänge nach sich ziehen. Diese Fälle sind besonders bei einer Automatisierung des Projektierungs- und Konstruktionsablaufes zu beachten, weil sie ohne eine vorausschauende, fehlerfrei aufgebaute Kopplung leicht übersehen werden / 34 und 38 /.

4.4. Kopplungen physikalischer Funktionsketten zu Plänen und Netzen

Die physikalischen Funktionsketten für Stoffe, Energien und Signale können zu umfassenderen Darstellungen gekoppelt werden. Dabei sind, ebenso wie bei der Festlegung logischer Wirkzusammenhänge, zwei verschiedene Arten der Kopplung,

- physikalische Funktionspläne und
- physikalische Funktionsnetze,

zu unterscheiden.
Physikalische Funktionspläne sind Darstellungen physikalischen Geschehens, welche die Folge und das Zusammenwirken physikalischer Funktionen sowie Funktionsketten gleicher Komplexität für Stoffe, Energien und Signale zeigen. Ein physikalischer Funktionsplan enthält in konzentrierter Form alle Informationen über die physikalischen Gegebenheiten eines technischen Systems sowie über die möglichen physikalischen Vorgänge in dem System, welche im Verlaufe der Festlegung physikalischer Wirkzusammenhänge der jeweils bearbeiteten Komplexitätsebene gesammelt wurden. Damit verdeutlicht dieser Funktionsplan auch die Kompliziertheit eines technischen Systems.
Mit physikalischen Funktionsnetzen wird der Zusammenhang zwischen physikalischen Funktionsketten, welche bei der Bearbeitung eines technischen Systems in mehreren nacheinanderfolgenden Komplexitätsebenen ermittelt wurden, dokumentiert. Sie sind im allgemeinen nur auf eine der drei physikalischen Grundgrößen - Stoffe, Energien oder Signale - bezogen. Ein physikalisches Funktionsnetz spiegelt also die stoff-, energie- oder signalbezogene physikalische Struktur eines technischen Systems wieder und gibt damit ein anschauliches Bild von dessen Komplexität.

4.4.1. Erstellung physikalischer Funktionspläne

Zur Erstellung eines physikalischen Funktionsplanes müssen die stoff-, energie- und signalbezogenen physikalischen Funktionsketten des zu bearbeitenden technischen Systems miteinander verknüpft werden. Dieses Verknüpfen beruht aber nicht auf einfachem graphisch-mechanischem Aneinanderreihen der ermittelten Funktionsketten einer Komplexitätsebene, sondern führt zu neuen Problemstellungen, die bei der getrennten Bearbeitung der Einzelketten noch nicht auftraten. Diese neuen Problemstellungen betreffen vor allem das Systemverhalten, das heißt, die Reaktionen des Gesamtsystems auf zeitlich veränderliche äußere Einflüsse sowie auf die Wechselwirkungen zwischen stoff-, energie- und signalbezogenen physikalischen Funktionen während solcher Vorgänge.

Die während der Erstellung der Einzelfunktionsketten noch weitgehend isoliert zu berücksichtigenden ingenieurwissenschaftlichen Fachgebiete, zu denen im wesentlichen die

- Mechanik,
- Hydraulik/Pneumatik,
- Elektrik/Energietechnik,
- Meß-, Steuer- und Regeltechnik,
- Umweltschutz- und Klimatechnik sowie
- Ergonomie

gehören, müssen bei der Kopplung der Ketten zum physikalischen Funktionsplan meist gleichzeitig betrachtet werden. Das hat in den Jahren nach 1970 infolge der aus Ingenieurtradition gewachsenen scharfen Trennung und dem Fehlen definierter Koppelstellen zwischen den verschiedenen Fachabteilungen der Unternehmen, die sich mit den vorgenannten Fachgebieten befassen, zu immer größeren Schwierigkeiten bei der Projektierung, Konstruktion und Auftragsabwicklung technischer Systeme geführt. Zu dieser Entwicklung haben insbesondere die

- zunehmende Automatisierung,
- größer werdenden Auftragsumfänge und
- steigende Komplexität sowie Kompliziertheit der technischen Systeme

beigetragen. Wechselwirkungen zwischen den physikalischen Funktionen der verschiedenen Funktionsketten wurden oft erst während des Zusammenbaues, der Montage oder der Inbetriebnahme technischer Systeme festgestellt und mußten dann entweder nachträglich beseitigt werden oder führten zu einer Minderung des Nutzwertes des Systems für den Betreiber. Beides führt zu grundsätzlich vermeidbaren zusätzlichen Kostenbelastungen. Deshalb ist die Integration dieses Kopplungsvorganges zum frühest möglichen Zeitpunkt in den Projektierungs- und Konstruktionsablauf ein wesentlicher Teilschritt der Festlegung physikalischer Wirkzusammenhänge. Dabei wird aufgrund der durch das systematische Vorgehen vorgegebenen klaren Einteilung in stoff-, energie- und signalbezogene physikalische Funktionsketten eine Abgrenzung der Aufgaben einzelner organisatorischer Einheiten eines Unternehmens erheblich erleichtert. Gleichzeitig wird die Zusammenarbeit dieser Einheiten durch das deutliche Hervortreten und die eindeutige Definition von Koppelstellen verbessert.

Berechnungen zur Festlegung physikalischer Funktionspläne sind besonders durch die Anwendung von Methoden aus der Meß-, Steuer- und Regelungstechnik gekennzeichnet. Dabei sind aber, im Gegensatz zu physikalischen Auslegungs- und Dimensionierungsberechnungen, weniger die Betriebspunkte oder Betriebsbereiche (Phasen des Normalbetriebes) der technischen Systeme, sondern vielmehr deren Ausnahmezustände und -vorgänge, beispielsweise

- Ein- oder Ausschalten,
- Unterbrechungen der Stoff-, Energie- oder Signalzufuhr,
- Störungen an den Koppelstellen zwischen den stoff-, energie- und signalbezogenen physikalischen Funktionsketten sowie
- Ausfälle einzelner Funktionen

zu untersuchen. Diese Untersuchungen erstrecken sich hauptsächlich auf dynamische Prozesse. Zur hinreichend genauen Berechnung solcher Wirkzusammenhänge ist der Einsatz elektronischer Datenverarbeitungssysteme bei der Bearbeitung technischer Systeme hoher Komplexität unerläßlich. Diese Notwendigkeit ist in den oft sehr großen Datenumfängen und in dem Auftreten mathematischer Probleme mit Nichtlinearitäten begründet. Zur Durchführung solcher Berechnungen werden die physikalischen Funktionsketten nach den für die Festlegung logischer Funktionspläne bereits beschriebenen Regeln zu einem vorläufigen physikalischen Funktionsplan zusammengestellt. Auf diesem vorläufigen Funktionsplan aufbauend, werden die erforderlichen Berechnungen durchgeführt. Berechnungen zur Festlegung des physikalischen Funktionsplanes müssen nicht unbedingt den gesamten Funktionsplan in einem Ablauf erfassen, sondern können auch abschnittweise durchgeführt werden. In diesem Falle sollten die festgelegten Abschnitte stets die Koppelstellen überdecken. Im Verlaufe dieser Berechnungen können unter anderem

- unvereinbare oder unzweckmäßige Koppelstellen zwischen einzelnen Funktionsketten sowie
- funktionelle Unverträglichkeiten zwischen Funktionen unterschiedlicher Funktionsketten

aufgedeckt werden. Koppelstellen zwischen Funktionsketten können sowohl mit Funktionen zusammenfallen, als auch auf Ablauflinien zwischen Funktionen liegen. Eine Koppelstelle, die eine energiebezogene Funktionskette an eine stoffbezogene Funktion koppelt, kann beispielsweise dann als unvereinbar bezeichnet werden, wenn die Energie, welche der stoffbezogenen Funktion durch die energiebezogene Kette verfügbar gemacht wird, in ihren Eigenschaften (Güte, Menge, Zeitverhalten) nicht den Erfordernissen dieser Funktion entspricht. Unvereinbarkeiten von auf Ablauflinien liegenden Koppelstellen können beispielsweise durch Nebenwirkungen vor- oder nachgeschalteter physikalischer Funktionen hervorgerufen werden. Unvereinbare Koppelstellen machen den anforderungsgerechten Betrieb des technischen Systems unmöglich. Unzweckmäßige Koppelstellen sind daran zu erkennen, daß der anforderungsgerechte Betrieb des technischen Systems zwar möglich, das Systemverhalten aber durch Verlegung der Koppelstelle verbessert werden kann. Funktionelle Unverträglichkeiten, das sind unzulässige Beeinträchtigungen der Wirkung physikalischer Funktionen infolge gegenseitiger Beeinflussung, können nicht nur, wie bereits beschrieben, zwischen Funktionen einer, sondern auch zwischen solchen verschiedener Funktionsketten auftreten. Auch sie können zu einem nicht anforderungsentsprechenden Verhalten des Funktionsplanes, insbesondere bei Extremsituationen führen.
Solche unvermeidbaren oder unzweckmäßigen Koppelstellen sowie funktionelle Unverträglichkeiten können, falls sie die Funktionsfähigkeit des Gesamtsystems erheblich stören oder unmöglich machen, nach den Regeln zur Beseitigung funktioneller Unverträglichkeiten und unerwünschter Nebenwirkungen in physikalischen Funktionsketten, beispielsweise durch

- Verwendunq varianter Funktionen,
- Verwendung varianter Funktionsketten,
- Einfügen zusätzlicher Funktionen,
- Einfügen zusätzlicher Funktionsketten,
- Umstellen einzelner Funktionen innerhalb der Funktionsketten,
- Umstellen von Funktionsketten sowie
- Verlegen der Koppelstellen

beseitigt werden. In solchen Fällen sind die entsprechenden Teilschritte der Festlegung physikalischer Wirkzusammenhänge einschließlich der zugehörigen Bewertungs- und Auswahlvorgänge erneuert durchzuführen. Dabei sind die bei den Berechnungen zur Festlegung des physikalischen Funktionsplanes hinzugewonnenen Informationen durch zusätzliche Bewertungsmerkmale zu berücksichtigen. Auch gegebenenfalls noch zu berücksichtigende gleichwertige variante Funktionsketten können an dieser Stelle unter Verwendung der hinzugewonnenen Informationen neu bewertet werden. Der endgültige physikalische Funktionsplan ist dann fertiggestellt, wenn nach dieser abschließenden Bewertung die günstigste Kombination eventuell vorliegender varianter physikalischer Funktionsketten bestimmt und der vorläufige physikalische Funktionsplan, den Ergebnissen der beschriebenen Teilschritte entsprechend, entweder bestätigt oder geändert wurde.

4.4.2. Nachbildung dynamischer Vorgänge durch mathematische Modelle

Dynamische Prozesse in technischen Systemen können durch

- kontinuierliche Simulation oder
- diskrete Simulation

modellhaft nachgebildet werden.
Alle bekannten technischen Vorgänge verlaufen im mathematischen Sinne kontinuierlich. Sprunghafte Änderungen sind strenggenommen nicht möglich. Dieser Tatsache entsprechend sollte die Systemzeit im Modell kontinuierlich erzeugt werden. Bei der Benutzung eines Digitalrechners ist die kontinuierliche Zeitführung nicht möglich. Sie wird durch Aneinanderreihung kleiner Zeitschritte quasi kontinuierlich angenähert. Es entsteht ein festes Zeitraster konstanter Teilung. Diese Zeitdarstellung eignet sich für die gleichungsorientierten Modelle. Sie werden für die Nachbildung derjenigen Systeme eingesetzt, in denen die Übergänge zwischen den einzelnen Systemzuständen im wesentlichen als stetig über die Zeit angesehen werden können. Charakteristische technische Beispiele für derartige dynamische Systeme sind Antriebe und deren Regelung und das dynamische Verhalten von Maschinenbauteilen. Neben den stetigen Prozessen gibt es eine Klasse dynamischer Prozesse, in denen der Prozeßablauf durch den Fluß diskreter Elemente (beispielsweise Werkstücke) über die Systemkomponenten (beispielsweise Lager- oder Bearbeitungseinheiten) gekennzeichnet ist. In diesem Falle richtet sich die Länge der Zeitschritte nach der Dauer einer nachzubildenden Prozeßaktivität. Es entsteht ein Zeitraster mit ungleicher Teilung. Diese Zeitdarstellung eignet sich für die mathematisch-numerischen Modelle, bei denen die Prozeßaktivitäten durch programmierte Algorithmen wiedergegeben werden und ist für die Simulation von flexiblen Fertigungssystemen besonders geeignet / 39 /.

Als Beispiel der Nachbildung dynamischer Prozesse durch mathematische Methoden und der Abbildung solcher Vorgänge mit Hilfe elektronischer Datenverarbeitungssysteme dient das Programm UNIDYN / 40 /. Dieses Programm wurde unter besonderer Berücksichtigung einer Übertragung der Vorteile einer analogen Bearbeitungsweise, das sind im wesentlichen die

- Durchführung von Berechnungen auf Realzeitbasis und
- einfache Möglichkeit der Abbildung höherer mathematischer Operationen,

mit Digitalrechnern erstellt. Das Programm UNIDYN ist unter anderem durch leichte Einbeziehung Boolescher Operationen bei hoher Rechengenauigkeit, Reproduzierbarkeit der Ergebnisse und niedriger erforderlicher Speicherkapazität gekennzeichnet. Diese Forderungen an das Rechenprogramm hätten bei Verwendung eines Analogrechners nicht in dem gewünschten Umfang erfüllt werden können. Daneben ist eine Einbettung dieses Programms in andere Digitalrechenprogramme zur Festlegung physikalischer Wirkzusammenhänge leicht möglich. Das Programm UNIDYN kann auf Digitalrechenanlagen mit 64 oder mehr K-Byte-Hauptspeicher eingesetzt werden. Die Ergebnisse können auf einem graphischen Bildschirmgerät sichtbar gemacht und dann geplottet werden.

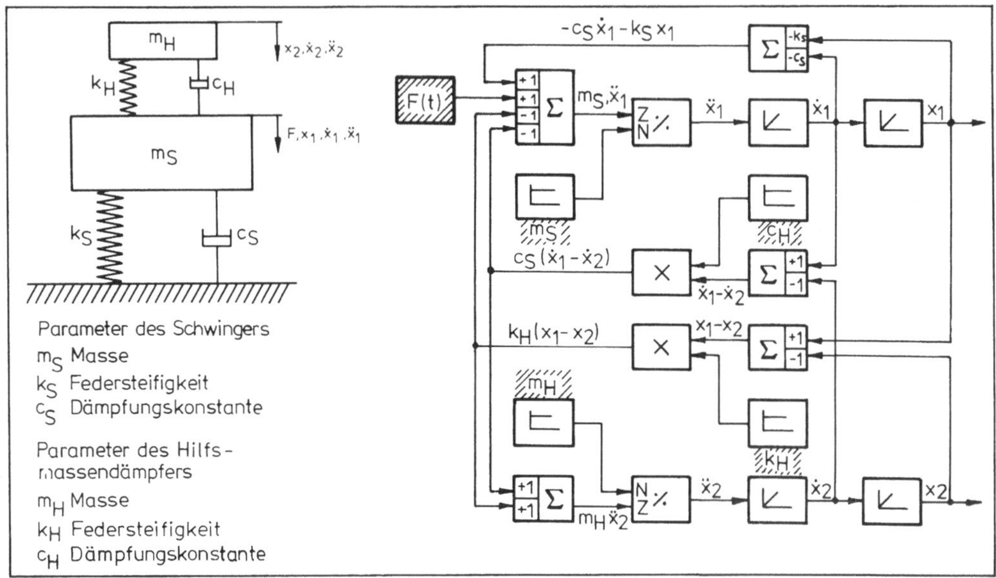

Bild 4.33: Modell und Blockschaltbild für einen Einmassendämpfer mit passivem Hilfsmassendämpfer, von M. Weck und G. Klingenberg / 39 /.

Für die Anwendung von UNIDYN ist das zu untersuchende technische System modellhaft als Blockschaltbild darzustellen, **Bild 4.33.** Ein solches Blockschaltbild kann sowohl aus systembeschreibenden Differentialgleichungen als auch aus dem Signalfluß bei bekanntem dynamischen Verhalten der stoff- und energiebezogenen physikalischen Funktionen hergeleitet werden. Für die Dateneingabe werden die Verknüpfungen zwischen Signalen und Blöcken als Matrix zusammengestellt. Es stehen vierzig verschiedene Funktionsblöcke für

- Signalquellen,
- arithmetische Funktionen,
- Linearitäten,
- Sonderblöcke,
- Nichtlinearitäten und
- Boolesche Funktionen

zur Verfügung. Damit können in definierten Zeitschritten die Momentanzustände aller Parameter für das Ende eines jeden, durch einen solchen Zeitschritt repräsentierten dynamischen Teilprozesses berechnet werden. Schrittweite, Gesamtzeitraum sowie für die Untersuchung wesentliche zur Ausgabe gelangende Parameter sind bei der Dateneingabe wählbar. Für die Erleichterung des Eingabevorganges werden alle erforderlichen Informationen in vorbereitete, mit Erklärungen versehene Formulare eingetragen.

Zur Berechnung des dynamischen Verhaltens einer Werkzeugmaschine können die stoff- und energiebezogenen physikalischen Funktionen für das Erzwingen der

- Wandlung elektrischer in mechanische Energie,
- Änderung der Drehzahl und des Drehmomentes,
- Bewegung des Werkzeuges und
- Bewegung des Werkstückes

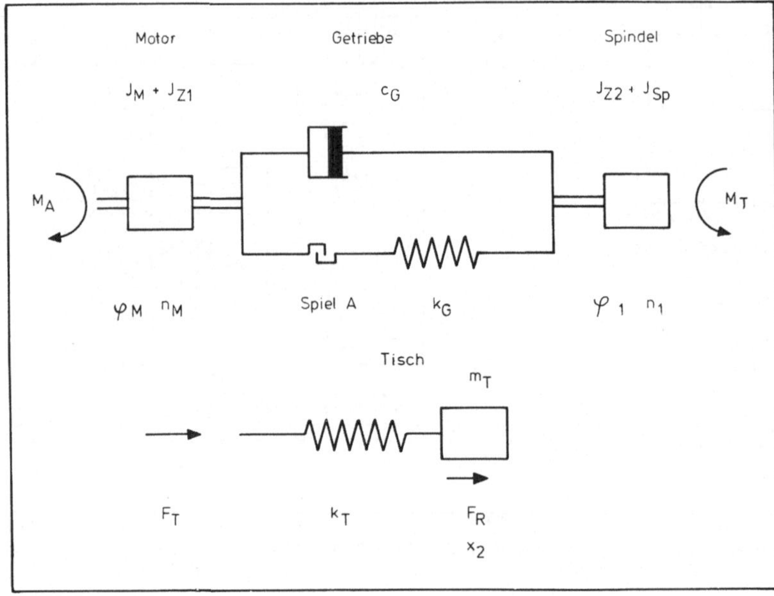

Bild 4.34: Modell des Spindel-Tisch-Systems eines Vorschubantriebs, von G. Klingenberg / 40 /.

zu einem Feder-Masse-System mit Dämpfung und Spiel freigemacht werden, **Bild 4.34.** Dynamische Vorgänge in diesem freigemachten System werden durch die im oberen Teil des **Bildes 4.35** angegebenen Differentialgleichungen beschrieben. Anhand dieser Gleichungen wird das Blockschaltbild im unteren Bereich des Bildes 4.35 erstellt. Nach der Erweiterung des freigemachten Systems, Bild 4.33, um die Regelfunktionen und Eingabe aller Daten kann das Programm UNIDYN ablaufen. **Bild 4.36** zeigt das Ergebnis eines Rechenlaufes, bei dem untersucht werden sollte, welchen Einfluß die Lage der Koppelstelle zwischen den stoff- sowie energiebezogenen physikalischen Funktionsketten einerseits und der signalbezogenen physikalischen Funktionskette andererseits hat.

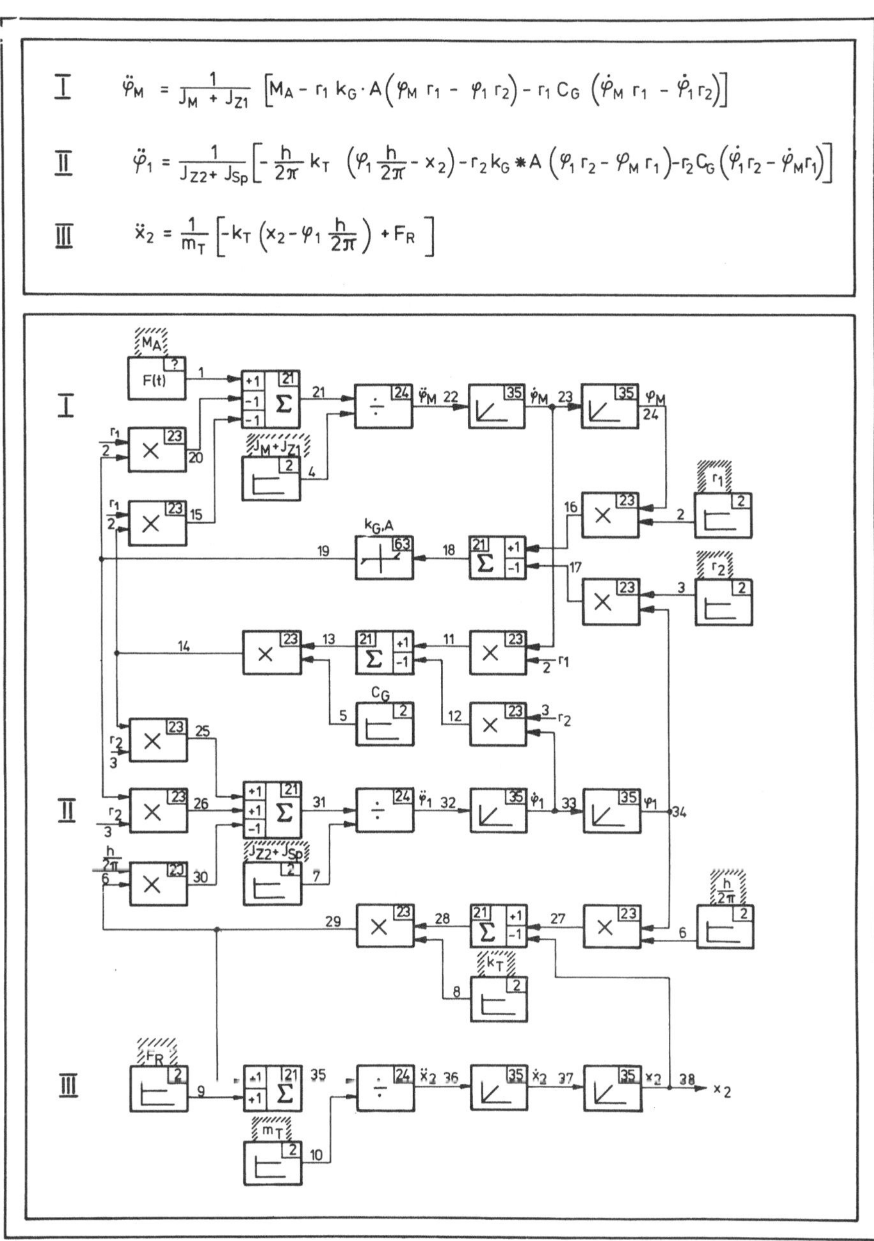

Bild 4.35: Differentialgleichungen und Blockschaltbild für das Modell nach Bild 4.34, von G. Klingenberg / 40 /.

Das Programm UNIDYN ist sowohl für die Vorausberechnung (iterativ) als auch für die Nachberechnung des dynamischen Verhaltens angetriebener technischer Systeme und deren Regelung sowie sonstiger schwingungsfähiger Systeme anwendbar. Somit ist es im Rahmen der Projektierungs- und Konstruktionssystematik in Abhängigkeit von der Komplexität des zu

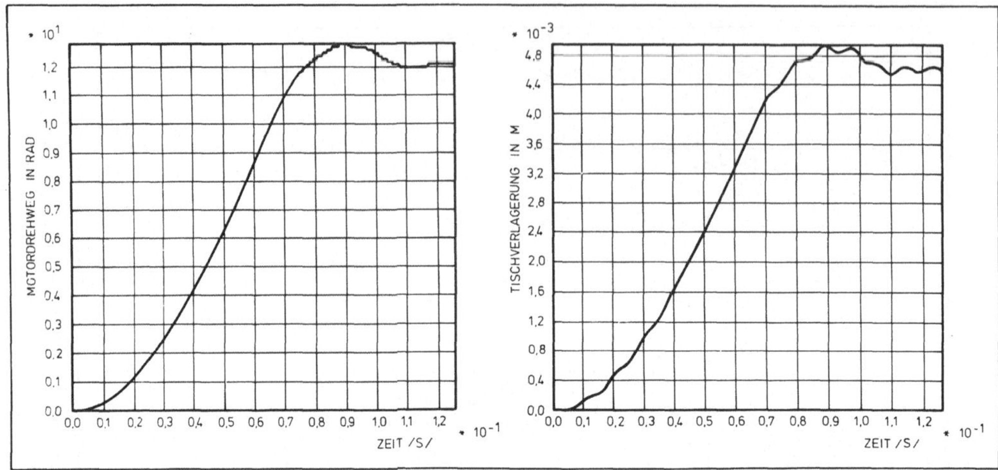

Bild 4.36: Gegenüberstellung von Motordrehweg und Tischverlagerung für das Modell nach Bild 4.34, von G. Klingenberg / 40 /.

bearbeitenden technischen Systems sinnvoll auf der Maschinen- oder Teilegruppenebene einsetzbar. Eine weitere Anwendung hat das modifizierte Programm UNIDYN bei der konstruktiven Auslegung komplizierter Walzenantriebsysteme gefunden / 41 /. Dabei wurden die dynamischen Beanspruchungsabläufe einerseits in Vorgerüstantriebsystemen von Warmbreitbandstraßen und andererseits in Gesamtantriebsystemen von Warmbandstraßen unter Berücksichtigung der Regelung simuliert. Ziel dieser Simulationsberechnungen war unter anderem, bei Berücksichtigung der Walzspaltvorgänge und wesentlicher Drehzahlen, die Feststellung der Auswirkungen des Spiels in den Gelenkverbindungen, Kupplungen sowie Getrieben auf die Bauteilbeanspruchungen. Das Programm UNIDYN kann für die Simulation des dynamischen Verhaltens verschiedenartiger Gesamtantriebsysteme in Hüttenwerken, beispielsweise von Blockstraßen, Halbzeugstraßen, Stabstahl- sowie Drahtstraßen, Bandstraßen und Rohrwalzstraßen eingesetzt werden.

4.4.3. Anwendung physikalischer Funktionspläne

Physikalische Funktionspläne der bisher beschriebenen Form, also beispielsweise durch Ablauflinien verbundene Bildzeichen physikalischer Funktionen oder auch physikalische Funktionsmatrizen, dienen der Darstellung physikalischer Wirkzusammenhänge beim Projektieren sowie Konstruieren und sind Hilfsmittel beim Auftragsabwickeln, Inbetriebnehmen sowie Betreiben technischer Systeme. Außerdem können solche Funktionspläne zur Verdeutlichung von Berechnungs- und Bearbeitungsrichtlinien herangezogen werden.

Zur Lösung fachspezifischer Einzelprobleme sind physikalische Funktionspläne leicht in eine den besonderen Erfordernissen angepaßte äußere Form umsetzbar. Dabei dürfen die im physikalischen Funktionsplan enthaltenen, für den Anwendungszweck wesentlichen Informationen betont oder für spezifische Probleme unwichtige Einzelheiten unterdrückt werden. Somit können aus physikalischen Funktionsplänen beispielsweise

- Schaltpläne für die
  - Hydraulik,
  - Elektrik,
  - Pneumatik,
- Blockdiagramme für die Meß-, Steuer- und Regelungstechnik sowie
- Ablauf- und Schaltpläne wesentlicher Stoffe, Energien und Signale für die
  - Überwachung und
  - manuelle Steuerung oder Bedienung

der zu verwirklichenden technischen Systeme hergeleitet werden. Daneben besteht auch die Möglichkeit, Übersichtsdarstellungen der letztgenannten Art, wie bereits unter 3.7. beschrieben, auf der Grundlage logischer Funktionspläne aufzubauen.

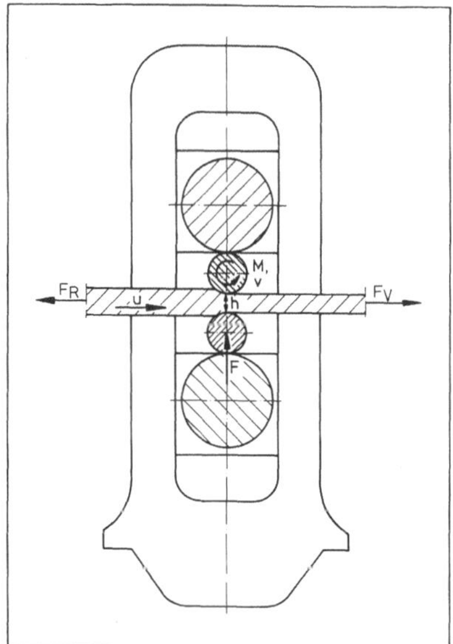

Bild 4.37: Schematische Darstellung eines Vierwalzen-Kaltwalzaggregates.

Zur Verdeutlichung einer Umsetzung des durch Bildzeichen beschriebenen physikalischen Funktionsplanes in zweckorientierte, fachspezifische Darstellungsformen dient als Beispiel der physikalische Funktionsplan eines Vierwalzen-Kaltwalzaggregates für Stahlband. Ein solches Vierwalzen-Walzaggregat, das der Maschinengruppenebene zuzuordnen ist, zeigt **Bild 4.37.** Die zur Umformung eines Walzgutes durch Kaltwalzen notwendige Kraft F kann nach / 42 / zu

$$F = A_d \cdot k'_w \cdot a_1 \cdot a_2 \qquad (4.5)$$

berechnet werden. Hierin sind

A_d = gedrückte Fläche
k'_w = Formänderungswiderstand für den zugeordneten Flachwalzfall
a_1 = Geschwindigkeitsbeiwert
a_2 = Kaliberbeiwert

Dabei sind

- der Formänderungswiderstand k'_w im wesentlichen von
  - Werkstoff des Walzgutes,
  - Dicken-Durchmesser-Verhältnis,
  - Walztemperatur und
  - Stichabnahme,
- der Geschwindigkeitsbeiwert a_1 im wesentlichen von
  - Werkstoff des Walzgutes,
  - Verhältnis Walzgeschwindigkeit zu Walzendurchmesser und
  - Walztemperatur

abhängig. Der Kaliberbeiwert a_2 berücksichtigt die Verluste im Kaliber und ist gleich 1 für das Walzen auf der Flachbahn. Mit

$$A_d = l_d \cdot b, \tag{4.6}$$

$$l_d = \sqrt{r' \cdot \Delta h}\ , \tag{4.7}$$

$$r' = r\left(1 + \frac{C \cdot F}{b \cdot \Delta h}\right), \tag{4.8}$$

$$\Delta h = h_0 - h_1 \text{ und} \tag{4.9}$$

$$C = \frac{16}{\pi} \cdot \frac{1 - \nu^2}{E} \tag{4.10}$$

nach / 43 / mit

l_d = gedrückte Länge
b = Breite des Walzgutes
r' = wirksamer Walzenradius
Δh = Stichabnahme
h_0 = Dicke des Walzgutes vor dem Stich
h_1 = Dicke des Walzgutes nach dem Stich
r = Walzenradius
C = elastische Konstante des Walzgutes
ν = Querdehnungszahl des Walzgutes
E = Elastizitätsmodul des Walzgutes

wird

$$F = \frac{C}{2} \cdot k_w'^2 \cdot r \cdot b \cdot a_1^2 \cdot \left(1 + \sqrt{1 + \frac{4 \cdot (h_0 - h_1)}{C^2 \cdot k_w'^2 \cdot r \cdot a_1^2}}\right) \tag{4.11}$$

Unter der Voraussetzung, daß, bei konstant bleibenden übrigen Einflußgrößen, die Dicke des Walzgutes vor dem Stich sich aufgrund eines fehlerhaften Zustandes des Einsatzwerkstoffes von h_0 auf $h_0 + \Delta h_F$ ändert, muß, zur Gewährleistung gleichbleibender Dicke des Ausgangswerkstoffes h_1, die Walzkraft von F auf $F + \Delta F_F$ anwachsen.
Der Gerüstmodul eines Walzenständers GM ist durch

$$GM = \frac{F}{\Sigma f_i} \tag{4.12}$$

gekennzeichnet (Σf_i = Summe aller Verformungen des Walzgerüstes) und nur von den geometrischen Eigenschaften sowie Werkstoff-Eigenschaften des Ständers abhängig. Eine Umstellung dieser Gleichung nach

$$\Sigma f_i = \frac{F}{GM} \tag{4.13}$$

macht deutlich, daß ein Anwachsen der Walzkraft um F_F auch eine Zunahme der Verformungen im Walzenständer auf $\Sigma(f_i + \Delta f_{iF})$ bewirkt. Damit wächst der Walzspalt und die Dicke des auslaufenden Walzgutes. Ein Dickenfehler des einlaufenden Walzgutes hat bei starr eingebauten Walzen also stets einen Dickenfehler des auslaufenden Walzgutes zur Folge. Ähnlich wirken sich auch Schwankungen der Temperatur und der Walzgeschwindigkeit über die Parameter k_w' und a_1 aus. Damit das auslaufende Walzgut unabhängig von solchen Fehlerquellen stets innerhalb vorgegebener Dickentoleranzen liegt, ist es notwendig, Walzkraft und Walzspalt während des Walzprozesses kontinuierlich den sich ändernden Bedingungen anzupassen. Diese Aufgabe übernimmt in neuzeitlichen Walzgerüsten die sogenannte Anstelleinheit. Daneben erfüllen Anstelleinheiten selbstverständlich im allgemeinen noch eine davon unabhängige Funktion. Denn sie gleichen Walzspaltänderungen, die aufgrund unterschiedlicher Anstichdicken sowie Stichabnahmen notwendig sind und welche aus Walzenverschleiß sowie durch Einbau von Arbeits- und Stützwalzen unterschiedlicher Durchmesser herrühren, aus. Diese Anpassung auf veränderliche Zustandsgrößen geschieht jedoch stets vor einem Stich, ist also ein statischer Vorgang. Die Anpassung auf veränderliche Prozeßgrößen wird aber zu jedem Zeitpunkt während des Stiches durchgeführt; sie stellt einen dynamischen Vorgang dar. Im folgenden wird nur dieser dynamische Vorgang betrachtet. Dabei wird üblicherweise die Stellbewegung von den Momentanwerten geometrischer Hauptgrößen des Walzvorganges abhängig gemacht. Diese geometrischen Hauptgrößen sind die

- Banddicke vor dem Walzspalt,
- Größe des Walzspaltes und
- Banddicke hinter dem Walzspalt.

Dabei wird von der Voraussetzung ausgegangen, daß, wenn es gelingt, den Walzspalt zu einer anforderungsgerechten Reaktion (Stellbewegung nach Größe und Richtung) auf diese Größen zu veranlassen, sich die hierzu erforderliche Walzkraft "automatisch" einstellt.
Im oberen Teil des **Bildes 4.38** ist der physikalische Funktionsplan einer solchen Anstelleinheit dargestellt. Dieser Funktionsplan, welcher einen der denkbar möglichen varianten physikalischen Wirkzusammenhänge einer Anstelleinheit wiedergibt, enthält im Falle des gewählten Beispiels

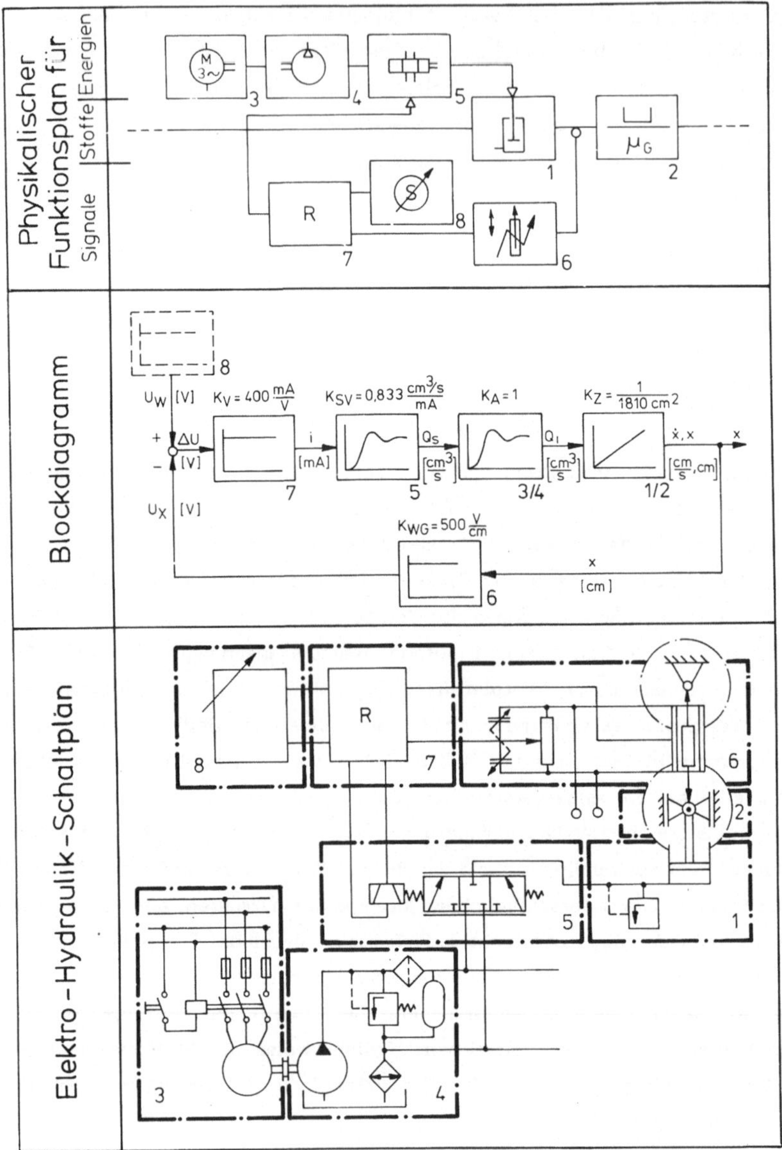

Bild 4.38: Physikalischer Funktionsplan der Anstelleinheit eines Walzaggregates mit daraus hergeleitetem Blockdiagramm sowie Elektro/Hydraulik-Schaltplan.

- zwei stoffbezogene Funktionen zur Erzeugung der Stellbewegung und damit auch zur Übertragung der Umformkraft auf das Band (1) und zur Führung dieser Kraft (2)
- drei energiebezogene physikalische Funktionen zur Wandlung elektrischer in mechanische Energie (3), Wandlung mechanischer Energie in hydraulischen Druck (4) und zur Aufschaltung dieses Druckes (5) auf die stoffbezogene Funktion 1 sowie
- drei signalbezogene physikalische Funktionen zur anforderungsentsprechenden Beeinflussung (6) der energiebezogenen Funktion 5, Überwachung des Ergebnisses dieser

Beeinflussung (7) und Zuführung einer veränderbaren Stellgröße (8).

Zum Zwecke der Berechnung dynamischer Eigenschaften des physikalischen Funktionsplanes, beispielsweise

- Frequenz- und Phasengang des aufgeschnittenen Regelkreises,
- Frequenz- und Phasengang des geschlossenen Regelkreises,
- Amplituden- und Phasenrand sowie
- Ortskurve,

oder zur Festlegung dynamischer Kenngrößen der einzelnen Funktionen in Abhängigkeit von den Erfordernissen des Funktionsplanes, beispielsweise

- Übertragungsbeiwerte,
- Eigenfrequenz,
- Dämpfung sowie
- Nichtlinearitäten,

kann der physikalische Funktionsplan in ein Blockdiagramm, Bild 4.38, Mitte, umgesetzt werden. Hierzu werden die aus der Regelungstechnik bekannten Bildzeichen, die auf kennzeichnenden Diagrammen aufgebaut sind, verwendet. Die Nummern der Blöcke entsprechen denjenigen der physikalischen Funktionen des Funktionsplanes. In das dargestellte Blockdiagramm sind zusätzlich Informationen zur Berechnung des Frequenzganges des Regelkreises eingetragen. Der Block 6 ist gestrichelt gezeichnet, weil er zu den hier auftretenden Berechnungen keinen Beitrag liefert.
Der untere Teil des Bildes 4.38 zeigt einen aus dem physikalischen Funktionsplan hergeleiteten Elektro-Hydraulik-Schaltplan. Dieser Schaltplan dient im wesentlichen der Berechnung hydrostatischer sowie elektro-hydraulischer Wirkzusammenhänge und ist die Grundlage zur Festlegung konstruktiver Wirkzusammenhänge der hydraulischen Teilsysteme. Die Nummern der Schaltelemente entsprechen ebenfalls denjenigen der physikalischen Funktionen des Funktionsplanes.

4.4.4. Erstellung physikalischer Funktionsnetze

Physikalische Funktionsnetze sind Zusammenfassungen physikalischer Funktionsketten mehrerer nacheinander folgender Komplexitätsebenen. Zur Lösung einer bestimmten Projektierungs- oder Konstruktionsaufgabe ist bekanntlich die Bearbeitung mehrerer Komplexitätsebenen erforderlich. Dabei wird stets mit der sogenannten "Startebene" begonnen. Das ist für die Bearbeitung eines Einzelsystems diejenige Ebene, die einen um eine Stufe niedrigeren Komplexitätsgrad als das zu betrachtende technische Gesamtsystem hat. Der Grad der letzten zu durchlaufenden Komplexitätsebene wird durch den mit der Aufgabenstellung gegebenen erforderlichen Konkretisierungsgrad bestimmt. So ist beispielsweise zur Erstellung des Kontaktangebotes für ein Werk die Bearbeitung der Anlagengruppenebene sowie der Anlagenebene erforderlich, **Bilder 4.39** und 1.10. Die Erstellung eines physikalischen Funktionsnetzes, welches dem Konkretisierungsgrad

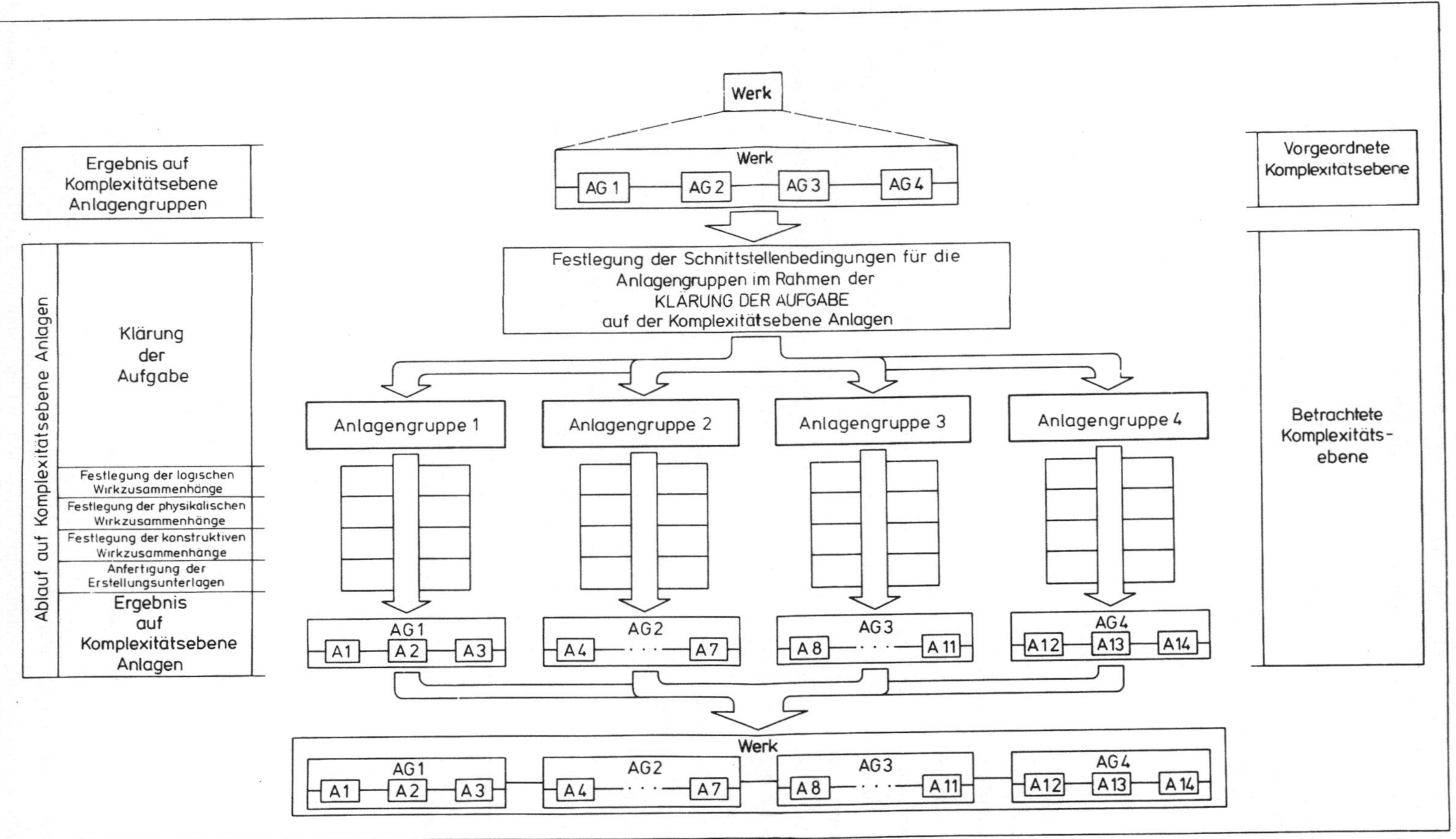

Bild 4.39: Darstellung zur Verdeutlichung des Schnittprinzips im Rahmen des systematischen Projektierens und Konstruierens.

des Kontaktangebotes für ein solches Werk entspricht, ist erst dann vollständig möglich, wenn die Festlegung physikalischer Wirkzusammenhänge des letzten zu bearbeitenden Teilsystems dieses Werkes auf der Anlagenebene abgeschlossen ist, Bild 4.39. Die Festlegung physikalischer Wirkzusammenhänge wird aber nach den Regeln der Projektierungs- und Konstruktionssystematik auf dieser Ebene für jede Anlagengruppe, getrennt und unabhängig von den übrigen Anlagengruppen des Werkes, durchgeführt. Die Wiederherstellung eines geschlossenen Ganzen aus diesen voneinander getrennten Bestandteilen ist durch die bei der Aufgabenklärung festgelegten Schnittstellenbedingungen gewährleistet. Damit kann die Erstellung eines physikalischen Funktionsnetzes für das Werk keiner einzelnen Anlagengruppe zugeordnet werden und ist deshalb allgemein auch nicht zu den Teilschritten der Festlegung physikalischer Wirkzusammenhänge zu zählen. Dennoch werden physikalische Funktionsnetze an dieser Stelle behandelt, weil ihre Erarbeitung in engem Zusammenhang mit den diesem Hauptschritt zugrundeliegenden Gesetzmäßigkeiten steht und im wesentlichen auf Informationen, welche bei der Festlegung physikalischer Wirksamkeiten über mehrere Komplexitätsebenen gewonnen wurden, beruht.

Zur Erstellung solcher physikalischen Funktionsnetze sind in der Regel keine Berechnungen erforderlich, weil in ihnen vorrangig dargestellt ist, in welcher Weise und aus welchen Funktionen die physikalische Struktur des technischen Systems aufgebaut ist. Physikalische Funktionsnetze verdeutlichen also im wesentlichen Zustände und weniger Vorgänge. Dagegen ist bei der Erstellung physikalischer Funktionsnetze im Vergleich zur Festlegung physikalischer Funktionspläne der Zeit- und Arbeitsaufwand für den graphisch-mechanischen Anteil der Bearbeitung größer. Das gilt besonders dann, wenn den abzubildenden physikalischen Strukturen verzweigte Funktionsketten zugrundeliegen. Aus diesem Grunde sollten physikalische Funktionsnetze für Stoffe, Energien und Signale möglichst getrennt voneinander erstellt werden. Nur in Ausnahmefällen und bei Einbeziehung möglichst weniger Komplexitätsebenen ist die Darstellung der drei physikalischen Grundgrößen, Stoffe, Energien und Signale, in einem Funktionsnetz vorteilhaft.

Es gibt zwei grundsätzlich voneinander zu unterscheidende Darstellungsformen physikalischer Funktionsnetze,

- geschichtete Netze und
- geschachtelte Netze.

Der äußere Unterschied zwischen diesen beiden Darstellungsformen ist dem **Bild 4.40** zu entnehmen.

In geschichteten physikalischen Funktionsnetzen sind die Komplexitätsebenen untereinander angeordnet. Verzweigungen innerhalb einzelner Funktionsketten würden den durch Linienzüge hergestellten Zusammenhang der Funktionsketten verschiedener Komplexität stören und zu Unübersichtlichkeiten führen. Deshalb ist diese Darstellungsform nur für solche Funktionsnetze zu empfehlen, die auf linearen Funktionsketten aufgebaut sind. In diesem Falle haben sie gegenüber physikalischen Funktionsnetzen in geschachtelter Form den Vorteil eindeutigerer Trennung der Komplexitätsebenen und klarerer Darstellung der hierarchischen Struktur.

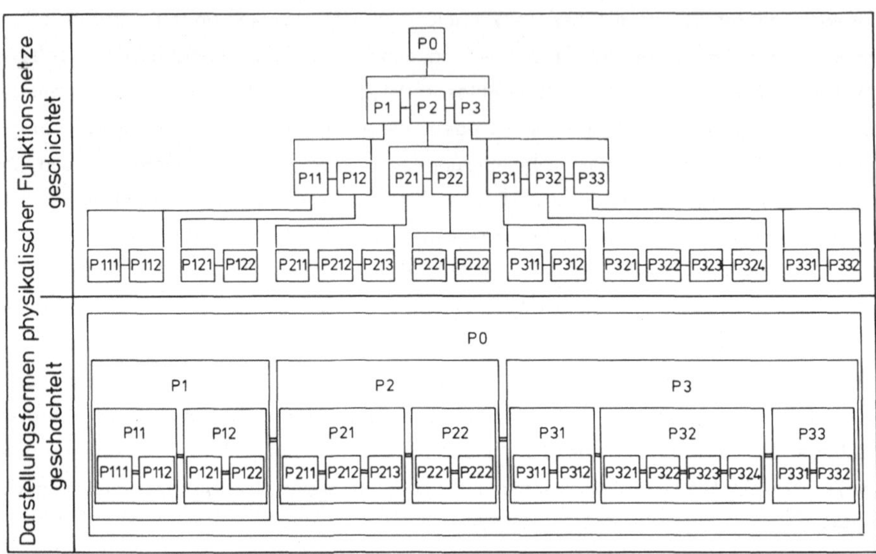

Bild 4.40: Darstellung eines schematisierten physikalischen Funktionsnetzes in geschichteter und geschachtelter Form.

Daneben erleichtert diese Darstellungsform eine gegebenenfalls notwendige Aufteilung umfangreicher Netze auf mehrere Einzelblätter.

Die geschachtelte Darstellungsform eines physikalischen Funktionsnetzes entsteht, bildhaft ausgedrückt, durch Projektion aller zu berücksichtigenden Komplexitätsebenen in die Zeichenebene. Bei dieser Projektion werden alle zueinandergehörigen Teilfunktionen und Teilfunktionsketten nach ihrer Komplexität ineinandergeschachtelt. Der Zusammenhang zwischen Funktionen und Funktionsketten unterschiedlichen Komplexitätsgrades wird durch sich überlagernde Flächen hergestellt. In geschachtelten Netzen drücken Ablauflinien nur Beziehungen zwischen Funktionen der gleichen Komplexitätsebene aus. Deshalb ist diese Darstellungsform zur Dokumentation von physikalischen Funktionsnetzen, welche aus verzweigten physikalischen Funktionsketten zusammengesetzt sind, besonders geeignet. Zusammenfassungen physikalischer Funktionspläne zu Funktionsnetzen sollten, wenn überhaupt, nur in geschachtelter Form vorgenommen und dokumentiert werden. Das Beispiel des physikalischen Funktionsplanes Bild 4.38, der einen vergleichsweise sehr einfachen Aufbau hat, macht schon deutlich, daß bei der Zusammenfassung von Funktionsplänen zu Funktionsnetzen mit komplizierterer Struktur schnell die Grenzen des noch sinnvoll Darstellbaren erreicht werden.

4.4.5. Anwendung physikalischer Funktionsnetze

Physikalische Funktionsnetze, die aus den während des Projektierens und Konstruierens gesammelten Informationen über ein bestimmtes technisches System zusammengesetzt sind, werden erzeugnisspezifisch genannt. Erzeugnisspezifische Funktionsnetze können beispielsweise zur Verdeutlichung der

- Wartungs- und Instandhaltungsunterlagen sowie
- Reserve- und Ersatzteilhandhabung

der Betriebsanleitung des technischen Systems beigefügt werden. Daneben sind sie wertvolle Hilfsmittel zur Dokumentation beispielsweise der Zusammenhänge in komplexen Systemen für Prozeßsteuerungen.

Die erzeugnisspezifischen physikalischen Funktionsnetze bereits projektierter und/oder konstruierter technischer Systeme eines Unternehmens oder Unternehmensbereiches können nach bestimmten Merkmalen in Gruppen gleicher Art eingeteilt werden. Für jede dieser Gruppen wird ein sogenanntes "allgemeines physikalisches Funktionsnetz" erstellt, das alle wesentlichen physikalischen Merkmale und Eigenschaften der zu der Gruppe gehörenden technischen Systeme wiederspiegelt. Solche allgemeinen physikalischen Funktionsnetze werden sinnvollerweise gleichzeitig mit der Anfertigung morphologischer Kästen physikalischer Funktionen für die Akquisition und Projektierung erstellt, weil die Regeln und teilweise auch die Tätigkeiten zu ihrer Herleitung gleich sind. Allgemeine physikalische Funktionsnetze können neben Erzeugnisgliederungen auch zur Planung des organisatorischen und zeitlichen Ablaufes der Auftragsabwicklung technischer Systeme herangezogen werden. Denn sie enthalten in übersichtlicher Form (beispielsweise Bildzeichen)

- alle wesentlichen Teilziele des Weges zur Verwirklichung eines technischen Systems,
- Beziehungen und Abhängigkeiten zwischen diesen Teilzielen sowie
- den logischen Ablauf, also das Nacheinander und Nebeneinander, auf diesem Wege

vom Beginn der Projektierungs- bis zum Ende der Konstruktionstätigkeiten. Damit können, beispielsweise unter Zuhilfenahme von Methoden der Netzplantechnik, schon während der Planung der Auftragsabwicklung wesentliche Eckdaten für Termine, Zuständigkeiten und erforderliche Informationsflüsse beim Projektieren und Konstruieren festgelegt werden. Darüber hinaus sind allgemeine physikalische Funktionspläne zur übersichtlichen Darstellung der Elemente von Baukästen technischer Systeme oder zu deren Entwicklung gut geeignet.

Physikalische Funktionsnetze können, ebenso wie physikalische Funktionspläne, für bestimmte Anwendungszwecke durch Umsetzen in eine andere äußere Form den besonderen Erfordernissen dieser Anwendungen angepaßt werden. Ein in dieser Hinsicht umgesetztes physikalisches Funktionsnetz wird dann, beispielsweise in Analogie zum Begriff des Schaltplanes, ein "Schaltnetz" genannt. Als Beispiel hierzu ist in **Bild 4.41** das Hydraulik-Schaltnetz zur Einlaufanlage einer Verzinkungslinie dargestellt. Dieses Schaltnetz umfaßt die Teilegruppen-, Maschinen- sowie Maschinengruppenebene. Darin sind die drei ineinandergeschachtelten Ebenen durch unterschiedliche Strichpunktlinien kenntlich gemacht. Die dargestellten Funktionen der Teilegruppenebene sind konstruktiv beispielsweise durch Wegeventile, Drossel-, Speicher-, Pumpen- oder Tanksysteme zu verwirklichen. Mehrere Ventile und zugehörige Teilegruppen können auf sogenannten Steuerplatten, die damit Systeme der Maschinenebene bilden, zusammengefaßt werden. Aus der Zusammenfassung mehrerer solcher Steuerplatten wird auf der Maschinengruppenebene ein Ventiltisch-Aggregat gebildet. Dieses Ventiltischaggregat stellt

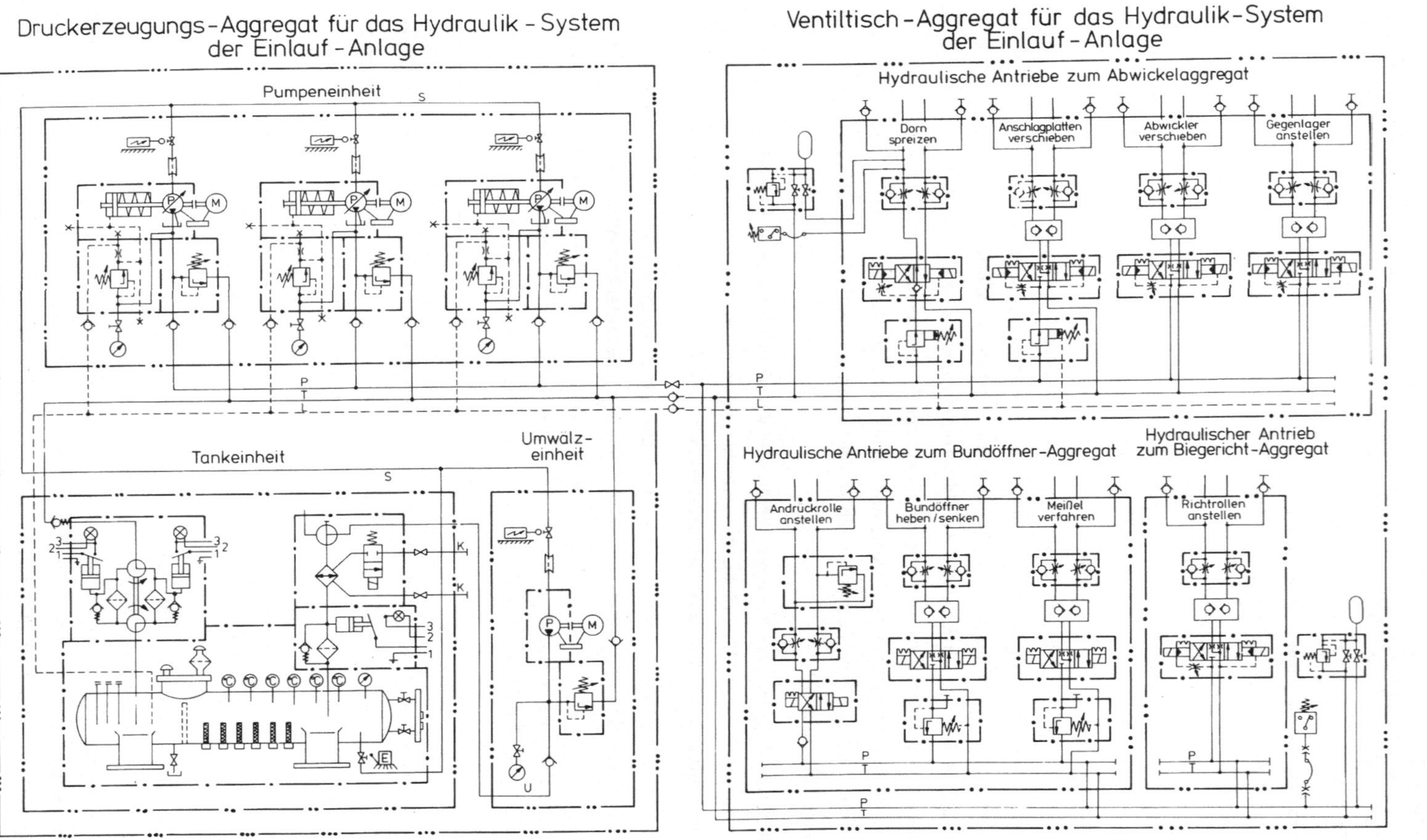

Bild 4.41: Hydraulik-Schaltnetz zur Einlaufanlage einer Verzinkungslinie.

zusammen mit dem Druckerzeugungs-Aggregat das Hydrauliksystem der Einlaufanlage dar. Das Ventiltisch-Aggregat hat mehrere paarweise Ausgänge, welche jeweils für die Versorgung der stoffbezogenen physikalischen Funktionen innerhalb der einzelnen Maschinengruppen der Einlaufanlage mit hydraulischer Energie zuständig sind / 44 und 45 /.

4.5. Schrifttum

1. Baumann, H.G.: Grundlagen des systematischen Projektierens sowie Konstruierens und Vorgehensweise von der Klärung der Aufgabe bis zur Festlegung physikalischer Wirkzusammenhänge. Fachber. Hüttenprax. Metallweiterverarb. 17 (1979) 2, S. 82/91.
2. VDI-Wärmeatlas, Berechnungsblätter für den Wärmeübergang. VDI-Verlag, Düsseldorf, 1963.
3. Pfannkoch, E.: Arbeitsmappe für den Konstrukteur, 2. Auflage. VDI-Verlag, Düsseldorf, 1962.
4. Emicke, O.: Nomogramme für die Praxis des Warm- und Kaltwalzens von Stahl, Edelstählen und Nichteisenmetallen. Akademie-Verlag, Berlin, 1962.
5. Dubbel, Taschenbuch für den Maschinenbau, 13. Auflage. Springer-Verlag, Berlin, Heidelberg, New York, 1970.
6. Bracke, W.: Automatisierte technische Angebotsbearbeitung für Industrieanlagen. Dr.-Ing.-Dissertation, RWTH Aachen, 1978.
7. DIN 30600-T.2, Bildzeichen, Übersicht. Juli 1976.
8. Baumann, H.G.: Physikalische Effekte, Funktionen und Funktionsträger im Rahmen der Festlegung physikalischer Wirkzusammenhänge. Fachber. Hüttenprax. Metallweiterverarb. 17 (1979) 8, S. 581/592.
9. Koller, R.: Konstruktionsmethode für den Maschinen-, Geräte- und Apparatebau. Springer-Verlag, Berlin, Heidelberg, New York, 1976.
10. Richtleisten für Blechband, Patentberichte, Ausland. Werkstatt u. Betr. 110 (1977) 1, S. 59.
11. Baumann, H.G. und H.D. Faber: Stahlstrang-Gießanlagen, Anordnung in Sauerstoff-Blasstahlwerken. Klepzig Fachber. 79 (1971) 10, S. 565/569.
12. Baumann, H.G. und H.D. Faber: Grundflächenbedarf von Stahlstrang-Gießanlagen. Draht-Welt 58 (1972) 2, S. 91/97.
13. Block, F.-R.: Erörterungsbeitrag zu R. Schneider, K. Hubert, H. König, H. Norres, G. Ratschat und E. Wagener. Die Maschinentechnik von Hochleistungs-Brammenstranggießanlagen. Stahl u. Eisen 95 (1975) 5, S. 182.
14. Baumann, H.G.: Stahlstrang-Gießanlagen. Verlag Stahleisen, Düsseldorf, 1976.
15. VDI-Richtlinie 2225: Technisch-wirtschaftliches Konstruieren, Anleitung und Beispiele. VDI-Verlag, Düsseldorf, 1977.
16. Zangemeister, C.: Nutzwertanalyse von Projektalternativen, aus: Systemtheorie und Systemtechnik. Nymphenburger Verlagshandlung, München, 1975.
17. Dreßler, H.: Problemlösen mit Entscheidungstabellen. R. Oldonbourg Verlag, München, 1975.
18. Herstellung von kaltgewalztem Band, Teil 2. Verlag Stahleisen, Düsseldorf, 1970.
19. Baumann, H.G.: Neue Entwicklungen beim Stahlstrang-Gießwalzen. Draht-Welt 55 (1969) 10, S. 607/613; Bänder Bleche Rohre 10 (1969) 12, S. 702/708; Wire World Intern. 12 (1970) 3/4, S. 70/76; Rev. Metalurg. 6 (1970) 6, S. 614/621.
20. Baumann, H.G. und E.A. Elsner: Möglichkeiten des Stahlstrang-Gießwalzens. Klepzig Fachber. 78 (1970) 10, S. 537/545; Wire World Intern. 12 (1970) 6, S. 253/261.
21. Baumann, H.G. und E.A. Elsner: Stahlstrang-Gießwalzen. Stahl u. Eisen 90 (1970) 22, S. 1279/1281.
22. Baumann, H.G., E.A. Elsner und J. Pirdzun: Äußere und innere Beschaffenheit der Stränge beim Stahlstrang-Gießwalzen. Stahl u. Eisen 91 (1971) 3, S. 139/147.
23. Baumann, H.G. und H.D. Schneider: Formänderungswiderstände und Walzkräfte beim Stahlstrang-Gießwalzen. Draht-Welt 58 (1972) 4, S. 228/231.
24. Baumann, H.G.: Beitrag zur kontinuierlichen Verarbeitung gegossener Stahlstränge. Bänder Bleche Rohre 13 (1972) 8, S. 409/417.
25. Baumann, H.G.: Die Ermittlung physikalischer Funktionen im Rahmen der Festlegung physikalischer Wirkzusammenhänge beim systematischen Projektieren und Konstruieren. Fachber. Hüttenprax. Metallweiterverarb. 17 (1979) 9, S. 685/691.
26. Baumann, H.G. und W. Roloff: Systematisches Gliedern komplexer technischer Systeme. Unveröffentlichter Bericht, Duisburg, 1979.

27. Hütte, Taschenbuch für Betriebsingenieure (Betriebshütte), 6. Auflage, Band III: Fertigungsbetrieb. Verlag von Wilhelm Ernst & Sohn, Berlin, München, 1965.
28. Baumann, H.G.: Temperaturprofile gegossener Stahlstränge. Stahl u. Eisen 89 (1969) 26, S. 1467/1473.
29. Baumann, H.G.: Erörterungsbeitrag zu Förster, H., Theoretische Untersuchungen über den Wärmeübergang und das Schalenwachstum beim Stranggießen von Stahl. Z. Metallk. 60 (1969) 12, S. 902/903.
30. Baumann, H.G., W. Dahl, W.R. Gieseking, G. Schäfer, A. Theissen und H. Schenk: Methodisches Berechnen der Stahlstrang-Gießanlagen. Stahl u. Eisen 95 (1975) 5, S. 183/188.
31. Baumann, H.G.: Momente beim Biegen gegossener Stahlstränge. Arch. Eisenhüttenwes. 40 (1969) 12, S. 1023/1026.
32. Baumann, H.G., G. Schäfer und A. Theissen: Digitalrechenprogramm zur Bestimmung der Stützrollenabstände und Kühlzonen in Stahlstrang-Gießanlagen, Teil I. Bänder Bleche Rohre 13 (1972) 10, S. 495/503.
33. Baumann, H.G., G. Schäfer und A. Theissen: Digitalrechenprogramm zur Bestimmung der Stützrollenabstände und Kühlzonen in Stahlstrang-Gießanlagen, Teil II. Bänder Bleche Rohre 13 (1972) 11, S. 539/546.
34. Baumann, H.G. und K.-H. Looschelders: Festlegung der physikalischen Wirkzusammenhänge, Unterprogramm PHYWIZ, beim rechnerunterstützten systematischen Projektieren und Konstruieren. Arch. Eisenhüttenwes. 52 (1981) 1, S. 21/26.
35. Baumann, H.G. und G. Schäfer: Digitalrechenprogramm zur Bestimmung von Temperaturen in Rollen und Walzen. Arch. Eisenhüttenwes. 41 (1970) 8, S. 789/795.
36. Baumann, H.G. und G. Schäfer: Temperaturen und Wärmespannungen in Rollen und Walzen. Stahl u. Eisen 91 (1971) 12, S. 678/689.
37. Baumann, H.G. U. G. Schäfer: Digitalrechenprogramm zur Ermittlung von Temperaturen in rotationssymmetrischen Schmelzgefäßen. Arch. Eisenhüttenwes. 43 (1972) 7, S. 535/538.
38. Baumann, H.G., K.-H. Looschelders und H. von Wyl: Physikalische Funktionsketten im Rahmen der Festlegung physikalischer Wirkzusammenhänge beim systematischen Projektieren und Konstruieren. Fachber. Hüttenprax. Metallweiterverarb. 17 (1979) 11, S. 1019/1031.
39. Weck, M. und G. Klingenberg: Simulation dynamischer Fertigungsprozesse. Techn. Zbl. prakt. Metallbearb. 73 (1979) 8, S. 35/45.
40. Klingenberg, G.: Programm zur Nachbildung dynamischer Prozesse. Ind.-Anz. 100 (1978) 95, S. 16/18.
41. Weck, M., G. Klingenberg und H.G. Baumann: Unveröffentlichter Bericht, Aachen und Duisburg, 1979.
42. Siebel, E.: Die Formgebung im bildsamen Zustande. Verlag Stahleisen, Düsseldorf, 1932.
43. Herstellung von kaltgewalztem Band, Teil 1. Verlag Stahleisen, Düsseldorf, 1970.
44. Baumann, H.G.: Funktionspläne und Funktionsnetze im Rahmen der Festlegung physikalischer Wirkzusammenhänge beim systematischen Projektieren und Konstruieren. Fachber. Hüttenprax. Metallweiterverab. 18 (1980) 6, S. 418/425.
45. Baumann, H.G.: Festlegung der physikalischen Wirkzusammenhänge im Rahmen des systematischen Projektierens und Konstruierens technischer Systeme. Arch. Eisenhüttenwes. 51 (1980) 6, S. 241/248.
46. Pfeuffer, A.: Die besonderen Effekte des Block-Brennschneidens und ihre Anwendung beim Trennen von Strangguß. Klepzig Fachber. 74 (1966) 5, S. 215/224.
47. Baumann, H.G. und H. Morsek: Methodisches Berechnen der Rollensysteme für das Bewegen von Band. Blech Rohre Profile 21 (1974) 11, S. 437/448.
48. Ende, H. v. und R. Horst: Zusammenhänge beim Betrieb großer LD-Konverter und Stranggießanlagen. Stahl u. Eisen 92 (1972) 8, S. 329/334.
49. Direktreduktion von Eisenerz. Verlag Stahleisen, Düsseldorf, 1976.

5. Festlegung der konstruktiven Wirkzusammenhänge

Im vierten Hauptschritt der Projektierungs- und Konstruktionssystematik, Festlegung der konstruktiven Wirkzusammenhänge, werden das äußere Erscheinungsbild und die gegenständliche Struktur technischer Systeme festgelegt. Die diesem Hauptschritt zugrundeliegenden Regeln und Vorgehensweisen sind auch ohne Durchführung vorheriger Hauptschritte der Projektierungs- sowie Konstruktionssystematik zur Erleichterung und/oder Verbesserung der Tätigkeitsabläufe beim Projektieren oder Konstruieren anwendbar. Denn durch gezielte Ermittlung und Bewertung konstruktiver Varianten können technisch-wirtschaftliche Bestlösungen beispielsweise hinsichtlich

- Werkstoffe,
- Beanspruchungen,
- Gewicht und Raumbedarf,
- Fertigung,
- Zusammenbau, Versand und Montage,
- Handhabung und Bedienung,
- Sicherheit,
- Wartung,
- Ersatzteilhaltung sowie
- Aussehen

erhalten werden. Eine nach feststehenden Regeln durchgeführte, möglichst objektive und nachvollziehbare Bewertung konstruktiver Lösungen erleichtert die Argumentation des Projekteurs oder Konstrukteurs sowohl beim Kunden als auch im eigenen Unternehmen.

5.1. Grundlagen und Teilschritte der Festlegung konstruktiver Wirkzusammenhänge

Das Ziel des systematischen Projektierens und Konstruierens, die Anfertigung von Angebots- oder Erstellungsunterlagen für ein technisches Erzeugnis wird in mehreren Teilzielen, die durch zunehmenden Konkretisierungs- und Detaillierungsgrad gekennzeichnet sind, erreicht. Diese Teilziele entsprechen den Ergebnissen, die auf den einzelnen nacheinander zu durchlaufenden Komplexitätsebenen erhalten werden. Dabei wird jedes Teilziel in fünf Hauptschritten erreicht. Während der Bearbeitung dieser Hauptschritte wechselt die Art und Weise, in welcher der Bearbeiter das technische Erzeugnis sieht und beschreibt, entsprechend dem Zweck und Inhalt des jeweiligen Hauptschrittes, zwischen "ganzheitlich" und "systemorientiert"

Im ersten Hauptschritt, Klärung der Aufgabe, wird das zu bearbeitende technische Erzeugnis als Gesamtheit (schwarzer Kasten), also ganzheitlich, durch die Menge der an das Erzeugnis gestellten Anforderungen beschrieben. Im zweiten Hauptschritt, Festlegung der logischen Wirkzusammenhänge, wird diese Gesamtheit in funktionelle Bestandteile zerlegt, und es werden Beziehungen zwischen diesen Bestandteilen hergestellt. Diese Bestandteile und Beziehungen

werden im dritten Hauptschritt, Festlegung der physikalischen Wirkzusammenhänge, eingehend theoretisch beschrieben und untersucht. Somit sind der zweite und dritte Hauptschritt also weitgehend durch eine systemorientierte Betrachtungsweise gekennzeichnet. Während des vierten Hauptschrittes, Festlegung der konstruktiven Wirkzusammenhänge, gibt der Bearbeiter den theoretisch beschriebenen Bestandteilen sowie den zwischen ihnen bestehenden Beziehungen gegenständliche Erscheinungsformen. Dazu hat er sich zunächst mit der Gestalt jedes einzelnen dieser Bestandteile zu befassen. Jedes Bestandteil für sich stellt wieder eine eigene Gesamtheit und alle gemeinsam das technische System dar.
Demnach können bei der Festlegung konstruktiver Wirkzusammenhänge zunächst zwei wesentliche Teilschritte,

- Festlegen der Gestalt und
- Festlegen des Aufbaues,

voneinander unterschieden werden / 1 /. Im ersten der genannten Teilschritte steht jeder einzelne Bestandteil des zu bearbeitenden technischen Systems, getrennt von den übrigen Bestandteilen, im Vordergrund der Betrachtung, und die hierbei wesentliche Fragestellung lautet vereinfacht: "Wie sehen die einzelnen Bestandteile des technischen Systems aus?" Der zweite Teilschritt befaßt sich vorrangig mit der körperlich-räumlichen Struktur des Gesamtsystems und gibt Auskunft auf die Frage: "Wie setzt sich das technische System zusammen?" Diese Teilung des Hauptschrittes Festlegung der konstruktiven Wirkzusammenhänge ist im Grundsatz mit dem Vorgehen bei der Festlegung logischer sowie physikalischer Wirkzusammenhänge vergleichbar. Auch dort werden zunächst einzelne Funktionen ermittelt, die danach zu Funktionsketten, -plänen und -netzen zu koppeln sind. Beim Festlegen des Aufbaues werden Bestandteile zu einem Gesamtsystem zusammengefügt. Auch dieses Gesamtsystem ist als ganzheitliches technisches Gebilde durch eine Gestalt geprägt. Diese Gestalt des gesamten technischen Erzeugnisses ist gemäß dem bisher Gesagten auf der vorgeordneten Bearbeitungsebene (= vorgeordnete Komplexitätsebene) festgelegt worden. Hier war es selbst wieder Bestandteil eines höherkomplexen Systems (beispielsweise eines hochkomplexen Gesamtsystems in seiner Umgebung). Demzufolge muß also das auf der zu betrachtenden Ebene entstehende technische Gesamtsystem durch mehr als nur seine Gestalt gekennzeichnet sein. Dieses "mehr" sind die vergegenständlichten geometrischen Beziehungen der Bestandteile untereinander, also der innere körperlich-räumliche Aufbau des Gesamtsystems. Auch hier kann eine Übereinstimmung mit anderen, bereits beschriebenen Grundlagen der Projektierungs- und Konstruktionssystematik festgestellt werden. Denn bei der Aufgabenklärung wird, wie bereits gesagt, ein zu verwirklichendes technisches System abstrakt als schwarzer Kasten dargestellt und behandelt. Durch die Festlegung logischer Wirkzusammenhänge wird erstmalig ein Blick auf die funktionelle Struktur, also in das Innere dieses schwarzen Kastens, ermöglicht. In einem ähnlichen Bedeutungszusammenhang stehen die Begriffe "Gestalt des vorgeordneten Gesamtsystems" und "Aufbau der Bestandteile zum Gesamtsystem" zueinander.
Ein dritter wesentlicher Teilschritt der Festlegung konstruktiver Wirkzusammenhänge, das

- Festlegen der Bewegungsverhältnisse,

ist durch die Tatsache gekennzeichnet, daß die geometrischen Beziehungen zwischen den

Bestandteilen technischer Systeme oft und ihre Gestalten manchmal nicht starr, sondern aufgrund innere und/oder äußerer Einflüsse während ihres Wirkens veränderlich sind. Viele Systeme erfüllen ihre Aufgabe dadurch, daß sie bestimmte Bewegungen ausführen. Kurbeltrieb und Zylinder sind Beispiele für zeitabhängige Änderungen der Beziehungen zwischen Systemelementen, Faltenbalg und Bimetallfeder sind solche für zeitabhängige Änderungen der Gestalt technischer Gebilde. Während in den beiden erstgenannten Teilschritten, Festlegen der Gestalten und des Aufbaues, die zu bearbeitenden Erzeugnisse als in einem bestimmten Zustand eingefroren betrachtet wurden, ist beim dritten Teilschritt zu untersuchen, in welchem Rahmen und nach welchen Gesetzmäßigkeiten sich dieser Zustand ändern kann.

In Verbindung mit diesen drei Teilschritten sind im vierten Hauptschritt, wie bereits bei der Festlegung physikalischer Wirkzusammenhänge, verhältnismäßig umfangreiche Berechnungen und, in noch stärkerem Maße als dort, Bewertungen durchzuführen. Darüberhinaus kann nach der Ermittlung der erforderlichen Teilsysteme der Rückgriff auf bereits bestehende Konstruktionslösungen oder Elemente eines technischen Baukastens erfolgen. Einen zusammenfassenden Überblick über die Teilschritte der Festlegung konstruktiver Wirkzusammenhänge gibt das **Bild 5.1.**

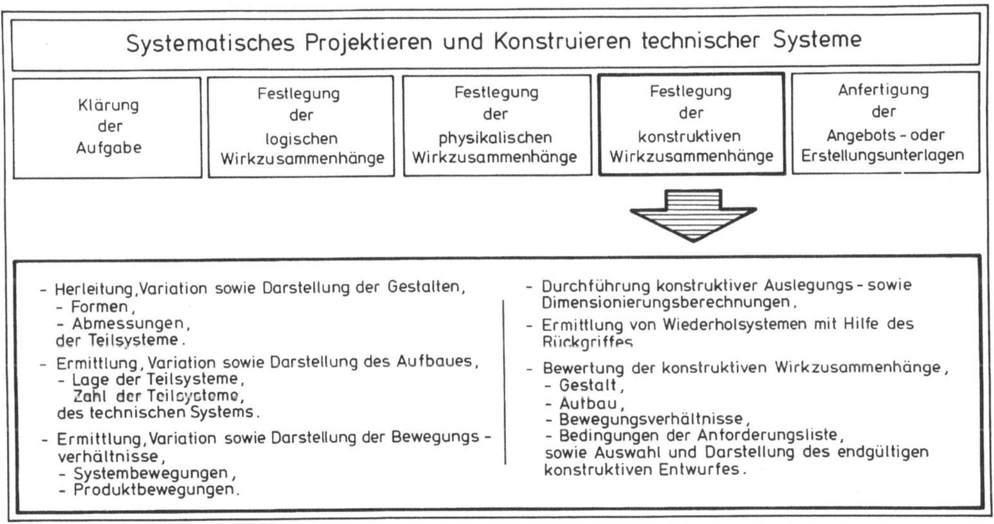

Bild 5.1: Teilschritte der Festlegung konstruktiver Wirkzusammenhänge beim systematischen Projektieren und Konstruieren technischer Systeme.

Die konstruktiven Wirkzusammenhänge in einem technischen System sind also entsprechend den beschriebenen Teilschritten durch drei Merkmale,

- Gestalt,
- Aufbau und
- Bewegungsverhältnisse,

gekennzeichnet. Diese drei Merkmale können Einfluß aufeinander nehmen und auch von unterschiedlicher Bedeutung für ein technisches System und seine Bestandteile sein. Beispielsweise ist die Gestalt eines Zahnrades nach der Kinematik des Getriebes auszulegen und nicht umgekehrt. Demnach ist die Folge der Bearbeitung der Teilschritte nicht notwendigerweise gleich der Reihenfolge der hier genannten Merkmale. Diese Folge muß für jedes technische System, in Abhängigkeit von der Aufgabenstellung, individuell bestimmt werden. Dabei kann unter Umständen auch eine Parallelbearbeitung der drei Teilschritte oder ein iteratives Vorgehen zweckmäßig sein.

Neben diesen drei "allgemeinen" konstruktiven Merkmalen technischer Erzeugnisse sind manchmal noch sogenannte "spezielle" konstruktive Merkmale zu berücksichtigen. Zu den speziellen konstruktiven Merkmalen zählen beispielsweise

- Farbe, Glanz und Oberflächenbeschaffenheit,
- Ebenmaß und Verträglichkeit der Formen, visuelle Struktur,
- Einfachheit und Übersichtlichkeit sowie
- einige Werkstoffeigenschaften.

Die Berücksichtigung dieser Merkmale kann in die Bearbeitung der drei Teilschritte der Festlegung allgemeiner konstruktiver Merkmale integriert werden. Spezielle konstruktive Merkmale werden deshalb so genannt, weil sie im Gegensatz zu den drei allgemeinen Merkmalen nur für die Bearbeitung bestimmter Komplexitätsebenen und einer begrenzten Gruppe technischer Erzeugnisse bedeutsam sind.

5.1.1. Gestalt technischer Erzeugnisse

Ziel jeder ingenieurmäßigen Planungs-, Projektierungs- und Konstruktionstätigkeit ist letztlich die gegenständliche Verwirklichung technischer Erzeugnisse. Deshalb sind die Objekte der im vierten Hauptschritt, Festlegung der konstruktiven Wirkzusammenhänge, durchgeführten Bearbeitung in der Regel als gegenständlich bestehende, körperliche Gebilde, kurz Körper genannt, zu betrachten. Ein Körper tritt nach außen in erster Linie durch seine Gestalt in Erscheinung. Die Gestalt eines Körpers wird unmittelbar durch seine

- Form und
- Abmessungen

bestimmt.

Verhältnismäßig einfache, meist regelmäßige, geometrische Grundformen von Körpern können durch feststehende Begriffe eindeutig angesprochen werden. Solche Begriffe sind beispielsweise

- Kugel,
- Zylinder,
- Kegel,
- Würfel,
- Quader,

- Prisma und
- Pyramide.

Bei diesen Körperformen steht der Name als Ersatz für eine definierte Menge geometrischer Eigenschaften des betreffenden Körpers, welche seine Form vollständig und eindeutig bestimmen.

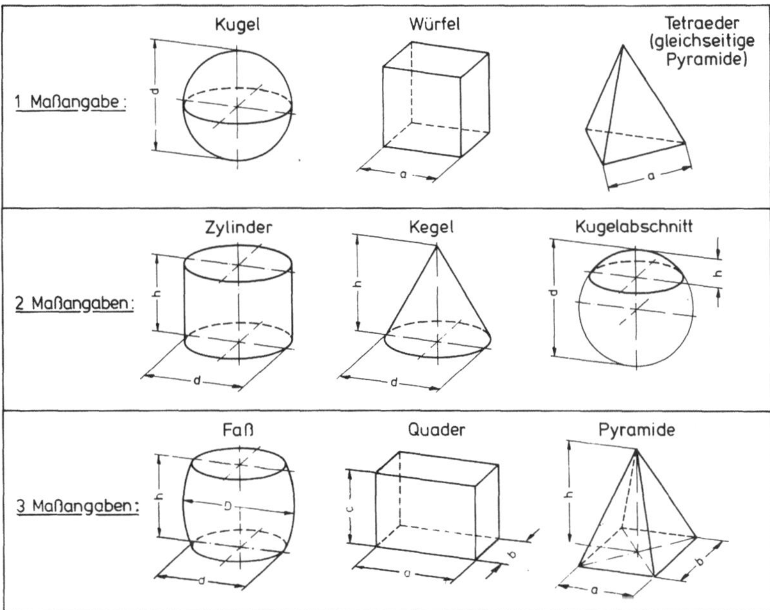

Bild 5.2: Beispiele zur Festlegung der Gestalt verschiedener Körper durch eine, zwei oder drei Maßangaben.

Unter Abmessungen sind hier solche Längenmaßangaben zu verstehen, welche die Gestalt des Körpers in Abhängigkeit von seiner Form eindeutig festlegen. Körper gleicher Form können also aufgrund ihrer Abmessungen unterschiedliche Gestalten haben. Die Anzahl der erforderlichen Maßangaben zur eindeutigen Festlegung der Gestalt ist von der Körperform abhängig. Nach **Bild 5.2** sind beispielsweise Kugeln, Würfel sowie Tetraeder durch eine, Zylinder, Kegel sowie Kugelabschnitt durch zwei und Faß, Quader sowie Pyramide durch drei Maßangaben festgelegt. Abmessungen können als aus zwei Bestandteilen,

- Maßzahl und
- Einheit,

zusammengesetzt gedacht werden. Als Definitionsbereich der Maßzahlen gilt im folgenden die Menge der positiven rationalen Zahlen, das sind alle positiven ganzen Zahlen, Bruchzahlen und Dezimalbrüche mit Ausnahme von "Null" und "Unendlich". Demnach gilt im folgenden beispielsweise die Verkürzung einer Seite eines Vierecks auf den Wert Null (dabei entsteht ein

Dreieck) als Änderung der Form dieser geometrischen Figur und nicht mehr als Änderung ihrer Abmessungen. Diese Festlegung ist zur eindeutigen Abgrenzung der Gestaltmerkmale Form und Abmessungen voneinander notwendig. Aus dem gleichen Grunde der Abgrenzung wird weiterhin festgelegt, daß zwei oder mehr die Form eines geometrischen Gebildes prägende gleiche oder ein festes Verhältnis miteinander bildende Maße bei der Änderung der Abmessungen immer nur im gleichen Verhältnis geändert werden dürfen und daß zwei oder mehr, die Form eines geometrischen Gebildes prägende, ungleiche Maße bei der Änderung der Abmessungen stets ungleich bleiben müssen. Durch diese Vereinbarung ist die Überführung beispielsweise eines Quaders in einen Würfel infolge bloßen Abmessungswechsels ausgeschlossen / 1 /.

Häufig wird die Gestalt eines Körpers nicht auf die vorbeschriebene, unmittelbare Weise, sondern mit Hilfe von Ersatzgrößen, das sind beispielsweise Flächen, Linien oder Punkte, angesprochen. Dafür sind im wesentlichen drei Gründe maßgebend.

Erstens besitzt der Mensch kein Sinnesorgan zur unmittelbaren Wahrnehmung gesamter Körper. Er kann nur Oberflächen, Körperkanten und -ecken sehen oder ertasten. Darüber hinaus muß der Mensch sich zum Erkennen eines Körpers noch weiterer Hilfsmittel sowie seiner Erfahrung bedienen. Beispielsweise führt das Ertasten der Oberfläche eines Steines und der Eindruck der auf die Hand wirkenden Gewichtskraft zu dem Schluß, daß es sich dabei um einen Körper handelt. Demnach nimmt der Mensch das Vorhandensein dieses Steines in Form von Flächen, Linien, Punkten sowie anderen Körpereigenschaften, beispielsweise Massenträgheit oder Gewichtskraft, auf. Es kann also zwischen gegenständlich bestehenden Objekten der wirklichen Umgebung und deren Wahrnehmung durch einen Beobachter unterschieden werden. Dieser Unterschied zwischen Original (gegenständlich bestehender Körper) und Abbild (Wiedergabe des Originals durch die Ersatzgrößen Fläche, Linie und Punkt) ist für alle folgenden Betrachtungen von grundlegender Bedeutung und für das Verständnis des Gestaltungsprozesses unerläßlich.

Zweitens ist es schwierig und für die Tätigkeiten in technischen Unternehmensbereichen aus wirtschaftlichen und arbeitstechnischen Gründen in der Regel nicht sinnvoll, Körper als Körper,

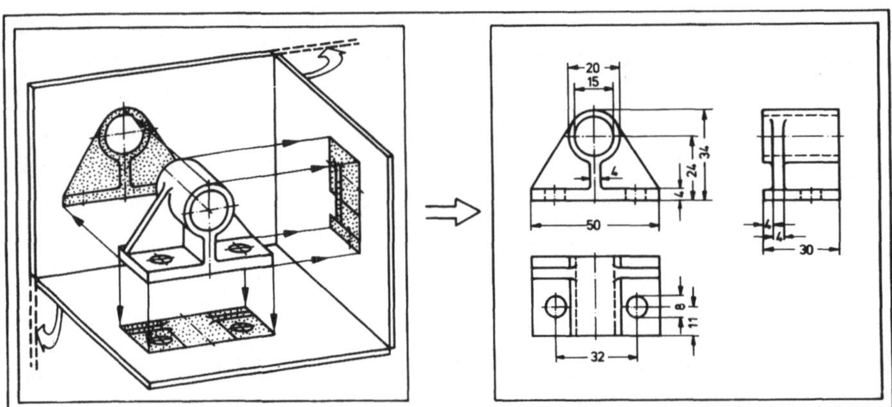

Bild 5.3: Beispiel des Werdeganges der Darstellung eines Körpers in einer technischen Zeichnung.

beispielsweise in Form gegenständlicher Modelle, darzustellen. Deshalb wurde vereinbart, die Gestalt eines Körpers nach festgelegten Regeln und Merkmalen durch die ihn begrenzenden Flächen zu beschreiben. Solche zweidimensionalen, oft mehr oder weniger vereinfachten, Darstellungen dreidimensionaler technischer Gebilde werden technische Zeichnungen genannt In technischen Zeichnungen wird ein Körper in der Weise dargestellt, daß er in ein, zwei oder drei zueinander senkrechte Zeichenebenen parallelprojiziert wird und diese Zeichenebenen dann in die Betrachungsebene geklappt werden. Dabei sind die Zeichenebenen vorzugsweise parallel zu den Hauptbegrenzungsflächen des abzubildenden Körpers zu legen, **Bild 5.3.** Zur eindeutigen Beschreibung eines Körpers sind zwei Projektionsrichtungen notwendig. Bei sehr einfachen Körpern kann eine dieser beiden Projektionen durch andere Beschreibungsformen, beispielsweise die verbale Angabe "4 mm dick" ersetzt werden, **Bild 5.4.** Zur Darstellung komplizierter Körper werden oft weitere Zeichenebenen zu Hilfe genommen. Damit können beispielsweise sich überdeckende oder unsichtbare Körperkanten einfacher und eindeutiger hervorgehoben werden. Hierbei kann der Körper auch gedanklich aufgeschnitten werden, **Bild 5.5.**

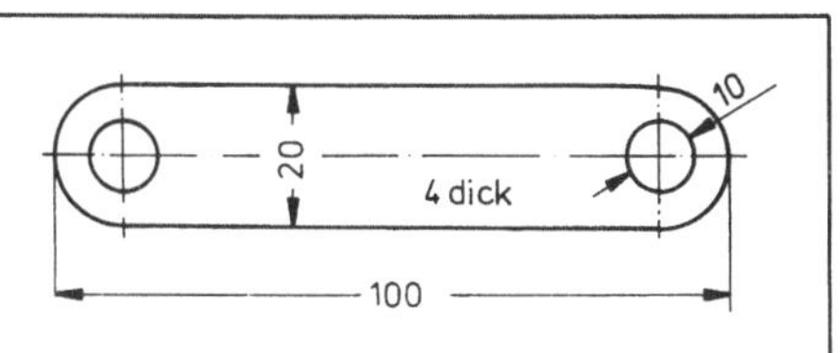

Bild 5.4: Beispiel für die vereinfachte Darstellungweise sehr einfacher Körper in technischen Zeichnungen.

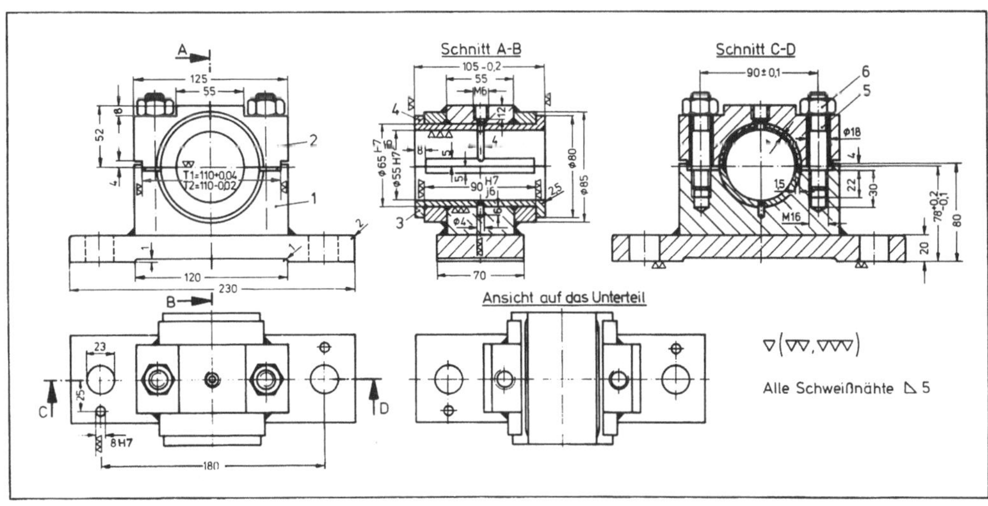

Bild 5.5: Beispiel der erweiterten Darstellungsweise komplizierter Körper in technischen Zeichnungen.

Drittens können nur die durch feststehende Definitionen festgelegten Grundformen der Körper mit einfachen Begriffen angesprochen werden. Wenn für jede beliebige Körperform ein eigener Name eingeführt würde, dann entstünde eine unübersehbare Begriffsvielfalt und eine Verständigung wäre nahezu unmöglich. Deshalb ist es nicht nur sinnvoll, sondern meist unumgänglich, anstelle der unmittelbaren Beschreibung eines Körpers (Original) durch seine Form und Abmessungen die mittelbare Beschreibung (Abbild) mit Hilfe der ihn begrenzenden Flächen, Linien und/oder Punkte zu wählen, **Bild 5.6.**

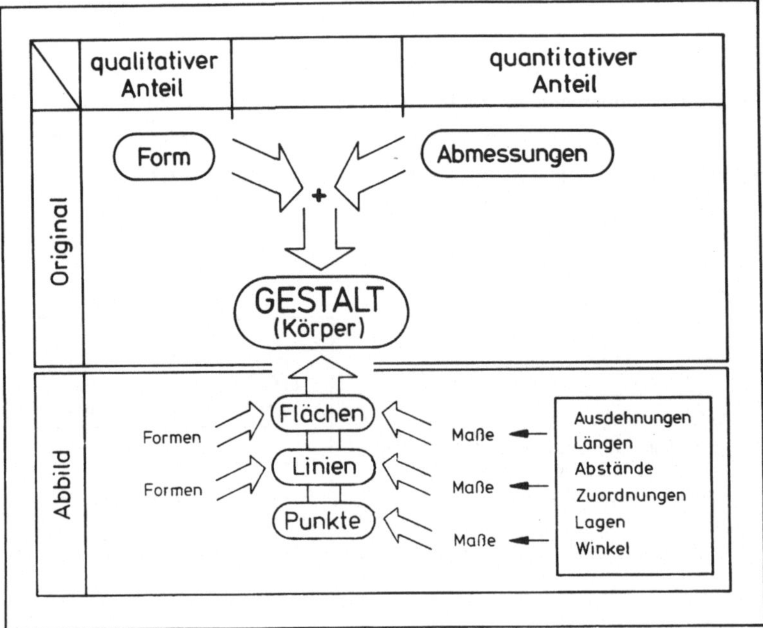

Bild 5.6: Darstellung zur Verdeutlichung der unmittelbaren und mittelbaren Beschreibung der Gestalt eines Körpers.

5.1.1.1. Beschreibung der Gestalt eines Körpers durch die Ersatzgrößen Fläche, Linie und Punkt

Eine Fläche wird durch Angabe

- ihrer Form und Maße,
- der Formen und Maße der sie begrenzenden Linien oder
- der Bemaßung der sie begrenzenden Punkte

eindeutig festgelegt, Bild 5.6. Flächenformen können, wie Körperformen, durch einfache Begriffe unmittelbar angesprochen werden, wenn es sich um regelmäßige Grundformen handelt, deren Definitionen beispielsweise aus der analytischen Geometrie bekannt sind. Hierzu zählen unter anderem

- Kreis,
- Rechteck,
- Dreieck,
- Zylindermantel,
- Kegelmantel und
- Kugelfläche.

Im Falle der Verwendung von Flächen als Ersatzgrößen zur Beschreibung von Körpern bezeichnen die zugehörigen Maße einerseits die Ausdehnungen einzelner Flächen und andererseits die gegenseitigen Zuordnungen mehrerer Flächen, wodurch beispielsweise die Umhüllende eines Körpers gebildet wird. Dabei sind in der Regel sowohl ebene Flächen - deren Ausdehnungen auf die beiden Dimensionen Länge und Breite begrenzt sind - als auch unebene Flächen - deren räumliche Ausdehnungen zusätzlich auszugeben sind - gleichartig zu behandeln.
Wenn zur Beschreibung von Flächen feststehende, allgemein bekannte und eindeutige Formbegriffe nicht verfügbar sind, dann können solche Flächen auch durch die Beschreibung der sie begrenzenden Linien und/oder Punkte dargestellt werden. Für Formen von Linien gilt sinngemäß das für Flächenformen Gesagte. Maßangaben beschreiben hier meist Längenausdehnungen sowie gegenseitige Zuordnungen von Linien und Zuordnungen von Linien zu Flächen oder Punkten. Punkte sind, den Vorstellungen der analytischen Geometrie entsprechend, formlos. Deshalb ist die Beschreibung von Flächen mit Hilfe von Punkten und Punktmengen auf die Angabe von Abstands- und/oder Richtungsmaßen begrenzt.
Die Ausdehnung einer Fläche oder Linie sowie die Lage von Punkten kann, außer durch Längenmaßangaben, auch durch andere quantitative Größen, beispielsweise

- Anzahl,
- Zuordnung,
- Abstand,
- Winkel oder
- Größenverhältnis,

beschrieben werden.

5.1.1.2. Abstraktion der Gestalt

Die Darstellung eines Körpers kann niemals die vollständige Wiedergabe aller Einzelheiten seiner Gestalt umfassen. Dem stehen einerseits naturgegebene und/oder technische Grenzen entgegen. Andererseits ist es in der Regel nicht sinnvoll, jede noch so unbedeutende Einzelheit des Originals abbilden zu wollen. Denn Darstellungen von Körpern werden immer zu bestimmten Zwecken angefertigt. Dabei werden diejenigen Gestaltmerkmale, die für den vorgesehenen Verwendungszweck wesentlich sind, hervorgehoben und andere vernachlässigt oder unterdrückt. Eine solche Nachbildung eines Körpers ist immer mehr oder weniger subjektiv - von den Absichten und Zielvorstellungen des Bearbeiters - geprägt und gibt die objektive Wirklichkeit nie vollständig wieder. Vor und während des Arbeitsganges der Darstellung läuft stets ein Auswahl- und Entscheidungsprozeß ab, bei dem Wichtiges von Unwichtigem getrennt, Zweckdienliches verstärkt und Nebensächliches abgeschwächt wird. Dieser Auswahl- und Entscheidungsprozeß ist außer von der Zielsetzung auch vom Umfang der verfügbaren Informationen abhängig. Das Ergebnis ist in jedem Falle ein mehr oder weniger abstraktes Abbild der objektiven Wirklichkeit. Beim systematischen Projektieren und Konstruieren nach Komplexitätsebenen sind Grad und Art der Abstraktion weitgehend durch den Komplexitätsgrad der bearbeiteten Ebene vorgegeben. **In Bild 5.7** ist beispielhaft das Streckbiege-Aggregat einer Feuerverzinkungslinie schematisch in drei verschiedenen Abstraktionsgraden dargestellt. Diese drei Abstraktionsgrade entsprechen dem Informationsumfang, der auf der Maschinengruppen-, Maschinen- und Teilegruppenebene über das dargestellte technische System verfügbar war.

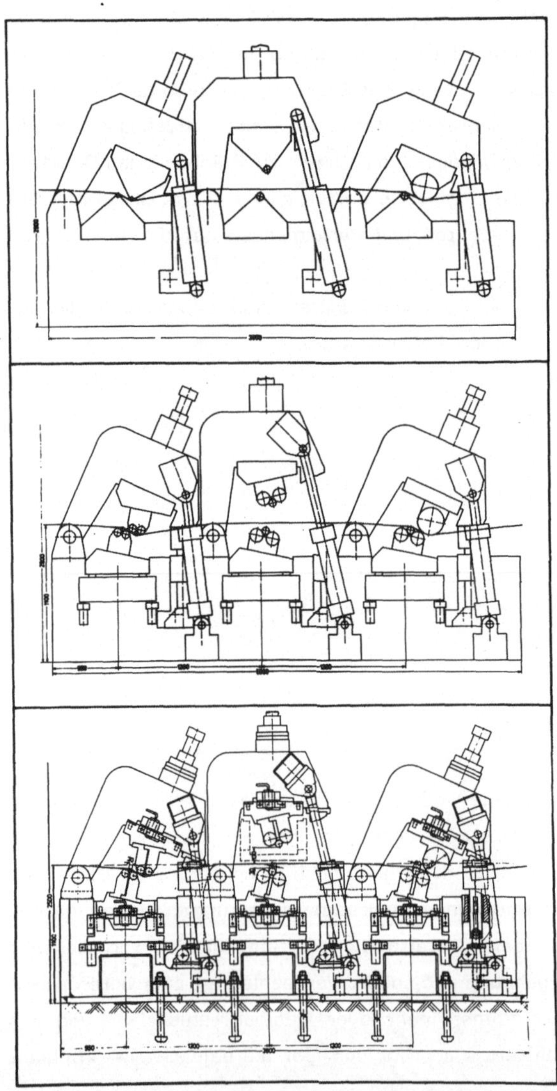

Bild 5.7: Darstellung eines Streckbiege-Aggregates auf den Komplexitätsebenen Maschinengruppen, Maschinen und Teilegruppen.

Zur Beschreibung geometrischer Eigenschaften von Körpern sowie Flächen, Linien und Punktmengen werden anstelle festgelegter Begriffe oder verbaler Definitionen in manchen Fällen auch numerische Verfahren der Mathematik verwendet. Dabei werden Form und Abmessungen eines geometrischen Gebildes beispielsweise durch Funktionen von zwei oder mehr Veränderlichen abgebildet. In einer solchen Funktionsgleichung werden durch die Beziehungen zwischen den Veränderlichen die Form und durch die Zahlenwerte der Konstanten die Abmessungen des abzubildenden Objektes bestimmt.
Die allgemeine mathematische Funktionsgleichung

$$(x - x_0)^2 + (y - y_0)^2 = r^2 \qquad (5.1)$$

bezeichnet beispielsweise die Form eines beliebigen Kreises in einer Ebene, welche durch die Koordinatenachsen x und y aufgespannt wird. Wenn die hier allgemein dargestellten Konstanten x_0 und y_0 durch Zahlenwerte und Maßeinheiten ersetzt werden, dann ist damit die Lage des Kreises zum Koordinatenursprung bestimmt. In gleicher Weise kann mit der Konstanten r der Durchmesser des Kreises festgelegt werden. Damit ist der Kreis selbst eindeutig definiert. Die relative Lage dieses Kreises zu einem beliebigen anderen, hier rechtwinkligen, Koordinatensystem läßt sich beispielsweise mit Hilfe der Gleichungen

$$x' = x \cdot \cos\varphi + y \cdot \sin\varphi - c \qquad (5.2)$$

$$y' = x \cdot \sin\varphi + y \cdot \cos\varphi - d \qquad (5.3)$$

angeben. Hierin sind:

x' und y' = Koordinaten im neuen Koordinatensystem,
x und y = Koordinaten im ursprünglichen Koordinatensystem,
φ = Drehwinkel zwischen ursprünglichem und neuem Koordinatensystem,
c und d = Verschiebungen vom ursprünglichen zum neuen Koordinatensystem.

Maße, welche die Abmessungen, Lage, Verschiebung und Drehung des Kreises beschreiben, können nur durch Änderung der Werte der entsprechenden Konstanten abgewandelt werden. Die Form des Kreises ist, unter Voraussetzung der Begrenzung des Definitionsbereiches für Maßzahlen auf "größer als Null" bis "kleiner als Unendlich", nur durch Änderung der allgemeinen Funktionsgleichung zu ändern.
Dieses Beispiel der Beschreibung von Form und Abmessungen geometrischer Gebilde mit Hilfe mathematischer Funktionsgleichungen macht die Notwendigkeit einer anforderungsgerechten und zweckdienlichen Abstraktion besonders deutlich. Der Versuch, die Gestalt eines technischen Erzeugnisses bis in die letzte Einzelheit durch mathematische Funktionsgleichungen zu beschreiben, würde schon bei verhältnismäßig unkomplizierten und niedrig komplexen Gebilden scheitern. In diesem Zusammenhang sei beispielsweise auch an die Oberflächenrauhigkeit, Fertigungstoleranzen oder Unregelmäßigkeiten nicht bearbeiteter Flächen erinnert. Einerseits müßte ein unüberschaubar vielfältiges und kompliziertes Gleichungssystem zur Beschreibung eines einzigen technischen Erzeugnisses erstellt werden. Damit würden die Projektierungs- und Konstruktionstätigkeiten zumindest sehr erschwert und eingeschränkt werden. Andererseits führt diese Betrachtungsweise im Extremfalle dazu, daß es keine zwei Körper, auch bei gleichen Abmessungen, mit derselben Gestalt gibt. Die Zusammenfassung von Objekten in Gruppen mit gleichen Merkmalen und deren Behandlung nach Regeln, welche für alle Elemente einer Gruppe

gleichermaßen Gültigkeit besitzen, ist eine grundlegende Voraussetzung naturwissenschaftlicher und besonders ingenieurmäßiger Arbeitsweisen. Die Schaffung solcher Gesetzmäßigkeiten mit möglichst allgemeinem Geltungsbereich macht das Vorausdenken technischer Erzeugnisse im Projektierungs- und Konstruktionsprozeß erst möglich. Zu diesem Zwecke müssen die zu einer solchen Gruppe zusammenzufassenden Erzeugnisse im allgemeinen vereinfacht und nach einheitlichen Richtlinien abstrahiert werden. Dabei können die Merkmale für die Zuordnung der Erzeugnisse zu bestimmten Gruppen um so allgemeiner und die Unterschiede in Einzelheiten zwischen den Elementen einer Gruppe um so größer sein, je höher der Abstraktionsgrad ist. Die **Bilder 5.8 bis 5.11** geben weitere Beispiele für unterschiedliche Arten und Grade der Abstraktion bei der Darstellung von Formen technischer Erzeugnisse in Abhängigkeit von den Verwendungszwecken der Darstellung und von den Komplexitätsgraden der Erzeugnisse.

In Bild 5.8 sind oben die Formen wesentlicher Bestandteile eines Elektro-Stahlwerkes zu bildzeichenähnlichen Darstellungen abstrahiert. Diese Symbolzeichnungen werden durch Einbeziehung kennzeichnender Abmessungen zu maßstäblichen Darstellungen ergänzt und lassen so umrißhaft die Gestalten der durch sie wiedergegebenen technischen Erzeugnisse erkennen. Sie dienen der Untersuchung des Grundflächenbedarfes sowie des Stoffflusses beim Entwurf eines Elektro-Stahlwerkes, Bild 5.8 unten.

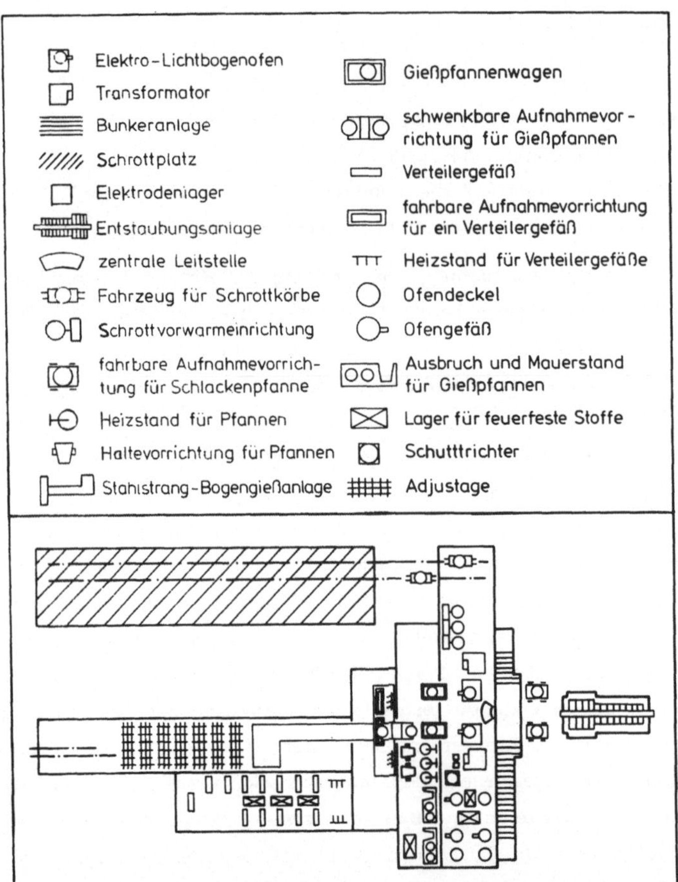

Bild 5.8: Bildzeichenähnliche Darstellung eines Elektro-Stahlwerkes und seiner konstruktiven Bestandteile.

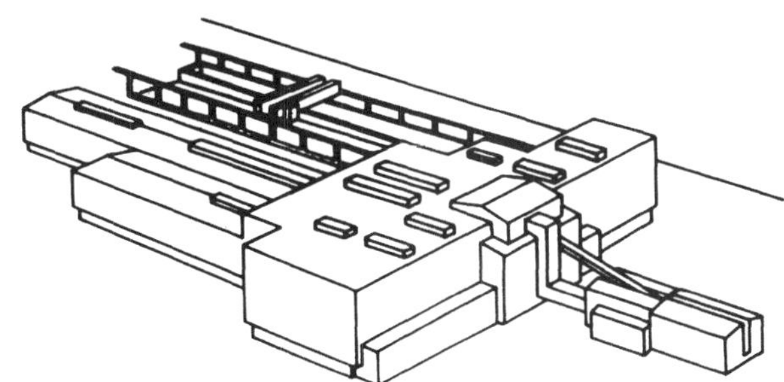

Bild 5.9: Perspektivische Darstellung eines Elektro-Stahlwerkes und seiner architektonisch bedeutsamen Bestandteile.

Bild 5.9 zeigt eine von Bild 5.8 abweichende Darstellung eines Elektro-Stahlwerkes und seiner von außen sichtbaren Bestandteile. Hierin sind hauptsächlich die architektonisch bedeutsamen Elemente des Werkes zu geometrisch möglichst einfachen Gebilden abstrahiert und in einer perspektivischen Darstellung zusammengefaßt. Dieses Bild ist Teil einer Reihe von Modellstudien zum Zwecke einer harmonischen Eingliederung des Werkes in seine Umgebung. Es soll mit möglichst einfachen Mitteln einen möglichst wirklichkeitsnahen Eindruck vom Erscheinungsbild des Werkes und seiner architektonischen Bestandteile vermitteln.

Bild 5.10 ist der Ausschnitt aus dem Schlüssel eines Klassifizierungssystems für Maschinenbau-Einzelteile, welcher die Form dieser Teile beschreibt. Zur Anwendung solcher Klassifizierungssysteme werden die Formen technischer Erzeugnisse zu numerischen oder alphanumerischen Darstellungen abstrahiert. In dem dargestellten Klassifizierungsschlüssel repräsentiert jede Stelle der Klassifizierungsnummer ein bestimmtes Formmerkmal der Gruppe zu klassifizierender Erzeugnisse. Der Zahlenwert dieser Stelle beschreibt die Merkmalsausprägung.

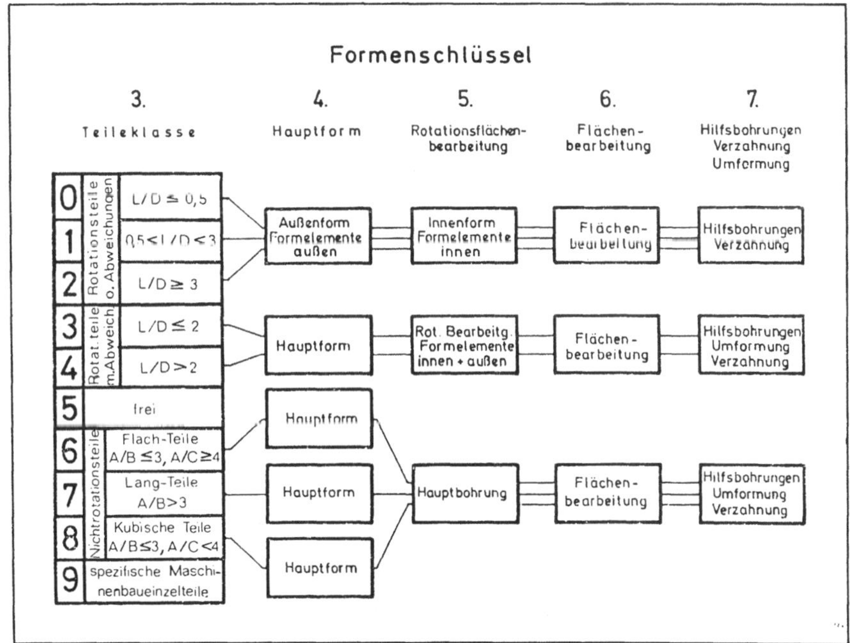

Bild 5.10: Ausschnitt aus dem Schlüssel eines Klassifizierungssystems für Maschinenbau-Einzelteile / 2 und 3 /.

Damit ist es möglich, eine große Zahl unterschiedlichster technischer Erzeugnisse in kürzester Form nach einheitlichen Regeln eindeutig anzusprechen. Bild 5.11 stellt die Fertigungszeichnung eines Maschinenbaueinzelteiles dar. Die hier verwendete Darstellungsform technischer Erzeugnisse ist durch den niedrigsten, in Projektierungs- und Konstruktionsbereichen gebräuchlichen Abstraktionsgrad gekennzeichnet. Sie enthält alle für die gegenständliche Verwirklichung des dargestellten Teiles erforderlichen Informationen und Einzelheiten. Die im Schriftfeld erkennbare 11-stellige Klassifizierungsnummer entspricht in der 3. bis 7. Schlüsselstelle dem Formenschlüssel des Bildes 5.10. Diese Ziffernkombination 12102 gibt an, daß in der Zeichnung ein Rotationsteil

- ohne Abweichungen mit Längen-Durchmesser-Verhältnis L/D zwischen 0,5 und 3 (1....),
- mit einseitig steigender oder glatter Außenform und/oder Befestigungsgewinde (.2...),
- mit glatter oder einseitig steigender Innenform ohne Formelemente (..1..),
- ohne Flächenbearbeitung (...0.) sowie
- mit axialer Bohrung, mit Teilung und ohne Verzahnung (....2)

abgebildet ist / 2 und 3 /.

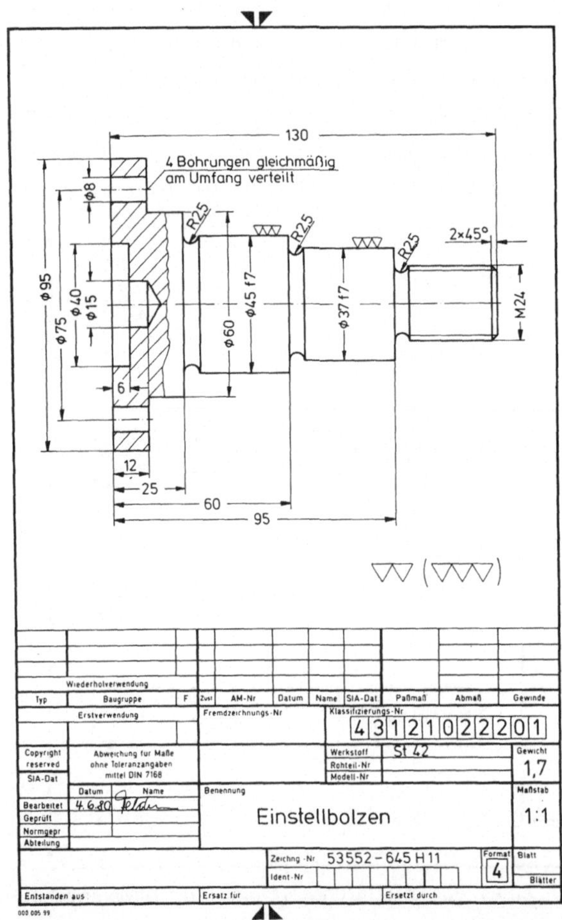

Bild 5.11: Fertigungszeichnung eines Maschinenbau-Einzelteiles.

5.1.2. Aufbau technischer Systeme

Der Aufbau eines technischen Systems, also seine körperlich-räumliche Struktur, wird durch die

- Lage und
- Anzahl

seiner Bestandteile bestimmt. Unter Lage der Bestandteile sind hier die geometrischen Zuordnungen der feststehenden Bezugspunkte konstruktiver Elemente zueinander zu verstehen. Dabei bleiben im allgemeinen Beziehungen zu anderen Bezugssystemen, beispielsweise zu benachbarten technischen Gesamtsystemen oder zur Umgebung, soweit sie nicht durch Bedingungen der Anforderungsliste gegeben sind (das sind insbesondere die Anschluß- oder Schnittstellenbedingungen sowie systembezogenen Bedingungen), unberücksichtigt. Häufig ergeben sich Hinweise oder Notwendigkeiten zur Festlegung der Lage aus physikalischen Gegebenheiten der Stoff-, Energie- und/oder Signalflüsse sowie aus in der Anforderungsliste niedergelegten räumlichen Begrenzungen. Solche räumlichen Begrenzungen beruhen meist auf Gestaltmerkmalen des bereits früher festgelegten, vorgeordneten Gesamtsystems und sind grundsätzlich zu beachten. Denn beim systematischen Projektieren und Konstruieren gilt wegen des Vorgehens nach Komplexitätsebenen die Regel, daß die Gestalt eines technischen Erzeugnisses durch den Aufbau seiner Bestandteile nicht grundlegend verändert werden darf.

Bei der Festlegung des Aufbaues müssen manchmal festgelegte Teilsysteme, das sind beispielsweise Kundenbeistellungen oder Komponenten eines technischen Baukastens, deren Gestalten nicht verändert werden dürfen, in das zu erstellende Gesamtsystem integriert werden. Solche technischen Teilsysteme müssen selbstverständlich die von ihnen geforderten Funktionen ausüben. Dennoch kann der Einbau festgelegter Teilsysteme zu Anpassungsschwierigkeiten führen, wenn sie aus konstruktiven Gründen nicht

- unmittelbar miteinander,
- mit den übrigen Teilsystemen oder
- mit der Umgebung

kompatibel sind. Zur Überwindung dieser Schwierigkeiten ist es oft sinnvoll, sogenannte Anpaßsysteme einzusetzen. Solche Systeme dienen der Anpassung von Hauptsystemen an geometrische Gegebenheiten und haben in der Regel niedrigere Komplexitätsgrade als diese. Deshalb werden sie auf der Komplexitätsebene, auf der sie ermittelt wurden, nicht weiter behandelt. Kenngrößen und Eigenschaften der Anpaßsysteme werden dann als systembezogene Bedingungen formuliert und entweder im Rahmen des systematischen Projektierens und Konstruierens auf der ihnen angemessenen Komplexitätsebene oder in einem getrennten Arbeitsgang im Anschluß an den Konstruktionsablauf der Hauptsysteme bearbeitet. Auf der ihrem Komplexitätsgrad entsprechenden Ebene ziehen die als Anforderungen formulierten Informationen über Anpaßsysteme sehr oft die logischen Funktionen "leiten" und/oder "führen" nach sich.

Anpaßsysteme können sowohl auf die von den Hauptsystemen durchzusetzenden Stoffe, Energien und/oder Signale, als auch auf diese Hauptsysteme selbst wirken. Dementsprechend werden sie

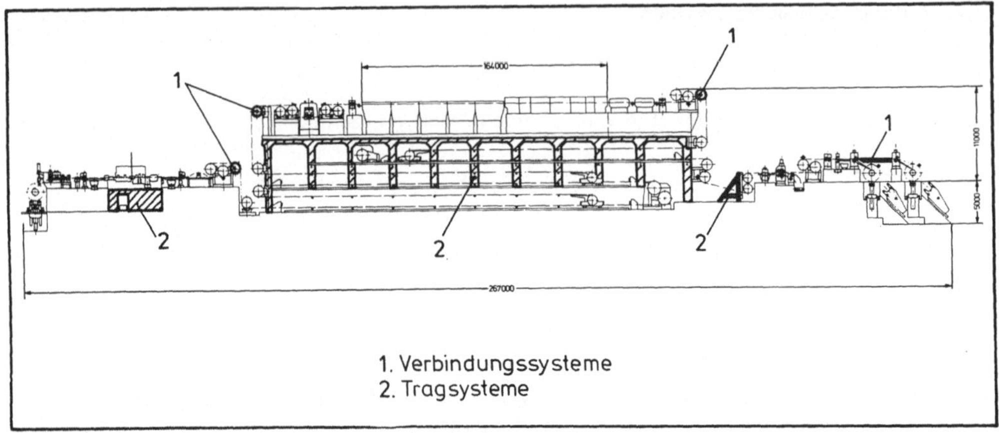

Bild 5.12: Anpaßsysteme zwischen den Anlagen einer Beizlinie für Stahlband.

manchmal in Verbindungssysteme und Tragsysteme unterschieden. Verbindungssysteme dienen ausschließlich der geometrischen Anpassung und sind nicht aus physikalischen Funktionen hergeleitet, **Bild 5.12.** Demzufolge besteht auch kein Zusammenhang zwischen solchen Verbindungssystemen und der logischen Funktion "verbinden".

Unter der Anzahl von Bestandteilen ist hier neben der Summe aller ermittelten Teilsysteme des zu konstruierenden technischen Systems insbesondere die Vielzahl gleicher oder ähnlicher Teilsysteme, auf welche die gegenständliche Verwirklichung jeweils einer physikalischen Funktion aufgeteilt wird, zu verstehen. Das soll am Beispiel der Wandlung eines hydraulischen Druckes in eine geradlinig wirkende Kraft nach dem Prinzip der Druckausbreitung (Hydraulik-Zylinder) verdeutlicht werden. Wenn bei einem verfügbaren Betriebsdruck von 100 bar eine Kraft von 10 kN erzeugt werden soll, dann ist dies durch den Einsatz eines Zylinders mit 1000 mm^2 Kolbenfläche, von zwei Zylindern mit jeweils 500 mm^2 Kolbenfläche und so weiter zu erreichen. Dabei kann die Aufteilung auf mehrere Teilsysteme auch in unterschiedlichen Verhältnissen (Zylinder mit verschieden großen Kolbenflächen) durchgeführt werden, wenn dadurch die physikalische Wirksamkeit nicht beeinträchtigt wird. Die Aufteilung geforderter Wirkungen auf mehrere nicht identische Teilsysteme kann auch zur Verringerung des konstruktiven Aufwandes führen. Es sei die Einstellbarkeit von Kräften zwischen 100 N und 10 kN gefordert, aber nur ein Regelbereich des verfügbaren Betriebsdruckes von 10 bar bis 100 bar gegeben. Hierzu könnten, anstelle eines verhältnismäßig komplizierten zusätzlichen Druckregelventils, zwei auswechselbare Zylinder mit 100 mm^2 und 1000 mm^2 Kolbenfläche verwendet werden. Allerdings sind besonders bei dieser Form der Aufteilung physikalischer Wirksamkeiten Einschränkungen und Bedingungen, die beispielsweise auf physikalischen Nebenwirkungen beruhen, zu beachten.

Zwischen den Aufbaumerkmalen "Lage" und "Anzahl" bestehen meist unmittelbare Wechselwirkungen. Deshalb ist es im allgemeinen notwendig, diese beiden Merkmale in gegenseitiger

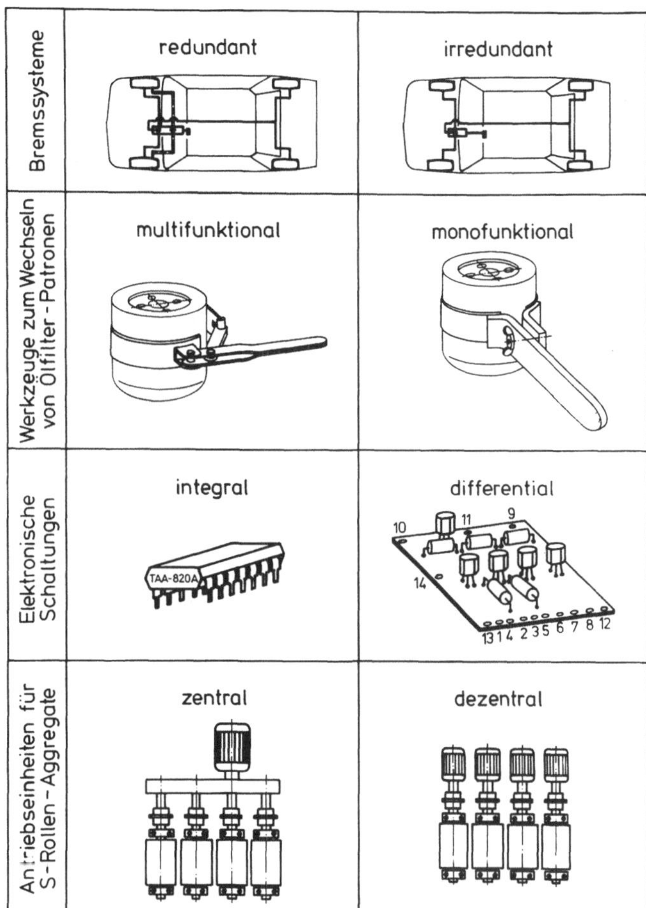

Bild 5.13: Allgemeine Beispiele grundlegender Aufbauprinzipien technischer Systeme.

Abstimmung gemeinsam festzulegen. Im Zusammenhang mit dieser Festlegung ist auch zu klären, ob alle oder einzelne Teilsysteme

- redundant oder irredundant,
- multifunktional oder monofunktional,
- integral oder differential,
- zentral oder dezentral

ausgelegt werden müssen. Dabei ist unter Redundanz die mehrfache Ausführung von Teilsystemen gleicher Wirkung zur Erhöhung der Zuverlässigkeit und Betriebssicherheit beziehungsweise zur Verringerung der Ausfallwahrscheinlichkeit zu verstehen. Irredundant werden solche Teilsysteme ausgeführt, deren Versagen nur geringe Auswirkungen auf die Funktion des Gesamtsystems haben. Multifunktionale Teilsysteme können im Gegensatz zu monofunktionalen die Verwirklichung mehrerer verschiedener physikalischer Funktionen auf sich vereinigen. Das zugrundeliegende Arbeitsprinzip entspricht der bereits beschriebenen Nutzung der Nebenwirkungen physikalischer Funktionen im Rahmen der Festlegung physikalischer Wirkzusammenhänge. Die Integralbauweise ist insbesondere aus der Elektrotechnik, von integrierten

Schaltkreisen, bekannt. Hierbei werden mehrere Teilsysteme zu einer baulichen Einheit verbunden. Die Umkehrung dieses Konstruktionsprinzips kann dementsprechend Differentialbauweise genannt werden. Schließlich kann beispielsweise die Zufuhr mechanischer Energie zu mehreren Arbeitsmaschinen von einer zentralen Antriebseinheit aus oder umgekehrt der Antrieb einer Arbeitsmaschine von mehreren dezentralen Motoren aus erfolgen. Beispiele solcher grundlegender Aufbauprinzipien technischer Systeme sind den **Bildern 5.13 und 5.14** zu entnehmen. Forderungen oder Hinweise darauf, welches der genannten Aufbauprinzipien für die zu bearbeitenden Teilsysteme zu wählen ist, sind meist in Form von Bedingungen in der Anforderungsliste enthalten.

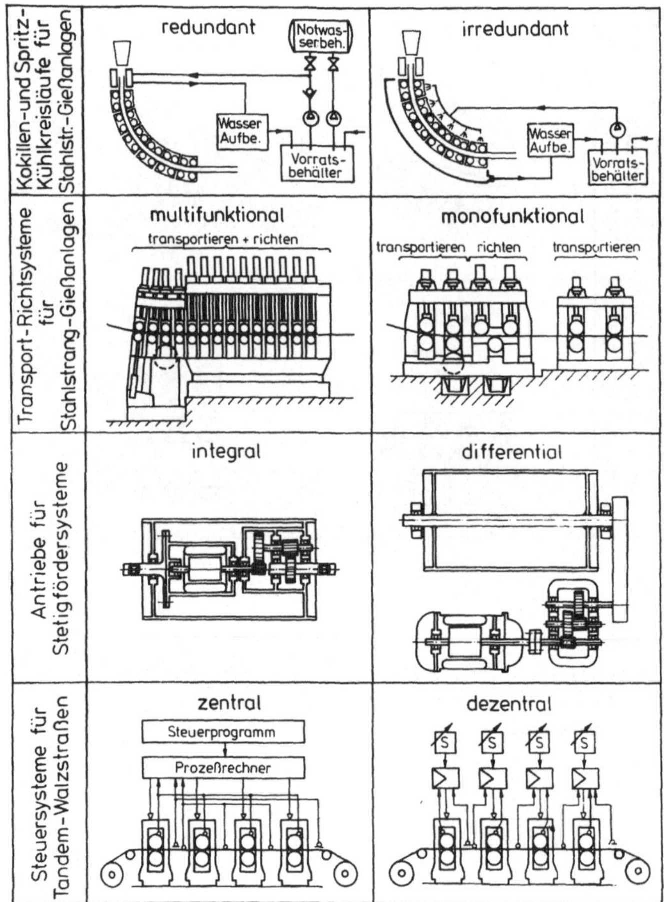

Bild 5.14: Beispiele grundlegender Aufbauprinzipien technischer Systeme der Hüttentechnik.

5.1.3. Bewegungsverhältnisse technischer Systeme

Die geometrischen Verhältnisse in einem technischen System müssen häufig zur Erfüllung der festgelegten Funktionen zu verschiedenen Zeitpunkten verschiedene Zustände annehmen oder während bestimmter Zeiträume sich bestimmten kontinuierlichen Zustandsänderungen unterziehen. Die Untersuchung solcher Zustandsänderungen kann einerseits

- die Gestalten einzelner Bestandteile und/oder
- den Aufbau

des technischen Systems sowie andererseits

- die Stoff-, Energie- und/oder Signaldurchsätze zwischen den Bestandteilen

des Systems zum Gegenstand haben. Dabei erstreckt sich die Festlegung der Bewegungsverhältnisse sowohl auf zu erzwingende als auch auf zu verhindernde Zustandsänderungen geometrischer Verhältnisse.

Gestalt- und Aufbauänderungen werden manchmal, in Anlehnung an den unter 5.4. verwendeten Begriff der Wirkgeometrie, als Wirkbewegungen des technischen Systems bezeichnet / 4 und 5 /. An Wirkbewegungen nehmen in der Regel nicht alle Bestandteile eines technischen Systems teil. Die zeitlich unveränderlichen Teilsysteme oder Teile bilden gemeinsam die sogenannte geometrische Grundstruktur oder den Grundaufbau des Systems. Allerdings ist der Grundaufbau und/oder die Gestaltung seiner Bestandteile häufig ursächlich an der Erzwingung oder Verhinderung von Zustandsänderungen geometrischer Verhältnisse der zeitlich veränderlichen Bestandteile beteiligt. Deshalb müssen bei der Festlegung der Bewegungsverhältnisse alle Bestandteile eines technischen Systems, einschließlich der unbewegten, betrachtet werden. Dagegen ist es im Rahmen der Festlegung konstruktiver Wirkzusammenhänge im allgemeinen nicht erforderlich, alle Phasen und Einzelheiten solcher Bewegungsabläufe sowie deren sämtliche Auswirkungen auf das technische System zu untersuchen. Kräfte und Leistungen sind beispielsweise nur dann zu berechnen, wenn das bei der Festlegung physikalischer Wirkzusammenhänge noch nicht möglich oder nötig war und diese Informationen zur Ermittlung und Bewertung konstruktiver Varianten erforderlich sind. Von den während eines Prozesses auftretenden Zuständen sind weiterhin nur diejenigen zu berücksichtigen, die auf Gestalt

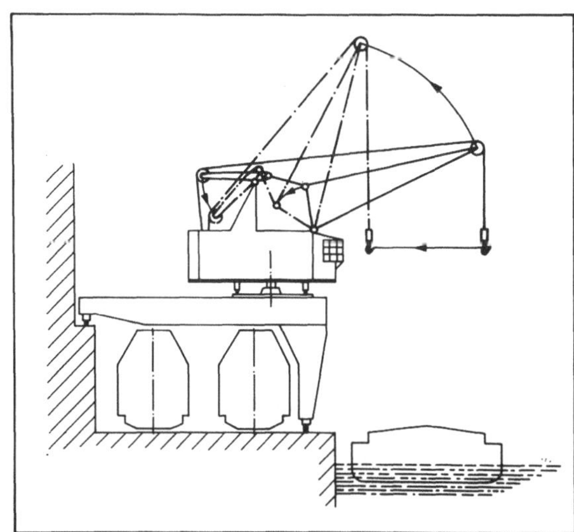

Bild 5.15: Darstellung zur Verdeutlichung des Greifbereiches und der Auslegerbewegung eines Wippdrehkranes.

und/oder Aufbau sowie auf andere spezielle konstruktive Merkmale des technischen Systems ursächlich und maßgeblich Einfluß nehmen können. Das sind in der Regel die eine Zustandsänderung begrenzenden Extremzustände sowie gegebenenfalls ein den Prozeß kennzeichnender Normalzustand. Solche Extremzustände und wesentlichen Bewegungsphasen sind beispielsweise die Endlagenstellungen eines Hydraulikzylinders oder auch die äußersten Auslegerstellungen und der Greifbereich eines Wippdrehkranes, **Bild 5.15.** Damit besteht also ein wesentlicher Unterschied zwischen dem sogenannten Systemverhalten (das ist die bei der Festlegung physikalischer Wirkzusammenhänge zu ermittelnde Summe aller Reaktionen des Systems auf innere und äußere Einflüsse, insbesondere Störungen) und den Bewegungsverhältnissen in einem System (das sind die zur Erfüllung der Funktionen erforderlichen Änderungen geometrischer Verhältnisse im System).

Neben der Einteilung in Gestalt- und Aufbauänderungen ist aus anderer Sicht auch eine Unterscheidung von Wirkbewegungen in absolute und relative Bewegungen möglich. Dabei werden, im Rahmen der Festlegung konstruktiver Wirkzusammenhänge, Bewegungen dann absolut genannt, wenn die festzulegenden Bezugspunkte der Bewegung, deren Lage sich in Ruhe zur Umgebung befindet, körperfeste, zeitlich unveränderliche Merkmale des bewegten Körpers sind. Damit sind Absolutbewegungen hier also gleichbedeutend mit Gestaltänderungen. Auch die Begriffe "Relativbewegung" und Aufbauänderung werden in diesem Zusammenhang synonym verwendet. Bewegungen werden hier relativ genannt, wenn die festzulegenden Bezugspunkte des bewegten Körpers sich relativ zur Umgebung oder zu Nachbarsystemen in Bewegung befinden. **Bild 5.16** verdeutlicht diese Zusammenhänge an den Beispielen eines Kranes und einer Bimetallfeder.

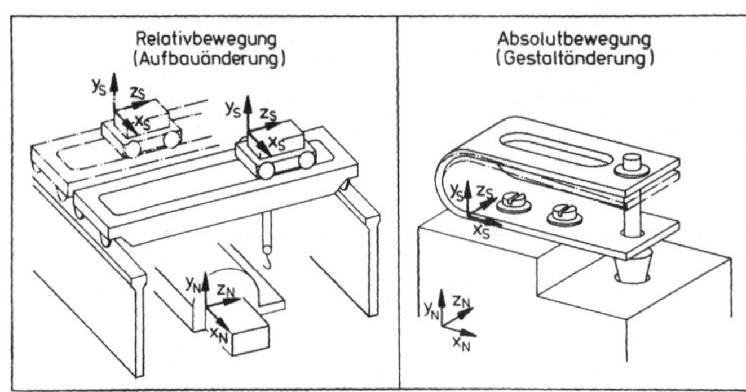

Bild 5.16: Darstellung zur Verdeutlichung relativer und absoluter Bewegungen.

Zustandsänderungen geometrischer Verhältnisse der Stoff-, Energie- und/oder Signaldurchsätze zwischen den Bestandteilen technischer Systeme werden einschließlich der daran ursächlich beteiligten Systembestandteile manchmal auch unter dem Begriff "systeminterne Logistik" zusammengefaßt / 6 /. Damit sind die Übertragung der Eingangsgrößen (Stoffe, Energien und Signale) auf das System, die Leitung, Führung und Verteilung dieser Größen innerhalb des Systems, die Übertragung der Ausgangsgrößen vom System auf die Umgebung sowie die mit diesen Aufgaben betrauten Teilsysteme gemeint. Bei vorzugsweise stoffdurchsetzenden technischen Systemen werden die Ermittlung, Bewertung und Festlegung der Bewegungsverhältnisse solcher Art von manchen Autoren als Materialflußplanung bezeichnet / 7 bis 11 /. Die für

stoffdurchsetzende technische Systeme bedeutsame Tätigkeitsfolge "bereitstellen - entnehmen - fortbewegen - abgeben" wird auch kommissionieren genannt / 12 /.
Die Ermittlung, Bewertung und Festlegung der Bewegungsverhältnisse ist durch eine zweifache enge Wechselbeziehung zu anderen Tätigkeiten des systematischen Projektierens und Konstruierens gekennzeichnet. Erstens macht der Zusammenhang zwischen Gestalten der Bestandteile sowie Aufbau eines technischen Systems einerseits und dessen Bewegungsverhältnissen andererseits eine losgelöste, alleinige Festlegung der Bewegungsverhältnisse unmöglich. Häufig führt erst ein iteratives Vorgehen mit mehrfachem Wechsel zwischen den entsprechenden Teilschritten zum Ziele. Zweitens bestehen manchmal Überschneidungen und/oder Abhängigkeiten zwischen den Berechnungsinhalten der Teilschritte "Erstellung physikalischer Funktionspläne" im Rahmen der Festlegung physikalischer Wirkzusammenhänge und "Ermittlung der Bewegungsverhältnisse". Weil eine Iteration einzelner Hauptschritte der Projektierungs- und Konstruktionssystematik nach Möglichkeit vermieden werden soll, sind bereits vor Durchführung der genannten beiden Teilschritte mögliche Überschneidungen sowie Abhängigkeiten zu ermitteln und eine sinnvolle Aufteilung der Berechnungsinhalte vorzunehmen.

5.2. Berechnungen zur Festlegung konstruktiver Wirkzusammenhänge

Der vierte Hauptschritt der Projektierungs- und Konstruktionssystematik - Festlegung konstruktiver Wirkzusammenhänge - ist in hohem Maße durch die Anwendung gegenstandsnaher bildhafter Darstellungsmethoden gekennzeichnet. Daneben umfaßt dieser Schritt aber auch einen großen Teil Berechnungen. Dabei können zunächst nach ihrer Zielrichtung zwei Gruppen,

- Berechnungen zur Ermittlung konstruktiver Wirkzusammenhänge und
- Berechnungen zur Beurteilung konstruktiver Wirkzusammenhänge

unterschieden werden.
Berechnungen zur Ermittlung konstruktiver Wirkzusammenhänge treten im Rahmen der Herleitung und Variation der Gestalten, des Aufbaues und der Bewegungsverhältnisse der Bestandteile des zu entwerfenden technischen Systems auf und gehen von Anforderungen an das System, physikalischen Gegebenheiten sowie einigen quantitativ eindeutig beschreibbaren Bewertungsmerkmalen aus. Sie werden auch häufig konstruktive Auslegungs- und Dimensionierungsberechnungen genannt. Beispiele solcher Berechnungen sind unter anderem

- Festlegungen der Querschnittsformen und/oder Stützlinien von Tragsystemen unter Zugrundelegung der äußeren Belastungen, der zulässigen Formänderungen sowie der Werkstoff- und Gestaltfestigkeit,
- Bemessung von Schweiß-, Löt- und Klebeverbindungen, Schrauben und Nieten, Achsen und Wellen, Lager- und Getriebeteilen,
- Ermittlung der Abmessungen und räumliche Abstimmung mehrerer Teilsysteme zueinander sowie
- Ermittlung der Wege, Überschneidungen und Auslastungen von Förder- und Lagersystemen sowie damit zusammenhängender Gegebenheiten.

Solche Berechnungsgänge sind im allgemeinen besonders zur Umwandlung in Digitalrechenprogramme geeignet, weil die ihnen zugrundeliegenden Zusammenhänge oft verhältnismäßig einfach sind und, zumindest für die unteren Komplexitätsebenen, zum großen Teil bereits in algorithmierter Form vorliegen. Berechnungsvorschriften für die Auslegung und Dimensionierung von Maschinenelementen können den einschlägigen Lehr- und Handbüchern entnommen werden und sind teilweise sogar in Normen niedergelegt. Zudem treten hier häufig, selbst bei verschiedenen technischen Systemen, gleichartige Problemstellungen auf, die zur Anpassung an eine konkrete Aufgabe nur quantitativer Abwandlungen bedürfen.
Berechnungen zur Beurteilung konstruktiver Wirkzusammenhänge sind vor allem im Zusammenhang mit der Bewertung und Auswahl konstruktiver Varianten notwendig. Dabei werden neben anderem insbesondere auch

- Gewichte,
- Kosten,
- Fertigungsmöglichkeiten und
- Zuverlässigkeiten

untersucht. Eine Algorithmierung dieser Berechnungen, und damit auch die Erstellung von Digitalrechenprogrammen, ist im allgemeinen schwieriger, weil sowohl qualitative (zu berücksichtigende Bewertungsmerkmale) als auch quantitative (Gewichtung der Bewertungsmerkmale) Abwandlungen zur Anpassung an konkrete Aufgabenstellungen notwendig sind.

5.3. Konstruktive Varianten und deren Bewertung

Das Ziel der Festlegung konstruktiver Wirkzusammenhänge ist der Entwurf eines technischen Systems, welches zur Erfüllung der gestellten Aufgabe unter Berücksichtigung aller maßgeblichen Bedingungen und Einflüsse am besten geeignet ist. Dieses Ziel ist in der Regel nicht auf direktem Wege (ausgehend von physikalischen Wirkzusammenhängen und der Anforderungsliste zu entnehmenden Bedingungen unmittelbar zur Bestlösung) erreichbar. Denn dabei treten meist viele Gegebenheiten und Zusammenhänge auf, die nicht durch starre Regeln und Vorgehensvorschriften erfaßbar sind, aber keinesfalls vernachlässigt werden dürfen. Deshalb ist es ratsam, einen Umweg zu beschreiten, der zwar mehr Teilschritte umfaßt und die Auswertung von Zwischenergebnissen erfordert, aber aufgrund des geringeren Aufwandes für die theoretische Durchdringung insgesamt leichter sowie schneller zum Ziele führt. Dazu werden zunächst unter Anwendung weniger, leicht verständlicher Regeln mehrere konstruktive Varianten ermittelt, aus denen dann mit geeigneten Bewertungsverfahren eine Bestlösung gewählt werden kann. Die Anzahl und Verschiedenartigkeit der herzuleitenden und zu untersuchenden Varianten ist im wesentlichen von

- dem Grad der zu bearbeitenden Komplexitätsebene,
- der Art der Aufgabenstellung,
- der Herleitung der Einzelgestalten,
- dem technischen und wirtschaftlichen Einfluß auf das Gesamtsystem sowie

- dem Umfang verfügbarer Informationen für die Auswahl

abhängig und muß von Fall zu Fall bestimmt werden. Dabei ist auch die Güte der bereits ermittelten Varianten im Verhältnis zu der theoretisch denkbaren, nicht zu übertreffenden - im allgemeinen aber auch nicht erreichbaren - Ideallösung zu berücksichtigen. Je geringer der Unterschied zwischen den bereits gefundenen Varianten und dieser Ideallösung ist, um so geringer ist die Wahrscheinlichkeit und um so größer der Aufwand, eine noch bessere Variante zu ermitteln. Wenn der Abstand zwischen den bestehenden und der idealen Konstruktionsvariante groß ist, dann kann im allgemeinen auch der Nutzen, welcher aus der weiteren Ermittlung von Varianten zu ziehen ist, verhältnismäßig hoch eingeschätzt werden. Umgekehrt kann aber eine große Menge untersuchter Varianten keinesfalls eine Gewährleistung für eine hohe Güte des endgültigen Entwurfes bieten. Allenfalls wird die Abschätzung des Aufwandes zur Annäherung an die Ideallösung um so genauer, je mehr Varianten bereits vorliegen.
Den drei allgemeinen konstruktiven Merkmalen entsprechend können konstruktive Varianten prinzipiell hinsichtlich

- der Gestalt,
- des Aufbaues und
- der Bewegungsverhältnisse

voneinander unterschieden werden. Die Reihenfolge, in der die drei Arten der Variation auszuführen sind, hängt von vielen aufgaben- und systemspezifischen, nicht zu verallgemeinernden Faktoren ab. In den meisten Fällen wird mit der Ermittlung von Gestaltvarianten begonnen, weil es verhältnismäßig schwierig ist, den Aufbau oder die Bewegungsverhältnisse eines Systems zu betrachten, wenn seine Bestandteile noch nicht bekannt sind. Allerdings ist beispielsweise bei technischen Systemen, die stark durch den Stofffluß geprägt sind, auch ein Vorgehen, welches mit dem Aufbau beginnt, denkbar.

Die Bildung konstruktiver Varianten ist also ein Hilfsmittel zur Ermittlung möglichst günstiger konstruktiver Wirkzusammenhänge in den zu verwirklichenden technischen Systemen. Notwendige Bedingung für den zielführenden Einsatz dieses Hilfsmittels ist die Durchführung von Auswahlvorgängen auf der Grundlage geeigneter Bewertungen. Solche Bewertungen können sowohl in den Variationsprozeß integriert als auch in einem anschließenden getrennten Arbeitsgang durchgeführt werden. Bei der Integration der Bewertung in den Variationsprozeß werden entweder die Varianten mit geringerem Wert unmittelbar nach ihrer Herleitung ausgesondert oder aber bestimmte Variationsrichtungen mit eindeutig vorauszusehenden ungünstigen Ergebnissen von vornherein ausgeschlossen. In beiden Fällen kann die mitzuführende Datenmenge erheblich verringert werden. Nachträgliche Bewertungen in einem getrennten Arbeitsgang sind dann vorzuziehen, wenn die Anzahl zu erwartender Varianten überschaubar klein ist oder wenn die verfügbaren Bewertungsmerkmale für eine integrierte Bewertung ungeeignet sind. Denn einerseits treten manche zur Bewertung geeignete Merkmale erst während des Variationsprozesses, der ebenso wie die übrigen Schritte des systematischen Projektierens und Konstruierens zu einer Informationserweiterung über das zu verwirklichende technische System beiträgt, in Erscheinung. Andererseits sind nicht alle vor Beginn des Variierens verfügbaren Bewertungsmerkmale in gleichem Maße zur integrierten Berücksichtigung geeignet. Deshalb sollten schon vor der Durchführung dieser Teilschritte alle wesentlichen verfügbaren Bewertungsmerkmale festgelegt und in die Gruppen

- Merkmale zur integrierten Bewertung sowie
- Merkmale zur nachträglichen Bewertung

eingeteilt werden.
Beispiele für Bewertungsmerkmale, die in der Regel schon vor und während des Variierens berücksichtigt werden können, sind unter anderem

- alle "Muß"-Bedingungen der Anforderungsliste, die nicht schon Eingang in die Festlegung logischer oder physikalischer Wirkzusammenhänge gefunden haben,
- die meisten "Soll"-Bedingungen der Anforderungsliste mit festen Ober- und/oder Untergrenzen, die nicht schon Eingang in die Festlegung der physikalischen Wirkzusammenhänge gefunden haben, sowie
- einige Schnittstellenbedingungen und viele Anschlußbedingungen, welche konstruktive Wirkzusammenhänge betreffen.

Dabei sind Bedingungen, die schon bei der Festlegung logischer oder physikalischer Wirkzusammenhänge berücksichtigt wurden, an dieser Stelle im allgemeinen bereits in konkrete Anforderungen umgesetzt und können unmittelbar zur Herleitung konstruktiver Wirkzusammenhänge herangezogen werden. Zu den Bewertungsmerkmalen, die erst nach der Ermittlung aller Varianten im direkten Vergleich ausgewertet werden können, zählen beispielsweise

- "Soll"-Bedingungen der Anforderungsliste ohne feste Begrenzung, die nicht schon Eingang in die Festlegung physikalischer Wirkzusammenhänge gefunden haben,
- Informationen der Anforderungsliste über Umwelt- und Systemeinflüsse sowie
- Erkenntnisse, die während der Ermittlung konstruktiver Varianten gewonnen werden.

Nachträgliche Bewertungen bieten den Vorteil der größeren verfügbaren Informationsdichte und damit der feineren Unterscheidbarkeit und höheren Sicherheit bei Varianten mit sehr ähnlichen Eigenschaften und nahezu gleichem Wert. Allerdings ist hier, verglichen mit der integrierten Bewertung, eine wesentlich größere Anzahl Konstruktionslösungen zu bewerten. Deshalb ist bei einer Entscheidung zugunsten des einen oder anderen Bewertungsverfahrens, neben den verfügbaren Informationen, vor allem der zu erwartende Einfluß des gerade betrachteten Bestandteiles auf das zu verwirklichende technische Gesamtsystem in Rechnung zu stellen / 13 /.

5.4. Herleitung der Gestalt eines technischen Erzeugnisses über die Wirkgeometrie

Bei manchen physikalischen Wirksamkeiten ist die zu erzielende Wirkung eng an bestimmte geometrische Gegebenheiten gebunden. Solche geometrischen Gegebenheiten sind beispielswei beim Hebeleffekt durch das Längenverhältnis der Hebelarme und die Richtungen der angreifenden Kräfte gegeben. Zur Festlegung konstruktiver Wirkzusammenhänge können diese geometrischen Gegebenheiten physikalischer Funktionen in der Regel unmittelbar in Körperformen und Abmessungen umgesetzt werden. Derart vergegenständlichte geometrische Gegebenheiten physikalischer Funktionen werden auch als funktionsrelevante geometrische Merkmale der im Rahmen der Festlegung konstruktiver Wirkzusammenhänge entstehenden technischen Erzeugnisse bezeichnet. Sie betreffen manchmal den gesamten Körper oder Raum, häufiger aber nur einzelne Flächen, Linien, Punkte oder Orte. Weil in ihnen die Wirkung der zugrundeliegenden physikalischen Funktion eingeleitet, abgeführt oder übertragen wird, werden die betreffenden funktionsrelevanten geometrischen Merkmale oft

- Wirkkörper,
- Wirkräume,
- Wirkflächen,
- Wirklinien,
- Wirkpunkte und
- Wirkorte

genannt. Beispiele technischer Systeme, an oder in denen die genannten funktionsrelevanten Merkmale deutlich in Erscheinung treten, sind Federn (Wirkkörper), Kolbenkraftmaschinen (Wirkräume), Gleitlager (Wirkflächen), Scheren (Wirklinien) und Zirkel (Wirkpunkte). Unter einem Wirkort ist in diesem Zusammenhang ein nicht fest umgrenzter Bereich der Einleitung, Abführung oder Übertragung einer Wirkung zu verstehen, dessen Ausdehnung aus der zugrundeliegenden physikalischen Funktion nicht ableitbar ist. Ein Wirkort kann unter anderem durch die Angabe seines Mittelpunktes beschrieben werden. Alle funktionsrelevanten geometrischen Merkmale eines technischen Erzeugnisses bilden gemeinsam dessen Wirkgeometrie.
Die Wirkgeometrie eines technischen Erzeugnisses kann bildlich durch Anordnen seiner funktionsrelevanten geometrischen Merkmale in einer Schemaskizze dargestellt werden. Eine Strichskizze, in der die einzelnen Elemente der Wirkgeometrie durch Linien oder Flächen miteinander verbunden sind, wird auch "freigemachtes technisches System" genannt. Ein solches freigemachtes System dient als Grundlage für die Festlegung der endgültigen Gestalt. Es wird schrittweise konkretisiert. Dabei nimmt das Erzeugnis Gestalt an. Gestaltmerkmale, die nicht der Wirkgeometrie unterliegen oder sich nicht eindeutig aus Bedingungen der Anforderungsliste ergeben, bilden den Freiraum für die Kreativität des Projekteurs oder Konstrukteurs. Weil die Menge der funktionsrelevanten Merkmale häufig von derjenigen der nicht gebundenen Merkmale weit übertroffen wird, läßt sich oft eine Vielzahl unterschiedlich gestalteter Erzeugnisse für dieselbe physikalische Funktion finden.
Voraussetzung für die Herleitung der Gestalt eines technischen Erzeugnisses über die Wirkgeometrie ist stets eine physikalische Funktion, deren Wirkung im wesentlichen auf eindeutig beschreibbaren und konkretisierbaren geometrischen Beziehungen beruht. Solche physikalischen Wirksamkeiten treten nahezu ausschließlich auf den unteren Komplexitätsebenen auf. Demzufolge ist dieser Weg des Überganges von physikalischen zu konstruktiven Wirkzusammenhängen hauptsächlich für die Teile- und Teilegruppenebene, weniger für die Maschinenebene und im allgemeinen nicht für höhere Komplexitätsebenen bedeutsam.

In **Bild 5.17** ist die Herleitung der Gestalt eines technischen Erzeugnisses über seine Wirkgeometrie am Beispiel eines Flaschenöffners dargestellt. Die diesem Teil zugrundeliegende physikalische Wirksamkeit ist das Hebelgesetz. Mit Hilfe dieser Gesetzmäßigkeit können in Verbindung mit Anschlußbedingungen zu der zu öffnenden Flasche und ergonomischen Richtwerten die Wirklinien für Lastangriff und Hebelachse, der Wirkort für Kraftangriff sowie die Längen des Last- und Kraftarmes festgelegt werden. Die vollständige Wirkgeometrie ist in Bild 5.17, oben, links, dargestellt. Aufgrund der unterbestimmten Lage des Wirkortes der Krafteinleitung ergeben sich verschiedene Möglichkeiten der Darstellung des freigemachten Systems, Bild 5.17, links, unten. Hier sind der Einfachheit halber nur die Grundformen des einseitigen und zweiseitigen Hebels dargestellt. Der rechte Teil des Bildes 5.17 zeigt einige, diesen beiden Grundformen zuordbare Gestaltungsbeispiele. Diese Beispiele verdeutlichen zwei wesentliche Folgerungen für die Herleitung der Gestalt über die Wirkgeometrie. Einerseits gibt es für ein solch einfaches Werkzeug eine Vielzahl konstruktiver Lösungen. Andererseits ist aber in allen Gestaltvarianten, auch in so ungewöhnlich erscheinenden Ausführungen wie dem rundgebogenen Nagel, dieselbe Wirkgeometrie zu finden.

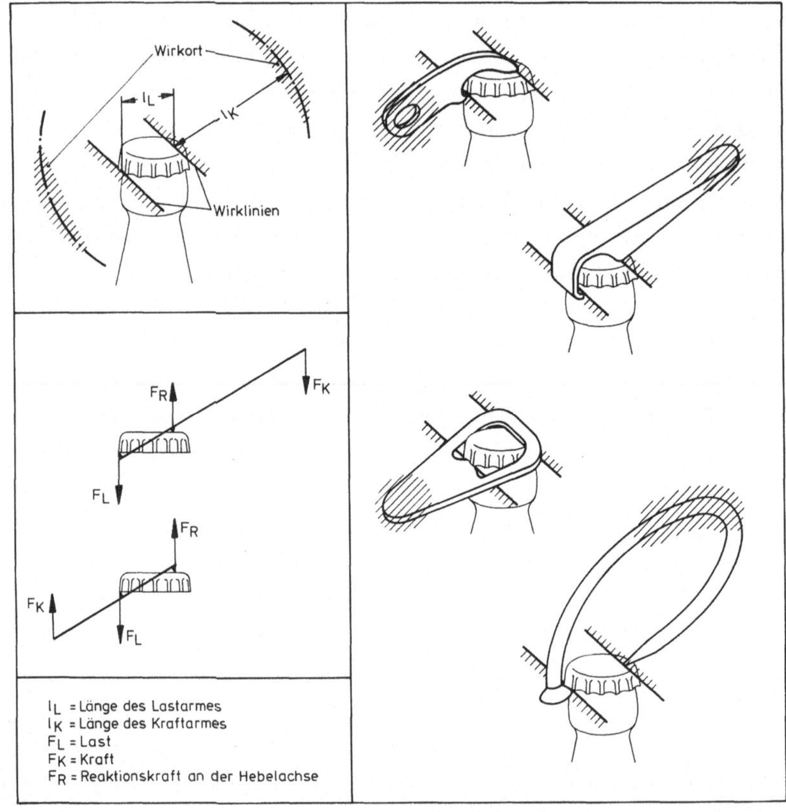

Bild 5.17: Beispiel für die Herleitung der Gestalt eines technischen Erzeugnisses über seine Wirkgeometrie, nach / 56 /.

5.5. Herleitung der Gestalt eines technischen Erzeugnisses mit Hilfe von Rückgriffdateien oder über ein Konstruktionsurbild

Vielfach, insbesondere bei der Bearbeitung höherer Komplexitätsebenen, reichen funktionsrelevante geometrische Merkmale zum Übergang von physikalischen zu konstruktiven Wirkzusammenhängen nicht aus. In solchen Fällen ist die Verwendung zusätzlicher arbeitstechnischer Mittel erforderlich. Für die Bereitstellung solcher Mittel sind einige Vorarbeiten unabdinglich. Hierzu müssen zunächst bereits projektierte, konstruierte oder in Betrieb genommene technische Systeme der zu bearbeitenden Art im Einklang mit den Grundsätzen der Projektierungs- und Konstruktionssystematik gegliedert werden / 1 /. Gleichzeitig sind die charakteristischen Daten der untersuchten technischen Systeme zu ermitteln. Die Entscheidung darüber, welche Angaben zur Charakterisierung eines Erzeugnisses notwendig und hinreichend sind, ist abhängig von der Art der Informationen, welche auf der dem Erzeugnis entsprechenden Komplexitätsebene aus der Aufgabenklärung sowie der Festlegung physikalischer und konstruktiver Wirkzusammenhänge zu erwarten sind. Anschließend können die technischen Systeme klassifiziert und gemeinsam mit den gewonnenen Daten in Dateien gesammelt werden. Zur Herleitung der Gestalt eines technischen Erzeugnisses mit Hilfe von Rückgriffdateien werden die bei der Festlegung physikalischer Wirkzusammenhänge über dieses Erzeugnis gewonnenen Informationen zusammen mit den zutreffenden Daten aus der Anforderungsliste in eine Vergleichsdatenliste eingetragen. Diese Vergleichsdatenliste enthält dann alle wesentlichen kennzeichnenden und abgrenzenden Merkmale des gesuchten Erzeugnisses. Durch Vergleich dieser Merkmale mit den charakteristischen Daten der in der Rückgriffdatei gespeicherten technischen Systeme können alle dem Hersteller verfügbaren, bereits bestehenden konstruktiven Lösungen, mit denen die gestellten Anforderungen erfüllbar sind, ermittelt werden. Aus diesen sogenannten Wiederholsystemen ist das günstigste auszuwählen. Wird kein Wiederholsystem gefunden, dann sind Merkmale der Vergleichsdatei in die Anforderungsliste der folgenden zu bearbeitenden Komplexitätsebene zu übernehmen. In der Regel darf ein Wiederholsystem nicht ohne eingehende Nachrechnung verändert werden. Ausnahmen hiervon sind nur auf der letzten zu bearbeitenden Komplexitätsebene zulässig. In einem solchen Falle kann, beispielsweise zur vorläufigen Ermittlung des Raumbedarfes eines Stahlwerkes auf der Anlagengruppenebene für ein Kontaktangebot, dasjenige technische System ausgewählt werden, das den gestellten Anforderungen am nächsten kommt, auch wenn es diese Anforderungen nicht ganz erfüllt. Dieses Erzeugnis dient dann als Grundlage für die weitere Festlegung konstruktiver Wirkzusammenhänge und darf auch in Grenzen variiert werden.

In **Bild 5.18** ist die Vorgehensweise beim Rückgriff schematisch dargestellt. Mit dieser Vorgehensweise können sowohl anforderungsentsprechende als auch anforderungsnahe Wiederholsysteme ermittelt werden. Zu diesem Zwecke sind die charakteristischen Daten in mehreren Hierarchiestufen (im Bild sind zur Vereinfachung nur zwei Hierarchiestufen dargestellt) entsprechend ihrer Bedeutung geordnet. Die erste Hierarchiestufe enthält die gesamte Menge aller charakteristischen Daten. Aus dieser Menge werden für die zweite Stufe diejenigen Angaben gestrichen, deren Nichtübereinstimmung mit den Anforderungen den geringsten Einfluß

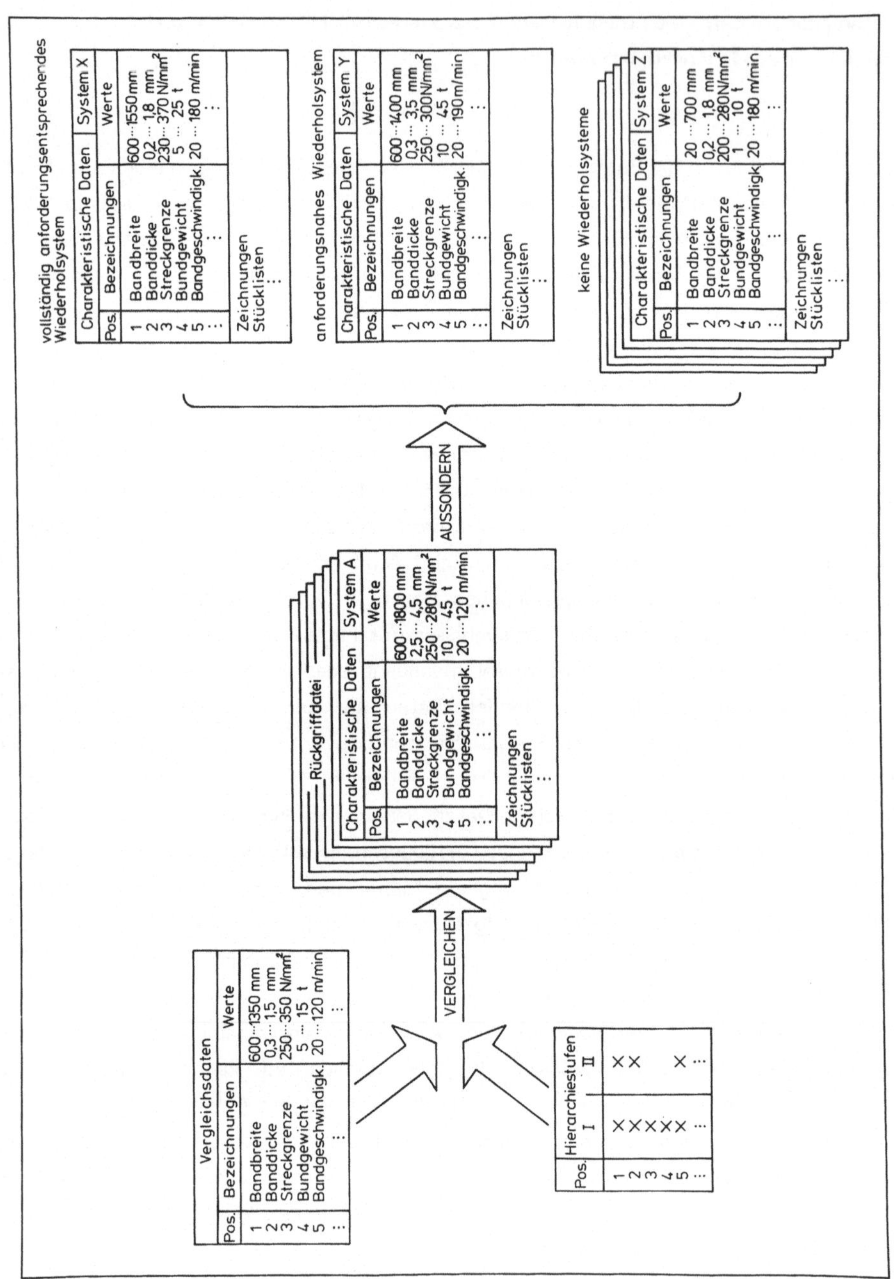

Bild 5.18: Schematische Darstellung eines Rückgriffsystems mit zwei Hierarchiestufen, nach / 14 /.

auf die Funktionsfähigkeit des gesuchten Erzeugnisses hat. So nimmt mit jeder weiteren Hierarchiestufe (im Bild 5.18 nicht dargestellt) die Anzahl der zu berücksichtigenden Daten ab. In der letzten Stufe verbleiben nur noch solche Merkmale, von denen keine Abweichungen mehr zulässig sind. Zur Ermittlung eines vollkommen anforderungsentsprechenden Wiederholsystems werden die das gesuchte Erzeugnis kennzeichnenden und abgrenzenden Merkmale mit den charakteristischen Daten der ersten Hierarchiestufe aller in Frage kommenden Systeme aus der

Rückgriffdatei verglichen. Es sind hier nur solche Systeme als Wiederholsysteme verwendbar, bei denen dieser Vergleich positiv, also mit vollständiger Übereinstimmung ausfällt. Die Suche nach anforderungsnahen Wiederholsystemen kann vereinfachend wie folgt beschrieben werden. Zunächst wird, wie oben, ein Vergleich auf der ersten Hierarchiestufe durchgeführt. Bei negativem Ergebnis wird der Vergleich mit der jeweils nächsten Stufe wiederholt. Diese wiederholte Suche wird solange fortgesetzt, bis entweder die verbleibenden Merkmale übereinstimmen, oder die letzte Hierarchiestufe durchlaufen ist. Dabei ist die Anzahl der durchlaufenen Hierarchiestufen gleichzeitig ein Maß für die Anforderungsnähe des gefundenen Wiederholsystems / 14 und 15 /.

Die Grenzen der Einsatzmöglichkeit von Rückgriffsystemen zur Herleitung der Gestalt technischer Erzeugnisse sind dann erreicht, wenn die Anforderungen an das gesuchte Erzeugnis wesentlich von den Möglichkeiten der gespeicherten Wiederholsysteme abweichen. Wenn solche Abweichungen häufiger zu erwarten sind, dann ist, zum Zwecke des Überganges von physikalischen zu konstruktiven Wirkzusammenhängen, eine Abwandlung des beschriebenen Rückgriffverfahrens zweckmäßig. Dazu werden alle einem Hersteller verfügbaren, vom Hersteller projektierten, konstruierten, gefertigten oder in Betrieb genommenen technischen Systeme in Gruppen gleicher Art und ähnlicher Gestalt eingeteilt. Für jede dieser Gruppen werden solche Gestaltmerkmale bestimmt, welche allen Bestandteilen der Gruppe gemeinsam sind. Diese gemeinsamen Gestaltmerkmale werden zu einem Konstruktionsurbild verdichtet. Zu jedem Konstruktionsurbild werden charakteristische Daten sowie Regeln und Einschränkungen für den Form- und Abmessungswechsel festgelegt. Mit diesen charakteristischen Daten werden, wie beim Rückgriffverfahren, die zur Erfüllung bestimmter Anforderungen geeigneten Konstruktionsurbilder ermittelt. Mit Hilfe zugeordneter Variationsregeln können diese Konstruktionsurbilder dann in den festgelegten Grenzen verändert werden. Solche Regeln und

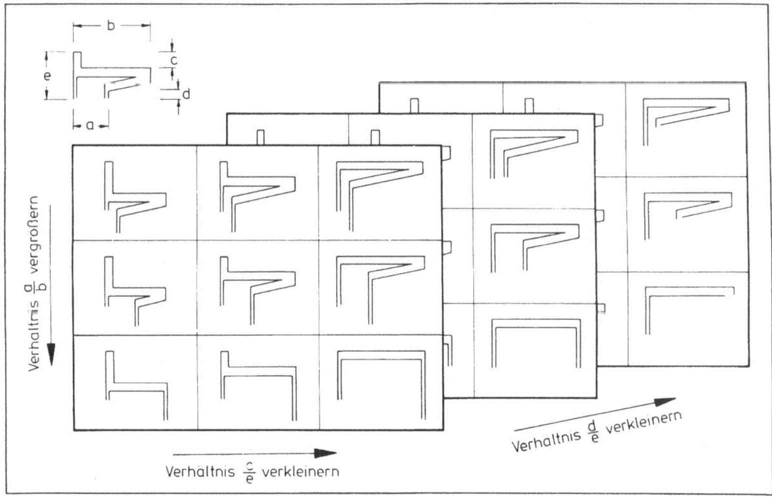

Bild 5.19: Vereinfachtes Konstruktionsurbild für die Kühlanlage von Verzinkungslinien mit daraus abgeleiteten Gestaltvarianten.

Grenzen können beispielsweise aus den unterschiedlichen Gestaltmerkmalen der zu einer Gruppe zusammengefaßten, untersuchten Erzeugnisse ermittelt werden / 15 /.
Bild 5.19 zeigt beispielhaft das vereinfachte Konstruktionsurbild der Kühlanlagen von Verzinkungslinien sowie daraus abgeleitete Gestaltvarianten. Dabei wurde bewußt auf eine praxisnahe Begrenzung der Wandlungsmöglichkeiten zugunsten einer Verdeutlichung der erreichbaren Lösungsvielfalt verzichtet.

Der wesentliche Unterschied zwischen den beiden zuletzt beschriebenen Wegen zur Herleitung der Gestalt eines technischen Erzeugnisses besteht darin, daß mit einem durch Rückgriff gefundenen Wiederholsystem auch ein unmittelbarer Zugriff auf dessen Bestandteile sowie alle seine Projektierungs- und Konstruktionsunterlagen möglich ist; dagegen gibt eine über das Konstruktionsurbild gewonnene Gestalt nur Aufschluß über den Raumbedarf dieses Erzeugnisses. Mit der Ermittlung eines vollkommen anforderungsentsprechenden Wiederholsystems ist also der Projektierungs- oder Konstruktionsablauf für dieses technische System beendet. Das Rückgriffverfahren ist im wesentlichen durch folgende Gegebenheiten gekennzeichnet:

- Ein sinnvoller Einsatz ist meist nur mit Hilfe elektronischer Datenverarbeitungsanlagen möglich.
- Es sind detaillierte Kenntnisse der den Wiederholsystemen zugrundeliegenden Verfahren und Teilsysteme sowie deren Leistungen und Grenzen notwendig.
- Die Flexibilität im Hinblick auf den Inhalt der erzielbaren Ergebnisse ist verhältnismäßig gering.
- Die Flexibilität im Hinblick auf die Anwendungsbreite der erzielbaren Informationen ist verhältnismäßig groß (Kalkulation, Ersatzteilverwaltung).
- Die Wiederholhäufigkeit der zu verwendenden technischen Systeme sollte möglichst hoch sein.
- Für den Aufbau einer Rückgriffdatei sollten viele technische Systeme untersucht werden.
- Der Aufwand für Änderungsdienst und Programmpflege ist verhältnismäßig groß.

Die über ein Konstruktionsurbild ermittelte Gestalt eines Erzeugnisses stellt dagegen nur ein Zwischenergebnis dar, auf dem aufbauend die Bearbeitung auf der nächsten Komplexitätsebene fortzusetzen ist. Das Vorgehen über Konstruktionsurbilder ist unter anderem durch

- Möglichkeit der Bearbeitung von Hand als auch mit Hilfe elektronischer Datenverarbeitungsanlagen,
- Notwendigkeit grundlegender Kenntnisse der Leistungen, Grenzen sowie Ein- und Ausgangsgrößen der untersuchten Systeme,
- hohe Flexibilität im Hinblick auf den Inhalt der erzielbaren Ergebnisse,
- geringe Flexibilität im Hinblick auf die Anwendungsbreite der erzielbaren Ergebnisse (nur Projektieren und Konstruieren),
- Anwendbarkeit auch bei geringer Wiederholhäufigkeit,
- geringen Vorbereitungs- und Dateierstellungsaufwand sowie
- einfache Anpaßbarkeit an sich ändernde technische Gegebenheiten

gekennzeichnet. Beide Vorgehensweisen können sinnvoll parallel eingesetzt werden, weil sie sich häufig gegenseitig ergänzen. Mit ihnen sind alle Komplexitätsebenen bis herunter zur Teilegruppenebene und selbst bis zur Teileebene zu bearbeiten. Konstruktionsurbilder der Teileebene finden bereits seit einiger Zeit, wenn auch unter anderen Voraussetzungen und einer anderen Bezeichnung, Verwendung. Sie sind als sogenannte "Vordruck-Zeichnungen" für standardisierte Maschinenbauteile bekannt.

5.6. Ermittlung von Gestaltvarianten

Zur Ermittlung der Gestaltvarianten wird von der grundlegenden Gestalt des zu betrachtenden technischen Erzeugnisses ausgegangen. Diese grundlegende Gestalt kann über die Wirkgeometrie oder das Konstruktionsurbild hergeleitet werden. Als Gestaltvarianten ermittelte Wiederholsysteme stellen bereits endgültige Konstruktionslösungen dar und dürfen im allgemeinen nicht weiter verändert werden. Deshalb sind die folgenden Regeln und Beispiele nur für die Variation der Gestalten technischer Erzeugnisse, welche über die Wirkgeometrie oder über Konstruktionsurbilder ermittelt wurden, ohne Einschränkung gültig.
Gestaltvarianten können unmittelbar durch Änderung ihrer

- Form und/oder
- Abmessungen

oder mittelbar durch Änderung geometrischer Eigenschaften der die Gestalt wiederspiegelnden Ersatzgrößen, beispielsweise

- Flächen,
- Linien und/oder
- Punkte

erhalten werden. Dabei wird die unmittelbare Variation (Form und/oder Abmessungswechsel) im allgemeinen auf Konstruktionsurbilder angewendet. Mit der Ermittlung eines Konstruktionsurbildes liegt bereits eine bestimmte Grundform fest. Dieser Grundform können durch Regeln, die zusammen mit dem Konstruktionsurbild abgelegt sind, variable Abmessungen zugeordnet sein. Manchmal ist die Variationsbreite der Abmessungen so groß, daß aus einem Konstruktionsurbild neben Abmessungsvarianten auch Formvarianten entstehen können. Die mittelbare Variation (Geometrieänderungen der Ersatzgrößen) wird meist dann benutzt, wenn die grundlegende Gestalt über die Wirkgeometrie des zu verwirklichenden Erzeugnisses hergeleitet wurde. Hier sind beim Variieren Unterschiede zwischen der Änderung funktionsrelevanter geometrischer Merkmale und der Änderung von funktionsunabhängigen Geometriegrößen zu machen. Funktionsrelevante geometrische Merkmale dürfen nur in den Grenzen variiert werden, die durch die zugrundeliegende physikalische Wirksamkeit gegeben sind. Gestaltvariationen, die diese Grenzen überschreiten, bedürfen grundsätzlich einer Nachrechnung der betroffenen physikalischen Wirkzusammenhänge. Dagegen ist dem Bearbeiter bei der Variation der funktionsunabhängigen Geometriegrößen ein verhältnismäßig großer kreativer Freiraum überlassen, der nur durch Merkmale zur integrierten Bewertung eingeengt wird.

Im folgenden werden die Möglichkeiten und Grenzen der Gestaltvariation an einigen praxisnahen Beispielen ausführlich dargestellt. Dabei sind, aus Gründen der besseren Anschaulichkeit, manche Systemelemente mehr detailliert, als nach dem Komplexitätsgrad der entsprechenden Bearbeitungsebene zu erwarten wäre. Ebenso sind zur Verbesserung der Übersichtlichkeit einzelne Details unmaßstäblich dargestellt, abstrahiert oder weggelassen. Bei einigen Beispielen sind einzelne Gedankengänge und/oder Berechnungen, die zur Herleitung der beschriebenen Varianten erforderlich waren, angeführt.

5.6.1. Innenlagerung der Stützrolle eines Streckbiege-Aggregates

Der grundsätzliche Aufbau und die Wirkungsweise eines Streckbiege-Aggregates ist **Bild 5.20** zu entnehmen. Solche technischen Systeme können zum Richten sowie zum Entzundern von

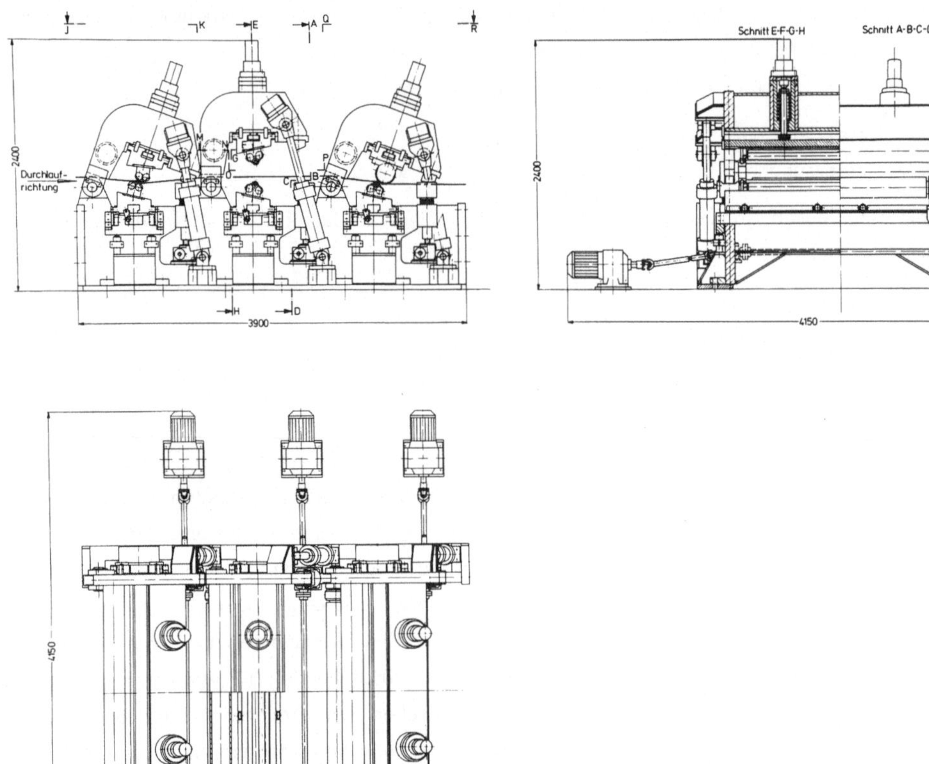

Bild 5.20: Steckbiege-Aggregat für Stahlband.

Stahlbändern verwendet werden. Dazu wird das Band durch Biegen um Rollen kleinen Durchmessers plastisch umgeformt. Zur Vermeidung unzulässiger Durchbiegungen der Arbeitsrollen werden diese über ihre gesamte Länge von Stützrollen gehalten. Solche Stützrollen haben aus Gründen der Platzersparnis im allgemeinen Innenlager. **Bild 5.21** zeigt einige Gestaltvarianten der Innenlagerung solcher Stützrollen. Dabei kann im wesentlichen von der Wirkgeometrie, die in diesem Falle

- Rollenmantel-Außendurchmesser,
- Rollenmantellänge,
- zulässige Geradheitsabweichung und Absenkung des Rollenmantels unter Belastung,
- Stützachsen-Zapfendurchmesser sowie
- Stützachsenlänge

umfaßt, ausgegangen werden. Daneben sind aus den physikalischen Wirkzusammenhängen Größe, Verteilung und Richtung der äußeren Belastung bekannt. Als vorab zu berücksichtigendes Bewertungsmerkmal ist die möglichst weitgehende Benutzung von Norm- und Serienteilen zu beachten. Unter diesen Voraussetzungen ist die Variationsbreite hinsichtlich der Gestalt einer solchen Stützrolle mit den im Bild 5.21 dargestellten Ausführungen bereits weitgehend ausgeschöpft.

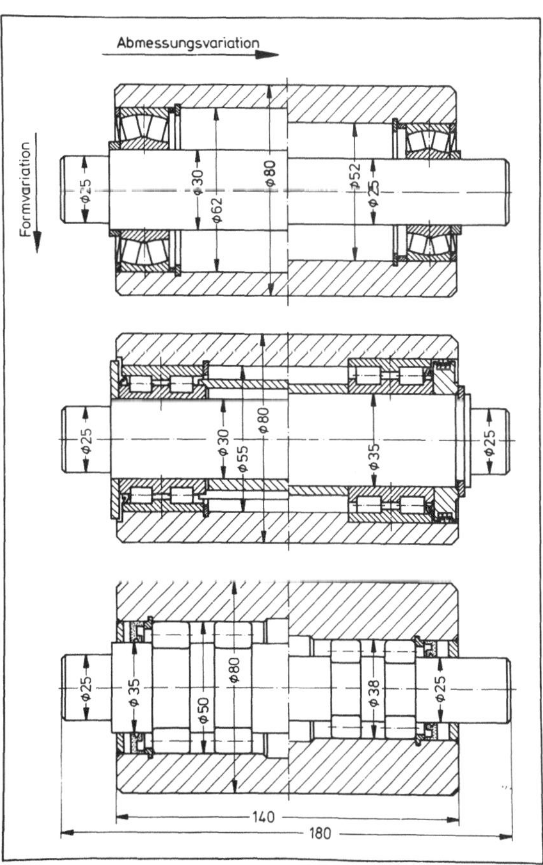

Bild 5.21: Gestaltvarianten der Innenlagerung von Stützrollen.

5.6.2. Speicheranlagen in Bandbehandlungslinien

Bandbehandlungslinien, beispielsweise Beizlinien, Glühlinien, Verzinkungslinien, Verzinnungslinien und Kunststoffbeschichtungslinien, werden häufig für vollkontinuierliche Betriebsweise ausgeführt. Dabei werden die einzelnen Stahlbänder zu einem quasi endlosen Band verschweißt und mit konstanter Geschwindigkeit ohne Unterbrechungen durch die Behandlungssysteme der Linien geführt. Weil die Bewegung des Bandes aufgrund des intermittierenden Zu- und Abführens der Bunde in den Ein- und Auslaufanlagen diskontinuierlich verläuft, muß zwischen diesen Anlagen und dem Behandlungsteil eine Anpassung der Geschwindigkeiten erfolgen. Das wird im allgemeinen durch den Einsatz von Speicheranlagen erreicht. Solchen Speicheranlagen liegt das physikalische Prinzip der Erzeugung einer veränderlichen Schlinge zugrunde. Auf der Komplexitätsebene der Anlagen können im wesentlichen drei Formvarianten unterschieden werden, **Bild 5.22.** Diese drei Formvarianten des Gesamtsystems "Speicheranlage" ziehen auf der

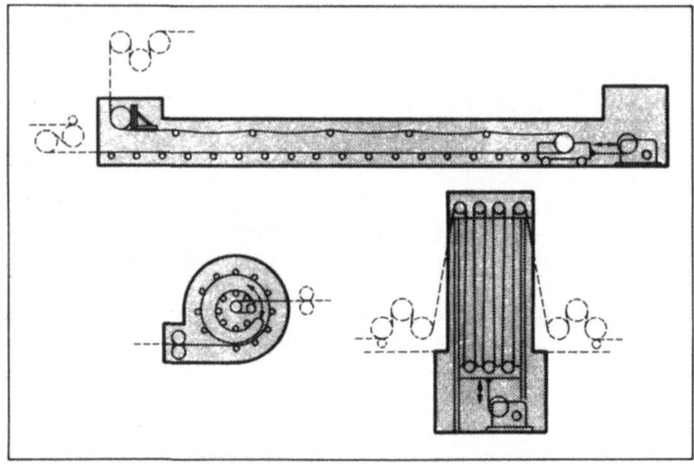

Bild 5.22: Formvarianten von Speicher-Anlagen für Stahlband.

nachgeordneten Komplexitätsebene der Maschinengruppen Lagevarianten der Teilsysteme nach sich. Ebenfalls bewirkt eine Variation der Abmessungen der Gesamtsysteme auf der Anlagenebene, **Bild 5.23**, eine notwendige Änderung der Anzahl ihrer Teilsysteme auf der Maschinengruppenebene. Damit wird also durch die Festlegung einer Anlagenvariante die Variationsvielfalt auf der nachgeordneten Komplexitätsebene hinsichtlich des Aufbaues eingeschränkt. Darüberhinaus wird auch deutlich, daß die Ermittlung der Gestaltvarianten, in diesem Beispiel insbesondere Abmessungsvarianten, bei der Verwendung von Konstruktionsurbildern an bestimmte Regeln gebunden ist. Diese Regeln müssen zusammen mit dem Konstruktionsurbild abgelegt und bei Bedarf verfügbar sein.

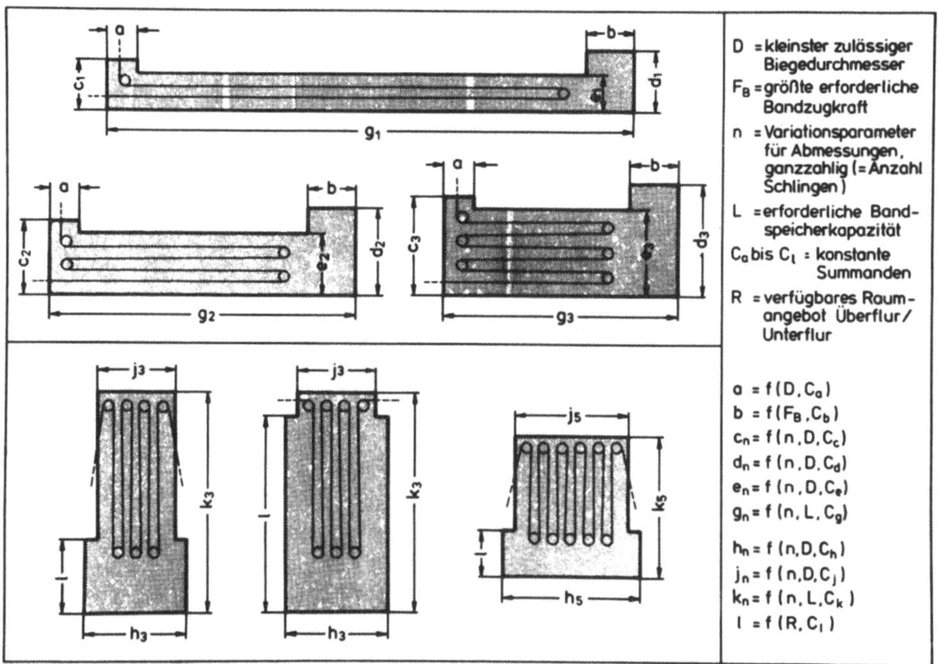

Bild 5.23: Abmessungsvarianten einiger Speicher-Anlagen für Stahlband.

5.6.3. Stahlstrang-Gießanlagen

Stahlstrang-Gießanlagen sind technische Systeme für die Urformgebung und wesentliche Bestandteile der Gießbetriebe. In ihnen wird eine Stahlschmelze beispielsweise zu Brammen, Blöcken oder Knüppeln verarbeitet. Im Gießbetrieb vor- und nachgelagert sind die Transportanlage für flüssigen Stahl und die Transportanlage für Strangabschnitte (Adjustageanlage). Wesentliche charakteristische Daten der Stahlstrang-Gießanlagen sind Abmessungen und Güten der Ausgangsstoffe sowie die Stoffdurchsatzmengen (Gießleistungen). Es können vier grundlegende Bauformen,

- Senkrecht-Gießanlage,
- Biegericht-Gießanlage,
- Bogen-Gießanlage und
- Waagerecht-Gießanlage,

unterschieden werden, **Bild 5.24.** Von diesen vier Bauformen eignen sich in der Regel für eine konkrete Aufgabenstellung selten alle Formen als konstruktive Varianten. Beispielsweise werden entsprechend dem heutigen Stande der Stranggießtechnik in Bogenanlagen keine Hohlstränge und in Waagerechtanlagen keine Breitbrammen hergestellt.

Eine Variation der Stahlstrang-Gießanlagen hinsichtlich der Abmessungen ist auf der Komplexitätsebene Anlagen nicht sinnvoll, weil der hier verbleibende Entscheidungsspielraum aufgrund der mit der Abstraktionsstufe (Anlagenebene) gebotenen Vergröberung aller Maße zur Durchführung einer Abmessungsvariation zu klein ist / 16 /.

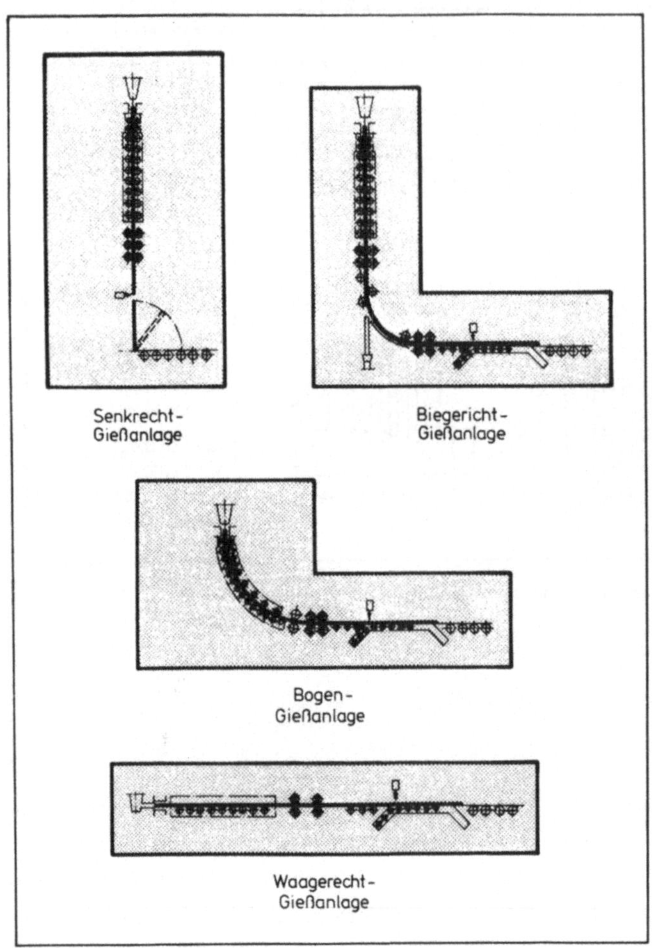

Bild 5.24: Bauformen der Stahlstrang-Gießanlagen.

5.6.4. Adjustageanlagen in Stranggießbetrieben

Eine weitere Anlage in Stahlstrang-Gießbetrieben, welche in gleicher Funktion und ähnlicher Form auch in anderen Anlagengruppen der Hüttenindustrie gefunden werden kann, ist die Adjustageanlage. Diese Anlage ist den eigentlichen Produktionssystemen nachgeordnet und hat die Aufgaben, die durch das Zerteilen der gegossenen Stränge erhaltenen Strangabschnitte aus dem Bereich der Gießanlage zu bringen und gleichzeitig eine allseitig möglichst gleichmäßige und somit verzugsfreie Kühlung der Abschnitte, beispielsweise Brammen, Blöcke oder Knüppel, zu erzielen. Daneben werden in Adjustageanlagen manchmal auch die Ausgangsprodukte geprüft und/oder zum Versand vorbereitet. Bei Adjustageanlagen in Stranggießbetrieben sind drei grundlegende Bauformen zu unterscheiden, **Bild 5.25.** Diese drei Bauformen sind manchmal wahlfrei, also variant, oft aber auch an bestimmte Voraussetzungen, die sich aus der Aufgabenstellung oder aus physikalischen Wirkzusammenhängen ergeben können, gebunden. So ist beispielsweise die Bauform C des Bildes 5.25 nur in Verbindung mit vier- oder mehradrigen Stranggießanlagen sinnvoll einsetzbar. Die Abmessungen der Adjustageanlagen sind in der Regel nur in engen Grenzen variabel. Im wesentlichen werden sie von physikalischen Gegebenheiten sowie Güten und Mengen der Strangabschnitte beeinflußt / 16 /.

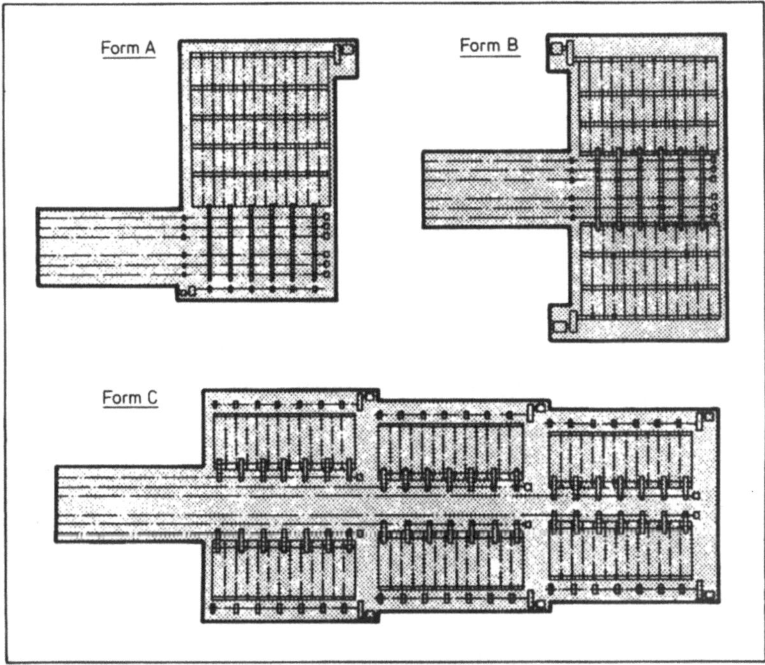

Bild 5.25: Bauformen der Adjustageanlagen von Stranggießbetrieben.

5.6.5. Sicherheitskupplungen

Kupplungen dienen im wesentlichen der Übertragung rotatorischer mechanischer Energie zwischen zwei Wellen. Manchmal sind mit dieser Hauptfunktion noch weitere zusätzliche Funktionen gekoppelt. So gibt es beispielsweise Kupplungsbauformen, die besonders zur Dämpfung von Drehmomentstößen und/oder Schwingungen, zum Ausgleich von Wellenverlagerungen, zur Übertragung von Drehmomenten in nur einer Drehrichtung sowie zum Schutz wertvoller, gefährdeter Teilsysteme vor Überlastung geeignet sind. Kupplungen, die vor Überlastungen schützen, werden Sicherheitskupplungen genannt. Zur Verwirklichung solcher Kupplungen, die Drehmomente nur bis zu einer bestimmten Grenze übertragen, stehen verschiedene physikalische Effekte zur Verfügung. In Fällen, in denen hohe Forderungen an die Zuverlässigkeit und Betriebssicherheit des Gesamtsystems gestellt und Störungen weniger häufig zu erwarten sind, werden Sicherheitskupplungen verwendet, die auf dem Prinzip der teilweisen Selbstzerstörung beruhen. Dazu wird eines der energieübertragenden Bestandteile so ausgelegt, daß es bei Erreichen des größten zulässigen Drehmomentes die äußerste Grenze seiner Belastbarkeit erreicht. Wenn diese Grenzbelastung überschritten wird, dann bricht das Übertragungsglied. In **Bild 5.26** sind einige Varianten solcher Sicherheitskupplungen dargestellt, die sich im wesentlichen durch die Form ihrer Wirkkörper, das sind die bei Überschreitung des Grenzmomentes brechenden Glieder, voneinander unterscheiden. Die Formen der Wirkkörper sowie die Art ihrer Belastungen stehen dabei eng miteinander in Beziehung und bestimmen auch die Benennungen der einzelnen Kupplungsvarianten. Die Abmessungen eines Wirkkörpers hängen bei gegebener Form, Anzahl und Belastung vom zulässigen Grenzmoment ab. Durch Abmessungswechsel der Wirkkörper kann jede Kupplungsvariante an unterschiedliche Anforderungen angepaßt werden.

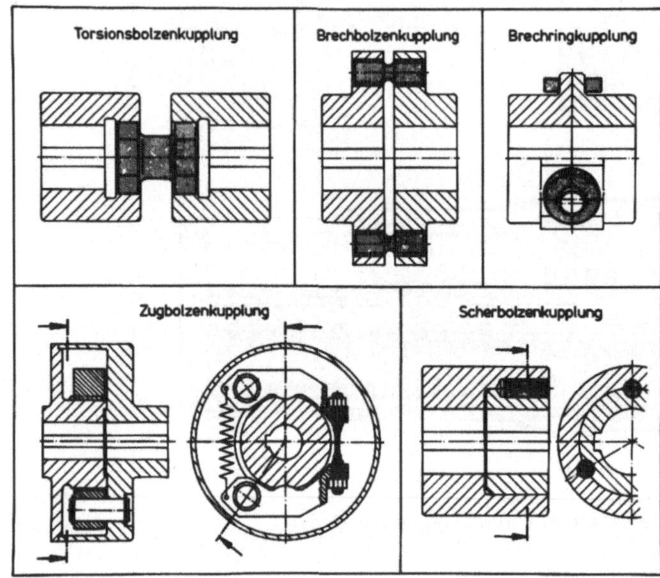

Bild 5.26: Variante Sicherheitskupplungen mit unterschiedlichen Formen der Wirkkörper.

5.6.6. Kraftfahrzeug-Motoren

Eine Gruppe von Gestaltvarianten, mit deren einzelnen Vertretern viele Menschen täglich Umgang haben, ist diejenige der Kraftfahrzeugmotoren. Bei den Verbrennungsmotoren, die als Antriebsaggregate in Kraftfahrzeugen verwendet werden, sind mehrere variante Formen bekannt, von denen besonders die Reihen-, V- und Boxermotoren Bedeutung erlangt haben. Neben diesen dreien sind noch Sonderbauformen, beispielsweise Stern-, U-, W-, Mehrwellen-, Drehkolben- und Axialkolbenaggregate, entwickelt worden. Mit Ausnahme des Drehkolbenmotors haben die genannten Sonderbauformen jedoch fast keine praktische Bedeutung mehr. Sie sind hier nur zur Verdeutlichung des Variationsprinzips aufgeführt. Die Benennungen der verschiedenen Varianten entsprechen im wesentlichen der Anordnung der Zylinder zueinander sowie zur Motorwelle und/oder der Kinematik dieser Teilsysteme. Auch hier sind also durch die Festlegung der Gestalt des Gesamtsystems "Motor" die Variationsmöglichkeiten wesentlicher Teilsysteme hinsichtlich Aufbau und/oder Kinematik auf der nachgeordneten Komplexitätsebene begrenzt. Einige der genannten Bauformen sind in **Bild 5.27** schematisch dargestellt. Ein Vergleich der dargestellten Varianten macht deutlich daß auch hier Bauformen und Abmessungen nicht unabhängig voneinander geändert werden können. Wesentliche Maße, beispielsweise Brennraum- und Zylinderabmessungen rühren aus physikalischen Gegebenheiten her und dürfen bei der Variation konstruktiver Wirkzusammenhänge nicht angetastet werden. Damit sind die Möglichkeiten der Abmessungsvariation für jede Formvariante so beengt, daß hier in der Praxis von festen, nicht variablen Zuordnungen auszugehen ist. Das Gestaltmerkmal "Abmessungen" wird in diesem Falle zu einer wesentlichen Kenngröße der zugehörigen Formvariante. Es kann dann nur noch als Bewertungsmerkmal bei der Auswahl berücksichtigt werden. Boxermotoren sind beispielsweise durch besonders flache Bauweise gekennzeichnet und eignen sich besser zum Unterflureinbau. V-Motoren erhalten in der Regel den Vorzug vor Reihenmotoren wenn die Baulänge möglichst kurz sein soll / 17 /.

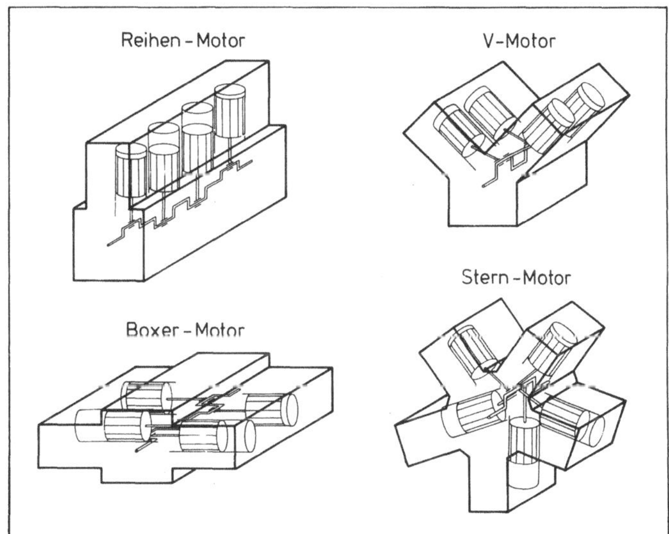

Bild 5.27: Bauformen von Kolben-Verbrennungsmotoren.

5.6.7. Stauwehre

Stauanlagen dienen der Regulierung des Wasserlaufes in Flüssen sowie Kanälen und können in

- Wehre sowie
- Talsperren

unterschieden werden / 18 /. Dabei haben Talsperren im wesentlichen die Aufgabe, Wasser in großen Mengen zur Verbesserung unregelmäßiger Wasserführungen von Flüssen oder Speisung von Kanälen, zur Bewässerung und Trinkwasserversorgung sowie Energiegewinnung zu speichern. Wehre werden hauptsächlich für die Wasseraufstauung zur Vergrößerung der Wassertiefe von Schiffahrtsstraßen, Verminderung der Strömungsgeschwindigkeit, Hebung des Grundwasserspiegels sowie Gewinnung einer durch Wasserkraftanlagen ausnutzbaren Fallhöhe eingesetzt. Sie sind durch eine verhältnismäßig geringe Speicherwirkung gekennzeichnet. Wehre können mit festen oder beweglichen Staukörpern ausgerüstet sein. Insbesondere für bewegliche Wehre ist eine Vielzahl von Formvarianten der Staukörper entwickelt und eingesetzt worden Solche Wehre werden häufig nach der Form ihrer Staukörper benannt, weil durch diese Teilsysteme die Funktion der Wehre nach außen in Erscheinung tritt. Demnach wird beispielsweise von

- Dammbalkenwehren,
- Segmentwehren,
- Sektorwehren,
- Klappenwehren,
- Schützenwehren,
- Dachwehren und
- Walzenwehren

gesprochen.

Einige dieser Bauformen sind in **Bild 5.28** schematisch dargestellt. Alle in diesem Bild enthaltenen Gestaltungsbeispiele können auch über die, ihnen gemeinsam zugrundeliegende, Wirkgeometrie und Variation der Wirkflächen hergeleitet werden.

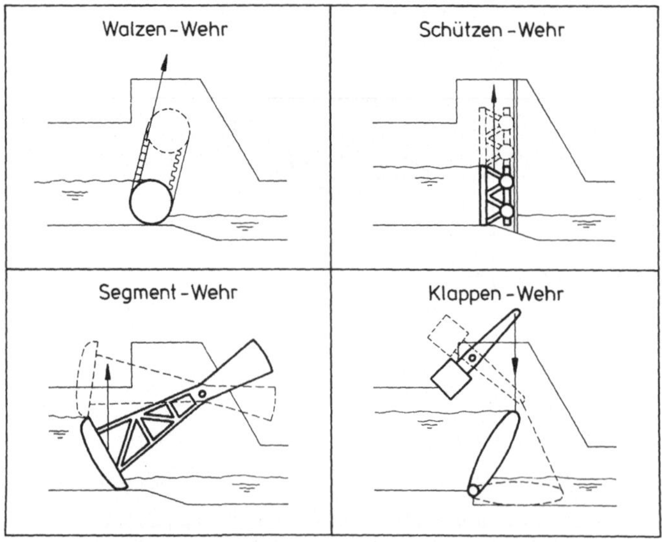

Bild 5.28: Bauformen einiger Stauwehre.

5.6.8. Konsum- und Luxusgüter

Bei manchen technischen Erzeugnissen, besonders bei solchen der Konsum- und Luxusgüterindustrien, ist bei der Kaufentscheidung des Kunden für ein System dessen gefälliges Äußere wesentlich. Die Gestalt eines solchen Erzeugnisses ist oft nicht mehr hinreichend durch die beiden allgemeinen Gestaltmerkmale "Form" und "Abmessung" beschreibbar. Neben technisch-wirtschaftlichen Bewertungsmerkmalen sind hier noch ästhetisch-psychologische Gesichtspunkte zu berücksichtigen. Diese Gesichtspunkte finden in speziellen Gestaltmerkmalen, beispielsweise

- Farbe,
- Glanz,
- visuelle Struktur,
- Oberflächenbeschaffenheit oder
- Wert des Werkstoffes,

ihren Niederschlag. Die Berücksichtigung spezieller Gestaltmerkmale ist um so wichtiger, je geringer die Kenntnisse des angesprochenen Kundenkreises über innere Wirkzusammenhänge des betreffenden Systems sind, je globaler sich die Anforderungen aus der Sicht des mutmaßlichen Kunden formulieren lassen und/oder je unmittelbarer die Auswirkungen dieser Systemeigenschaften auf das Wohlbefinden der Benutzer sind. Meist müssen bei technischen Erzeugnissen

Bild 5.29: Telefongeräte verschiedener Baujahre und Stilrichtungen.

Bild 5.30: Formen von PKW-Karosserien verschiedener Baujahre.

solcher Art auch zwei Aufgabenstellungen voneinander unterschieden werden. Die konkrete und detaillierte Aufgabenstellung der Unternehmensführung an die Projekteure und Konstrukteure einerseits stellt die Grundlage für Planung, Vorbereitung und Durchführung der Verwirklichung eines Erzeugnisses dar. Andererseits müssen aber auch die im vorhinein schwer erfaßbaren Anforderungen des späteren Kunden berücksichtigt werden. Die Absatzchancen des zu entwerfenden Erzeugnisses sind dabei um so günstiger, je vollständiger die zweite Aufgabenstellung in der ersten enthalten ist. Diese Problemstellung zwingt die Unternehmen häufig zu großen Anstrengungen, die Wünsche und Forderungen der anonymen Zielgruppe potentieller Kunden zu erforschen und mit den eigenen Zielvorstellungen in Einklang zu bringen. Die Projekteure und Konstrukteure können diese Bemühungen unterstützen, indem sie bewußt den Hinweisen und Regeln für formschönes Design, beispielsweise nach der VDI-Richtlinie 2224 / 19 /, sowie den Erkenntnissen der Marktforschung folgen. Die **Bilder 5.29 bis 5.33** zeigen Gestaltungsbeispiele einiger solcher designorientierter technischer Erzeugnisse. Dabei wird, besonders aus den Beispielen der Bilder 5.29 und 5.30, der Einfluß des Faktors "Zeitgeschmack", der oft einem schnellen Wandel unterliegt, auf Herleitung und Auswahl der Gestaltvarianten solcher Erzeugnisse deutlich / 20 /.

Bild 5.31: Beispiele der Formgestaltung elektrischer Maschinen, nach / 19 /.

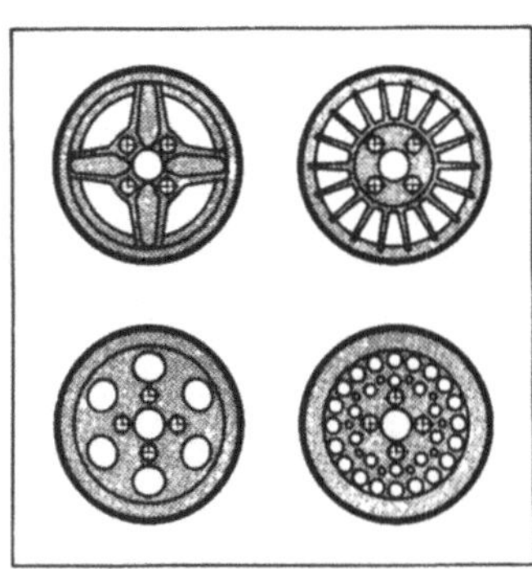

Bild 5.32: Formvarianten von Leichtmetallfelgen.

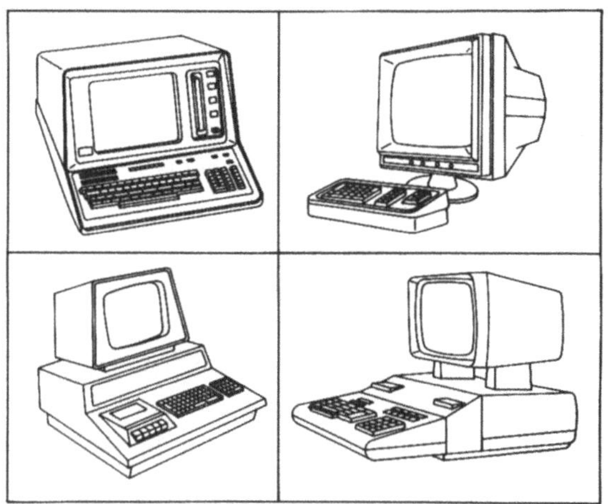

Bild 5.33: Formen von Bildschirmterminals.

5.7. Ermittlung von Aufbauvarianten

Unter dem Begriff der Aufbauvarianten sind beim systematischen Projektieren und Konstruieren variante konstruktive Lösungen zu verstehen, die sich in erster Linie hinsichtlich der Lage ihrer Bestandteile zueinander, zu einem gemeinsamen Bezugssystem und/oder hinsichtlich der Zahl einzelner Teilsysteme voneinander unterscheiden. Lagevarianten können grundsätzlich durch

- Verschieben in x-, y- und z-Richtung,
- Drehen um die x-, y- und z-Achse,
- Spiegeln sowie
- Ändern der Reihenfolge

erhalten werden. Verschiebungen in x- und z-Richtung sowie Drehungen um die y-Achse sind in der Regel problemlos durchführbar. Bei Verschiebungen in y-Richtung werden oft zusätzliche Anpassungsmaßnahmen, die zu Stützkonstruktionen führen können, erforderlich. Drehungen um die x- und z-Achse sowie Änderungen der Reihenfolge (beispielsweise Reihenfolge stoffdurchsetzender technischer Systeme in bezug auf den Stofffluß) haben häufig Rückwirkungen auf die zugrundeliegenden physikalischen Wirkzusammenhänge zur Folge und sind deshalb besonders sorgfältig zu prüfen. Die Variation der Lage durch Spiegelung eines technischen Systems hat unmittelbare Auswirkungen auf dessen Gestalt. Weil Spiegelungen aber erst im Vergleich mit Bezugsgrößen Bedeutung erlangen, wird diese Art der Variation bei der Festlegung des Aufbaues betrachtet. Variationen durch Spiegelung können nicht an allen technischen Erzeugnissen durchgeführt werden, weil hierbei häufig Rückwirkungen auf physikalische Wirkzusammenhänge oder den inneren Aufbau eines Systems entstehen. Deshalb eignen sich zur Variation durch Spiegelung vor allem Konstruktionslösungen, die über die Wirkgeometrie hergeleitet wurden.

Entwürfe, denen Konstruktionsurbilder zugrundeliegen, sind begrenzt und Wiederholsysteme in der Regel nicht spiegelbar.

Zahlvarianten entstehen, wenn die Verwirklichung der durch eine physikalische Funktion geforderten Wirkung von einem auf mehrere technische Erzeugnisse aufgeteilt wird. Eine solche Aufteilung kann sowohl zu mehreren gleichen als auch zu unterschiedlichen Systemen führen. Dabei sind unterschiedliche Systeme im allgemeinen durch Unterschiede hinsichtlich ihrer Formen und/oder Abmessungen gekennzeichnet, und der Wirkungsbereich der ihnen zugrundeliegenden physikalischen Wirksamkeit ist in Teilbereiche aufgeteilt. Manchmal ist durch physikalische Wirkzusammenhänge bereits eine solche Aufteilung des Wirkungsbereiches, und damit auch eine Mindestanzahl zu entwerfender technischer Systeme, vorgegeben. Solche Mindestanzahlen können im allgemeinen nach oben erweitert werden. Dagegen ist eine Zahlvariation in umgekehrter Richtung, also die Zusammenlegung der Wirkungen mehrerer - gleicher oder unterschiedlicher - Systeme zu einem System, nur in Ausnahmefällen möglich.

Zahlvariationen haben immer Einfluß auf einen, häufig sogar auf mehrere der anderen Variationsparameter und können deshalb im Gegensatz zu diesen grundsätzlich nicht isoliert durchgeführt werden. Wenn beispielsweise zwei Erzeugnisse anstelle eines einzelnen verwendet werden sollen, dann stellen sich zwangsläufig die Fragen:

- Ist ihre Lage gleich der des Einzelsystems?
- Nehmen sie den gleichen Raum ein wie das Einzelsystem?
- Sind sie in bezug auf den durchzusetzenden Fluß parallel oder in Reihe anzuordnen?
- Sind sie gleichzeitig oder wechselweise wirksam?
- Können sie nur in Verbindung miteinander oder auch unabhängig wirken?

Diese Fragen stellen in erster Linie den Zusammenhang zwischen Zahl- und Lagevarianten dar. Aber auch die möglichen Beziehungen zu Abmessungen (2. Frage) und damit zu Gestaltvarianten sowie zum Zeitverhalten (4. Frage) und damit zu Bewegungsvarianten klingen hier an.

Besonders bedeutsam ist die Variation des Aufbaues beim Projektieren und Konstruieren technischer Systeme hoher Komplexität, weil hier infolge der notwendigen Begrenzung auf Wiederholsysteme und Konstruktionsurbilder Variationen der Gestalt oft nur in engen Grenzen oder gar nicht möglich sind. Bei der Verwendung von technischen Baukastensystemen bilden Aufbauvarianten oft die einzige Möglichkeit der Lösung neuartiger Aufgabenstellungen, wenn keine zusätzlichen Komponenten entwickelt werden sollen. Hier ist vor allem auch die Mehrfachverwendung gleicher oder artgleicher technischer Systeme zur Erzielung höherer Leistungen zu erwägen. Demgegenüber ist beim systematischen Projektieren und Konstruieren niedrigkomplexer technischer Systeme die Variation des Aufbaues weniger bedeutsam, weil durch die Festlegung der Gestalt des vorgeordneten Gesamtsystems häufig Lage und Zahl der Teilsysteme in engen Grenzen vorgegeben sind. Daneben wird bei Systemen, deren Bestandteile über die Wirkgeometrie hergeleitet wurden, die Gefahr der Unübersichtlichkeit aufgrund der großen Lösungsvielfalt leicht groß.

Zur praktischen Ausführung von Aufbauvarianten ist manchmal die Verwendung von Anpaßsystemen erforderlich. Denn besonders bei komplexen technischen Systemen ist oft die Lage der Stellen, an denen der durchzusetzende Fluß die Systemgrenzen überschreitet, fest vorgegeben. In solchen Fällen kann es vorkommen, daß nach einer Lage- oder Zahländerung an einem System eine unmittelbare Verbindung mit dem Nachbarsystem oder der Umwelt nicht mehr gegeben ist. Hier können Anpaßsysteme Abhilfe schaffen. Über die Arten und Anwendungsmöglichkeiten der Anpaßsysteme wurde bereits unter 5.1.2. berichtet.

Im folgenden werden die Regeln und Hinweise zur Ermittlung von Aufbauvarianten an Beispielen aus der Praxis verdeutlicht. Dabei sind zur Erleichterung des Verständnisses manche Zusammenhänge vereinfacht dargestellt oder weggelassen worden.

5.7.1. Feuerverzinkungslinien

Feuerverzinkungslinien für kaltgewalztes Stahlband sind nach den Regeln der Projektierungs- und Konstruktionssystematik Anlagengruppen. Ihr grundsätzlicher Aufbau und ihre Wirkungsweise wurden bereits unter 3.7. beschrieben.

Im Rahmen der Erstellung eines Programmsystems zur rechnerunterstützten Projektierung von Feuerverzinkungslinien / 15 / wurden auch die verschiedensten Möglichkeiten der Anordnung der Anlagen zueinander untersucht und in einem dialogorientierten Rechenprogramm KANFEU

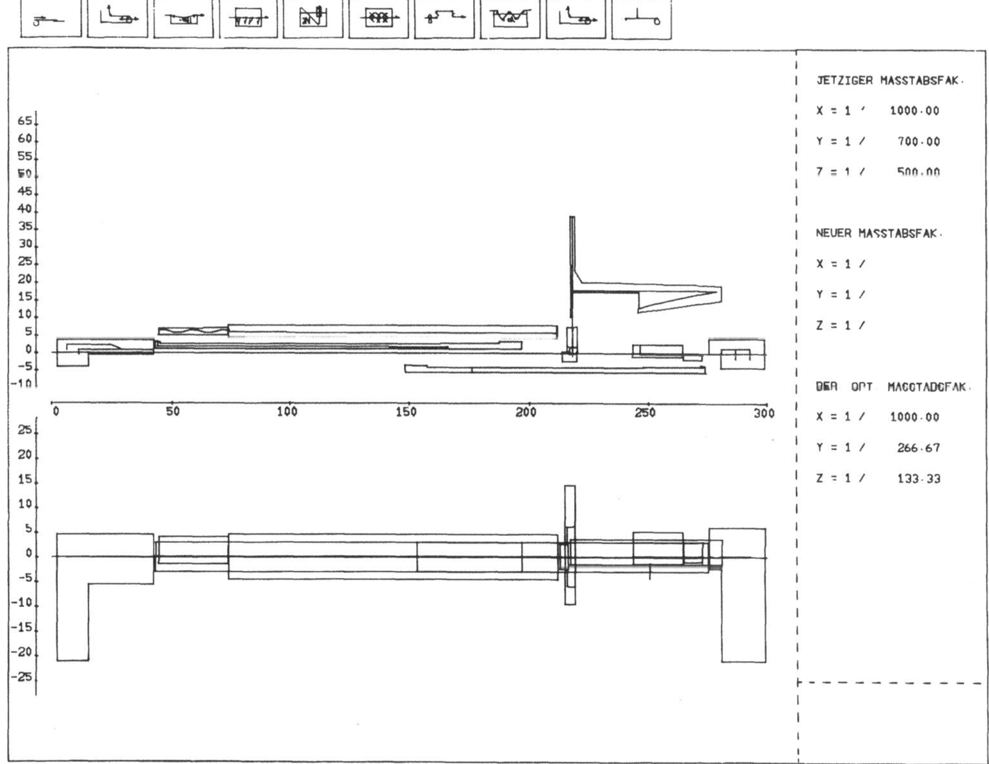

Bild 5.34: Grundaufbau einer Feuerverzinkungslinie im Rahmen der Festlegung konstruktiver Wirkzusammenhänge beim rechnerunterstützten Projektieren.

(Festlegung Konstruktiver Wirkzusammenhänge auf der ANlagenebene für FEUerverzinkungslinien) festgelegt. Dabei wurde abweichend von Bild 3.8 zusätzlich eine der Glühanlage vorgeordnete Entfettungsanlage einbezogen. **Bild 5.34** zeigt den, am graphischen Bildschirm erarbeiteten, verbreiteten Aufbau einer solchen Feuerverzinkungslinie. Die **Tafeln 4.1 bis 4.10** des Anhanges dienen der Verdeutlichung der vielfältigen Variationsmöglichkeiten des Programmes KANFEU. Neben Lagevariationen sind hier auch Variationen der Formen einzelner Anlagen durchgeführt worden. Variationsmöglichkeiten hinsichtlich der Reihenfolge im Stofffluß bestehen dagegen nicht, weil ein linearer Stofffluß vorliegt und die Folge der Verfahrensstufen aus physikalischen Gründen zwingend festliegt. Hinsichtlich der Lage sind im wesentlichen Verschiebungen in x- und y-Richtung sowie Spiegelungen (Einlauf- und Auslaufanlagen) vorgenommen worden. Dabei zeigte sich, daß manche Lagevariationen nur bei gleichzeitiger Variation der Formen einzelner Anlagen zu sinnvollen Ergebnissen führten. Einige Lagevarianten sind darüber hinaus nur unter Verwendung von Anpaßsystemen zu verwirklichen. Diese Einschränkung ist allerdings aus den hier gezeigten Bildern nicht unmittelbar abzulesen.

5.7.2. Pneumatische Förderanlagen

Zum Fördern staubförmiger, körniger oder kleinstückiger Schüttgüter können pneumatische Förderanlagen eingesetzt werden. Solche Anlagen zeichnen sich besonders durch große Anpassungsfähigkeit, bequeme Montage und geringen Raumbedarf aus. In pneumatischen Förderanlagen wird das Fördergut (von einem Luftstrom bewegt und in der Schwebe gehalten) durch Rohrleitungen von einem Einführungs- zu einem Austragssystem transportiert. Die größte überbrückbare Förderstrecke beträgt etwa 1500 m, als Förderleistung sind bis zu 500 t/h erreichbar. Hinsichtlich der Reihenfolge der einzelnen Teilsysteme, besonders des den Luftstrom erzeugenden Systems, sind in bezug auf den Stofffluß die zwei Lagevarianten

- Saugluft-Förderanlage und
- Druckluft-Förderanlage

zu unterscheiden. Beide Varianten sind in **Bild 5.35** schematisch dargestellt.

In einer Saugluft-Förderanlage wird das Fördergut durch eine Saugdüse aufgenommen und erreicht über Rohrleitungen, die mit flexiblen Zwischenstücken ausgerüstet sein können, das Abscheidesystem. Dort fällt das Fördergut aus und die Förderluft wird gereinigt. Der Luftstrom wird durch eine im Stofffluß hinter der Förderstrecke befindliche Pumpe erzeugt. Bei Saugluft-Förderanlagen sind auch Ausführungen mit mehreren Aufnahmestellen und einer Sammelstelle möglich.

Druckluft-Förderanlagen sind dadurch gekennzeichnet, daß das Fördergut an der Aufgabestelle mit Druckluft aus einer vor der Förderstrecke angeordneten Pumpe beaufschlagt wird. Der Transport erfolgt ebenfalls mit Rohrleitungen zum Abscheider. Hierbei kann gegebenenfalls auf eine Reinigung der Förderluft verzichtet werden. Es sind Bauformen mit einer Aufgabestelle und mehreren Verteilerstellen ausgeführt worden / 17 /.

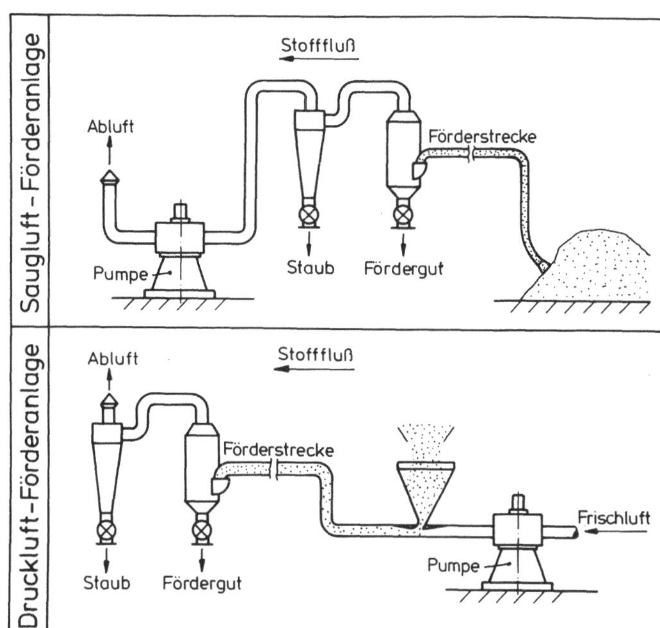

Bild 5.35: Schematische Darstellung der Saugluft- und Druckluft-Förderanlagen, nach / 17 /.

5.7.3. Lineare Führungssysteme

Lineare Führungssysteme, auch Geradführungen, Linearlager oder Schubgelenke genannt, werden häufig dann verwendet, wenn geradlinige Bewegungen erzeugt oder Bewegungsabläufe über verhältnismäßig große Strecken kontrolliert werden müssen. Solche Führungssysteme bestehen stets aus zwei voneinander zu unterscheidenden Bestandteilen, nämlich

- aus dem relativ zum Gesamtsystem unbewegten Stützsystem oder Gestell sowie
- aus dem beweglichen Gleit- oder Wälzsystem.

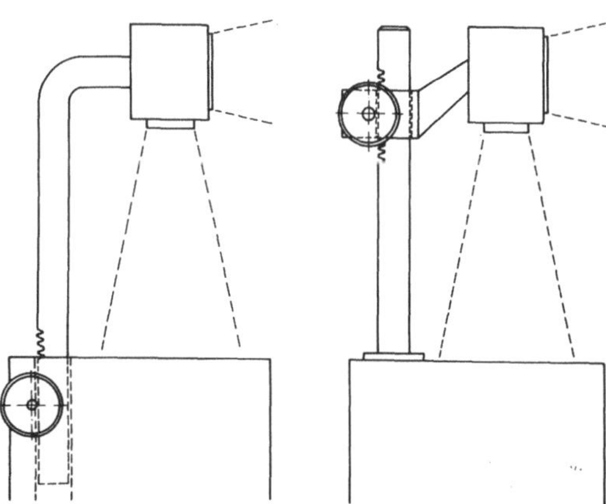

Bild 5.36: Lagevariation linearer Führungssysteme an Overhead-Projektionsgeräten.

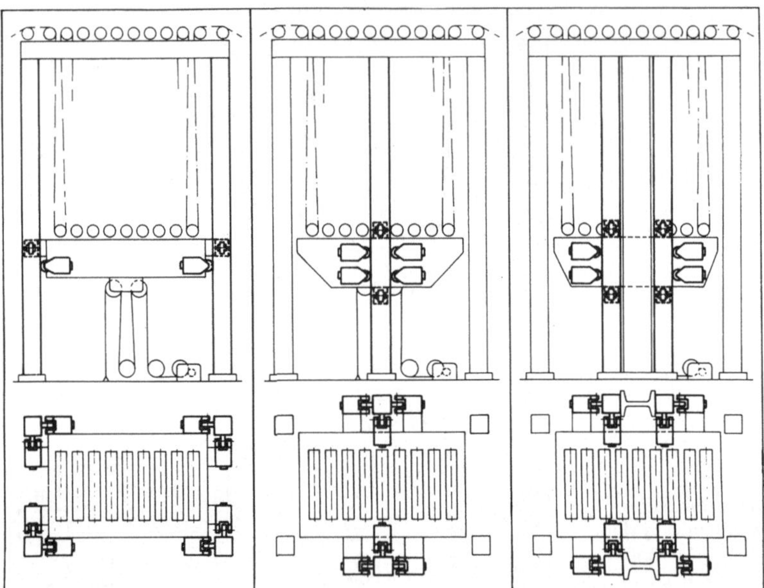

Bild 5.37: Lagevariation linearer Führungssysteme in Senkrechtspeicheranlagen von Bandbehandlungslinien.

Diese beiden Bestandteile können oft hinsichtlich ihrer Lage zu dem zu führenden Teilsystem durch einfaches Vertauschen variiert werden. Praktische Beispiele solcher Lagevarianten an linearen Führungssystemen sind unter anderem an sogenannten Overhead-Projektionsgeräten, **Bild 5.36**, oder auch in Senkrechtspeicheranlagen von Bandbehandlungslinien, **Bild 5.37**, zu finden.

5.7.4. Konverterkippantriebe

Konverter sind große, feuerfest ausgemauerte Gefäße mit Fassungsvermögen bis zu 500 t, in denen aus schmelzflüssigem Roheisen und Schrott Stahl hergestellt wird. Dieser Stahlherstellungsprozeß läuft periodisch ab. Eine Verfahrensperiode kann grundsätzlich in die Phasen

- Chargieren (Zuführen der Einsatzstoffe),
- Frischen (Wandeln des Roheisens zu Stahl),
- Probenahme,
- Abstechen (Ausgießen des fertigen Stahles) sowie
- Schlacke abgießen

aufgeteilt werden, **Bild 5.38**, oben. Zur Durchführung der einzelnen Phasen muß das Konvertergefäß in bestimmte Positionen gekippt werden, wobei an der Antriebswelle große, in Wert und Richtung wechselnde Momente aufzubringen sind, Bild 5.38 unten. Hierzu dient der Konverterkippantrieb.

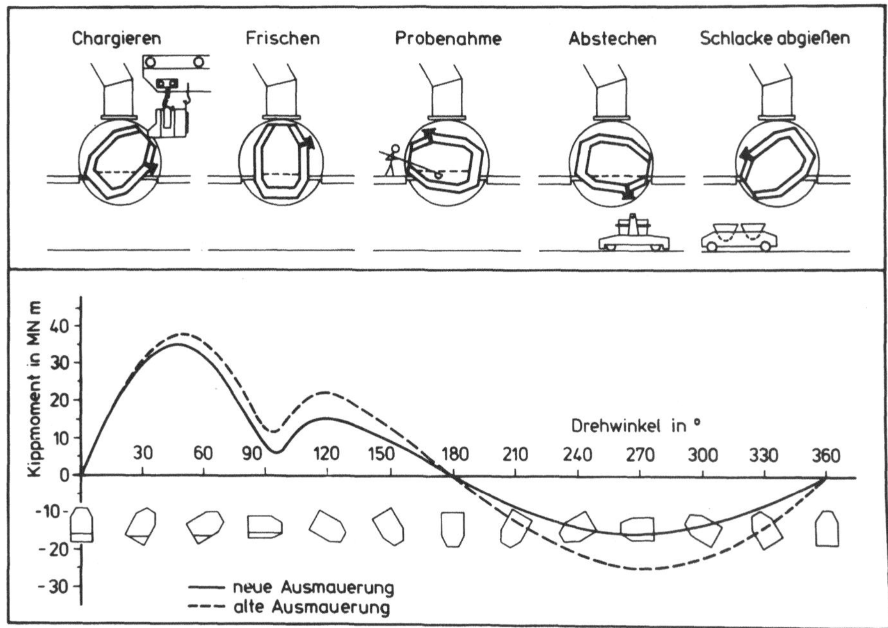

Bild 5.38: Kippstellungen und zugehörige statische Kippmomente eines Konverters während einer Verfahrensperiode.

Fortschritte in der Projektierung und Konstruktion solcher Konverterkippantriebe der Jahre nach 1970 sind im wesentlichen durch die Ermittlung und Einführung zweier unterschiedlicher Aufbauvariationen geprägt. Der ursprüngliche, lange Zeit gebräuchliche Aufbau von Konverterkippantrieben ist **Bild 5.39** zu entnehmen. Dabei stehen der Antriebsmotor und ein Zwischengetriebe fest auf einem Fundament. Auf der starren Abtriebswelle des Zwischengetriebes ist ein Ritzel angebracht, über welches das Antriebsmoment auf das mit dem Achszapfen des Konvertergefäßes verbundene Großrad übertragen wird. Bei Konvertern mit großem Fassungsvermögen führt diese Anordnung einerseits zu großen Motor- und Getriebeabmessungen und andererseits zu Formänderungen des Tragsystems, **Bild 5.40.** Dabei stellen sich ungünstige Zahneingriffsverhältnisse und infolgedessen erhöhter Verschleiß und Bruchgefahr ein. Zur Behebung dieses Mangels wurden zunächst Motor sowie Zwischengetriebe einerseits und Ritzel, Großrad sowie Konvertergefäß andererseits voneinander getrennt und durch geeignete Anpaßsysteme (in Form von Ausgleichsgelenkwellen) gekoppelt. Dabei waren Ritzel und Großrad durch einen sogenannten Pendelrahmen, welcher auch die Reaktionskräfte auf das Fundament zu übertragen hatte, "starr" miteinander verbunden, **Bild 5.41.** Diese Entwicklung wurde später folgerichtig durch eine Lagevariante des Antriebssystems fortgesetzt, bei welcher Motor, Zwischengetriebe, Ritzel und Großrad zu einer baulichen Einheit zusammengefaßt und "starr" mit dem Achszapfen des Konvertergefäßes verbunden waren. Die Abstützung gegenüber dem Fundament erfolgte mit Zugankern, **Bild 5.42.**

Parallel zu dieser Entwicklung der Lagevariation zeigte sich, daß, verursacht durch steigende Schmelzengewichte, unwirtschaftliche Abmessungen der Antriebselemente in bezug auf Ferti-

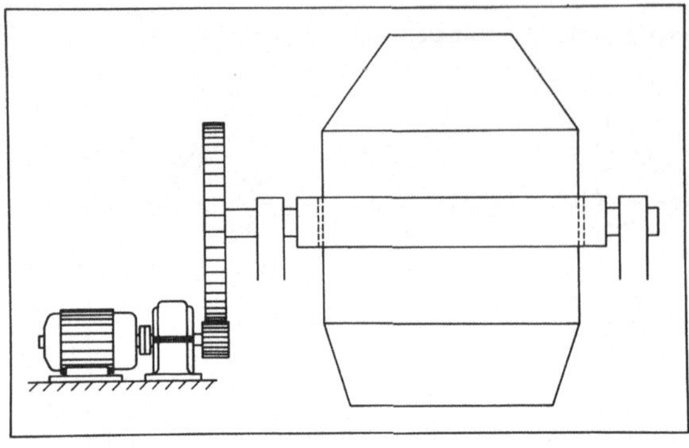

Bild 5.39: Ursprünglicher Aufbau von Konverterkippantrieben.

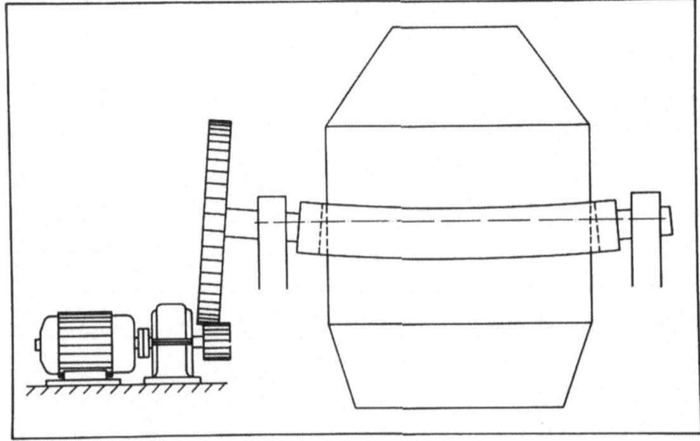

Bild 5.40: Formänderung des Tragsystems von Konvertergefäßen unter Belastung und deren Auswirkung auf die Zahneingriffsverhältnisse zwischen Ritzel und Großrad.

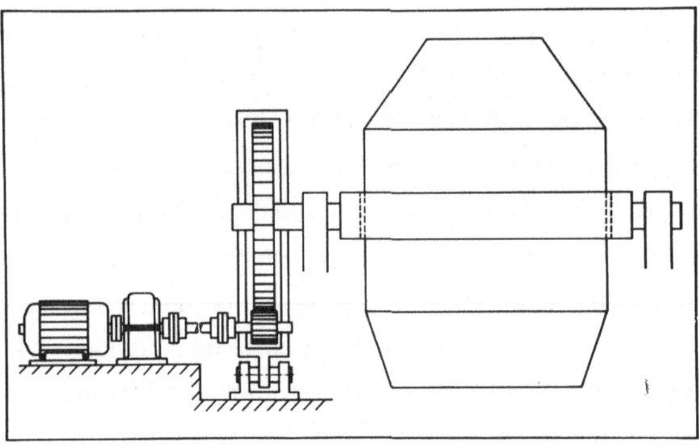

Bild 5.41: Aufbauvariante von Konverterkippantrieben, 1. Stufe.

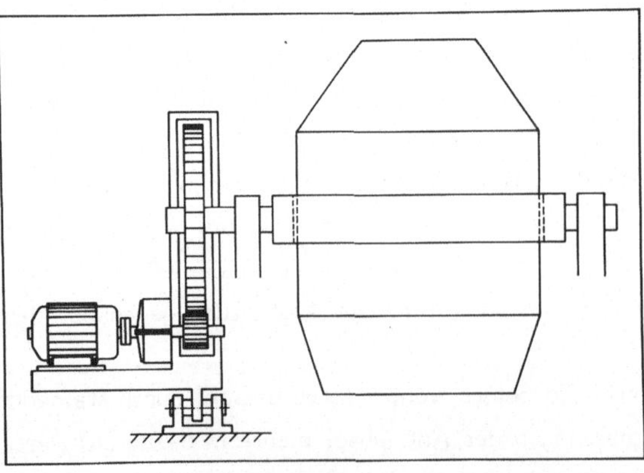

Bild 5.42: Aufbauvariante von Konverterkippantrieben, 2. Stufe.

gung und Raumbedarf erforderlich wurden. Deshalb wurden Zahlvarianten mit zunächst zwei und später vier einzelnen Antriebseinheiten, welche auf ein gemeinsames Großrad wirken, entwickelt, **Bilder 5.43 und 5.44.** Wesentliche Vorzüge dieser Zahlvarianten sind

- günstigere Verteilung der auftretenden Beanspruchungen,
- höhere Betriebssicherheit und Verfügbarkeit,
- geringere Herstellungs- und Betriebskosten sowie
- geringerer Verschleiß, verbunden mit höheren Standzeiten.

Diese Ausführung der Konverterkippantriebe mit fliegender Lagerung und Mehrfachantrieb hat inzwischen den ursprünglichen Aufbau nach Bild 5.39 vollständig verdrängt. Varianten mit drei Antriebseinheiten wurden ebenfalls untersucht, sind aber den geradzahligen Konstruktionen, aufgrund des aus der Unsymmetrie herrührenden höheren Konstruktionsaufwandes, unterlegen. Sechssträngige Konverterkippantriebe wurden bereits projektiert, jedoch können ihre Vorzüge bei den heute üblichen Schmelzengewichten noch nicht ausgeschöpft werden.

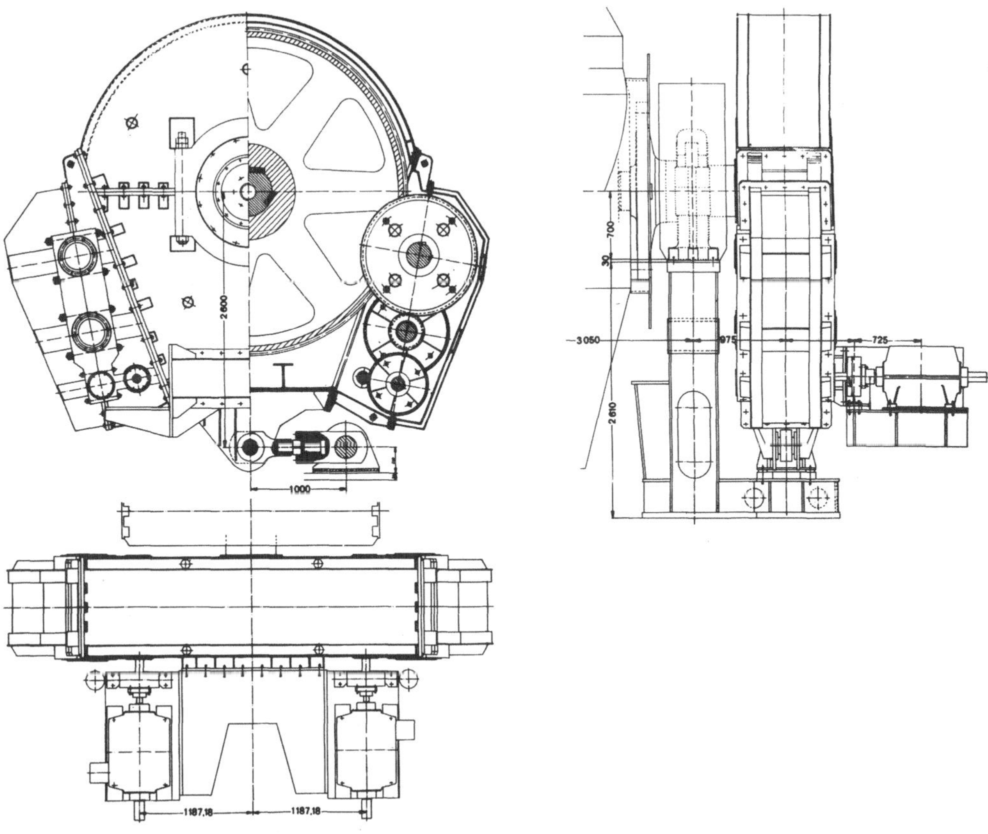

Bild 5.43: Zahlvariante von Konverterkippantrieben, 2-fach-Antrieb.

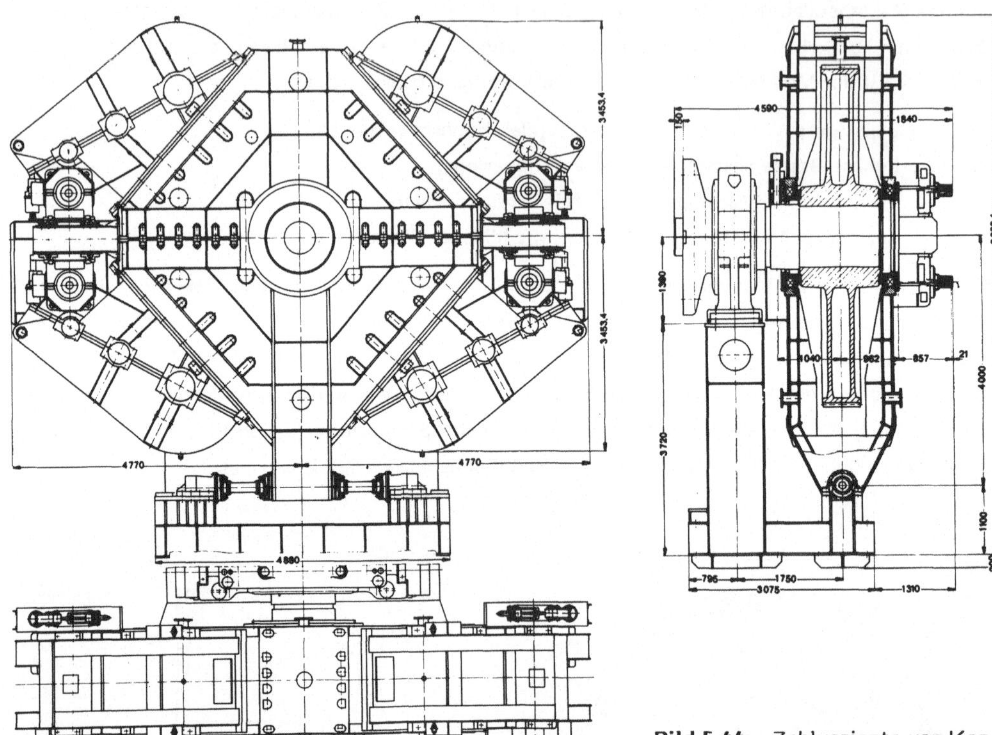

Bild 5.44: Zahlvariante von Konverterkippantrieben, 4-fach-Antrieb.

5.7.5. Treibaggregate

In den unterschiedlichsten Hüttenwerksystemen werden zum Transport des durchzusetzenden Stoffes sogenannte Treibaggregate eingesetzt. Solche Treibaggregate besitzen zwei übereinander angeordnete anstellbare Rollen. In den Spalt zwischen diesen Rollen wird das zu bewegende Produkt eingeführt. Durch Aufbringen einer Normalkraft wird eine reibschlüssige Verbindung zwischen Produkt und Rollen erzeugt, so daß über die Umfangskraft der angetriebenen Rolle eine Zugkraft in das Produkt eingeleitet werden kann, **Bild 5.45.** Die Größe der erforderlichen

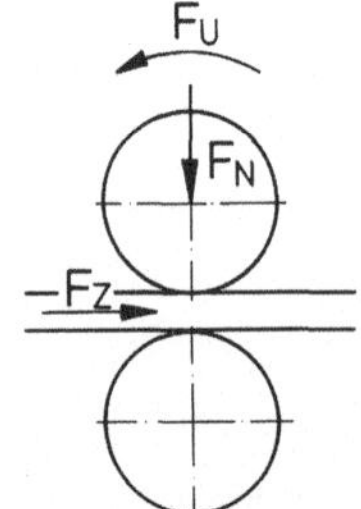

Bild 5.45: Schematische Darstellung der Wirkungsweise eines Treibaggregates.

Zugkraft wird bereits bei der Festlegung physikalischer Wirkzusammenhänge aus den zu überwindenden Bewegungswiderständen berechnet. Nach der Wahl eines Werkstoffes für die Rolle und/oder deren Oberfläche im Rahmen der Festlegung konstruktiver Wirkzusammenhänge kann

- nach dem Coulombschen Reibungsgesetz die erforderliche Anpreßkraft und
- über die zulässige Flächenpressung oder den zulässigen Liniendruck die zulässige Anpreßkraft

berechnet werden. Aus dem Vergleich dieser beiden Werte ergibt sich die Mindestzahl angetriebener Rollen. Damit können bei Treibaggregaten drei grundsätzliche Möglichkeiten der Zahlvariation unterschieden werden, **Bild 5.46:**

- Bei gerader Anzahl erforderlicher angetriebener Rollen können entweder eine entsprechende Zahl Treibaggregate mit jeweils einer angetriebenen und einer geschleppten Rolle oder die halbe Zahl Treibaggregate mit jeweils zwei angetriebenen Rollen eingesetzt werden.
- Bei mehr als einer angetriebenen Rolle können entweder für jede Rolle ein eigener oder für alle Rollen ein gemeinsamer Antrieb verwendet werden.
- Unabhängig von der Zahl angetriebener Rollen kann die Anstellrolle mit einem oder zwei Hydraulikzylindern betätigt werden.

Mit diesen drei Zahlvariationen sind unmittelbar auch drei zugehörige Lagevariationen verbunden.

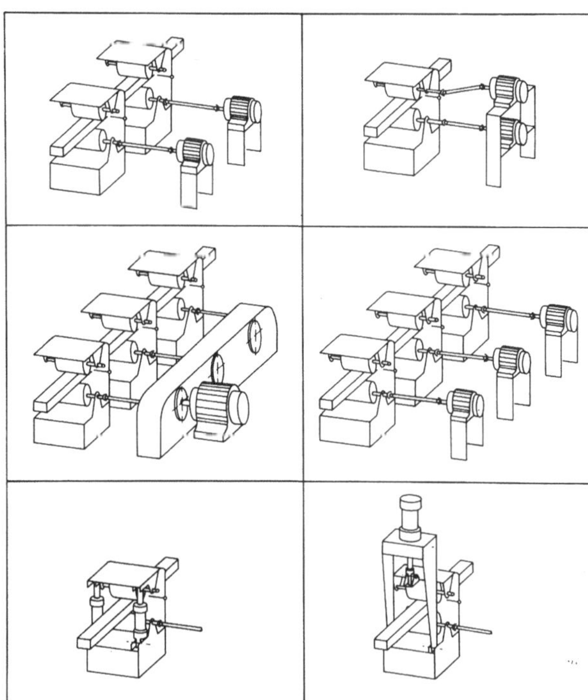

Bild 5.46: Drei unterschiedliche Möglichkeiten der Zahlvariation an Treibaggregaten.

5.7.6. Anstellbare Umlenkrolle

Für eine Versuchsanlage zur Simulierung der Gegebenheiten, denen ein durch eine Bandbehandlungslinie bewegtes Stahlband bei mehrfachem Biegewechsel unter Zugbeanspruchung unterworfen ist, war eine Umlenkrolleneinheit zu konstruieren. Diese Einheit hatte die Aufgabe, einerseits definierte Bandzugkräfte im umgelenkten Band zu erzeugen und andererseits Dehnungen des Versuchsmaterials während des Versuchsablaufes auszugleichen, **Bild 5.47.** Nach

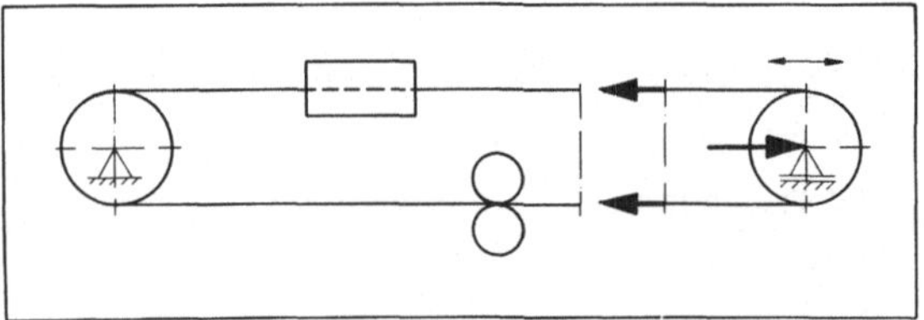

Bild 5.47: Schematische Darstellung einer Versuchsanlage zur Simulierung der Beanspruchungen von Stahlband in Bandbehandlungslinien.

Untersuchung verschiedener physikalischer Wirksamkeiten stellte sich eine hydraulische Anstellung der Umlenkrolle als am besten geeignet heraus. Bei der Festlegung konstruktiver Wirkzusammenhänge der Teilsysteme für die Versuchsanlage führte die notwendige Einstellbarkeit reproduzierbarer Bandzugkräfte aufgrund des großen geforderten Regelbereiches von wenigstens etwa 1 : 40 zu einem verhältnismäßig hohen Aufwand für die Teilsysteme zur Druckerzeugung und Druckregelung. Deshalb wurde untersucht, ob durch eine Zahlvariation der Hydraulikzylinder dieser Bandzugkraft-Bereich aufgeteilt und damit die Anforderungen an Druckerzeugung und Regelung verringert werden könnten. Tatsächlich war es möglich, ohne einschneidende Eingeständnisse an Handhabung und Bedienung, die geforderte Wirkung auf zwei wechselweise in Betrieb befindliche unterschiedliche Hydraulikzylinder mit im Verhältnis von 1 : 6 abgestuften wirksamen Kolbenflächen aufzuteilen. Ein Wechsel der Zylinder war aufgrund

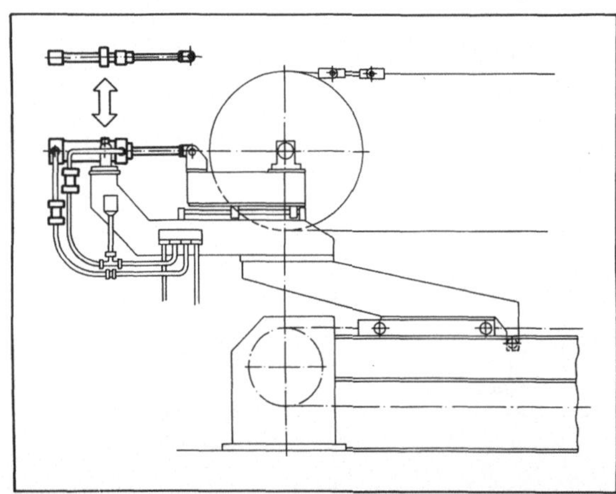

Bild 5.48: Vereinfachte Zusammenstellungszeichnung einer Umlenkrolleneinheit der Versuchsanlage des Bildes 5.47

des für diese Maßnahme günstig gestaffelten Versuchsprogrammes nur selten und in großen Zeitabständen erforderlich. Der Wechsel selbst wurde durch den Einbau von Schnellkupplungen verhältnismäßig einfach gestaltet. Zusätzliche Investitionen für die doppelte Ausführung der Zylinder sowie für die Wechseleinrichtungen wurden durch Einsparungen bei den Druckerzeugungs- und Druckregelsystemen mehr als aufgewogen. Gleichzeitig konnte der reproduzierbar einstellbare Bandzugkraft-Bereich über das geforderte Mindestmaß nach oben und unten auf etwa 1 : 60 erweitert werden. Damit war eine Verbesserung der Aussagekraft der Versuchsergebnisse gegeben. **Bild 5.48** zeigt eine vereinfachte Zusammenstellungszeichnung der Umlenkrolleneinheit. Der auswechselbare Zylinder und die Schnellwechseleinrichtung sind hervorgehoben.

5.7.7. Spiegelreflexkameras

Die Verwendung von Anpaßsystemen bei der Aufbauvariation wird fast immer erforderlich, wenn bestehende technische Systeme in anderer Weise, als dies bei ihrer Konstruktion vorgesehen war, zusammengesetzt werden sollen. Ein solches Vorgehen ist unter anderem bei Spiegelreflexkameras gebräuchlich. Die Normalobjektive solcher Fotokameras sind in der Regel so konstruiert und optisch korrigiert, daß ihre beste Abbildungsleistung in einen Entfernungsbereich von etwa 0,5 m bis "unendlich" fallen. Wenn Aufnahmen im Nahbereich, das heißt unterhalb der kürzesten einstellbaren Entfernung, zu machen sind, dann besteht bei Spiegelreflexkameras mit

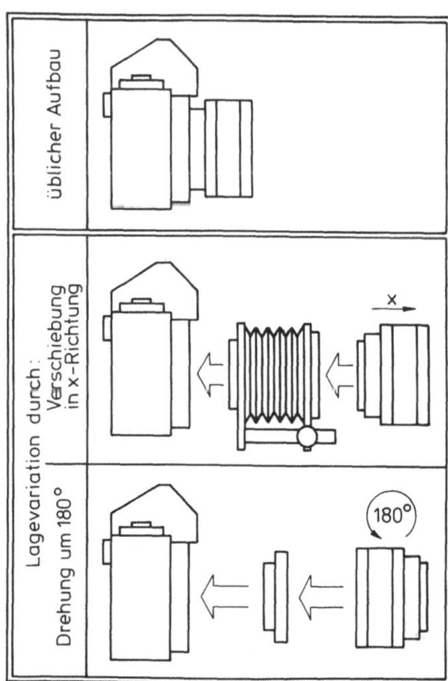

Bild 5.49: Lagevariation des Objektives einer Spiegelreflexkamera unter Verwendung von Anpaßsystemen.

wechselbaren Objektiven die Möglichkeit, den Auszug (das ist der Abstand zwischen Objektiv und Filmebene) mittels geeigneter Anpaßsysteme - Zwischenringe oder Balgengeräte - weiter zu verlängern. Damit wird der gesamte Entfernungseinstellbereich zu kürzeren Aufnahmeabständen hin verschoben. Das **Bild 5.49** zeigt oben den üblichen Aufbau einer Spiegelreflexkamera in schematischer Darstellung. Darunter ist die genannte Lagevariation (Verschieben des Objektives in x-Richtung) unter Verwendung eines Balgengerätes dargestellt. Aufgrund optisch-geometrischer Gesetzmäßigkeiten verschlechtern sich allerdings bei Objektiven, welche für normale Entfernungsbereiche berechnet sind, mit wachsendem Auszug die Abbildungseigenschaften zusehends. Dieser Mangel kann meist durch einfache Umkehrung des Objektives, also mit kameraseitiger Stellung der Frontlinse, vermieden werden. Auch zu diesem Zwecke ist die Verwendung eines entsprechenden Anpaßsystems, eines sogenannten Umkehrringes, erforderlich, weil das Filtergewinde an der Frontseite eines Objektives im allgemeinen nicht zur Montage an das Bajonett oder Objektivgewinde des Kameragehäuses geeignet ist. Diese zweite Lagevariation (Drehung des Objektives um 180^{0}) und der dazu benötigte Umkehrring sind im Bild 5.49 unten dargestellt / 21 /.

5.8. Ermittlung von Bewegungsvarianten

Die Untersuchung der Bewegungsverhältnisse niedrigkomplexer technischer Systeme sowie deren Variation ist im Maschinenbau weitgehend auf Gesetzmäßigkeiten, die aus der Kinematik, der Getriebelehre und der Lehre von den Maschinenelementen bekannt sind, gestützt / 22 bis 27 /. In diesem Rahmen können Relativbewegungen beispielsweise nach der Bewegungsform in

- translatorische und rotatorische sowie
- begrenzte und unbegrenzte

und nach der Bewegungsart in

- gleitende und wälzende

Bewegungen unterschieden werden / 21, 22 und 28 /. Gleitende und wälzende Bewegungsarten sind aus den verschiedenen Lagerbauformen bekannt. Bewegungsarten, bei denen gleichzeitig Gleit- und Wälzvorgänge auftreten, werden manchmal hybrid genannt. Begrenzte translatorische Bewegungen (auch als Verschiebebewegungen bezeichnet) werden beispielsweise in Hydraulikzylindern, unbegrenzte translatorische Bewegungen (Fließbewegungen) von Raketen, begrenzte vorwiegend rotatorische Bewegungen (Drehschubbewegungen) von Schwingen in Koppelgetrieben und unbegrenzte rotatorische Bewegungen (Drehbewegungen) in Elektromotoren ausgeübt, **Bild 5.50.** Darüberhinaus können durch die Überlagerung translatorischer und rotatorischer Bewegungen viele komplizierte Bewegungsformen erzeugt werden. **Bild 5.51** zeigt einige Beispiele solcher zusammengesetzter Bewegungen. Bewegungsbegrenzungen können auf den Weg, gemäß Bild 5.50, auf die Richtung und auf den Richtungssinn bezogen sein. Eine Begrenzung der Bewegungsrichtung liegt beispielsweise bei einem Aufzug vor. Hier sind von allen denkbaren räumlichen Bewegungen nur solche in senkrechter Richtung möglich. Begren-

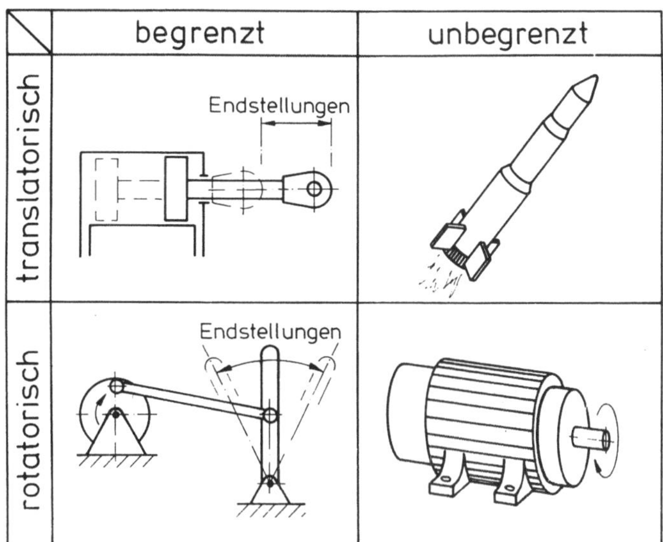

Bild 5.50: Darstellung zur Verdeutlichung der Bewegungsformen.

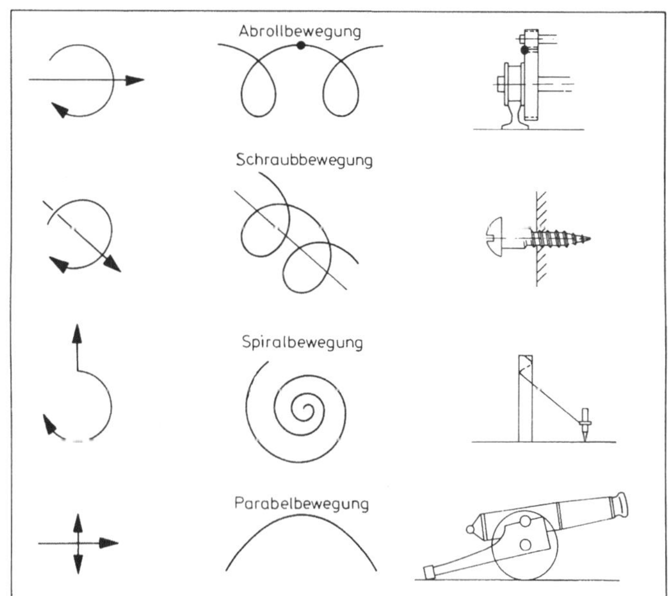

Bild 5.51: Beispiele zusammengesetzter Bewegungen.

zungen des Richtungssinnes sind beispielsweise von Ottomotoren bekannt. Solche Motoren können nur in jeweils einem Drehsinn betrieben werden.

Eine systematische Einteilung der Bewegungsformen kann, aus anderer Sicht, auf der Ordnung der Gelenkgrundformen aufgebaut werden, **Bild 5.52.** Ordnungsmerkmale dieser Übersicht sind die Freiheitsgrade der Bewegungen und die drei Grundrichtungen im räumlichen kartesischen Koordinatensystem **/** 25 **/.** Aus diesem Bild wird auch deutlich, daß im Zusammenhang mit

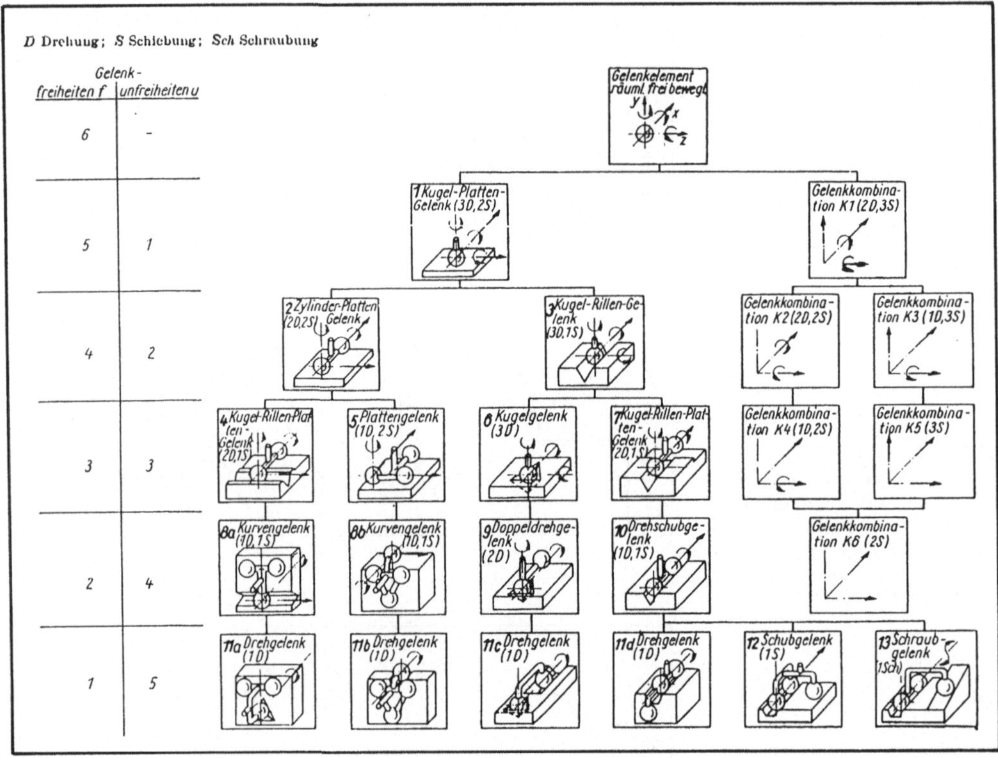

Bild 5.52: Ordnung der Gelenkgrundformen, von / 25 /.

Relativbewegungen die Untersuchung der Verbindung zweier zueinander bewegter Teilsysteme bedeutsam sein kann. Solche Verbindungen werden, in Analogie zum Begriff der Wirkbewegung, manchmal auch Wirkverbindungen genannt. Wenn die Ordnung der Gelenkgrundformen des Bildes 5.52 nach unten um den Freiheitsgrad "Null" erweitert wird, dann umfaßt diese Übersicht auch die Gruppe der nicht beweglichen Verbindungen. Damit können, unter Einbeziehung von Ordnungsmerkmalen der Lehre von den Maschinenelementen,

- starre und bewegliche,
- kraft-, form- und stoffschlüssige sowie
- lösbare und unlösbare

Wirkverbindungen voneinander unterschieden werden. Beispiele einiger Verbindungsarten sind dem **Bild 5.53** zu entnehmen. Wirkverbindungen werden oft nicht durch eigenständige technische Gebilde verwirklicht, sondern meist in eines der miteinander zu verbindenden Teilsysteme integriert. Wenn eine solche Integration nicht durchführbar ist, werden Wirkverbindungen zu Anpaßsystemen und nach den hierfür geltenden Regeln behandelt. Die starren, unlösbaren Verbindungen dienen häufig der vereinfachten Fertigung von Teilen mit komplizierter Gestalt. Solche Verbindungen sind im Rahmen der Ermittlung von Bewegungsvarianten ohne Bedeutung.

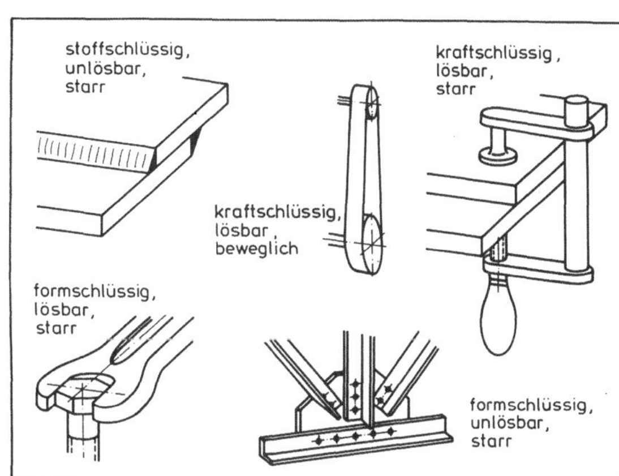

Bild 5.53: Verbindungsarten bei niedrigkomplexen technischen Systemen.

Bewegungsvarianten vorwiegend stoffdurchsetzender technischer Systeme der unteren Komplexitätsebenen können im wesentlichen durch Wechsel der

- Bewegungsformen,
- Bewegungsarten und
- Verbindungsarten

hergeleitet werden. Hilfsmittel zum systematischen Suchen und Auffinden von Bewegungsvarianten sind beispielsweise die für diese drei Merkmale genannten Unterteilungen oder die Ordnung der Gelenkgrundformen des Bildes 5.52.

Bei der Untersuchung und Variation der Bewegungsverhältnisse in komplexen technischen Systemen treten mit wachsender Komplexität die Bewegungen der Teilsysteme selbst in den Hintergrund, und die Bewegungsverhältnisse der durchzusetzenden Stoffe, Energien und/oder Signale gewinnen vermehrt an Bedeutung. Denn solche Produktbewegungen sind in der Regel für die konstruktive Auslegung der Systeme ursächlich bestimmend. Dabei sind hier nur die Produktbewegungen zwischen den Bestandteilen eines technischen Sytems, nicht jedoch solche, die innerhalb der Teilsysteme ablaufen, zu betrachten. Stoff-, Energie- und Signalbewegungen können zur Charakterisierung beispielsweise in

- selbsttätige und gestützte,
- freie und geführte,
- stetige und unterbrochene,
- gleichmäßige und ungleichmäßige

sowie nach der Art ihrer mathematischen Behandlung in

- determinierte und stochastische

Flüsse (Produktbewegungen) unterteilt werden. Produktbewegungen werden als selbsttätig bezeichnet, wenn die im Produkt enthaltene potentielle oder kinetische Energie (beispielsweise aus der vorangegangenen Verfahrensstufe) zur Durchführung der Bewegung ausreicht und genutzt werden kann. Wenn zusätzliche Bewegungsenergie zugeführt werden muß, dann liegt eine gestützte Bewegung vor. Bei freien Produktbewegungen ist die Bewegungsrichtung entweder bedeutungslos (beispielsweise bei einer elektromagnetischen Welle als Signalträger) oder durch die am Produkt aufgrund der vorangegangenen Verfahrensstufe wirkenden Kräfte bereits vorgegeben und nutzbar. Geführte Bewegungen laufen unter äußerem Zwang in vorgegebenen Bahnen ab. Die weiteren zwei aufgeführten Unterscheidungsmerkmale (stetig - unterbrochen sowie gleichmäßig - ungleichmäßig) kennzeichnen das Zeitverhalten von Produktbewegungen. Sie sind gegebenenfalls durch weitere Kennzeichnungen zu erweitern oder zu ersetzen.

Determinierte Bewegungen laufen in allen Phasen vollständig vorhersehbar nach festliegenden Gesetzmäßigkeiten ab. Stochastische Bewegungen können allenfalls mit statistischen Methoden vorherbeschrieben werden. Diese Unterscheidung dient also im wesentlichen der Wahl eines geeigneten Berechnungs- oder Beschreibungsverfahrens.

Wenn zwischen den zu betrachtenden Bestandteilen eines technischen Systems mehrere linare oder wenigstens ein verzweigter Produktfluß auftreten, dann können zusätzlich weitere Unterscheidungen der Bewegungsverhältnisse erforderlich sein. Bewegungen zweier oder mehrerer Stoffe, Energien und/oder Signale können beispielsweise in

- voneinander abhängige und unabhängige,
- gleichzeitige und wechselweise,
- gleichgerichtet oder gegenläufig parallele und mittelbar oder unmittelbar kreuzende

eingeteilt werden. Dabei sind zwei Flüsse dann voneinander unabhängig, wenn sie zu keinem Zeitpunkt gemeinsame Wegpunkte haben. Eindeutig voneinander unabhängige Bewegungen von Produkten können getrennt voneinander wie Einzelbewegungen behandelt werden. Mehrere abhängige Bewegungen sind darüberhinaus im Hinblick auf die letztgenannten Merkmale zu untersuchen.

Alle genannten Unterscheidungsmerkmale können, falls nicht durch die Aufgabenstellung oder logische sowie physikalische Wirkzusammenhänge entsprechende Festlegungen bestehen, als Variationsparameter zur Ermittlung und Festlegung der Produktbewegungsverhältnisse herangezogen werden. Als wesentliche Zielgrößen bei der Bildung von Varianten können, insbesondere für vorwiegend stoffdurchsetzende technische Systeme, die

- Minimierung von Wegstrecken,
- Vermeidung unnötiger Bewegungsvorgänge,
- Vermeidung von Kollisionsgefahren,
- Minimierung der Umsetzvorgänge sowie
- Optimierung von Speicher- und Lagervorgängen

genannt werden. Hilfsmittel für die Ermittlung, Variation und Optimierung von Stoffflüssen zwischen den Bestandteilen eines technischen Systems sowie zwischen dem System und der Umgebung sind die

- Warteschlangentheorie / 29 bis 31 /,
  - Einkanalmodelle,
  - Mehrkanalmodelle,

- Lagerhaltungs- und Stoffflußmodelle / 32 bis 38 /,
  - ABC-Analyse / 38 /,
- Zuteilungsmodelle,
  - Transportmethode / 39 bis 42 /,
  - Simplexmethode / 34 /,
- Netzplantechnik / 43 bis 46 /.

Daneben dient das sogenannte Multimoment-Verfahren der Aufnahme des Ist-Zustandes in bestehenden technischen Systemen / 47 bis 49 /. Dieses Verfahren ist im Rahmen des systematischen Projektierens und Konstruierens sinnvoll anwendbar, wenn in ein bestehendes technisches System zusätzliche Bestandteile integriert werden sollen und dafür noch eine Planungsgrundlage zu erstellen ist.

Systembewegungen treten auf höheren Komplexitätsebenen meist nur in unmittelbarem Zusammenhang mit Produktbewegungen auf. Sie sind dann als Voraussetzung zum Erzwingen günstiger Durchsatzabläufe zu betrachten. Zu den an Produktbewegungen ursächlich und unmittelbar beteiligten Teilsystemen zählen beispielsweise die Förder- und Kommissioniersysteme. Wirkbewegungen dieser Systeme können meist nach den für niedrigkomplexe technische Systeme beschriebenen Regeln variiert werden. Im Gegensatz dazu ist die für untere Komplexitätsebenen vorgeschlagene Einteilung der Wirkverbindungen kaum sinnvoll auf Teilsysteme hoher Komplexität anzuwenden. Geeignete Ordnungs- und Variationsmerkmale können hier nur unter Berücksichtigung der Aufgabenstellung und der Eigenarten der betrachteten technischen Systeme erstellt werden. Die Einteilung in

- unveränderliche und veränderliche,
- mittelbare und unmittelbare sowie
- stoffliche, energetische oder informelle

Wirkbewegungen ist nur als Anregung zu verstehen.

Im folgenden werden die Regeln und Hinweise für das Vorgehen bei der Bewegungsvariation an zwei Beispielen aus der Praxis verdeutlicht.

5.8.1. Kranbewegungen

Bei der konstruktiven Auslegung von Stahlwerken ist die Untersuchung des Stoffflusses sehr wesentlich. Zu diesem Zwecke werden alle maßgeblichen Produktbewegungen während eines Bezugszeitraumes hinsichtlich Zeit und Ort ihres Auftretens ermittelt, nach bestimmten Merkmalen optimiert und in Weg-Zeit-Schaubildern dargestellt. Dabei wird als Bezugszeitraum derjenige Zeitabschnitt gewählt, nach dessen Beendigung die Folge der zyklisch auftretenden Bewegungsvorgänge von neuem beginnt. Dieser Zeitabschnitt wird im folgenden kurz Zykluszeit t_Z genannt. Weil die Produktbewegungen in der Praxis überwiegend durch Kräne ausgeführt werden, heißen die Weg-Zeit-Schaubilder hier auch Kranspieldiagramme. Am Beispiel der Erstellung eines solchen Kranspieldiagrammes wird im folgenden die Variation von Produktbewegungsverhältnissen in einem Elektro-Stahlwerk verdeutlicht.

Vor der Ermittlung möglicher Varianten der Produktbewegungsverhältnisse müssen, aufbauend auf physikalischen Wirkzusammenhängen, wesentliche Teilsysteme festgelegt und der Aufbau des Werkes in Form eines vorläufigen Lageplanes erfaßt sein. Aus diesem Lageplan müssen die Anfangs- und Endpunkte aller Teilproduktbewegungen (Anfahrpunkte) zu entnehmen sein. Aufgrund der Kenntnis des Verfahrensablaufes können die von Kränen sowie gegebenenfalls von weiteren Fördermitteln durchzuführenden Produktbewegungen und Hilfstätigkeiten festgelegt werden. Darüber hinaus sind verfahrenstechnisch bedeutsame Tätigkeitsreihenfolgen sowie zeitliche Begrenzungen und Abhängigkeiten bekannt. Grundlegende Bedeutung haben dabei die

- Abstich-zu-Abstich-Zeit einer jeden Schmelzanlage t_S,
- Zeit zwischen zwei Abstichen zeitlich aufeinanderfolgender Schmelzanlagen (Abstichfolge-Zeit) t_{SF},
- Schmelze-zu-Schmelze-Zeit einer jeden Gießanlage t_G,
- Zeit zwischen zwei Gießbeginn-Zeitpunkten aufeinanderfolgender Gießanlagen (Schmelzenfolge-Zeit) t_{GF},
- Anzahl Schmelzanlagen n_S,
- Anzahl Gießanlagen n_G und
- Anzahl Kräne n_K.

Die Beziehungen dieser Größen untereinander sowie zur Zykluszeit sind dem **Bild 5.54** zu entnehmen. Dabei gilt

$$t_{SF} = \frac{t_S}{n_S} \tag{5.4}$$

$$t_{GF} = \frac{t_G}{n_G} \tag{5.5}$$

$$t_S \cdot n_G = t_G \cdot n_S \tag{5.6}$$

$$t_0 = t_{SF} = t_{GF} \tag{5.7}$$

$$t_{ZSG} = t_0 \cdot \mathrm{KGV}\,(n_S, n_G) \qquad (5.8$$

$$t_{ZK} = t_0 \cdot \mathrm{KGV}\,(n_S, n_G, n_K) \tag{5.9}$$

mit

t_0 = gemeinsame Folgezeit im Schmelz- und Gießbetrieb

t_{ZSG} = Schmelz-Gieß-Zykluszeit; nach Ablauf der Schmelz-Gieß-Zykluszeit wiederholt sich die Folge "Abstich der Schmelzanlage $S_i \longrightarrow$ Gießbeginn der Gießanlage G_K"

t_{ZK} = Kranzykluszeit; nach Ablauf der Kranzykluszeit wiederholt sich die Folge "Abstich der Schmelzanlage S_i → Transport durch Kran K_j → Gießbeginn der Gießanlage G_K" unter Voraussetzung gleicher Auslastung (gleiche Anzahl Fahrten) für alle Kräne

KGV(...) = kleinstes gemeinsames Vielfaches von ...

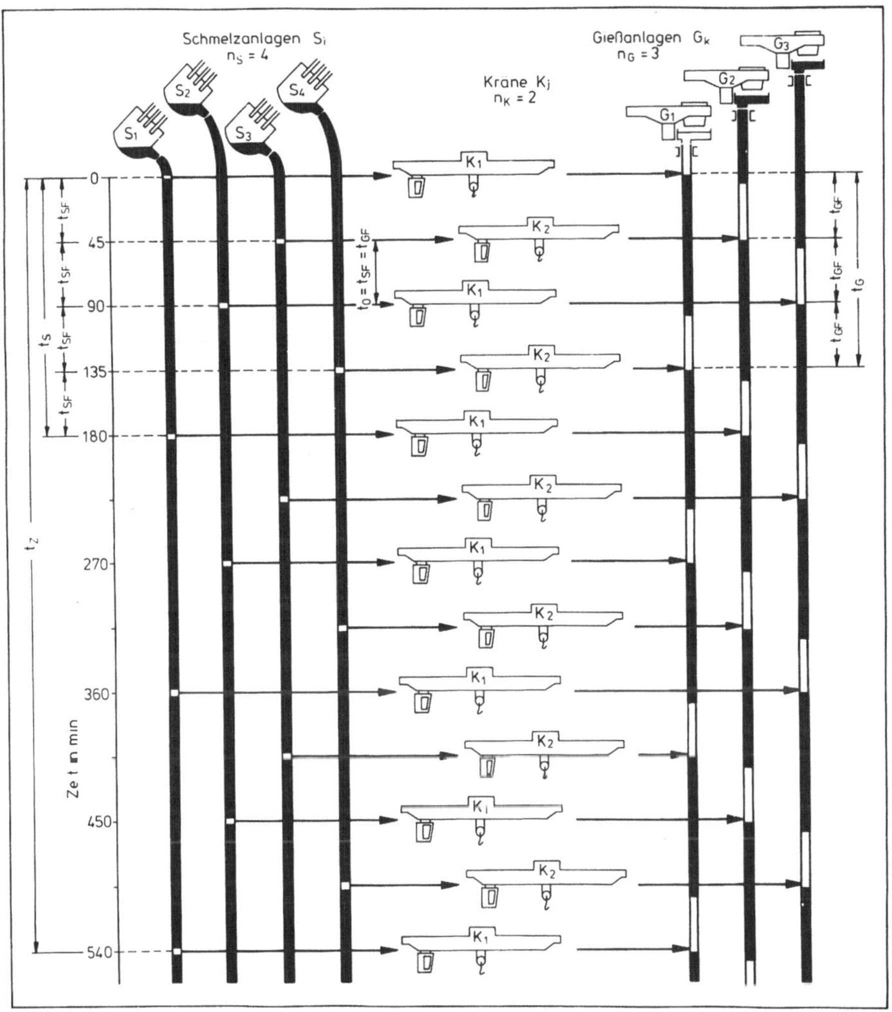

Bild 5.54: Darstellung zur Verdeutlichung der wesentlichen Einflußgrößen für ein Kranspieldiagramm.

Die tatsächliche gemeinsame Zykluszeit für Schmelz- und Gießbetrieb t_Z ist abhängig davon, welche Randbedingungen und Einschränkungen bei ihrer Festlegung berücksichtigt werden. Sie ist entweder gleich der Schmelz-Gieß-Zykluszeit t_{ZSG} oder gleich der Kranzykluszeit t_{ZK} oder gleich einem ganzzahligen Vielfachen einer dieser beiden Größen.

Die Hauptproduktbewegung verläuft im allgemeinen in Richtung der Längsachse des Schmelzbetriebes. Auch die wesentlichen Anfahrpunkte sind in dieser Richtung gestaffelt. Deshalb ist es möglich, in einem Kranspieldiagramm auf der x-Achse die Wegkoordinaten und auf der y-Achse die Zeit abzutragen, **Bild 5.55**. Die Teilung der x-Achse wird durch die Anfahrpunkte und die Teilung der y-Achse durch die gemeinsame Folgezeit t_0 bestimmt. In Abhängigkeit von der

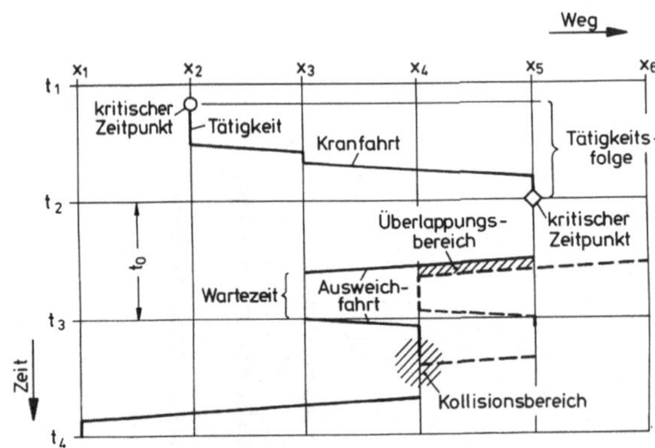

Bild 5.55: Grundsätzlicher Aufbau eines Kranspieldiagrammes.

Größe des Werkes wird vorab erfahrungsbedingt eine erforderliche Anzahl Kräne mit kennzeichnenden Daten, beispielsweise

- Tragkräfte,
- Fahrgeschwindigkeiten in Hallenlängs- und Hallenbreiten-Richtung,
- Heb- und Senkgeschwindigkeiten sowie
- zugehörige Beschleunigungen,

festgelegt. Neben Bewegungen mit oder ohne Fördergut haben die Kräne folgende Tätigkeitsarten auszuüben:

A. Regelmäßig auftretende Tätigkeiten, deren Anfangs- oder Endzeitpunkte durch den Verfahrensablauf gegeben sind, beispielsweise Abstechen des Schmelzgefäßes oder Einsetzen der Gießpfanne in das Gießpfannen-Aufnahmesystem;

B. Regelmäßig auftretende Tätigkeiten, deren früheste Anfangszeitpunkte und/oder späteste Endzeitpunkte durch den Verfahrensablauf gegeben sind, beispielsweise Entnehmen einer leeren Gießpfanne aus dem Gießpfannen-Aufnahmesystem;

C. Tätigkeiten, die periodisch in größeren Zeitabständen auftreten und mittelbar vom Verfahrensablauf abhängen, beispielsweise Elektroden der Schmelzanlage wechseln;

D. Unregelmäßig auftretende Tätigkeiten, die beispielsweise im Zusammenhang mit Betriebsstörungen stehen, beispielsweise Einsetzen einer neuen Elektrode nach Elektrodenbruch.

Zur Erstellung des Kranspieldiagrammes werden zunächst alle Tätigkeiten der Gruppe A ermittelt, und es werden ihnen sogenannte kritische Zeitpunkte zugeordnet. Die kritischen

Zeitpunkte werden an den zugehörigen Wegkoordinaten in das Schaubild eingetragen und durch die Zeitdauer, gegebenenfalls unter Berücksichtigung eines angemessenen Sicherheitsspielraumes, ergänzt. Die Tätigkeiten werden auf die Kräne verteilt und durch Kranfahrten verknüpft. Weil Tätigkeiten im allgemeinen ortsfest ablaufen oder vereinfachend als ortsfest betrachtet werden können, stellen sie sich im Kranspieldiagramm als senkrechte Linien dar. Kranfahrten ergeben dagegen leicht aus der Waagerechten geneigte Linienzüge, Bild 5.55.
Im Anschluß an die Tätigkeiten der Gruppe A werden diejenigen der Gruppen B und C untersucht und an geeigneten Stellen in das Schaubild eingeordnet. Wesentliche Randbedingung ist dabei das Vorhandensein freier Krankapazitäten. Bei der Entscheidung, welcher Kran welche Tätigkeiten oder Tätigkeitsfolgen ausführen soll, sind folgende Forderungen zu beachten:

- Kollisionen von Fördermitteln sind grundsätzlich auszuschließen.
- Es sind möglichst wenige Fördermittel zu verwenden.
- Alle Kräne sollen zeitlich möglichst gleich ausgelastet sein.
- Einzelne und gesamte Fahrstrecken sind möglichst kurz zu halten.
- Ausweichfahrten sind zu vermeiden und Wartezeiten sind kurz zu halten.
- Einsatzzeiten sollen möglichst gleichmäßig verteilt sein.
- Überlappungsstrecken, die durch zwei mit geringem Abstand in gleicher Richtung fahrende Kräne verursacht werden, sind zu vermeiden oder zu kürzen.
- Kurzzeitiges Aufeinanderfolgen von Tätigkeiten zweier Kräne an einer Wegkoordinate ist zu vermeiden.
- In sich geschlossene Tätigkeitsfolgen sind möglichst von einem Kran auszuführen.

Die Erfüllung dieser teilweise gegenläufigen Forderungen kann bereits zu einer Reihe varianter Bewegungsverhältnisse führen, wenn mehrere Kranspieldiagramme mit unterschiedlichen Prioritäten der genannten Forderungen erstellt werden.
Tätigkeiten der Gruppe D werden meist durch eine Begrenzung der zeitlichen Kranauslastung auf einen bestimmten Größtwert, beispielsweise 65 %, berücksichtigt. Sie werden im Schaubild nicht explizit dargestellt. In der Praxis können sie in solche Zeitspannen eingefügt werden, während derer sich ein geeigneter Kran im erforderlichen Wegbereich in Wartestellung befindet.

Insgesamt sind bei der Ermittlung von Produktbewegungsverhältnissen in einem Stahlwerk mit Hilfe der Kranspieldiagramme die Variationsmöglichkeiten

- bezogen auf den zeitlichen Verlauf durch
  - Verlagern einzelner Tätigkeiten von einem Kran auf einen anderen,
  - Austauschen einzelner Tätigkeiten zwischen zwei Kränen,
  - Verschieben und/oder Ändern der Reihenfolge von Tätigkeiten der Gruppen B und C,
- bezogen auf die Auslegung der Fördersysteme durch
  - Ändern der Anzahl Kräne,
  - Ändern kennzeichnender Daten einzelner Kräne sowie
  - Einsatz anderer Fördersysteme und
- bezogen auf den Lageplan (Aufbau des Stahlwerkes) durch

- Verkürzen von Wegen,
- Schaffen von Ausweichräumen,
- Ändern der Reihenfolge von Teilsystemen im Stofffluß sowie
- Ändern der Anzahl von Teilsystemen

gegeben. Insbesondere die letztgenannten Möglichkeiten sind hinsichtlich möglicher Rückwirkungen auf physikalische Wirkzusammenhänge oder auf Schnittstellenbedingungen zu prüfen.

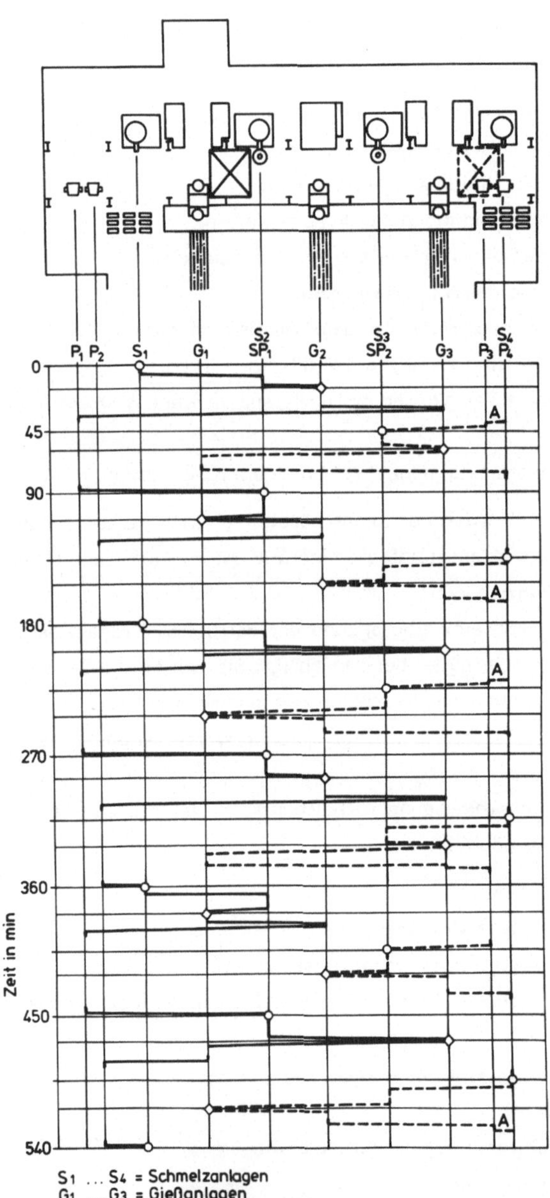

Bild 5.56: Kranspieldiagramm für den Schmelzbetrieb eines Elektro-Stahlwerkes, Variante I.

Die **Bilder 5.56 bis 5.58** zeigen variante Kranspieldiagramme für den Schmelzbetrieb eines Elektro-Stahlwerkes mit vier Schmelzöfen und drei Stahlstrang-Gießanlagen. Es wurden zwei Kräne eingesetzt. Die Abstich-zu-Abstich-Zeit t_S beträgt 180 Minuten und die Schmelze-zu-Schmelze-Zeit t_G 135 Minuten. Daraus kann, nach der anfangs genannten Beziehung, eine kürzeste Zykluszeit von 540 Minuten berechnet werden. Die sich hieraus ergebenden kritischen Zeitpunkte sind in den Kranspieldiagrammen durch Symbole dargestellt. Aus Gründen der

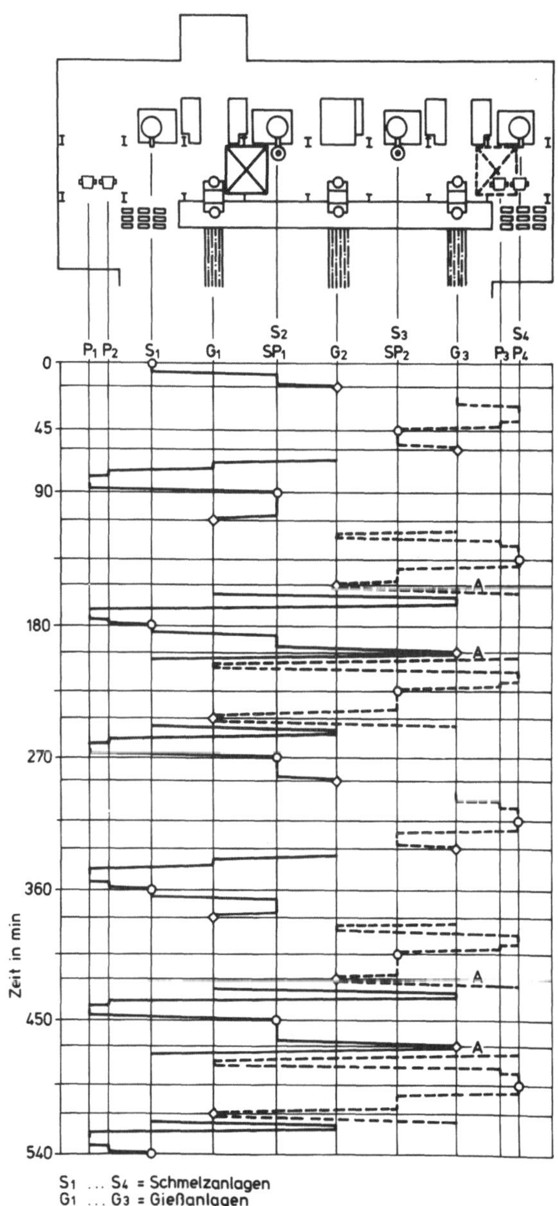

Bild 5.57: Kranspieldiagramm für den Schmelzbetrieb eines Elektro-Stahlwerkes, Variante II.

Übersichtlichkeit sind ausschließlich Tätigkeiten der Gruppen A und B in den drei Beispielen dargestellt. Zur besseren Orientierung dienen die vereinfachten Lagepläne der zugehörigen Schmelz- und Gießbetriebe oberhalb der Zeit-Weg-Schaubilder.

Das Kranspieldiagramm des Bildes 5.56 wurde unter besonderer Berücksichtigung der Forderung nach kurzen Fahrstrecken bei gleichzeitig möglichst gleicher zeitlicher Auslastung beider Kräne und kurzen Wartezeiten erstellt. Auf den ersten Blick scheint es hier möglich zu sein, mit nur

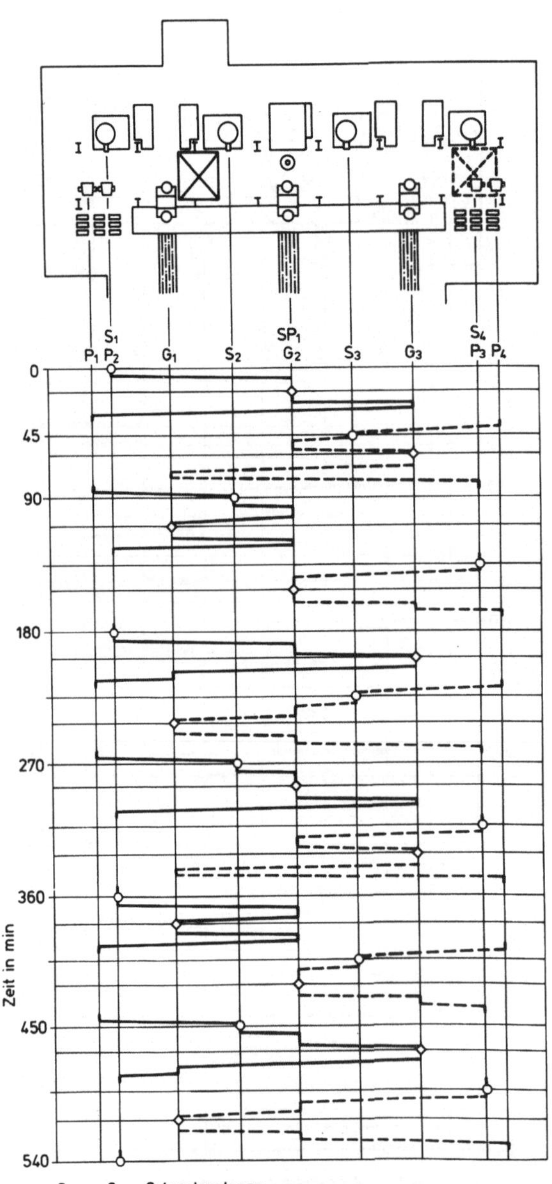

$S_1 \dots S_4$ = Schmelzanlagen
$G_1 \dots G_3$ = Gießanlagen
$P_1 \dots P_4$ = Pfannenabstellstände
SP_1, SP_2 = Spülstände

Bild 5.58: Kranspieldiagramm für den Schmelzbetrieb eines Elektro-Stahlwerkes, Variante III.

einem Kran auszukommen. Jedoch wäre die zeitliche Auslastung eines einzelnen Kranes bereits ohne Berücksichtigung von Tätigkeiten der Gruppe C größer als 65 %. Damit würden die verbleibenden Zeitreserven zu klein. Bei einem verhältnismäßig großen Anteil Tätigkeiten der Gruppen C und D wäre sogar der Einsatz eines dritten Kranes oder anderer Fördermittel in Betracht zu ziehen.
Der Unterschied des Kranspieldiagrammes in Bild 5.57 zu demjenigen von Bild 5.56 beruht im wesentlichen auf dem Austausch einzelner Tätigkeiten von einem Kran zum anderen. Insgesamt ergeben sich hier etwas längere Fahrstrecken für beide Kräne und zusätzliche Überlappungsstrecken. Dagegen wird die in sich geschlossene Tätigkeitsfolge des Vorbereitens einer Stranggießanlage und der Übernahme einer neuen Schmelze vom gleichen Kran ausgeführt.
Im Kranspieldiagramm des Bildes 5.58 sind die Bewegungsverhältnisse nach Bild 5.56 durch einige Änderungen im Lageplan vereinfacht worden. Im einzelnen wurden

- die beiden Pfannenabstellstände auf der linken Seite bis zum Anfahrpunkt S1 nach rechts verschoben,
- die Spülstände vor Ofen 2 und Ofen 3 durch einen einzelnen Spülstand in der Mitte der Halle ersetzt und
- der vorletzte Streckenabschnitt auf der rechten Seite, zwischen den Anfahrpunkten G3 und P3 verbreitert, so daß P3 und S4 zusammenfallen.

Damit konnten die Gesamtfahrstrecke des linken Kranes verringert, einige Ausweichfahrten des rechten Kranes vermieden und Tätigkeitsfolgen vereinheitlicht werden.

5.8.2. Steuerrollen

In jedem technischen System, in dem bandförmige Produkte durchgesetzt werden, treten sogenannte Bandverlaufsfehler auf. Das sind seitliche Abweichungen des Bandes von der Solllinie. Ursachen für Bandverlaufsfehler sind im wesentlichen

- äußere Einflüsse,
    - Lagefehler der Rollen,
    - Schwingungen und Erschütterungen,
- innere Einflüsse,
    - Säbelförmigkeit des Bandes,
    - Banddickenunterschiede in Querrichtung und
    - ungenaue Schweißnähte.

Zur Vermeidung und Begrenzung von Bandverlaufsfehlern werden Zwischenführungen verwendet. Zwischenführungen können aufgrund ihres physikalischen Wirkprinzips in

- Bandkantenführungen mit Führungsblechen,
- feste Rollen mit besonderer Mantelform und
- bewegliche Steuerrollen

eingeteilt werden. Im folgenden werden von diesen drei Gruppen die beweglichen Steuerrollen behandelt. Nach der dem Band aufgezwungenen Korrekturbewegung können bewegliche Steuerrollen in Systeme mit

- Verlagerungsführung und
- Lenkführung

sowie nach den Bewegungsverhältnissen der Rollen selbst in solche mit

- Schwenkpunkt auf der Bandmittellinie und
- seitlichem Schwenkpunkt

unterschieden werden.

Steuerrollenaggregate mit Schwenkpunkt auf der Bandmittellinie und Verlagerungsführung bestehen aus einer oder zwei beweglichen sowie zwei feststehenden Rollen. Ein solches Steuerrollensystem mit zwei beweglichen Rollen ist dem **Bild 5.59** in schematischer Darstellung zu entnehmen. Daneben sind in diesem Bild der für diese Bewegungsvariante charakteristische

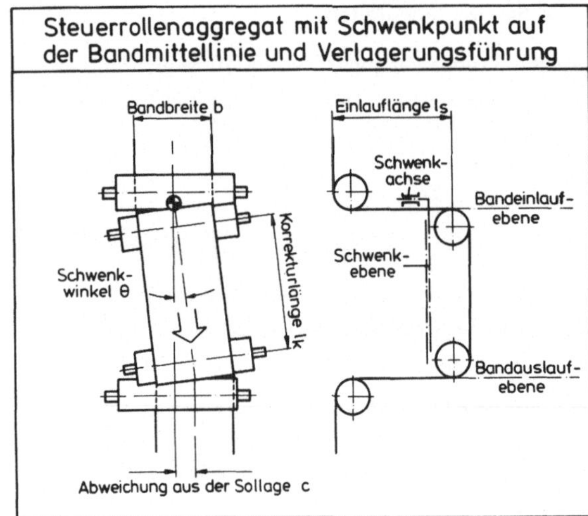

Bild 5.59: Steuerrollen-Aggregat mit Schwenkpunkt auf der Bandmittellinie und Verlagerungsführung.

Bandverlauf und einige wesentliche Größen dargestellt. Die oberen Rollen sind auf einem schwenkbaren Rahmen angebracht, dessen Schwenkachse sich nahe der Bandeinlaufebene befindet. Die Bandlaufkorrektur erfolgt ausschließlich durch Verlagern des Bandes. Bei einem Aggregat mit Verlagerungsführung sollten Bandeinlauf- und Bandauslaufebene parallel zueinander und senkrecht zur Ebene der Steuerrollenbewegung liegen. Je besser diese Forderungen erfüllt werden, desto größer ist die Wirkung einer Steuerbewegung und um so geringer die zusätzlich auftretende Beanspruchung des Bandes.
Der Schwenkwinkel Θ des Schwenksystems ist häufig auf $\pm 5^{\circ}$ begrenzt. Die erforderliche Korrekturlänge l_K ist von der größten zu erwartenden Abweichung des Bandes aus der Solllage c

und dem Sinus des Schwenkwinkels abhängig. Bei einer Vergrößerung der Korrekturlänge kann die Einlauflänge l_S verringert werden. Demzufolge ist durch die Wählbarkeit des Verhältnisses von l_K zu l_S ein beträchtlicher Spielraum bei der Festlegung der Abmessungen eines solchen Steuerrollensystems gegeben.

Steuerrollenaggregate mit Schwenkpunkt auf der Bandmittellinie und Lenkführung besitzen in der Regel nur eine schwenkbare Rolle. Die Schwenkebene verläuft waagerecht zur Bandeinlaufebene. Der Umschlingungswinkel beträgt meist zwischen 90^0 und 180^0, vorzugsweise nahe 90^0. Die Schwenkachse kann vor oder auf der Rolle liegen. Damit sind verschiedene Möglichkeiten der Anordnung von Teilsystemen zueinander oder zum Band gegeben, **Bild 5.60.** Die Bandlaufkorrektur erfolgt hauptsächlich durch Auslenken des Bandes. Während dieses Vorganges wird die bei idealem Bandverlauf gleichmäßig über die Bandbreite verteilte Zugspannung in der Weise beeinflußt, daß die auf der Seite der Bandabweichung liegende Bandkante

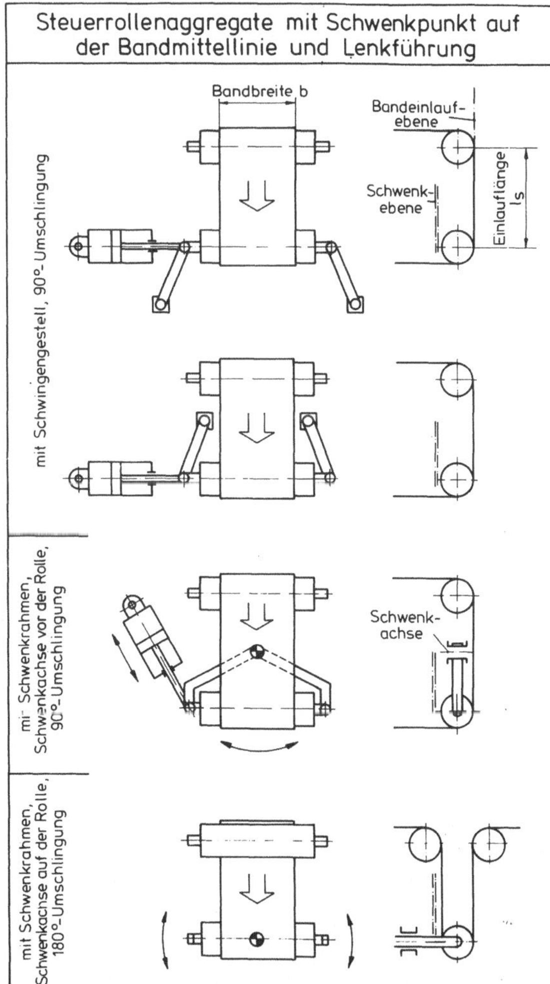

Bild 5.60: Steuerrollen-Aggregat mit Schwenkpunkt auf der Bandmittellinie und Lenkführung.

stärker belastet und die in Richtung der Korrekturbewegung befindliche Bandkante entlastet wird. Dabei führt eine zu geringe Einlauflänge dazu, daß eine Bandkante spannungslos wird und die Gefahr des Knitterns auftritt. Eine zu große Einlauflänge bewirkt eine Verringerung der Übertragbarkeit des hervorgerufenen Momentes und kann infolgedessen die Korrekturfähigkeit der Steuerrolle beeinträchtigen. Die günstigste Einlauflänge kann nach

$$l_S = \frac{1}{3} \cdot b \cdot \sqrt{\frac{E \cdot c \cdot h}{F}} \qquad (5.10)$$

mit l_S = Einlauflänge in mm,
b = Bandbreite in mm,
E = Elastizitäts-Modul in N/mm^2,
c = Abweichung aus der Sollage in mm,
h = Banddicke in mm und
F = Bandzugkraft in N

berechnet werden. Dabei ist aber zu berücksichtigen, daß im Gegensatz zu Systemen mit Verlagerungsführung solche mit Lenkführung neben einer Korrektur des Bandverlaufes in Auslaufrichtung auch eine Beeinflussung des einlaufenden Bandes bewirken.

Steuerrollen mit seitlichem Schwenkpunkt werden häufig zum nachträglichen Einbau in bestehende Bandbehandlungslinien benutzt. Dazu braucht eine vorhandene Umlenkrolle nur mit einer Anstelleinheit, einem verschiebbaren und einem drehbaren Lagerbock sowie einem Regelgerät ausgerüstet zu werden. Je nach Lage der Schwenkebene zur Bandeinlaufebene wirkt eine solche Steuerrolle als Verlagerungsführung oder als Lenkführung, **Bild 5.61.** Bei der Verlagerungsführung entspricht die Korrekturlänge hier dem Rollendurchmesser. Steuerrollen mit seitlichem Schwenkpunkt haben im allgemeinen eine verhältnismäßig geringe Korrekturwirkung / 50 /.

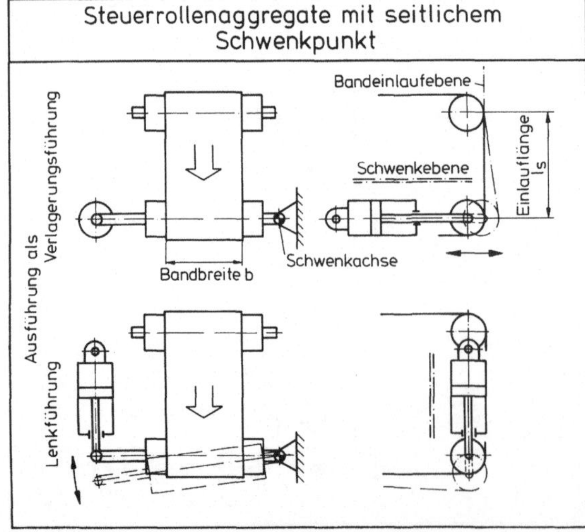

Bild 5.61: Steuerrollenaggregate mit seitlichen Schwenkpunkten.

5.9. Bewertung und Auswahl konstruktiver Varianten

In den vorangegangenen Kapiteln 5.1 bis 5.8 sind die Grundlagen der Festlegung konstruktiver Wirkzusammenhänge sowie Regeln für das Variieren der Gestalt, des Aufbaues und der Bewegungsverhältnisse technischer Systeme beschrieben worden. Nach Durchführung der entsprechenden Teilschritte liegt, neben erweiterten und verdichteten Informationen über die Systeme und ihre Wirkungsweisen, eine mehr oder weniger große Zahl konstruktiver Varianten vor. Das sind Konstruktionslösungen, die, mit unterschiedlichen Erscheinungsformen, Strukturen und/oder Bewegungsverhältnissen, unter Nutzung derselben physikalischen Wirkzusammenhänge grundsätzlich zur Erfüllung einer Aufgabe geeignet sind. Aus dieser Vielzahl möglicher Lösungen ist die unter den gegebenen Umständen günstigste auszuwählen. Zu diesem Zwecke müssen die Zielvorstellungen mit den erreichten oder wahrscheinlich erreichbaren Eigenschaften der gefundenen Varianten verglichen und aufgrund dieses Vergleiches eine Entscheidung getroffen werden. Zum Zwecke einer möglichst umfassenden, objektiven und nachvollziehbaren Entscheidungsfindung ist im allgemeinen die Verwendung geeigneter Entscheidungshilfen unerläßlich / 51 /. Bei solchen Entscheidungshilfen kann nach der Art des Entscheidungsfindungsprozesses zwischen

- Beurteilungen (pauschal) und
- Bewertungen (nach definierten Einzelmerkmalen)

unterschieden werden. **Bild 5.62** zeigt zusammenfassend einige wesentliche Entscheidungshilfen / 52 /. Für Beurteilungen und Bewertungen gilt grundsätzlich, daß der Aufwand des Entscheidungsfindungsverfahrens in einem angemessenen Verhältnis zu dem zu erwartenden Nutzen stehen muß. Deshalb kann auch kein einzelnes Verfahren als allgemeingültig sinnvoll und erfolgversprechend empfohlen werden. Maßgeblich für die Wahl eines Entscheidungsfindungsverfahrens sind unter anderem

- Art und Umfang der Aufgabenstellung,
- Komplexitätsgrad des bearbeiteten technischen Gesamtsystems,
- Komplexitätsgrad der zu untersuchenden Teilsysteme,
- Wert und Bedeutung der zu untersuchenden Teilsysteme im Verhältnis zum Gesamtsystem sowie
- Fertigungshäufigkeit der zu untersuchenden Teilsysteme.

Die Praxis zeigt immer wieder, daß außergewöhnlich komplizierte und/oder zeitaufwendige Entscheidungsfindungsverfahren auch dann nicht angewendet werden, wenn der durch ihren Einsatz erzielbare Nutzen groß ist.
Wegen der besseren Darstellbarkeit und einfacheren Nachvollziehbarkeit werden im folgenden nur Bewertungsverfahren betrachtet. Bewertungsverfahren sind dadurch gekennzeichnet, daß die Eigenschaften der zu untersuchenden Varianten an definierten Maßstäben, sogenannten "Bewertungsmerkmalen" oder "Bewertungskriterien", gemessen werden und jeder Variante ein "Wert", "Nutzwert", eine "Wertigkeit" oder "Stärke" zugeordnet wird. Dieser Zahlenwert bildet die Grundlage für den Vergleich und die Auswahl der günstigsten Variante.

Verfahren zur Endscheidungsfindung	Einsatz-Kriterien					Anwender-Kriterien					Bemerkungen	Schrifttum
	Physikal. Prinzip	Konzept (Skizze)	(Unvollst.) Entwurf	Fertigungsunterlagen	Produkt	Einzelperson, Gruppe	Besond. methodische Kenntnisse	Besond. fachliche Kenntnisse	Einarbeitungszeit	Bearbeitungszeit		
Endscheidungshilfe: Beurteilen (pauschal)												
Pauschales Ausspielen	●	●	○		●	E	▲	▽	k	S	Abwägen der Alternativen gegeneinander	53
Entscheidungs-tabellentechnik	○	○		○	○	E	△	◇	m	T	Wenn-Dann-Entscheidungen, Abschätzen der Folgen	57
Simulierte zeitraffende Erprobung				○	●	E	△	◇	l		Definiert erzeugte extreme Umwelt-bedingungen zur Testzeitverkürzung	
Wertanalyse nach VDI 2801				○	●	G	△	◇	m	W	Funktionsorientiertes Vorgehen mit Ausrichtung auf Kostenziel	58
Simulationstechniken				○	○	E	□	◇	l	W	Mathematisches Verfahren zur Nachbildung von Vorgängen	34
Lineare, nichtlineare dynam. Programmierung			○	●		E	□	◇	l	W	Arbeiten mit Optimierungsmodellen	34,59
Endscheidungshilfe: Bewerten (an Hand von Kriterien)												
Rangfolgeverfahren	●	●	○	○	●	E	▲	▼	k	S	Ordnen entsprechend der Präferenzen, Erfüllungsgrad pauschal geschätzt	60
Werteprofile	○	●	○		●	G	▲	▽	k	T	Graphisches Verfahren, Aussage aus der Gestalt des Profils	61...64
VDI 2225 5-Punkte-Verfahren	○	●	●	○	●	E	△	▽	k	S	Punktbewertungsverfahren bei verschiedenen Kriterieninhalten	53,65
VDI 2225 Techn.-wirtsch. Wertigkeit			●	●	●	E	△	◇	m	T	Verfahren trennt Gebrauchstauglichkeit und Kosten	
Weighted Specific. Reference Scale			●	●	●	E	△	▼	m	S	Ursprünglich als Entscheidungshilfe für Manager erdacht	66
Nutzwertanalyse		○	●	●	●	G	□	▽	l	T (W)	Hierarchisches Zielsystem, Ungewohntes Vokabular	54

Methode ist	Methode ist	Methode setzt voraus	Einarbeitungszeit	Bearbeitungszeit
● gut geeignet	▲ einfach	▼ wenig	k = kurz	S = Minuten/Stunde
○ (bedingt) geeignet	△ normal schwierig	▽ normal viel	m = mittel (vom Bearbeiter abverlangbar)	T = Stunden/Tag
ohne: nicht geeignet	□ schwierig	◇ viel (Fachleute)	l = lang	W = Tage/Wochen

Bild 5.62: Einsatzbereiche ausgewählter Entscheidungshilfen, nach / 52 /.

5.9.1. Grundlagen der Bewertung

Bei jedem Bewertungsverfahren sind drei grundlegende Arbeitsschritte

- Ermittlung der Bewertungsmerkmale,
- Wertzuweisung und
- Auswertung

durchzuführen. Unterschiede zwischen den einzelnen Verfahren bestehen im wesentlichen in

- Anzahl, Art und Unterscheidungstiefe der Bewertungsmerkmale,

- Berücksichtigung der "Wichtigkeit",
- Ermittlung, Darstellung und Verarbeitung der Merkmalsausprägungen sowie
- Inhalt und Verfahren der Auswertung.

Damit ist auch die große Streubreite im Hinblick auf den Umfang der verschiedenen Bewertungsverfahren zu erklären. Im allgemeinen wächst mit steigendem Umfang die Aussagefähigkeit sowie Bewertungssicherheit, gleichzeitig nimmt aber auch der Schwierigkeitsgrad und Zeitaufwand zu.
Zur Ermittlung der Bewertungsmerkmale, auch Bewertungskriterien, Bewertungsziele oder Zielvorstellungen genannt, ist von der verdeutlichten und vervollständigten Aufgabenstellung auszugehen. Das beste Hilfsmittel ist hier eine nach den Regeln der Projektierungs- und Konstruktionssystematik erstellte und ständig aktualisierte Anforderungsliste. In ihr sind alle vom Kunden, vom Hersteller und/oder von maßgeblichen Dritten als wesentlich erachteten Bewertungsmerkmale in Form von "Muß"- oder "Soll"-Bedingungen enthalten. Darin eingeschlossen sind auch alle Informationen, die im Rahmen der Projektierungs- und Konstruktionstätigkeiten erhalten wurden. Wenn zusätzliche Erkenntnisse aus der Bearbeitung logischer und physikalischer Wirkzusammenhänge auf der betrachteten Komplexitätsebene bereits bei der Ermittlung konstruktiver Varianten verarbeitet wurden, ist die Datenmenge der Anforderungsliste nur noch durch Informationen aus der bisherigen Bearbeitung des vierten Hauptschrittes zu ergänzen. Falls keine oder nur eine unvollständige Anforderungsliste verfügbar ist, können

- Hinweise aus dem Schrifttum über Erzeugnisse anderer Wettbewerber oder über den "Stand der Technik" sowie
- Erfahrungen des Bearbeiters oder ihn beratender Personen und/oder Institutionen

als Quellen zur Ermittlung von Bewertungsmerkmalen dienen. Wesentliche Forderungen an die festzulegenden Bewertungsmerkmale sind

- Vollständigkeit: alle wesentlichen Eigenschaften der Bewertungsobjekte sollen erfaßt sein,
- Allgemeingültigkeit: alle Merkmale sollen auf alle zu bewertenden Objekte anwendbar sein und bei allen diesen Objekten differenzierbare Aussagen zulassen,
- Unabhängigkeit: zwei Bewertungsmerkmale dürfen nicht auf verschiedene Weise dieselbe Eigenschaft eines Objektes beschreiben,
- gleiche Bewertungsrichtung: Bewertungsmerkmale sollen so formuliert sein, daß einer günstigen Eigenschaft des Objektes eine hohe Merkmalsausprägung zuzuordnen ist,
- Quantifizierbarkeit: Merkmalsausprägungen sollten möglichst durch Zahlen darstellbar sein, nicht quantifizierbare Merkmale müssen zumindest eindeutig qualitativ ausgedrückt werden können.

Wenn Bewertungsmerkmale aus einer den Regeln der Projektierungs- und Konstruktionssystematik entsprechenden Anforderungsliste entnommen werden, dann ist die Erfüllung dieser

Forderungen bereits gegeben. Werden dagegen verschiedene andere Quellen zur Ermittlung von Bewertungsmerkmalen genutzt, so ist eine sorgfältige Prüfung aller Merkmale durchzuführen. Dabei ist besonders die Unabhängigkeit der Merkmale voneinander zu untersuchen.
Durch Ordnen der Bewertungsmerkmale nach ihrer Bedeutung kann die Aussagefähigkeit eines Bewertungsverfahrens erhöht werden. Eine solche Ordnung kann beispielsweise durch das Aufstellen und Auswerten einer Präferenzmatrix, **Bild 5.63**, erreicht werden. Dabei werden alle

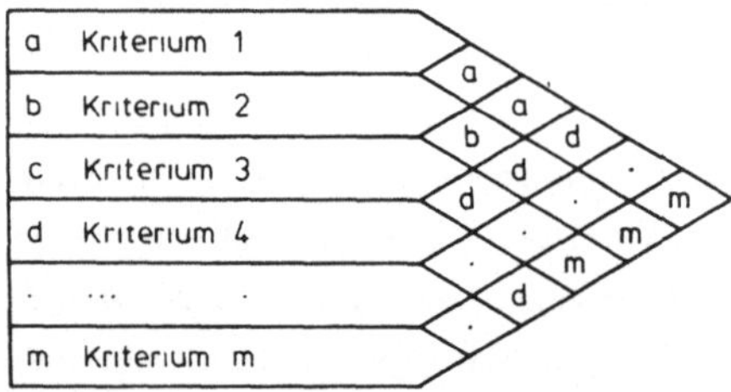

Kriterium	a	b	c	d	...	m
Häufigkeit	2	1	0	4	...	3
Rangreihe	III	IV	V	I	...	II

Bild 5.63: Präferenzmatrix mit Auswerteliste, nach / 52 /.

Bewertungsmerkmale paarweise miteinander verglichen. Bei jedem Vergleich wird durch eine entsprechende Eintragung festgehalten, welches der beiden Merkmale wichtiger eingeschätzt wird. Durch einfaches Auszählen der Eintragungen kann eine Rangfolge der Merkmale ermittelt werden. Zur Berücksichtigung im Bewertungsverfahren kann der Rang eines Merkmals durch einen Zahlenwert, beispielsweise das Verhältnis der Anzahl Eintragungen in der Präferenzmatrix für dieses Merkmal zur Anzahl aller Eintragungen oder auch der Kehrwert des Ranges, ersetzt werden. Dieser Zahlenwert drückt nun unmittelbar die Bedeutung oder das "Gewicht" eines Merkmals aus. Ein solches Gewicht kann aber auch von vorneherein absolut, ohne unmittelbaren Vergleich mit anderen Merkmalen, beispielsweise nach einem Punktesystem mit 1,00 = äußerst wichtig bis 0,00 = völlig bedeutungslos, festgelegt werden. Dabei kann wieder die Anforderungsliste zu Hilfe genommen werden. Denn nach den Regeln der Projektierungs- und Konstruktionssystematik sind bereits hier alle Bedingungen im Hinblick auf spätere Bewertungen nach Möglichkeit mit entsprechenden Maßzahlen zu versehen. Damit sind die als Bewertungsmerkmale nutzbaren, mit solchen Maßzahlen versehenen Bedingungen hinsichtlich ihrer Bedeutung festgelegt.
Im Anschluß an die Gewichtung kann durch Streichen aller unter einer bestimmten Gewichtsgrenze liegender Bewertungsmerkmale der Arbeitsaufwand erheblich vermindert werden. Dabei nimmt im allgemeinen die Aussagefähigkeit und Sicherheit des Bewertungsverfahrens in weit geringerem Maße als der Aufwand ab. Umgekehrt kann eine zu geringe Aussagefähigkeit, beispielsweise weil nur wenige, global formulierte Merkmale verfügbar sind, durch Aufteilung in Teilziele erhöht werden. Dabei entsteht ein hierarchisch geordnetes Zielsystem, **Bild 5.64.**

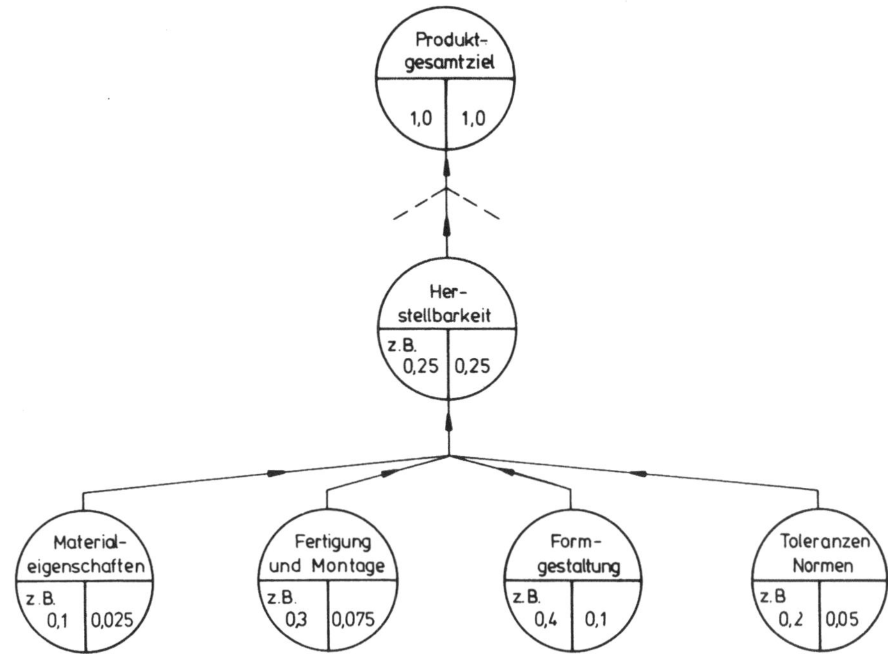

Bild 5.64: Hierarchisch geordnetes Zielsystem, nach / 52 /.

Der Liste der Bewertungsmerkmale entsprechend sind allen zu vergleichenden Varianten Merkmalsausprägungen zuzuordnen. Dabei sind zwei verschiedene Wege,

- die relative Wertzuweisung und
- die absolute Wertzuweisung,

gangbar. Bei der relativen Wertzuweisung werden die einzelnen Varianten, für jedes Bewertungsmerkmal getrennt, unmittelbar miteinander verglichen. Durch Zuordnung einer Rangfolge oder durch eine dementsprechende Punktezuweisung wird das Ergebnis jeder Vergleichsreihe dokumentiert. Die Zusammenfassung der Einzelergebnisse geschieht in der Regel summarisch, beispielsweise durch Auszählen aller ersten Ränge oder durch Addition der Punkte. Eine Verarbeitung von Merkmalsgewichten ist bei diesem Weg theoretisch möglich, aber allgemein unüblich und nicht zu empfehlen. Bei der absoluten Wertzuweisung wird jedes Bewertungsmerkmal jeder Variante gesondert und ohne Bezug zu anderen Varianten oder Merkmalen betrachtet. Für quantifizierbare Merkmale werden Merkmalsausprägungen durch Zahlenwerte und Maßeinheiten dargestellt. Nicht quantifizierbare Größen sind auch hier durch Rangfolge- oder Punktesysteme zu verdeutlichen.

In der Regel sind die Ausprägungen unterschiedlicher Merkmale, beispielsweise Herstellkosten in DM und Grundflächenbedarf in m^2, zum Zwecke der Auswertung nicht unmittelbar miteinander vergleichbar. Deshalb ist meist eine Umrechnung in dimensionslose Kennzahlen, sogenannte Wertigkeiten, erforderlich. Dabei werden beispielsweise ideale Zielwerte oder Sollgrößen als Vergleichsgrundlage herangezogen. Die Wertigkeit stellt das Verhältnis der Merkmalsausprägung einer Variante zur Vergleichsgröße in Form eines Dezimalbruches zwischen "Null" und "Eins" oder einer Prozentzahl dar. Diese Wertigkeit ist in einfacher Weise mit dem Gewicht des Bewertungsmerkmales verknüpfbar. Bei komplizierten Zusammenhängen zwischen der Merkmalsausprägung einer Variante und dem Grad der Erfüllung einer Bedingung oder Zielvorstellung können sogenannnte Wertfunktionen aufgestellt und zur Wertzuweisung verwendet werden, **Bild 5.65.**

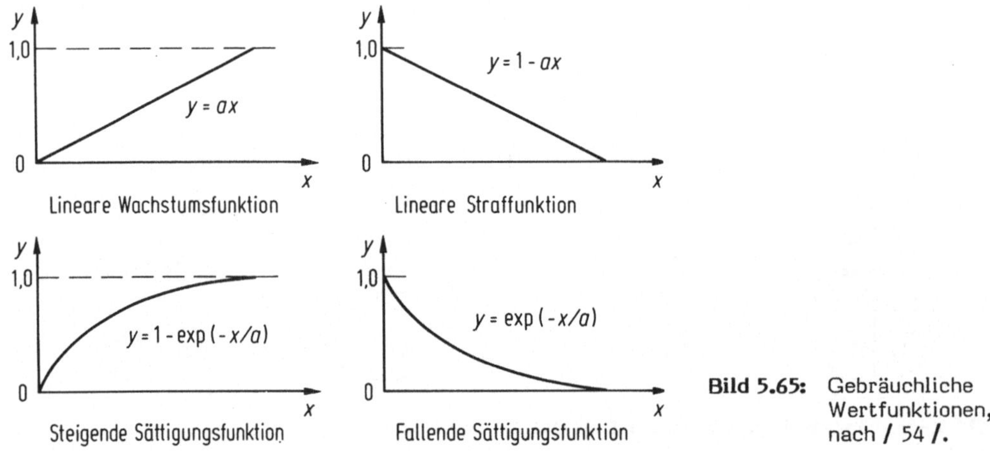

Bild 5.65: Gebräuchliche Wertfunktionen, nach / 54 /.

Zur Auswertung sowohl von Zwischenergebnissen als auch von Endergebnissen werden im allgemeinen statistische Verfahren angewendet, die auf der Berechnung von Mittelwerten beruhen. Aus der Arithmetik sind vier Arten der Mittelwertbildung,

- arithmetisches Mittel,
- geometrisches Mittel,
- quadratisches Mittel und
- harmonisches Mittel,

bekannt. Die Bestimmungsgleichungen für die Berechnung dieser Mittelwerte sind dem **Bild 5.66** zu entnehmen. Die Gleichung des quadratischen Mittels ist zur Anpassung an die besonderen Notwendigkeiten bei einem Bewertungsverfahren geringfügig anders definiert, als in der Mathematik allgemein üblich. Neben den Bestimmungsgleichungen enthält das Bild 5.66 Diagramme, in denen die Zusammenfassung zweier beliebiger Wertigkeiten zu einer Gesamtwertigkeit bildhaft dargestellt ist. Die Linienzüge fassen jeweils Punkte gleicher Wertigkeit, sogenannte Isovalenzen oder Isovaluten, zusammen. Aus den charakteristischen Formen dieser Linienzüge sind auch die Bezeichnungen der den vier Mittelwerten zugeordneten Auswerteverfahren

- Geradenverfahren,
- Hyperbelverfahren I,
- Kreisbogenverfahren und
- Hyperbelverfahren II,

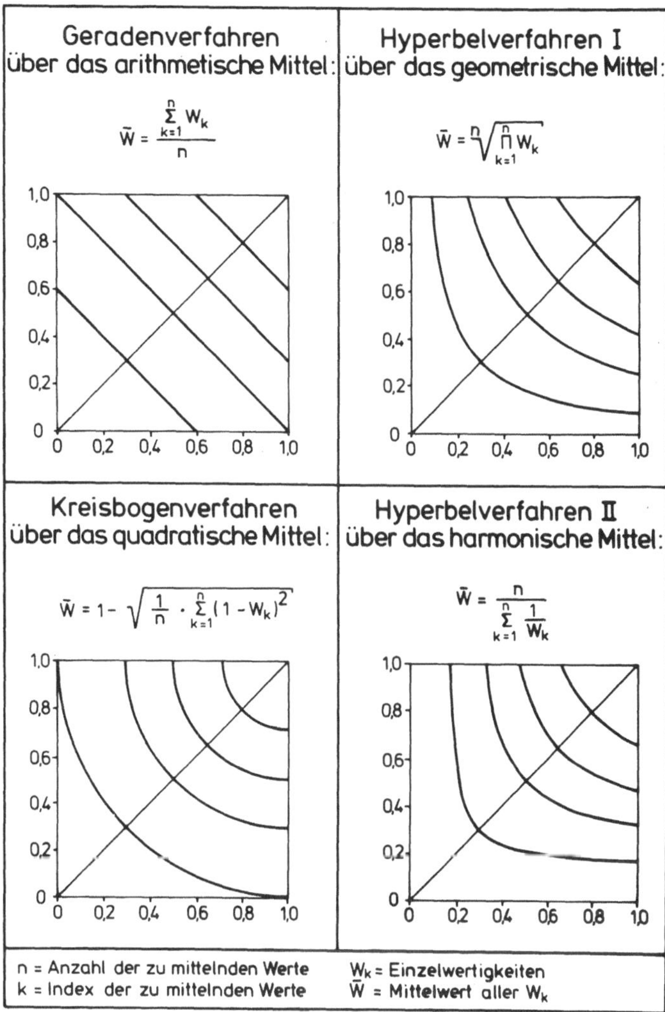

Bild 5.66: Grundlegende Bestimmungsgleichungen und bildhafte Darstellungen der vier wesentlichen Auswerteverfahren.

abgeleitet. Wesentliches Unterscheidungsmerkmal der vier Auswerteverfahren ist ihre Wirkung auf stark unterschiedliche Einzelwertigkeiten. Die drei nichtlinearen Verfahren bevorteilen ausgeglichene Einzelwertigkeiten, wobei diese Eigenschaft beim Hyperbelverfahren II am stärksten ausgeprägt ist. Solche ausgeglichenen Einzelwertigkeiten sind in den Diagrammen des Bildes 5.66 daran zu erkennen, daß ihr Mittelwert verhältnismäßig nahe an der Spiegelachse liegt. Bei beiden Hyperbelverfahren führt ein mit "Null" besetztes Bewertungsmerkmal stets zu einer Gesamtwertigkeit von "Null". Deshalb sind diese beiden Verfahren dazu geeignet, neben "Soll"-Bedingungen auch "Muß"-Bedingungen der Anforderungsliste zu verarbeiten. Dabei können nicht erfüllte Muß-Bedingungen mit "Null" bewertet werden und führen dann selbsttätig zum Ausschluß der betreffenden Variante. Für den Einsatz des Geraden- oder Kreisbogenverfahrens müssen solche Varianten bereits vorher ausgesondert werden. Zur Erhöhung der Aussagefähigkeit können zusätzlich zur Mittelwertbildung unter Umständen noch die Varianz oder Standardabweichung berechnet werden.

Zur Auswertung von Bewertungsvorgängen zählt neben der Berechnung der Ergebnisse auch

- deren Darstellung,
- die Bestimmung der Bewertungssicherheit und
- die Beseitigung von Schwachstellen.

Bekannte Darstellungsarten sind beispielsweise Polygonzugdiagramme, Balkendiagramme, semantische Differentiale, Bewertungsmatrizen, zweiachsige Bewertungsdiagramme (s-Diagramm) und Ranglisten, **Bilder 5.67 bis 5.72.**

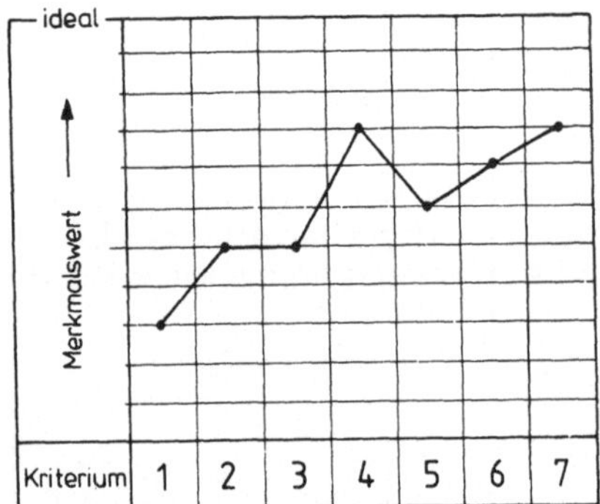

Bild 5.67: Darstellung eines Werteprofils im Polygonzugdiagramm, nach / 52 /.

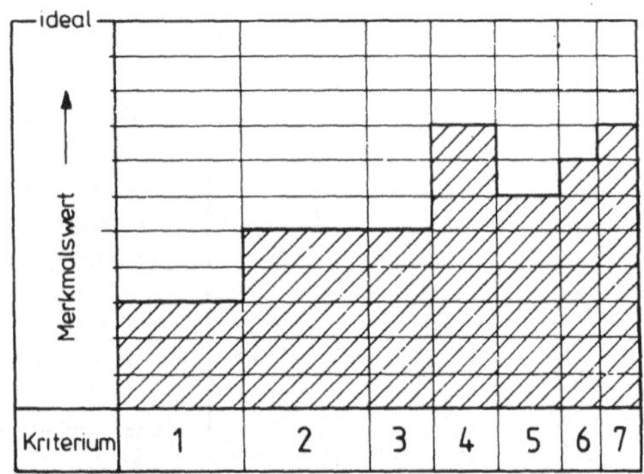

Bild 5.68: Darstellung eines Werteprofils im Balkendiagramm, nach / 52 /.

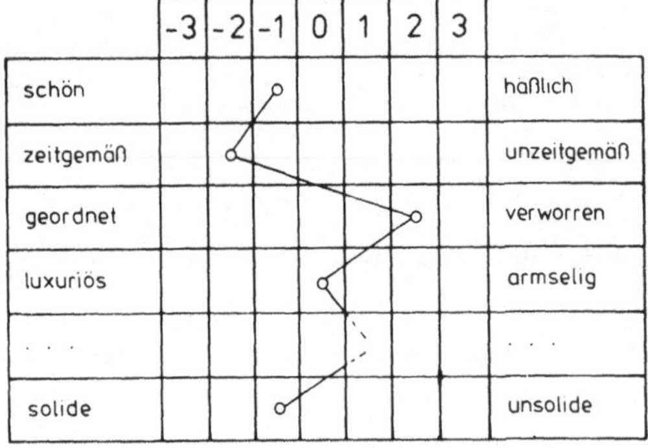

Bild 5.69: Prinzipdarstellung eines semantischen Differentials, nach / 52 /.

Eine Berechnung oder Abschätzung der Bewertungssicherheit ist deshalb erforderlich, weil Bewertungen auf statistischen Verfahren beruhen und infolgedessen ein errechnetes Endergebnis nicht absolut richtig ist, sondern einen mit mehr oder weniger großer Wahrscheinlichkeit eintreffenden Zustand darstellt. Die Höhe der Eintreffenswahrscheinlichkeit ist im wesentlichen von der Erfüllung der Grundforderungen nach Vollständigkeit, Allgemeingültigkeit, Unabhängigkeit, gleicher Bewertungsrichtung und Quantifizierbarkeit abhängig. Sie kann mit Methoden, die aus der Statistik bekannt sind, errechnet werden. Eine überschlägige Abschätzung ist dann leicht durchführbar, wenn bei der Zusammenstellung gewichteter Bewertungsmerkmale solche mit geringem Gewicht vernachlässigt wurden. In diesem Falle entspricht die Eintreffenswahrscheinlichkeit annähernd dem Verhältnis der Summe der in der Bewertung verbliebenen Gewichte zur Summe aller ursprünglich enthaltenen Gewichte.

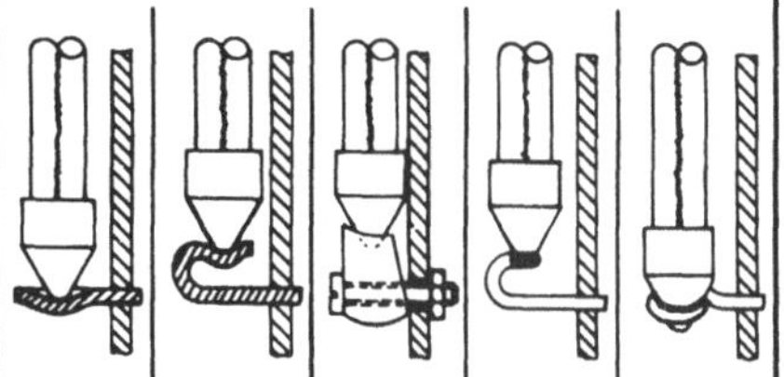

Kriterienart	Kriterien-Inhalt	Mindest-Erfüllung	SOLL	Ideal-Erfüllung	Krit.-Gewicht	Alternativen				
quantitative Kriterien	Justage in z-Richtung ∢ vertikal [mm]	±0,5	±1,0	⁄	0,1555	0 / 0 selbstzentrierend	3 / 0,466 ± 1,5 mm	0 / 0 stufenweise kein ∢	3 / 0,466 ± 2mm	0 / 0 nach Einlöten fest!
	Justage in x-Richtung [mm]	±1,0	±2,0	±3,0	0,1999	0 / 0 ± 1 mm ?	4 / 0,800 ± 3 mm	3 / 0,600 ± 2 mm	4 / 0,800 ± 3mm	0 / 0 nach Einlöten fest!
	Justage ∢ horizontal	±2,5°	±3,0°		0,1777	0 / 0 selbstzentrierend	3 / 0,533 ± 3,5°	1 / 0,178 > ± 2,5°	3 / 0,533 ± 3,5°	0 / 0 fest
	Übergangswiderstand [Ω]	0,1	10^{-3}	0	0,0888	1 / 0,089 ca. 0,05 Ω	1 / 0,089 ca. 0,05 Ω	3 / 0,266 ca. 10^{-3} Ω	4 / 0,355 ~0 Ω	4 / 0,355 ~0 Ω
	Zwischensumme	$\sum_{i=1}^{x} p_{ij}$			$\sum_{i=1}^{x} n_{ij}$	1 / 0,089	11 / 1,888	7 / 1,044	14 / 2,154	4 / 0,355
qualitative Kriterien	Auswechselbarkeit	mit Lötkolben	einf. Werkzeug	von Hand	0,0666	4 / 0,266 von Hand	4 / 0,266 von Hand	3 / 0,200 einfaches Werkzeug	2 / 0,133 Lötkolben	1 / 0,067 Lötkolben
	Rüttelfestigkeit (elektr. Kontakt)	i.a. Gebrauch gewährleistet		kein Kontakt	0,1333	2 / 0,267 starker Federdruck	1 / 0,133 bedingt gewährleist	3 / 0,400 guter Kontakt	4 / 0,533 gelötet	4 / 0,533 gelötet
	Korrosionsanfälligkeit (elektr. Kontakt)	unkritisch bis Ende der Lampenlebensdauer		keine	0,1110	2 / 0,222 starker Federdruck	1 / 0,111 bedingt unkritisch	3 / 0,333 unkritisch	4 / 0,444 keine	4 / 0,444 keine
	Zwischensumme	$\sum_{i=x+1}^{n} p_{ij}$			$\sum_{i=x+1}^{n} n_{ij}$	8 / 0,755	6 / 0,510	9 / 0,933	10 / 1,110	9 / 1,044
Punktsumme		$P_j = \sum_{i=1}^{n} p_{ij}$				9	17	16	24	13
Wertigkeit		$w = \frac{P_j}{n \cdot p_{max}}$				0,32	0,61	0,57	0,86	0,46
Nutzwert		$N_j = \sum_{i=1}^{n} n_{ij}$				0,836	2,398	1,977	3,264	1,399

Bild 5.70: Punktbewertung einer Lampenbefestigung in einer Bewertungsmatrix, nach / 52 /.

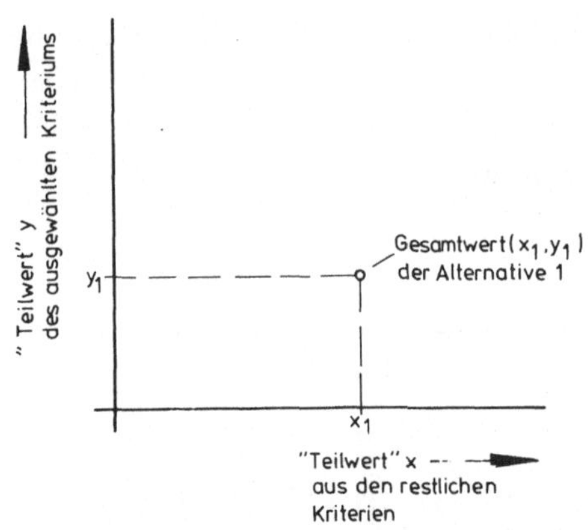

Bild 5.71: Prinzip der zweiachsigen Bewertung, nach / 52 /.

Kriterium \ Alternative	Alternative 1	Alternative 2	Alternative 3	Alternative 4
Kriterium 1	I	IV	II	III
Kriterium 2	II	III	I	IV
Kriterium 3	I	II	IV	III
Kriterium 4	I	IV	II	III
Kriterium 5	III	I	II	IV
Kriterium 6	I	III	II	IV
Σ der I	4	1	1	0
Σ der II	1	1	4	0
Rang	I	III	II	IV

Bild 5.72: Beispiel einer Rangliste, nach / 52 /.

Das Erkennen von Schwachstellen wird durch die Darstellung der Bewertungsergebnisse in Polygonzug- oder Balkendiagrammen erleichtert. Schwachstellen drücken sich hier unmittelbar durch sogenannte Einbrüche im Diagramm aus. Ein solcher Einbruch liegt beispielsweise bei dem Kriterium 1 der in Bild 5.67 und Bild 5.68 dargestellten Variante vor. Die Ermittlung von Schwachstellen bei im allgemeinen überdurchschnittlichen Varianten kann zur systematischen Verbesserungskonstruktion oder Weiterentwicklung technischer Systeme genutzt werden.
Im folgenden werden zwei der bekannteren Bewertungsverfahren

- die Technisch-Wirtschaftliche Bewertung nach VDI 2225 / 53 / und
- die Nutzwertanalyse / 54 /

kurz beschrieben.

5.9.2. Technisch-wirtschaftliche Bewertung

In der VDI-Richtlinie 2225 / 53 / werden zur Bewertung der Lösungsalternativen, vorwiegend von Entwürfen und "vollständigen technischen Erzeugnissen", die "technische Wertigkeit" und die "wirtschaftliche Wertigkeit" getrennt bestimmt und im s-Diagramm als Stärke der Lösung dargestellt. Als Bezug bei der Wertfindung dient die Ideallösung, ein angenommenes "Erzeugnis, das alle in der Bewertungsaufstellung zusammengefaßten Bewertungsmerkmale ideal verwirklicht".

Die technische Wertigkeit einer Alternative (Entwurf, Erzeugnis) entspricht etwa deren Gebrauchstauglichkeit. Die zur Beurteilung vorliegenden Konstruktionen werden mit der technischen Ideallösung verglichen. Der jeweilige Grad der Annäherung an die ideale Verwirklichung wird durch die Punktzahlen 0 bis 4 festgelegt:

- sehr gut	4 Punkte
- gut	3 Punkte
- ausreichend	2 Punkte
- gerade noch tragbar	1 Punkt
- unbefriedigend	0 Punkte

Zur Bestimmung der technischen Wertigkeit x wird die Summe der Punkte eines Entwurfs zur maximal möglichen Punktzahl der Ideallösung in Beziehung gesetzt. Wenn mit $p_1, p_2 \dots p_n$ die jeweilige Punktzahl für die 1., 2. ... n. Eigenschaft (Kriterium) bezeichnet wird und mit p_{max} die Punktzahl, welche allen Eigenschaften der Ideallösung zukommt, dann bestimmt sich die technische Wertigkeit x zu:

$$x = \frac{p_1 + p_2 + \dots + p_n}{n \cdot p_{max}} = \frac{\sum_{i=1}^{n} p_i}{n \cdot p_{max}} \quad (5.11)$$

Eine technische Wertigkeit über 0,8 ist im allgemeinen als sehr gut, von 0,7 als gut und unter 0,6 als nicht befriedigend zu bezeichnen.

Die wirtschaftliche Wertigkeit einer Konstruktion wird gemäß VDI-Richtlinie 2225 ausschließlich aus den Herstellkosten abgeleitet. Das geschieht auf der Basis der Zuschlagkalkulation, welche die Selbstkosten S, die sich aus den Herstellkosten H und den Entwicklungs-(G_E), Verwaltungs-(G_{Vw}) und Vertriebsgemeinkosten (G_{Vt}) zusammensetzen, als proportional zu den Herstellkosten ansieht:

$$S = H + (G_E + G_{Vw} + G_{Vt}) \quad (5.12)$$

Zur Bestimmung der wirtschaftlichen Wertigkeit y ist es notwendig, eine wirtschaftliche Ideallösung zu definieren, deren Herstellkosten als "ideal" angenommen werden. Die für die Verwirklichung einer Konstruktion zulässigen Herstellkosten H_{zul} ergeben sich aufgrund einer Marktuntersuchung aus dem niedrigsten ermittelten Marktpreis gleichwertiger Erzeugnisse. Die VDI-Richtlinie empfiehlt, die idealen Herstellkosten H_i zum 0,7-fachen von H_{zul} anzusetzen:

$$H_i = 0{,}7 \cdot H_{zul} \quad (5.13)$$

Daraus folgt die wirtschaftliche Wertigkeit:

$$y = \frac{H_i}{H} = \frac{0{,}7 \cdot H_{zul}}{H} \quad (5.14)$$

Eine wirtschaftliche Wertigkeit y = 0,7 bedeutet ein gutes Ergebnis, weil dann die erreichten Herstellkosten den zulässigen entsprechen. Eine scharfe Trennung der technischen und wirtschaftlichen Wertigkeit ist nicht möglich, weil viele wirtschaftliche Faktoren, die sich nicht auf die Herstellkosten unmittelbar beziehen lassen, als technische Eigenschaften beschrieben werden müssen.

Als graphische Darstellung des technisch-wirtschaftlichen Vergleiches wird das s-Diagramm **Bild 5.73**, benutzt. Die "Stärke" s einer Lösung ist in diesem Koordinatensystem durch den Punkt s_i mit den Koordinaten x_i und y_i gekennzeichnet. Eine gesunde Entwicklung wird in der Nähe der idealen Entwicklungslinie verlaufen, sich stufenweise dem Idealwert (x = 1, y = 1) nähern, ohne ihn jemals zu erreichen. Wenn die jeweiligen Stufen der Entwicklung eingetragen werden, dann wird im Verlaufe der Entwicklung sowohl der technische als auch der wirtschaftliche Fortschritt deutlich.
Die hier unter 5.9.2. beschriebene technisch-wirtschaftliche Bewertung wurde auszugsweise der VDI-Richtlinie 2225 / 53 / entnommen.

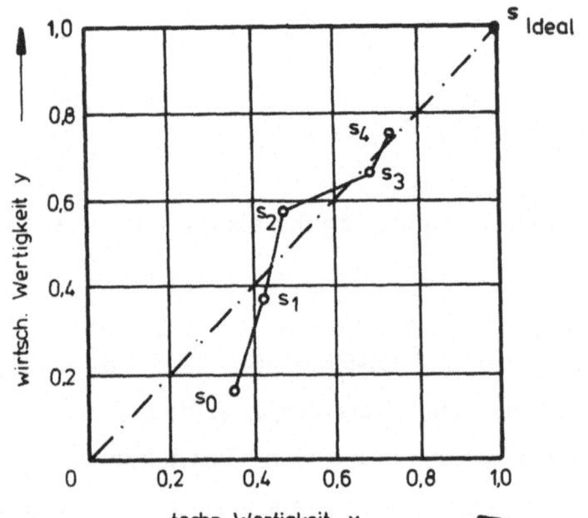

Bild 5.73: Darstellung der technisch-wirtschaftlichen Wertigkeit im s-Diagramm, nach / 53 /.

5.9.3. Nutzwertanalyse

Die Nutzwertanalyse war ursprünglich eine Planungsmethode zur systematischen Entscheidungsvorbereitung bei der Auswahl komplexer Projektalternativen im sozio-ökonomisch-technischen Bereich. C. Zangemeister / 54 / hat diese Analyse wie folgt definiert: "Nutzwertanalyse ist die Analyse einer Menge komplexer Handlungsalternativen mit dem Zweck, die Elemente dieser Menge entsprechend den Präferenzen des Entscheidungsträgers bezüglich eines multidimensionalen Zielsystems zu ordnen. Die Abbildung dieser Ordnung erfolgt durch die Angabe der Nutzwerte (Gesamtwerte) der Alternativen". Eine Nutzwertanalyse enthält folgende Schritte:

- **Aufstellen des Zielsystems:** "Bestimmung der situationsrelevanten Ziele oder Zielkriterien". Die "Bewertungsziele" entsprechen den Bewertungskriterien, wie sie in der "Zielpräzisierung" (Aufgaben-Definition) vorliegen. Das "Zielsystem" (alle Kriterien) wird meist hierarchisch gegliedert. Die unterschiedliche Bedeutung einzelner Ziele (Kriterien) wird durch Gewichtungsfaktoren ausgedrückt, die stufenweise (entsprechend den Hierarchiestufen der Ziele) aufgestellt werden. Dabei muß die Quersumme der Gewichtsfaktoren je Zielstufe und zugehörigem Ober-

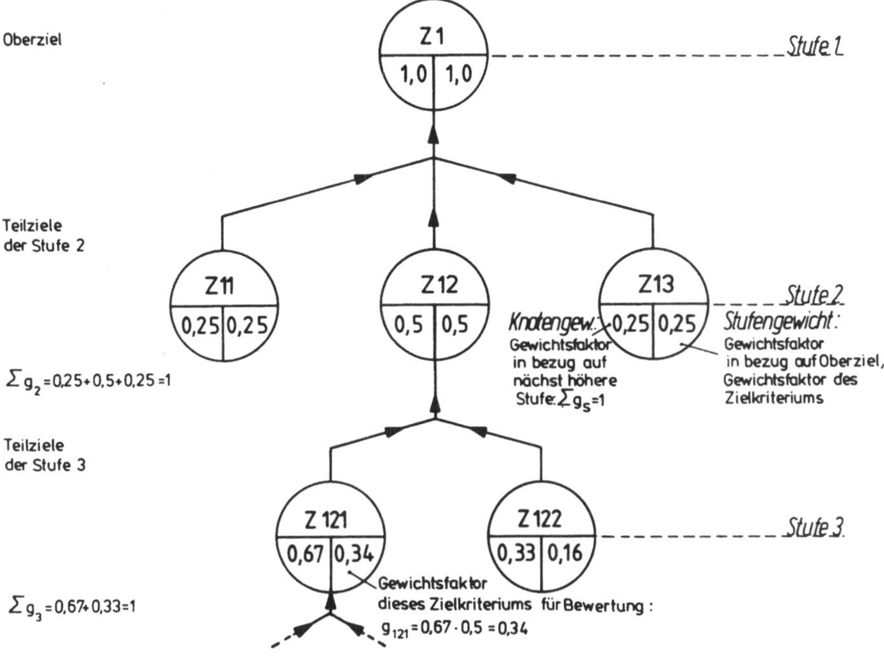

Bild 5.74: Aufstellung eines Zielsystems für eine Nutzwertanalyse, nach / 54 /.

ziel $\sum g_x = 1{,}0$ betragen. Die Summe der Kriteriengewichte, **Bild 5.74**, ergibt sich dann ebenso zu:

$$\sum_{j=1}^{m} = 1 \qquad (5.15)$$

- **Aufstellen einer Zielertragsmatrix:** "Beschreibung der zielrelevanten Konsequenzen, das heißt der Zielerträge, der Alternativen". Hier werden die durch Analyse der Lösungsvarianten ermittelten Eigenschaften bezüglich der Bewertungsziele geordnet. Die "Zielerträge" sind numerische oder verbale Angaben (gemessen, errechnet, empirisch bestimmt oder geschätzt) über den Beitrag der Alternativen in bezug auf das beobachtete Kriterium. Dieser Schritt dient dem Darsteller der Ist-Werte als sachliche und objektive Informationsgrundlage ("Objektivschritt") für den folgenden "Subjektivschritt" der Bewertung.
- **Aufstellen einer Matrix der Zielerfüllungsgrade:** "Bewertung der Alternativen aufgrund ihrer Zielerträge". In diesem Schritt erfolgt die Bewertung der Zielerträge k_{ij}, die zu den "Zielerfüllungsgraden" w_{ij} (für Alternative i und Kriterium j) führt. Dazu benutzt die Nutzwertanalyse eine Wertziffernskala von 0 bis 10 (0 ≙ absolut unbrauchbar, 10 ≙ Ideallösung). Der Zusammenhang zwischen den Zielerträgen und der zu vergebenden Punktzahl ist über sogenannte "Wertfunktionen" gegeben.

- **Aufstellen einer Zielwertmatrix:** "Abbildung der Alternativen im Wertsystem durch m eindimensionale Präferenzordnungen". Die Berücksichtigung der unterschiedlichen Bedeutung von Zielen (Bewertungskriterien) drückt sich in den "Teilnutzwerten" n_{ij} aus, die sich aus der Multiplikation der Zielerfüllungsgrade w_{ij} mit den Gewichtsfaktoren g_j ergeben zu:

$$n_{ij} = g_j \cdot w_{ij} \tag{5.16}$$

- **Bestimmen der Gesamtnutzwerte:** "Abbildung der Alternativen im Wertsystem durch eine m-dimensionale Präferenzordnung". Der Gesamtnutzwert N_i, einer Alternative i ergibt sich mit Hilfe einer Entscheidungsregel aus den Teilnutzwerten n_{ij}. Die im allgemeinen angewandte Addition der Teilnutzwerte führt zu

$$N_i = \sum_{j=i}^{m} n_{ij} = \sum_{j=1}^{m} g_j \cdot w_{ij}. \tag{5.17}$$

Der größte Gesamtnutzwert kennzeichnet die beste Lösung.

Die hier unter 5.9.3. beschriebene Nutzwertanalyse wurde auszugsweise C. Zangemeister, "Nutzwertanalyse in der Systemtechnik" / 54 / entnommen.

5.9.4. Objektivität der Bewertungsverfahren

Jede Bewertung ist subjektiv und deshalb mit einer mehr oder weniger großen Unzuverlässigkeit behaftet. Bereits die Auswahl der Bewertungsmerkmale kann das Ergebnis erheblich beeinflussen. Einerseits kann zu jeder noch so umfangreichen Merkmalliste theoretisch ein fehlendes Merkmal gefunden werden, auch wenn dessen Bedeutung verhältnismäßig untergeordnet sein mag. Andererseits birgt auch ein zu hoher Umfang Gefahren in sich. Denn durch die Berücksichtigung vieler unbedeutender Merkmale können wichtige Merkmale bei der Auswertung unzulässig an Einfluß verlieren. Es ist leicht zu prüfen, daß derartige Subjektivitäten auch bei allen anderen Arbeitsschritten einer Bewertung auftreten können. Selbst der Arbeitsschritt der Auswertung, den die Anwendung exakter mathematischer Methoden auszeichnet, ist nicht frei von solchen Fehlerquellen. Das soll an einem kleinen Zahlenbeispiel verdeutlicht werden.
Gegeben seien sechs variante Konstruktionslösungen KV1 bis KV6, aus denen mit Hilfe zweier Bewertungsmerkmale W_1 und W_2 die günstigste Variante ermittelt werden soll, **Bild 5.75.** Die Merkmalsausprägungen sind den Spalten 2 und 3 des Bildes 5.75 zu entnehmen. Die Spalten 4, 6, 8 und 10 enthalten als Ergebnis der Auswertung die Mittelwerte nach den Bestimmungsgleichungen des Bildes 5.66. Die Spalten 5, 7, 9 und 11 geben die den jeweiligen Auswertungsverfahren entsprechenden Rangfolgen der Varianten wieder. Besonders eklatant ist das Ergebnis für die Variante KV2. Sie nimmt hinsichtlich ihrer Eignung je nach angewendetem Auswerteverfahren den 1., 2., 5. oder 6. Rang ein.
Damit soll nicht gesagt sein, daß Bewertungsverfahren generell unzuverlässige Entscheidungshilfen sind. Das in Bild 5.75 dargestellte (und absichtlich zu diesem Zwecke konstruierte)

Konstruktionslösungen	Merkmalsausprägungen		Auswertungsergebnisse							
			arithmetrisches Mittel		geometrisches Mittel		quadratisches Mittel		harmonisches Mittel	
	W_1	W_2	$\bar{W}$	Rang	$\bar{W}$	Rang	$\bar{W}$	Rang	$\bar{W}$	Rang
KV1	0,34	0,75	0,545	5	0,505	5	0,501	2	0,468	2
KV2	0,91	0,29	0,600	1	0,514	2	0,494	5	0,440	6
KV3	0,41	0,70	0,555	4	0,536	1	0,532	1	0,517	1
KV4	0,84	0,31	0,575	3	0,510	3	0,499	3	0,453	4
KV5	0,51	0,43	0,470	6	0,468	6	0,468	6	0,467	3
KV6	0,30	0,86	0,580	2	0,508	4	0,495	4	0,445	5

Bild 5.75: Zahlenbeispiel zur Verdeutlichung der Wirkung verschiedener Auswerteverfahren auf die Bewertung varianter Konstruktionslösungen.

Beispiel soll nur deutlich machen, daß Bewertungsverfahren stets, auch wenn sie noch so gewissenhaft durchgeführt werden, eine nicht vollkommen auszuschließende Unsicherheit mit sich führen. Ihre Ergebnisse sind lediglich nützliche Anhaltswerte. Die Aussagefähigkeit der Bewertungsverfahren ist um so größer, je ausgewogener die Merkmalsausprägungen für jede einzelne Variante sind und je konsequenter die Hinweise zu den einzelnen Arbeitsschritten befolgt werden. Maßnahmen zur Verbesserung der Objektivität von Bewertungsverfahren sind unter anderem die

- Verwendung von Anforderungslisten nach den Regeln der Projektierungs- und Konstruktionssystematik,
- Gewichtung nach feststehenden Verfahren oder durch entscheidungsbefugte Dritte,
- Verwendung von Wertfunktionen zur Wertzuweisung,
- Vermeidung der Vermischung von Vorgehensregeln verschiedener Bewertungsverfahren,
- konsequente Anwendung eines einzigen Auswerteverfahrens während einer Bewertung,
- endgültige Auswertung erst nach der Ermittlung und Beseitigung von Schwachstellen sowie
- Durchführung mehrerer Bewertungsreihen mit jeweils optimistischer und pessimistischer Abschätzung der Gewichte und Merkmalsausprägungen.

Unter diesen Voraussetzungen sind Bewertungsverfahren in der Hand erfahrener Ingenieure hervorragende Hilfsmittel für den Projektierungs- und Konstruktionsprozeß / 55 /.

5.10. Schrifttum

1. Baumann, H.G. und W. Roloff: Unveröffentlichter Bericht. Duisburg, 1980.
2. Opitz, H.: Moderne Produktionstechnik. Verlag W. Girardet, Essen, 1970.
3. DEMAG-Werknorm 7807: Sachnummernsystem, Unveröffentlicht. DEMAG Aktiengesellschaft, Duisburg, 1973.
4. Rodenacker, W.G.: Methodisches Konstruieren. Springer-Verlag, Berlin, Heidelberg, New York, 1976.
5. Pahl, G. und W. Beitz: Konstruktionslehre. Springer-Verlag, Berlin, Heidelberg, New York, 1977.
6. Kirsch, W., I. Bamberger, E. Gabele und H.K. Klein: Betriebswirtschaftliche Logistik. Betriebswirtschaftlicher Verlag Dr. Th. Gabler, Wiesbaden, 1973.

7. Fackelmeyer, A.: Materialfluß, Planung und Gestaltung. VDI-Verlag, Düsseldorf, 1966.
8. VDI-Richtlinie 2498: Vorgehen bei Materialflußplanung. VDI-Verlag, Düsseldorf, 1968.
9. Setzer, H.: Beitrag zur Analyse des Zeitverhaltens von diskreten Stückgutprozessen mit Hilfe der Warteschlangentheorie. Dr.-Ing.-Dissertation, TU Berlin, 1978.
10. Setzer, H.: Ein neues Warteschlangenmodell für Materialflußplanungen. Verein deutscher Eisenhüttenleute, Betriebsforschungsinstitut, Bericht Nr. 721, Düsseldorf, 1978.
11. Bahke, E.: Materialflußsysteme, Band 1. Krausskopf-Verlag, Mainz, 1974.
12. Gudehus, T.: Grundlagen der Kommissioniertechnik. Verlag W. Girardet, Essen, 1973.
13. Baumann, H.G., K.-H. Looschelders und H. von Wyl: Grundlagen der Festlegung konstruktiver Wirkzusammenhänge im Rahmen des systematischen Projektierens und Konstruierens technischer Systeme. Fachber. Hüttenprax. Metallweiterverarb. 18 (1980) 9, S. 642/656.
14. Bracke, W.: Automatisierte technische Angebotsbearbeitung für Industrieanlagen. Dr.-Ing.-Dissertation, RWTH Aachen, 1978.
15. Baumann, H.G. und K.-H. Looschelders: Unveröffentlichter Bericht. Duisburg, 1979.
16. Baumann, H.G.: Stahlstrang-Gießanlagen. Verlag Stahleisen, Düsseldorf, 1976.
17. Dubbel, Taschenbuch für den Maschinenbau, zweiter Band. Springer-Verlag, Berlin, Heidelberg, New York, 1970.
18. Meyers Handbuch über die Technik. Bibliographisches Institut, Mannheim, 1964.
19. VDI-Richtlinie 2224: Formgebung technischer Erzeugnisse, Empfehlung für den Konstrukteur. VDI-Verlag, Düsseldorf, 1972.
20. Baumann, H.G.: Gestaltvariationen bei der Festlegung konstruktiver Wirkzusammenhänge im Rahmen des systematischen Projektierens und Konstruierens technischer Systeme. Fachber. Hüttenprax. Metallweiterverarb. 18 (1980) 10, S. 959/968.
21. Baumann, H.G.: Aufbauvarianten bei der Festlegung konstruktiver Wirkzusammenhänge im Rahmen des systematischen Projektierens und Konstruierens technischer Systeme. Fachber. Hüttenprax. Metallweiterverarb. 18 (1980) 11, S. 1035/1044.
22. Reckling, K.-A.: Mechanik I, Grundbegriffe, Kinematik, Statik. Vieweg Verlag, Braunschweig, 1968.
23. Marguerre, K.: Technische Mechanik, dritter Teil: Kinetik. Springer-Verlag, Berlin, Heidelberg, New York, 1968.
24. Hain, K.: Angewandte Getriebelehre, 2. Auflage. VDI-Verlag, Düsseldorf, 1961.
25. Volmer, J.: Getriebetechnik, 2. Auflage. VEB-Verlag Technik, Berlin, 1972.
26. Niemann, G.: Maschinenelemente, Band 1, 2. Auflage. Springer-Verlag, Berlin, Heidelberg, New York, 1975.
27. Bosch, M., ten: Berechnung der Maschinenelemente, 3. Auflage. Springer-Verlag, Berlin, Heidelberg, New York, 1972.
28. Koller, R.: Konstruktionsmethode für den Maschinen-, Geräte- und Apparatebau. Springer-Verlag, Berlin, Heidelberg, New York, 1976.
29. Wobbe, G.: Optimierung unregelmäßiger innerbetrieblicher Transporte. Fördern u. Heben 21 (1971) 17, S. 988/993.
30. Gudehus, T.: Grundgesetze fördertechnischer Systeme. Fördern u. Heben 23 (1973) 12, S. 653/655.
31. Losen, M.: Wie baut man Warteschlangen im innerbetrieblichen Verkehr ab. Fördern u. Heben 22 (1972) 15, S. 843/846.
32. Fackelmayer, A.: Materialfluß. VDI-Verlag, Düsseldorf, 1966.
33. Nestler, H.: Materialflußuntersuchungen in Fertigungsbetrieben. VDI-Verlag, Düsseldorf, 1973.
34. Churchman, W., R. Ackoff und L. Arnoff: Operations Research. Verlag Oldenbourg, Wien, 1961.
35. Gudehus, T.: Warteschlangen und Wartezeiten in Warenverteil- und Lagersystemen. Fördern u. Heben 23 (1973) 5, S. 225/230.
36. Fürwentsches, W.: Systematische Darstellung der Kommissioniervorgänge. VDI-Bericht, 238, S. 219/225.
37. Schmitz, H.S.: Lagerwirtschaft mit Stapelverarbeitung und Bildschirmdialog. Stahl u. Eisen 91 (1971) 13, S. 761/764.
38. VDI-Richtlinie 2691: Optimale Abrufgröße für die Vorratshaltung in Fertigungsbetrieben. VDI-Verlag, Düsseldorf, 1971.
39. Heym, M.: Probleme und Methoden der Transportoptimierung. Hebezeuge u. Fördermittel 10 (1970) 5, S. 144/148.
40. Heym, M.: Spezielle Probleme der Transportoptimierung. Dt. Hebe- u. Fördertechn., 1972, Sonderheft, S. 216/220.

41. Meyl, H.: Rundfahrtproblem mit erweiterter Fragestellung. Hebezeuge u. Fördermittel 12 (1972) 2, S. 41/45.
42. Heym, M.: Mathematische Verfahren zur Lösung von Transportproblemen. Dt. Hebe-u. Fördertechn. 17 (1971) 5, S. 340/345.
43. Götzke, H.: Netzplantechnik, Theorie und Praxis. VEB-Buchverlag, Leipzig, 1969.
44. Dreyer, W.: Grundlagen und Einsatz der Netzplantechnik. VDI-Verlag, Düsseldorf, 1972.
45. Voigt, P.: Termin- und Kapazitätsplanung für Instandsetzungs- und Montageprojekte durch Netzplantechnik. Stahl u. Eisen 91 (1971) 20, S. 1121/1129.
46. Dreyer, W.: Netzplantechnik: Bessere Nutzung mit Simulation. Fördern u. Heben 23 (1973) 12, S. 656/659.
47. Haller, K. und R. Wedel: Das Multimomentverfahren in Theorie und Praxis. Carl Hanser-Verlag, München, 1969.
48. Barnes, R.M.: Work Sampling. John Wiley and Sons, London, 1957.
49. VDI-Richtlinie 2492: Multimomentaufnahmen. VDI-Verlag, Düsseldorf, 1968.
50. Baumann, H.G.: Bewegungsvarianten bei der Festlegung konstruktiver Wirkzusammenhänge im Rahmen des systematischen Projektierens und Konstruierens technischer Systeme. Fachber. Hüttenprax. Metallweiterverarb. 18 (1980) 12, S. 1140/1149.
51. VDI-Richtlinie 2222, Blatt 1: Konstruktionsmethodik, Konzipieren technischer Produkte. VDI-Verlag, Düsseldorf, 1977.
52. Gerhard, E.: Entwickeln und Konstruieren mit System, Wege zur rationellen Lösungsfindung. Expert-Verlag, Grafenau, 1979.
53. VDI-Richtlinie 2225, Blatt 1: Konstruktionsmethodik; Technisch-wirtschaftliches Konstruieren, Anleitung und Beispiele. VDI-Verlag, Düsseldorf, 1977.
54. Zangemeister, C.: Nutzwertanalyse in der Systemtechnik. Wittemannsche Buchhandlung, München, 1970.
55. Baumann, H.G. und H. von Wyl: Bewertung und Auswahl konstruktiver Varianten im Rahmen des systematischen Projektierens und Konstruierens technischer Systeme. Fachber. Hüttenprax. Metallweiterverarb. 19 (1981) 2, S. 99/106.
56. Tjalve, E.: Systematische Formgebung für Industrieprodukte. VDI-Verlag, Düsseldorf, 1978.
57. Dreßler, H., I. Hammelmann und H. Wilhelm: Entscheidungstabellen. Oldenbourg-Verlag, München, Wien, 1972.
58. VDI-Richtlinie 2801: Wertanalyse - Vergleichsrechnung. VDI-Verlag, Düsseldorf, 1970.
59. Johnson, K.L.: Operations Research. VDI-Taschenbuch T 27. VDI-Verlag, Düsseldorf, 1973.
60. Wenzel, R. und J. Müller: Entscheidungsfindung in Theorie und Praxis. VDI-Seminar, Stuttgart, 1971.
61. Pahl, G. und W. Beitz: Für die Konstruktionspraxis, Veröffentlichungsreihe über das methodische Konstruieren. Konstruktion 24 (1972), 25 (1973) und 26 (1974).
62. Gutsch, R.: Entscheidungshilfe durch Systemtechnik, Lehrgang an der Technischen Akademie Esslingen. Esslingen, 1972.
63. Hirsch, V.: Bewertungsprofile bei der Planung neuer Produkte. Z. betr.-wirtsch. Forsch. 38 (1968) 5, S. 291/303.
64. Jüptner, H. und U. Hartmann: Zur Methodik benutzerorientierter Produktanalysen. Konstruktion-Elemente-Methoden (KEM) 10 (1973) 4, S. 67/73.
65. Kesselring, F.: Bewertung von Konstruktionen. VDI-Verlag, Düsseldorf, 1951.
66. Mc Whorter, W.F.: A Supervisory Tool for Evaluation Design. IEEE Transactions of Engineering Management, Vol. EM-13, No. 2, June 1966.

6. Anfertigung der Angebots- oder Erstellungsunterlagen

Während die ersten vier Hauptschritte für das Projektieren und Konstruieren artgleich sind, i: bei dem fünften Hauptschritt die

- Anfertigung der Angebotsunterlagen beim Projektieren von der
- Anfertigung der Erstellungsunterlagen beim Konstruieren

zu unterscheiden. Die Arbeitsinhalte des fünften Hauptschrittes sind also weitgehend ar wendungszweckorientiert. Darüberhinaus ist mit Abschluß des vierten Hauptschrittes d schöpferische Teil des Projektierungs- und Konstruktionsprozesses beendet. Mit diesem Al schluß liegen alle wesentlichen, in einem Arbeitsgang für ein technisches System vorgeordnet Komplexität erhältlichen Informationen vor. Nach ihrer äußeren Erscheinung werden d Unterlagen, in denen diese Informationen niedergelegt sind, manchmal auch als qualitati Entwürfe bezeichnet. Zu solchen Entwürfen sind beispielsweise

- Bleizeichnungen und Handskizzen mit allen Haupt- und Anschlußmaßen sow wesentlichen Zusatzinformationen,
- Listen- und Textvorlagen, Manuskripte sowie Notizen und in erweitertem Sinne auch
- Hinweise (Aufträge zur Beschaffung) auf bereits früher erstellte, wiederverwendba Unterlagen

zu zählen. Das sind also Unterlagen, in denen die Ergebnisse der Bearbeitung vorangegangen Hauptschritte vorläufig niedergelegt sind. Sie werden im letzten Hauptschritt

- in eine angemessene äußere Form gebracht (ausgearbeitet),
- zusammengestellt,
- geprüft und
- geordnet.

Dabei ist ein Zugewinn an neuen Informationen im wesentlichen auf die Verknüpfung berei vorliegender Daten, beispielsweise die Addition einzelner Kettenmaße zu einem Gesamtma das Zufügen von Bearbeitungszeichen oder das Umsetzen beschreibender Texte in Fert gungsangaben nach Grundnormen, begrenzt, **Bild 6.1.**

Der Umfang des fünften Hauptschrittes kann in weiten Grenzen schwanken. Er ist unt anderem von

- Art und Umfang der Aufgabenstellung,
- verfügbaren Hilfsmitteln und
- dem Zeitpunkt der Durchführung in Bezug auf den gesamten Projektierungs- u Konstruktionsprozeß

abhängig.

Im Hinblick auf den Zeitpunkt der Anfertigung von Angebots- oder Erstellungsunterlagen bei Projektierungs- oder Konstruktionsprozeß sind drei Gruppen von Informationen zu unte scheiden, **Bild 6.2.**

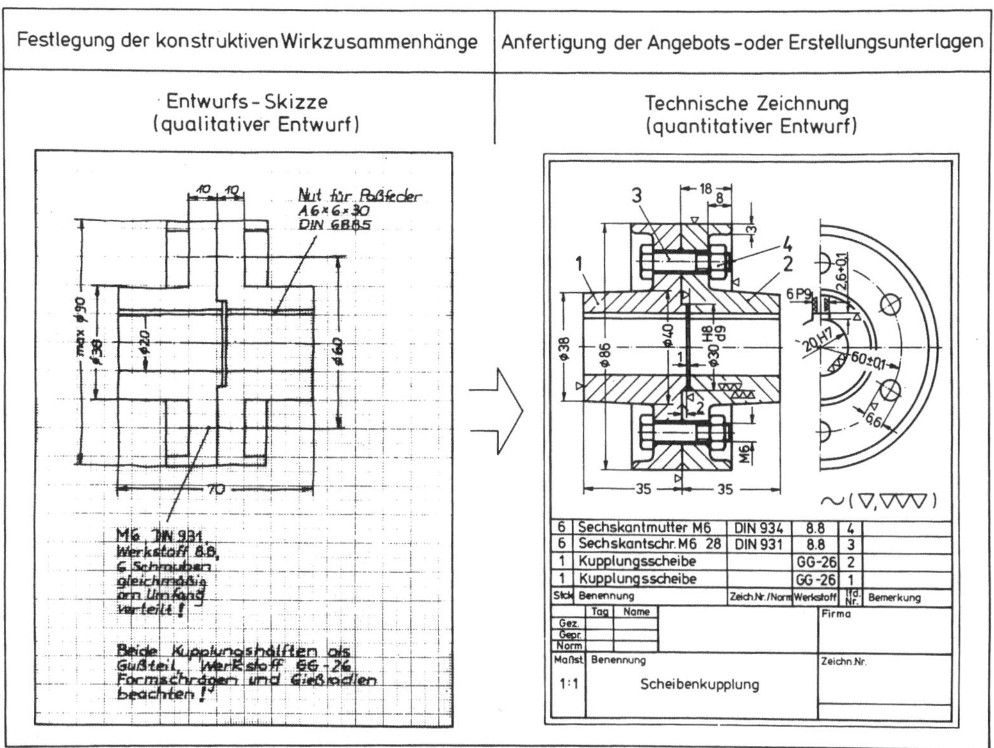

Bild 6.1: Umsetzen einer Entwurfsskizze in eine technische Zeichnung.

- Informationen, die in einem geschlossenen Arbeitsgang auf der soeben bearbeiteten Komplexitätsebene für die Teilsysteme eines technischen Systems vorgeordneter Komplexität erhalten wurden, heißen Informationen erster Ordnung. Das sind beispielsweise Informationen über die Anlagen der soeben bearbeiteten Anlagengruppe auf der Anlagenebene. Informationen erster Ordnung sind in jedem fünften Hauptschritt zu verarbeiten.
- Informationen, die den Zusammenhang zwischen mehreren technischen Systemen vorgeordneter Komplexität oder deren Teilsystemen auf der soeben bearbeiteten Komplexitätsebene wiedergeben, heißen Informationen zweiter Ordnung. Das sind beispielsweise Informationen über die Anlagengruppen eines Werkes, die auf der Anlagenebene erhalten wurden. Informationen zweiter Ordnung können im fünften Hauptschritt für das letzte bearbeitete technische System vorgeordneter Komplexität auf jeder Ebene verarbeitet werden, wenn der Projektierungs- oder Konstruktionsgang wenigstens zwei Ebenen umfaßt.
- Informationen, die den Zusammenhang zwischen einem übergeordneten Gesamtsystem und dessen Teilsystemen der soeben bearbeiteten sowie dazwischenliegenden Komplexitätsebenen wiedergeben, heißen Informationen dritter Ordnung. Das sind beispielsweise Informationen über die Struktur einer Werkegruppe mit den zugehöri-

gen Werken, Anlagengruppen und Anlagen. Informationen dritter Ordnung können im fünften Hauptschritt für das letzte bearbeitete technische System vorgeordneter Komplexität verarbeitet werden, wenn der Projektierungs- oder Konstruktionsgang wenigstens drei Ebenen umfaßt. Sie werden in einem Projektierungs- oder Konstruktionsgang sinnvollerweise nur einmal berücksichtigt, nämlich dann, wenn der in der Aufgabenstellung vorgesehene Konkretisierungsgrad, also die letzte zu bearbeitende Komplexitätsebene, erreicht ist.

Die Zusammenhänge zwischen dem Zeitpunkt der Anfertigung von Angebots- oder Erstellungsunterlagen und der Art der zu verarbeitenden Informationen sind in Bild 6.2 beispielhaft für die Anlagenebene als Startebene sowie die Maschinengruppen- und Maschinenebene dargestellt. Sie gelten grundsätzlich in entsprechender Weise auch beim Beginn des Projektierungs- oder Konstruktionsprozesses auf jeder anderen Komplexitätsebene. Falls mehr als drei Ebenen bearbeitet werden, ist das Vorgehen in jeder weiteren Komplexitätsebene gleich dem der dritten in Bild 6.2 gezeigten Ebene (Maschinenebene).

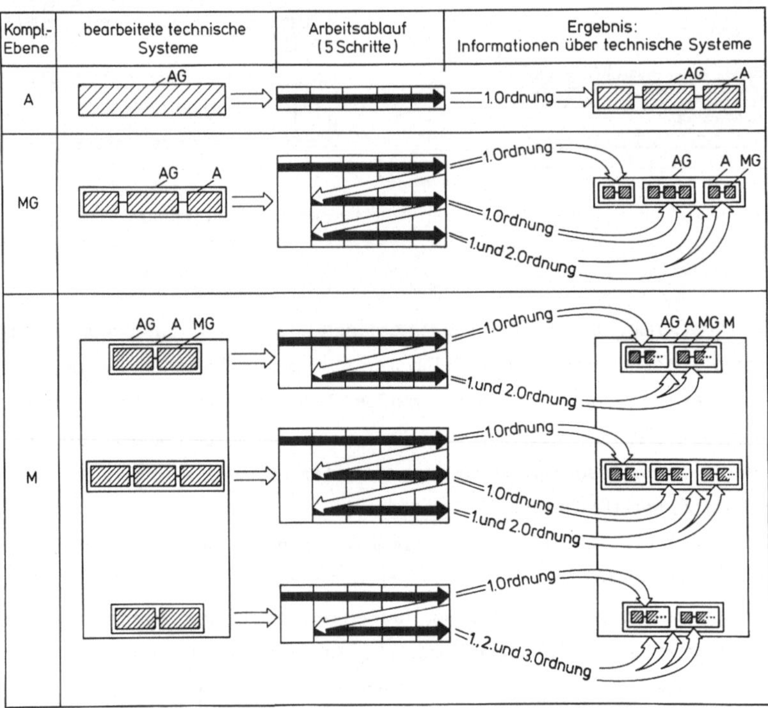

Bild 6.2: Entstehung und Verarbeitung von Informationen erster, zweiter und dritter Ordnung.

Das Ausarbeiten, Zusammenstellen und Ordnen von Informationen ist durch einen hohen Anteil Routinetätigkeiten gekennzeichnet und deshalb besonders für eine Automatisierung geeignet. Damit ist der Aufwand an menschlicher Arbeitszeit weitgehend durch die Verfügbarkeit technischer und/oder organisatorischer Hilfsmittel bestimmt. Technische Hilfsmittel zur Anfertigung von Angebots- oder Erstellungsunterlagen sind beispielsweise

- elektronische Datenverarbeitungsanlagen mit
  - Matrixdrucker und
  - Plotter.

Organisatorische Hilfsmittel sind unter anderem

- konsequent angewendete Nummerungssysteme,
- umfassende Archive (Dateien) und
- Änderungs- sowie Dateipflege-Dienste.

Unter möglichst hoher Nutzung solcher Hilfen kann beispielsweise das "Ausarbeiten von Unterlagen" auf das Abrufen von Zeichnungs- und Textprogrammen, das "Zusammenstellen" auf einen Suchauftrag an das Archiv und das "Ordnen" auf die Erstellung eines Inhaltsverzeichnisses reduziert werden.

Bekanntlich nimmt beim Projektieren die Anzahl, Dichte und Genauigkeit der zu ermittelnden Informationen vom Kontaktangebot über das Richtangebot zum Festangebot hin zu. Damit ist gleichzeitig auch eine Zunahme des Arbeitsaufwandes für den fünften Hauptschritt gegeben. Daneben hängt der Aufwand bei der Anfertigung von Angebots- oder Erstellungsunterlagen auch davon ab,

- in welchem Maße Projektierungs- oder Konstruktionsvorbilder verfügbar und Rückgriffsysteme nutzbar sind,
- welche Erfahrungen der Kunde mit dem Betrieb technischer Systeme der zu verwirklichenden Art hat sowie
- in welcher Weise die Bereiche "Projektierung" und "Konstruktion" im Unternehmen gegenüber vor-, nach- oder übergeordneten Organisationseinheiten abgegrenzt sind.

Im Mittelpunkt der Tätigkeiten des fünften Hauptschrittes steht die Verarbeitung von Informationen über die bearbeiteten technischen Systeme. Daneben müssen alle Arbeitsgänge, die zur Verwirklichung dieser Erzeugnisse führen, kommentiert und dokumentiert werden. Damit ist eine wesentliche Forderung der systematischen Vorgehensweise, die Reproduzierbarkeit der Ergebnisse, erfüllt. Deshalb wird im folgenden weiterhin zwischen

- Informationen über technische Systeme,
- Informationen über den Projektierungs- und/oder Konstruktionsablauf sowie
- Informationen über Folgetätigkeiten

unterschieden.

Informationen werden auf Informationsträgern gespeichert. Informationsträger können unterschiedliche materielle Erscheinungsformen haben, und der Vorgang der Informationsspeicherung kann verschiedensten physikalischen Gesetzmäßigkeiten gehorchen. Informationsträger können beispielsweise Schriftstücke, Magnetbänder, Lochkarten oder Mikrofilme sein. Diese und sonstige Informationsträger werden im folgenden, wenn nicht ausdrücklich auf eine besondere Form der Informationsspeicherung Bezug genommen ist, kurz Unterlagen genannt. Für die

Arbeit in Projektierungs- und Konstruktionsbereichen ist es wesentlich, wie sich die in den Unterlagen enthaltenen Informationen in ihrer letzten Erscheinungsform dem Benutzer darstellen. Demnach können

- bildhafte (beispielsweise technische Zeichnungen),
- tabellarische (beispielsweise Zeichnungslisten) sowie
- verbale (beispielsweise Vertragstexte)

Informationsdarstellungen unterschieden werden.

6.1. Grundlagen und Teilschritte der Anfertigung von Angebots- oder Erstellungsunterlagen

Als fünfter Hauptschritt der Projektierungs- und Konstruktionssystematik stellt die Anfertigung der Angebots- oder Erstellungsunterlagen auf jeder Komplexitätsebene den Abschluß der Bearbeitung eines technischen Systems dar. In diesem Rahmen haben die hier durchzuführenden Teilschritte im wesentlichen die Aufgaben,

- die Dokumentation beispielsweise durch
  - Aussondern und Zusammenstellen der Unterlagen von Wiederholsystemen sowie
  - Auszüge aus den erarbeiteten Unterlagen für besondere Verwendungszwecke

  zu vervollständigen und
- einen möglichst vollständigen und klar gegliederten Überblick über
  - das bearbeitete, anzubietende oder zu erstellende technische System,
  - den Arbeitsablauf in den vorangegangenen Hauptschritten, dabei insbesondere über
    - wesentliche Entscheidungen sowie
    - Änderungen wesentlicher Eingabedaten und
  - die mit dem Anbieten oder Erstellen verbundenen Folgetätigkeiten

  zu geben.

Die Regeln zur Anfertigung der Angebots- und Erstellungsunterlagen können auch unabhängig von der Projektierungs- und Konstruktionssystematik als eigenständiges arbeitstechnisches Hilfsmittel genutzt werden. Aus diesem Regelwerk sind, entsprechend den im Rahmen der Aufgabenklärung beschriebenen Anforderungslisten,

- Leitfäden zur Vereinheitlichung der Angebots- und Erstellungsunterlagen sowie
- Merkmallisten zur Prüfung der Dokumentationen auf Vollständigkeit, Redundanz und Fehlerfreiheit

ableitbar. Daneben tragen diese Regeln sowie die eindeutige Definition der Schnittstelle zwischen dem vierten und fünften Hauptschritt zu einer weiteren Rationalisierung der Arbeitsabläufe bei, weil die Anfertigung der Dokumentation zum großen Teil beispielsweise

- durch Hilfskräfte oder
- außerhalb der eigentlichen Arbeitszeit, selbsttätig und ohne Kontrolle, durch elek-

tronische Datenverarbeitungssysteme

ausgeführt werden kann, während der qualifizierte Projekteur oder Konstrukteur bereits andere Tätigkeiten ausführen kann.

Unter Angebots- oder Erstellungsunterlagen sind hier solche Unterlagen zu verstehen, die in den Projektierungs- oder Konstruktionsbereichen erarbeitet werden und dem Anbieten oder Erstellen technischer Systeme dienen. Demzufolge kann ein Angebot für ein technisches System erst dann fertiggestellt werden, wenn auch die in kaufmännischen und juristischen Abteilungen erstellten Unterlagen vorliegen. Dabei sind die Verantwortlichkeiten zwischen einzelnen Fachabteilungen oft von Unternehmen zu Unternehmen unterschiedlich abgegrenzt und manchmal sogar fließend. Das hängt im wesentlichen von den Organisationsstrukturen der Unternehmen ab und kann dazu führen, daß die im folgenden beschriebenen Teilschritte je nach Unternehmensstruktur im einen oder anderen Unternehmensbereich durchgeführt werden. Dies ist aber für die eigentlichen Teilschritte selbst und deren Durchführung von untergeordneter Bedeutung. Daneben können die folgenden Teilschritte in den Projektierungs- oder Konstruktionsbereichen einzelner Unternehmen auch durch den einen oder anderen Teilschritt ergänzt werden.
Die Inhalte von Angebots- und Erstellungsunterlagen sind naturgemäß in einigen Punkten unterschiedlich. Tätigkeiten zu ihrer Herleitung sind dagegen überwiegend artgleich oder ähnlich. Deshalb werden beide Sachgebiete im folgenden gemeinsam behandelt. Aufbauend auf die unter 6. beschriebenen Zusammenhänge kann die Anfertigung der Angebots- oder Erstellungsunterlagen in

- Ausarbeiten,
- Zusammenstellen,
- Prüfen und
- Ordnen

von

- bildhaften Unterlagen,
- tabellarischen Unterlagen und
- verbalen Unterlagen

mit

- Informationen erster Ordnung,
- Informationen zweiter Ordnung und
- Informationen dritter Ordnung

über

- technische Systeme,
- Arbeitsabläufe und
- Folgetätigkeiten

unterschieden werden. Daraus ist durch Kombination theoretisch eine Menge von 108 einzelnen Teilschritten zu ermitteln. In der Regel sind aber weit weniger Teilschritte durchzuführen, weil einige Arbeiten im Rahmen der Projektierungs- und Konstruktionssystematik bereits zu früheren Zeitpunkten erledigt wurden. In Anlehnung an die übliche organisatorische Struktur der

Maschinenbauunternehmen können diese Teilschritte in die Gruppen

- Ausarbeiten und Zusammenstellen technischer Zeichnungen für den soeben durchgeführten Bearbeitungsablauf,
- Ausarbeiten und Zusammenstellen sonstiger technischer Unterlagen für den soeben durchgeführten Bearbeitungsablauf,
- Dokumentation des soeben durchgeführten Bearbeitungsablaufes,
- Gegebenenfalls Ausarbeiten und Zusammenstellen der Unterlagen mit Informationen zweiter oder dritter Ordnung,
- Ausarbeiten und Zusammenstellen der Unterlagen über Folgetätigkeiten,
- Ordnen der Unterlagen und
- Prüfen der Unterlagen

eingeteilt werden. **Bild 6.3** gibt einen Überblick über den Inhalt der Teilschritte beim Anfertigen der Angebots- oder Erstellungsunterlagen. Damit umfaßt jede dieser Gruppen jeweils nur artverwandte Tätigkeiten mit gleichartigen Forderungen an die Qualifikation der Bearbeiter. Die ersten drei Tätigkeitsgruppen betreffen ausschließlich Informationen erster Ordnung, Bild 6.2. Diese Informationen werden gegebenenfalls in Abhängigkeit vom Projektierungs- oder Konstruktionsfortschritt in der vierten Tätigkeitsgruppe vervollständigt. Tätigkeiten der letzten drei Gruppen können je nach Organisationsstruktur in jeden fünften Hauptschritt integriert oder vor das Ende des gesamten Projektierungs- oder Konstruktionsprozesses verlegt werden.

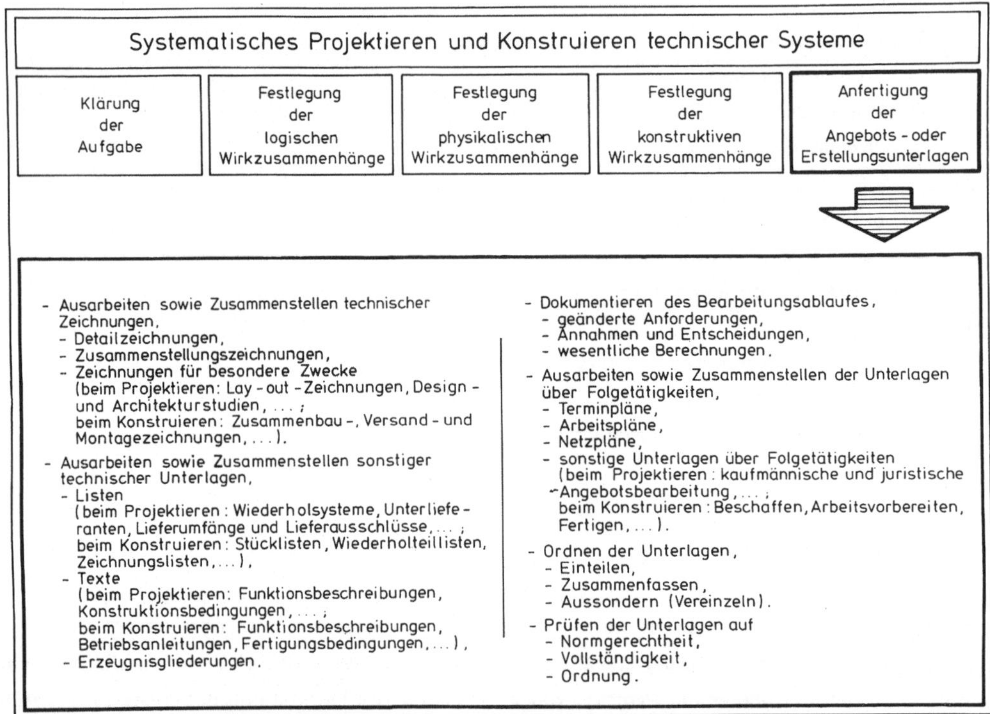

Bild 6.3: Teilschritte bei der Anfertigung der Angebots- oder Erstellungsunterlagen.

6.2. Ausarbeiten und Zusammenstellen technischer Zeichnungen

In diesem Teilschritt werden ausschließlich solche Unterlagen bearbeitet, die den soeben durchgeführten Bearbeitungsablauf, also Informationen erster Ordnung, betreffen. Das Ausarbeiten technischer Zeichnungen ist immer dann erforderlich, wenn die im vierten Hauptschritt, Festlegung der konstruktiven Wirkzusammenhänge, ausgewählten konstruktiven Varianten nicht Wiederholsysteme sind. In diesem Falle dienen Bleizeichnungen, Handskizzen und/oder schriftliche Ausführungsanweisungen als Grundlage für die Ausarbeitung. Solche Zeichnungen und Skizzen können sowohl Gesamtdarstellungen (Zusammenstellungszeichnungen, Anordnungsskizzen) als auch Einzeldarstellungen von Teilsystemen sein. Bei der Ausarbeitung sind zunächst aus Gesamtdarstellungen Einzeldarstellungen herauszuziehen oder Einzeldarstellungen zu Gesamtdarstellungen zusammenzufassen. Anschließend können die Zeichnungen, unter Beachtung der entsprechenden Bedingungen der Anforderungsliste (Zeichnungsnormen), beispielsweise in Tusche ausgezogen werden. Dieses Vorgehen dient auch der Prüfung auf Vollständigkeit und Richtigkeit der Bemaßung sowie sonstiger Angaben. Dabei werden Angaben, die in den Vorlagen nicht explizit enthalten, aber durch Bedingungen der Anforderungsliste oder zu beachtende Normen und Richtlinien gefordert sind, nachgetragen. Beispiele hierfür sind die Addition von Kettenmaßen zu einem Gesamtmaß, das Einfügen von Bearbeitungszeichen an Wirkflächen oder die Ermittlung und Angabe erforderlicher Toleranzen bei einem Wälzlagersitz.

Wenn bei der Festlegung konstruktiver Wirkzusammenhänge als konstruktive Lösungen Wiederholsysteme ermittelt wurden, dann sind, falls dies im vierten Schritt nicht bereits geschehen ist, deren Zeichnungen zusammenzustellen. Zu diesem Zwecke ist ein funktionsfähiges Sach-

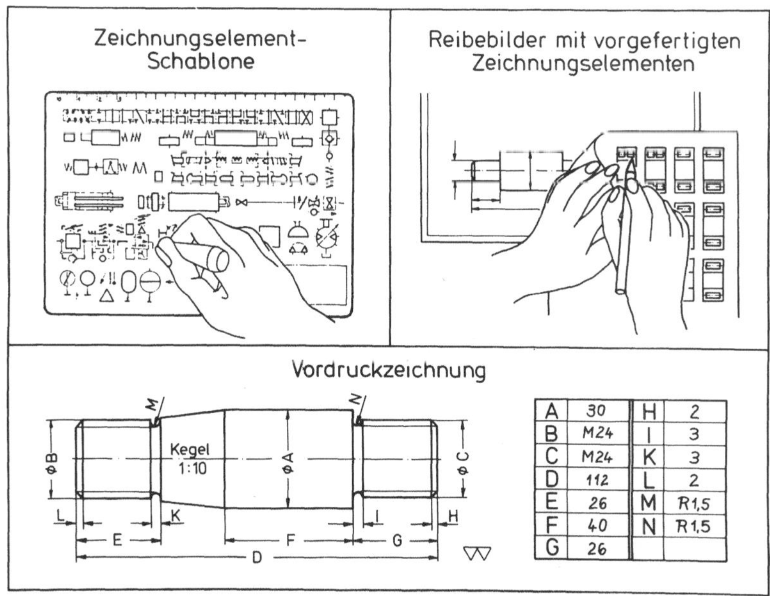

Bild 6.4: Hilfsmittel für das Ausarbeiten technischer Zeichnungen.

nummern- und Rückgriffsystem dienlich. Daneben zählt zum "Zusammenstellen" noch das Kombinieren neu erstellter Zeichnungen mit solchen, die durch Rückgriff erhalten wurden. Hilfsmittel für diese Tätigkeitsgruppe, "Ausarbeiten und Zusammenstellen technischer Zeichnungen", sind unter anderem

- Zeichnungselement-Schablonen,
- Reibebilder mit vorgefertigten Zeichnungselementen,
- Vordruckzeichnungen,
- Elektronische Datenverabeitungsanlagen mit graphischer Periferie,
- funktionierende Unterlagenverwaltung und -organisation sowie
- Rückgriffsysteme.

Einige dieser Hilfsmittel sind in **Bild 6.4** dargestellt.

6.3. Ausarbeiten und Zusammenstellen sonstiger technischer Unterlagen

Die in diesem Abschnitt angesprochenen sonstigen technischen Unterlagen umfassen ebenfalls nur Informationen erster Ordnung und sind deshalb in jedem einzelnen fünften Hauptschritt zu bearbeiten. Unter sonstigen technischen Unterlagen sind tabellarische und verbale Unterlagen mit Informationen über technische Systeme zu verstehen. Dazu zählen beim Projektieren beispielsweise

- Listen,
    - Wiederholsysteme (Projektierung abgeschlossen),
    - zu bearbeitende Wiederholsysteme (bedingt nutzbar),
    - neu zu erstellende Teilsysteme,
    - Anpaßsysteme,
    - Fremdlieferungen,
    - Reserve- und Ersatzsysteme,
    - Betriebsmittel,
    - Liefer- und Leistungsumfänge,
    - Liefer- und Leistungsausschlüsse,
- Texte,
    - Funktionsbeschreibungen sowie
    - Konstruktions- und sonstige techn. Bedingungen

und beim Konstruieren beispielsweise

- Listen,
    - Stücklisten,
    - Wiederholsystem-/Wiederholteil-Listen,
    - Fremdlieferungen,
    - elektrische Teilsysteme,
    - elektronische Teilsysteme,

    - hydraulische Teilsysteme,
    - pneumatische Teilsysteme,
    - sonstige Teilsysteme,
    - Anpaßsysteme,
    - Reserve-, Ersatzteile,
    - Betriebsmittel,
- Texte,
    - Funktionsbeschreibungen,
    - Fertigungsbedingungen,
    - Zusammenbau-, Versand-, Montagebedingungen,
    - Betriebsbedingungen sowie
    - Prüfungs-, Inbetriebnahme- und Abnahmebedingungen.

Die Einteilung dieser Unterlagen entspricht im wesentlichen der Ordnung technischer Bedingungen in der Anforderungsliste, Tafeln 1.5 und 1.6, Anhang. Ursache dieser gleichartigen Einteilung der Informationen in diesen beiden Hauptschritten ist die folgerichtige systematische Vorgehensweise. Hierin liegt auch ein wesentlicher Vorzug einer solchen gleichartigen Einteilung. Denn damit ist der Aufwand für den Anschluß der nachfolgenden an die soeben bearbeitete Komplexitätsebene auf ein Mindestmaß begrenzt.
Hilfsmittel für diese Tätigkeitsgruppe, "Ausarbeiten und Zusammenstellen sonstiger technischer Unterlagen", sind unter anderem

- vorgedruckte Formblätter,
- Textverarbeitungsautomaten,
- Elektronische Datenverarbeitungsanlagen mit Schnelldruckern oder Matrixdruckern,
- funktionierende Unterlagenverwaltung und -organisation sowie
- Rückgriffsysteme.

6.4. Dokumentation des Bearbeitungsablaufes

Die Dokumentation des Bearbeitungsablaufes dient in erster Linie der Reproduzierbarkeit der Ergebnisse. Sie sollte vollständig, aber auch kurz sowie übersichtlich sein und wenigstens Angaben zu folgenden Punkten enthalten:

- geänderte Anforderungen mit
    - Ursache,
    - erwarteter und/oder erzielter Wirkung und
    - zu erwartendem Einfluß auf das Gesamtsystem,
- getroffene Annahmen bei nicht quantifizierbaren Randbedingungen sowie
- gefällte Entscheidungen bei verzweigten Bearbeitungswegen.

Darüberhinaus können auch wichtige Berechnungen und Zwischenergebnisse, die zur Verdeutlichung des Vorgehens beitragen, in die Dokumentation aufgenommen werden. Deshalb ist es sinnvoll, solche Zusammenhänge bereits während des Bearbeitungsablaufes, spätestens aber im unmittelbaren Anschluß daran, zu dokumentieren. Damit kann beispielsweise

- die Fehlersuche und Argumentation bei im Betrieb auftretenden Fehlern,
- die Bearbeitung folgender Projekte oder Aufträge sowie
- die Einarbeitung neuer Mitarbeiter

verkürzt und erleichtert werden.
Das wichtigste Hilfsmittel für diese Tätigkeitsgruppe ist eine projekt- und auftragsbegleitende Anforderungsliste, gegebenenfalls mit Kommentar- und Änderungsformularen.

6.5. Ausarbeiten und Zusammenstellen der Unterlagen mit Informationen zweiter oder dritter Ordnung

Die Bedeutung dieser Tätigkeitsgruppe im Hinblick auf das systematische Vorgehen wurde bereits ausführlich beschrieben und in Bild 6.2 verdeutlicht. Hierbei handelt es sich im wesentlichen um das Zusammenstellen bereits vorhandener Unterlagen und um die Klärung von Beziehungen zwischen diesen Unterlagen. Darüberhinaus können an dieser Stelle die bearbeiteten technischen Systeme endgültig gegliedert oder im vierten Hauptschritt mit diesem Ziel erstellte Grundlagen zu Erzeugnisgliederungen zusammengestellt und ausgearbeitet werden. Damit wird ein automatisches Einfließen neuer Unterlagen in bestehende Rückgriffsysteme erleichtert.
Hilfsmittel für diese Tätigkeitsgruppe sind unter anderem

- eine projekt- und auftragsbegleitende Anforderungsliste,
- Elektronische Datenverarbeitungsanlagen,
- funktionierende Unterlagenverwaltung- und organisation sowie
- Rückgriffsysteme.

6.6. Ausarbeiten und Zusammenstellen der Unterlagen über Folgetätigkeiten

Folgetätigkeiten des Projektierens sind neben der Auftragsabwicklung nach erhaltenem Auftrag beispielsweise die mit der Angebotsbearbeitung verbundenen Tätigkeiten nichttechnischer Abteilungen, die auf den Projektierungsergebnissen aufbauen. Hierzu zählt beispielsweise die juristische sowie kaufmännische Bearbeitung und die endgültige Zusammenstellung des Angebotes. Folgetätigkeiten des Konstruierens sind unter anderem das Beschaffen, Arbeitsvorbereiten, Fertigen, Zusammenbauen, Versenden, Montieren und Inbetriebnehmen.
Folgetätigkeiten müssen geplant, vorbereitet, durchgeführt und überwacht werden. Grundlegende Informationen dazu werden oft schon im Rahmen der eigentlichen Projektierungstätigkeiten erhalten. Ziel der Tätigkeitsgruppe "Ausarbeiten und Zusammenstellen der Unter-

lagen über Folgetätigkeiten" ist es, solche Informationen aus dem Informationsangebot herauszusuchen und gegebenenfalls zweckorientiert aufzubereiten. Dabei sind in der Regel Informationen erster, zweiter und dritter Ordnung zu verarbeiten. Deshalb werden diese Tätigkeiten meist nur einmal, nämlich vor dem Ende eines gesamten Projektierungs- oder Konstruktionsablaufes, durchgeführt.
Wichtigste Hilfsmittel für diese Tätigkeitsgruppe, "Ausarbeiten und Zusammenstellen der Unterlagen über Folgetätigkeiten", sind elektronische Datenverarbeitungsanlagen.

6.7. Ordnen der Unterlagen

Das Ordnen der Unterlagen ist eine Tätigkeitsgruppe, deren Einzeltätigkeiten während des zeitlichen Ablaufes des fünften Hauptschrittes in die einzelnen, bisher beschriebenen Gruppen zu integrieren sind. Nur wegen ihrer besonderen Bedeutung sind diese Tätigkeiten zu einer eigenen Gruppe zusammengefaßt worden. Die einzige Arbeit, für die der Zeitpunkt ihrer Durchführung mit der Einordnung der Gruppe in die Einteilung dieses Hauptschrittes übereinstimmt, ist die Anfertigung einer Gesamtübersicht über alle Unterlagen. Eine solche Gesamtübersicht ist beispielsweise in Form eines Inhaltsverzeichnisses darstellbar. Besser als Inhaltsverzeichnisse üblicher Art sind zur übersichtlichen Darstellung umfangreicher Unterlagensammlungen sogenannte Informationsgliederungen geeignet, weil hierin auch Beziehungen zwischen einzelnen Sachgebieten verdeutlicht werden können. Informationsgliederungen sind Aufbauübersichten, analog zu Erzeugnisgliederungen, zur Darstellung der Ordnung von Unterlagen oder Informationen.
Das Ordnen der Unterlagen umfaßt unter anderem auch das Herausziehen einzelner Informationen für besondere Verwendungszwecke, beispielsweise Folgetätigkeiten.
Wichtige Hilfsmittel für diese Tätigkeitsgruppe, "Ordnen der Unterlagen", sind unter anderem

- Elektronische Datenverarbeitungsanlagen,
- bereits bestehende allgemeine Informationsgliederungen sowie
- die Anforderungsliste.

6.8. Prüfen der Unterlagen

Unter dem Prüfen der Unterlagen ist in diesem Zusammenhang nicht die (selbstverständliche) ständige Kontrolle des eigenen Arbeitsergebnisses, sondern vielmehr ein unabhängiger Arbeitsschritt durch an der Ermittlung und Dokumentation der Informationen nicht beteiligte Dritte zu verstehen. Im wesentlichen ist dabei die

- Normgerechtheit,
- Vollständigkeit und
- Ordnung

der Unterlagen sowie die Einhaltung vorgegebener Fertigstellungstermine zu prüfen. Diese Aufgaben sind in manchen Unternehmen der Normenstelle übertragen.
Wichtigste Hilfsmittel für diese Tätigkeitsgruppe, "Prüfen der Unterlagen", sind neben der aktualisierten Anforderungsliste und den Informationsgliederungen sogenannte Checklisten. Das sind allgemeine (nicht projekt- oder auftragsbezogene) Unterlagen mit detaillierten Informationen über alle Prüfpunkte / 1 /.

6.9. Schrifttum

1. Baumann, H.G., K.-H. Looschelders und H. von Wyl: Anfertigung der Angebots- oder Erstellungsunterlagen im Rahmen des systematischen Projektierens und Konstruierens technischer Systeme. Unveröffentlichter Bericht, Duisburg, 1981.

7. Organisatorische und technische Hilfen für das Projektieren und Konstruieren

Systematisches Projektieren und Konstruieren technischer Systeme ist durch zwei grundlegende Merkmale,

- das Vorgehen nach Komplexitätsebenen und
- die Bearbeitung fünf jeweils artgleicher Hauptschritte auf jeder Ebene,

gekennzeichnet. Dabei wird

- in senkrechter Richtung vom übergeordnet zum untergeordnet komplexen technischen System und
- in waagerechter Richtung vom Abstrakten zum Konkreten

vorangeschritten, **Bild 7.1.** Beide Vorgehensrichtungen führen auch stets

- vom Gesamten zum Einzelnen.

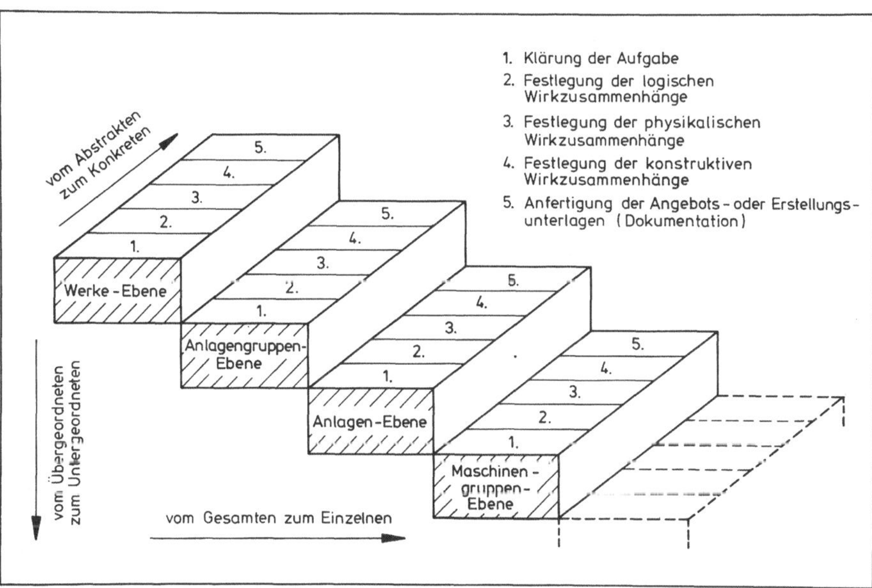

Bild 7.1: Grundsätzliche Vorgehensweise beim systematischen Projektieren und Konstruieren technischer Systeme.

Neben diesen beiden grundlegenden Merkmalen ist die dargelegte Systematik, wie aus der Beschreibung der Hauptschritte, unter 2. bis 6., entnommen werden kann, durch die Integration organisatorischer Hilfsmittel gekennzeichnet. Zu diesen, in den systematischen Arbeitsablauf fest integrierten organisatorischen Hilfsmitteln zählen beispielsweise

- Merkmallisten,
- Anforderungslisten,

- Erzeugnisgliederungen,
- Funktionskataloge,
- Sachnummernsysteme,
- Rückgriffsysteme,
- Konstruktionsurbilder sowie
- Entscheidungsfindungsverfahren.

Über die Mehrzahl dieser Hilfen wurde bereits ausführlich berichtet. Einige andere Hilfsmittel und Arbeitstechniken sind dagegen nur kurz erwähnt worden, obschon ihre Bedeutung für das systematische Projektieren und Konstruieren nicht weniger groß ist. Der Grund dafür war, daß diese Hilfsmittel keinem der fünf Hauptschritte alleine und eindeutig zuzuordnen waren und/oder eine ausführliche Beschreibung den Rahmen dieser Darstellung der Projektierungs- und Konstruktionssystematik gesprengt haben würde und ihnen deshalb eigene Veröffentlichungen vorbehalten bleiben müssen. Wegen ihrer besonderen Bedeutung werden einige Hilfsmittel und Arbeitstechniken im folgenden kurz beschrieben.

7.1. Erzeugnisgliederungen

Erzeugnisgliederungen sind nicht-bildhafte Darstellungen technischer Erzeugnisse, in denen besonders der Systemgedanke (Aufteilung in Elemente und deren Verknüpfung durch Beziehungen) im Vordergrund steht. Sie können in die beiden Gruppen

- spezielle Erzeugnisgliederungen und
- allgemeine Erzeugnisgliederungen

eingeteilt werden. Objekte spezieller Erzeugnisgliederungen sind stets bestimmte, einzelne technische Systeme. Dabei ist es unerheblich, ob diese technischen Systeme bereits gegenständlich bestehen oder ob deren Entstehung erst geplant wird. Als begriffliche Darstellungsmittel finden in speziellen Erzeugnisgliederungen konkrete, detaillierte Bezeichnungen der Teilsysteme und Teile mit definierten, scharfen Abgrenzungen gegenüber anderen Teilsystemen und Teilen Anwendung. Allgemeine Erzeugnisgliederungen haben dagegen Systemfamilien zum Gegenstand. In Systemfamilien sind mehrere technische Systeme aufgrund gemeinsamer Eigenschaften unter Sammelnamen oder Oberbegriffen zusammengefaßt. Die Elemente einer allgemeinen Erzeugnisgliederung werden ebenfalls durch solche mehr oder weniger abstrakten, umfassenden Oberbegriffe dargestellt.

Wesentliche Aufgabe von Erzeugnisgliederungen ist die übersichtliche und klare Darstellung der Struktur technischer Systeme. Die Struktur eines Systems ist durch die Menge der Beziehungen zwischen den Elementen (bei technischen Systemen sind das die Teilsysteme und Teile) untereinander sowie zwischen diesen und dem Gesamtsystem gekennzeichnet. In jedem technischen System sind stets Beziehungen verschiedenster Art zu finden. Für den Erzeugnisentstehungsprozeß sind unter anderem die

- hierarchischen,
- funktionellen,
- klassifikatorischen und
- geometrischen

Beziehungen bedeutsam. Hierarchische Beziehungen kennzeichnen die Zusammengehörigkeit von Teilsystemen gleicher und unterschiedlicher Komplexität sowie deren Stellung im Gesamtsystem. Funktionelle Beziehungen geben Zusammenhänge bezüglich der zwischen den Teilsystemen ablaufenden Prozesse wieder. Sie können weiter beispielsweise in

- stoffliche,
- energetische sowie
- informelle

Beziehungen eingeteilt werden. Klassifikatorische Beziehungen verdeutlichen Gleichheiten, Ähnlichkeiten und Unterschiede von Teilsystemen. Geometrische Beziehungen beinhalten räumliche Lagezuordnungen und Anzahlen von Teilsystemen.
Darüberhinaus können in Abhängigkeit von den Zielvorstellungen eines Bearbeiters oder einer konkreten Aufgabenstellung viele weitere Gruppen von Beziehungen in technischen Systemen oder feinere Unterscheidungen innerhalb solcher Gruppen definiert werden. Wenn alle denkbaren, in einem technischen System herrschenden Beziehungen gleichzeitig abgebildet würden, dann wäre der wesentliche Sinn und Zweck einer solchen Gliederung, die Übersichtlichkeit sowie Klarheit der Darstellung, nicht mehr gegeben. Deshalb ist es sinnvoll, für die einzelnen Phasen des Erzeugnisentstehungsprozesses, in denen die Verwendung von Gliederungen nutzbringend ist, beispielsweise für das

- Akquirieren,
- Projektieren,
- Konstruieren,
- Beschaffen,
- Arbeitsvorbereiten,
- Fertigen,
- Versenden,
- Montieren oder
- Kalkulieren,

eigene Gliederungen zu erstellen, in denen die jeweils im Vordergrund stehenden Beziehungen zu einer Teilstruktur abstrahiert sind. Solche, unmittelbar den Notwendigkeiten einzelner Tätigkeiten des Erzeugnisentstehungsprozesses angepaßten Erzeugnisgliederungen werden tätigkeitsorientiert genannt. In tätigkeitsorientierten Gliederungen technischer Systeme sind stets nur diejenigen Beziehungen abzubilden, deren Kenntnis zur Ausübung einer solchen Tätigkeit notwendig oder dienlich ist. Alle übrigen Zusammenhänge sollten dabei weggelassen werden.
Wenn ein technisches System in mehreren Bereichen eines Unternehmens mit Hilfe verschiedener tätigkeitsorientierter Gliederungen unabhängig bearbeitet wird, dann muß sichergestellt sein, daß trotz der verschiedenen verwendeten Teilstrukturen das bearbeitete technische System an sich immer und überall dasselbe bleibt. Zu diesem Zwecke ist es erforderlich, daß allen

tätigkeitsorientierten Gliederungen eine gemeinsame Basis zugrundeliegt. Diese gemeinsame Basis, welche ebenfalls die Form einer Erzeugnisgliederung hat, wird grundlegende Gliederung genannt. Ihre wesentliche Aufgabe ist es, die unmittelbare Vergleichbarkeit aller aus ihr abzuleitenden tätigkeitsorientierten Gliederungen zu gewährleisten. Deshalb müssen alle für die Entstehung einer grundlegenden Gliederung notwendigen Merkmale aus dem zugrundeliegenden technischen System und seinen Eigenschaften, nicht aber aus Zielvorstellungen des Erzeugnisentstehungsprozesses hergeleitet werden.

Alle tätigkeitsorientierten Gliederungen eines technischen Erzeugnisses bilden zusammen mit der grundlegenden Gliederung ein Gliederungssystem. Ein solches Gliederungssystem kann auch durch Einbeziehen verwandter technischer Systeme auf eine ganze Systemfamilie erweitert werden. Voraussetzung dafür ist die gleichartige Behandlung aller einzubeziehenden technischen Systeme nach einheitlichen Regeln. Dabei gewinnt insbesondere die sogenannte allgemeine Variantengliederung an Bedeutung. In ihr sind hauptsächlich die klassifikatorischen Beziehungen (Gleichheiten, Ähnlichkeiten und Unterschiede) zwischen den einzelnen Mitgliedern der Systemfamilie hervorgehoben. Daraus kann die Austauschbarkeit oder der Ausschluß einzelner Teilsystemgruppen in Bezug auf konkrete Aufgabenstellungen hergeleitet werden.

Wenn Gliederungen als ständige arbeitstechnische Hilfsmittel in den Erzeugnisentstehungsprozeß integriert werden sollen, dann ist es unerläßlich, für die Erstellung, Anwendung und Aktualisierung der Gliederungssysteme allgemeingültige Richtlinien festzulegen, die ein planmäßiges, schrittweises und in allen Unternehmensbereichen einheitliches Vorgehen ermöglichen. Eine solche Vorgehensweise wird Gliederungssystematik genannt. Eine Gliederungssystematik kann unter anderem zur

- schnelleren Einarbeitung neuer Mitarbeiter,
- Vereinheitlichung der Arbeitsweisen in den Unternehmensbereichen,
- Verbesserung der Koordination zwischen verschiedenen Unternehmensbereichen,
- Untersuchung technischer Systeme,
- Klassifizierung technischer Systeme,
- Verwirklichung technischer Systeme,
- Erstellung von Baureihen und Baukästen technischer Systeme,
- Erzielung eines einheitlichen Angebotsaufbaues sowie
- Systematisierung der kalkulatorischen Tätigkeiten

genutzt werden / 1 /.

7.2. Investitionen, Kalkulationen und Verhältniskosten

Ein wichtiger Teilschritt beim systematischen Projektieren und Konstruieren ist das Bewerten technischer Systeme (im Rahmen der Festlegung konstruktiver Wirkzusammenhänge) oder deren Funktionen (im Rahmen der Festlegung physikalischer Wirkzusammenhänge). Über wesentliche

Grundlagen des Bewertens ist unter 5.9. berichtet worden. Dabei wurde bereits deutlich, daß wirtschaftliche Gesichtspunkte bei der Auswahl physikalischer oder konstruktiver Varianten bestimmend sein können. Ausschlaggebend für die Wirtschaftlichkeit varianter Lösungen sind die zu erwartenden Erstellungs- und Betriebskosten. Deshalb sollte der kostenwirksam entscheidende Ingenieur auch Kenntnisse über Investitionen, Kalkulationen und Verhältniskosten haben.

7.2.1. Investitionen für technische Systeme

Unter Investitionen wird im allgemeinen das Anlegen von Geldkapital zum Zwecke der Veränderung der Sachgüterbestände, der Rechte oder des Finanzvermögens einer Wirtschaftseinheit verstanden.
Es kann zwischen finanzwirtschaftlichen und produktionswirtschaftlichen Investitionen unterschieden werden. Einer finanzwirtschaftlichen Investition bedarf es beispielsweise zur Beteiligung einer Gesellschaft an einer anderen. Als produktionswirtschaftliche Investition, deren Kenntnis besonders für die Ingenieure bedeutsam ist, wird die Bindung von Kapital in technischen Systemen mit produktionswirtschaftlichen Nutzleistungen, beispielsweise in Werken, Anlagen, Maschinen, Geräten und/oder Apparaten, bezeichnet. Zu den Investitionen für technische Systeme zählen alle Aufwendungen von der Beschaffung bis zur Herbeiführung ihrer Leistungsbereitschaft.

Zweck der produktionswirtschaftlichen Investitionen ist es, den Produktionsvorgang aufzunehmen, aufrechtzuerhalten, zu rationalisieren, zu erweitern oder umzustellen. Nach diesen Merkmalen können Investitionen in

- Erst-, Anfangs- oder Ausrüstungsinvestitionen,
- Ersatzinvestitionen,
- Rationalisierungsinvestitionen,
- Erweiterungsinvestitionen,
- Umstellungsinvestitionen und
- Diversifikationsinvestitionen

eingeteilt werden / 2 /.

Voraussetzungen und Grundlagen für Investitionsentscheidungen sind unter anderem Investitionsrechnungen. Das sind im allgemeinen Vergleichsrechnungen. Als Vergleichsgrößen können beispielsweise

- Renditen,
- Wiedergewinnungszeiten,
- Kosten,
- Erlöse oder
- Gewinne

angenommen werden. Die Rendite ist ein Maß der Verzinsung des eingesetzten Kapitals und damit für die Ertragskraft des Investitionsgegenstandes. Eine Wiedergewinnungszeit ist ein Maß für das zeitliche Wagnis einer Investition. Sie gibt an, wie lange der Investitionsgegenstand auf der Grundlage vorausgesagter Wirkungen genutzt werden muß, bis dem Unternehmen das gebundene Kapital wieder zugeflossen ist. Die genannten Vergleichsgrößen können durch

- statische oder
- dynamische

Investitionsrechnungen ermittelt werden.
Bei dynamischen Investitionsrechnungen wird der Zeiteinfluß durch Zinseszinsen berücksichtigt, bei den statischen nicht. Dynamische Verfahren zur Ermittlung der Vergleichsgrößen schließen den Zeitraum der gesamten Nutzungsdauer eines technischen Systems in die Rechnung ein. Dabei können Wertveränderungen während der Nutzungsdauer, die das Ergebnis einer Investitionsrechnung beeinflussen, berücksichtigt werden. Statische Rechnungen beziehen sich meist auf kürzere, besser überschaubare Zeiträume und werden in der Praxis oft wegen des geringeren Aufwandes und der besseren Überschaubarkeit des Ergebnisses durchgeführt.

Mit Ermittlungen der Investitionen für technische Systeme zur Stahlgewinnung und -umformung sowie der Betriebskosten solcher Systeme hat sich besonders die "Forschungsstelle Technisch - wirtschaftliche Unternehmensstrukturen der Stahlindustrien" an der Rheinisch-Westfälischen Technischen Hochschule Aachen befaßt / 3 bis 22 /. Zur Ermittlung der Investitionen dienen unter anderem die Verkaufspreise technischer Systeme. Grundlagen für die Bestimmung der Verkaufspreise sind die Preiskalkulationen.

7.2.2. Preiskalkulationen

Unter Preiskalkulation ist im allgemeinen die Ermittlung der Kosten je Leistungseinheit zu verstehen. Leistungseinheiten sind Mengeneinheiten des unternehmerischen oder betrieblichen Erzeugungsvorganges, welche beispielsweise in Stückzahlen, Gewichten, Kräften, Zeiten, Dienstleistungen oder sonstigen Einheiten gemessen werden.
Bei Preiskalkulationen kann zwischen einer

- Divisionskalkulation und
- Zuschlagskalkulation

unterschieden werden. Die Divisionskalkulation ist eine summarische Gesamtkostenrechnung ohne Differenzierung der Kosten auf einzelne Kostenträger. Bei der Zuschlagskalkulation werden Einzelkosten für die verschiedenen Kostenträger (beispielsweise Sachgüter oder Dienstleistungen) unmittelbar erfaßt und die übrigen Kosten als sogenannte Gemeinkosten verrechnet. Die Auswahl der Kalkulationsverfahren erfolgt vorzugsweise nach der Art, Zusammensetzung und Wiederholzahl der Erzeugnisse. Bei der Herstellung nur eines Erzeugnisses kann die Divisionskalkulation genügen. Im Falle der Serienfertigung und auftragsgebundenen Einzelfertigung mehrerer Erzeugnisse wird meist die Zuschlagskalkulation angewendet, die bei verwickelten Leistungsprozessen mit der Divisionskalkulation verbunden werden kann.

Kalkulationen sind im Rahmen des Vertriebsgeschehens und der Auftragsabwicklung, entsprechend ihrem Verwendungszweck, in

- Vorkalkulation,
- Mitkalkulation sowie
- Nachkalkulation

einzuteilen. Zweck der Vorkalkulation ist die Ermittlung der Verkaufspreise in Angeboten für technische Systeme. Unter dieser Kalkulation wird also eine vor der Leistungserbringung liegende Ermittlung der auf die Leistungseinheit bezogenen Kosten verstanden. Die Vorkalkulation wird oft auch Angebotskalkulation genannt. Zweck der Mitkalkulation ist die Istkostenermittlung sowie Kostenkontrolle des Betriebsgeschehens durch Gegenüberstellung von Soll- und Istkosten während der Abwicklung eines Auftrages. Damit können Abweichungen von den vorkalkulierten, durch Auftragsabschluß festgelegten Sollkosten während der Auftragsbearbeitung festgestellt und unter Umständen Maßnahmen zur Verminderung oder Beseitigung negativer Abweichungen ergriffen werden. Zweck der Nachkalkulation ist die

- Istkostenermittlung,
- Kontrolle des Betriebsgeschehens durch Gegenüberstellung von Soll- und Istkosten,
- Schaffung von Unterlagen für künftige Vorkalkulationen und Preisgestaltungen sowie
- Errechnung der Istgewinnspanne durch Vergleich von effektiven Kosten und erzielten Erlösen

nach der Auftragsabwicklung. Daneben sind Nachkalkulationen Grundlagen für die Ermittlung von Kostenverhältnissen, die dem kostenwirksam entscheidenden Projekteur, Konstrukteur und Fertigungsingenieur in Form von Verhältniskostenkatalogen verfügbar sein sollten. Unter Nachkalkulation wird also eine auf die Leistungseinheit bezogene Kostenermittlung verstanden, der die für eine abgeschlossene Leistungserbringung tatsächlich aufgewendeten Kosten zugrunde liegen. Vor-, Mit- und Nachkalkulation haben, besonders im Hinblick auf ihre Vergleichbarkeit, den gleichen Aufbau.

Unter Verkaufspreisen sind die Preise zu verstehen, mit denen Waren dem Käufer angeboten werden. Vor einer Preiskalkulation sind Mengen der zu erbringenden Leistungen und/oder Lieferungen festzulegen. Diese Mengen werden mit Wertansätzen eines für alle Kostenarten einheitlichen Stichtages bewertet. Bei Vorkalkulationen zur Ermittlung fester Verkaufspreise (Festpreise) können die Kosten mit Indexreihen / 23 / auf die Werte des Zeitpunktes ihres Entstehens umgerechnet werden. Gleitpreisen liegen Werte des Zeitpunktes der Vorkalkulation ohne Umrechnung mit Indizes zugrunde. Hierbei erfolgt die Umrechnung mit einer vertraglich zu vereinbarenden Preisgleitklausel. Damit werden die bei der Erbringung von Leistungen und Lieferungen in den Rechnungen aufzuführenden Endpreise bestimmt.
Für den Projekteur und Konstrukteur ist, vor allen übrigen Kalkulationsarten, die sogenannte Maschinenbau-Kalkulation bedeutsam. Deshalb werden Aufbau und wesentlicher Inhalt einer

solchen Kalkulation, als Beispiel für Erzeugnisse mit auftragsgebundener Einzelfertigung, im folgenden allgemein vereinfacht dargestellt und beschrieben.

Eine Maschinenbau-Kalkulation für Angebote und Aufträge zur Lieferung technischer Systeme setzt sich im wesentlichen aus Ermittlungen der Kostenartengruppen

- Stoffkosten,
- Fertigungskosten,
- Konstruktionskosten,
- Gemeinkosten und
- Sondereinzelkosten

zusammen. Umfänge dieser Kostenartengruppen sowie die darauf aufbauende Bildung der Verkaufspreise sind dem **Bild 7.2** zu entnehmen. Dabei betreffen Stoffkosten im wesentlichen die für Leistungen und Lieferungen zu verarbeitenden Rohstoffe, Teile und Teilsysteme sowie deren Bereitstellung, Prüfung, Transport und Verwaltung. Fertigungs- und Konstruktionskosten enthalten hauptsächlich Löhne und Gehälter sowie Aufwendungen zur Aufrechterhaltung der Fertigungs- und Konstruktionseinrichtungen, einschließlich Gebäude und Verwaltung. Gemeinkosten sind solche Kosten, die nicht als Einzelkosten, beispielsweise Lohn-, Material- und Sondereinzelkosten, unmittelbar den Kostenträgern (zum Beispiel Dienstleistungen und Sachgütern) zurechenbar sind, sondern nach Kostenarten auf Kostenstellen verrechnet werden. Sondereinzelkosten entstehen in den nicht unmittelbar am Erzeugnisentstehungsprozeß beteiligten Bereichen des Unternehmens, sind aber direkt den Aufträgen zuordbar.

7.2.3. Verhältniskosten

Verhältniskosten technischer Systeme sind Vergleichszahlen, die nach der Ermittlung absoluter Kosten bestimmt werden. Sie sind nur für den Zeitraum gültig, in welchem sich die absoluten Kosten nicht ändern oder alle Kostenarten für technische Systeme sich um den gleichen prozentualen Betrag ändern. Das gilt unter Voraussetzung unveränderter technischer Systeme und Fertigungsabläufe. Verhältniskosten werden aus absoluten Kosten ermittelt.
Für die Ermittlung der Verhältniskosten gibt es unterschiedliche Wege:

1. Die absoluten Kosten der zu vergleichenden Erzeugnisse werden in ihrer Darstellung durch Prozentzahlen ersetzt. Dabei ist die Bezugszahl Null der Absolutkosten-Darstellung gleich der Bezugszahl Null der Verhältniskosten-Darstellung, **Bild 7.3.**
2. Das Erzeugnis mit den kleinsten absoluten Kosten wird gleich der Bezugszahl 1.00 oder 100 % gesetzt, **Bild 7.4.**
3. Die Bezugszahl der Verhältniskosten ist eine angenommene, außerhalb der Absolutkosten liegende Vergleichszahl, **Bild 7.5 /** 24 **/.**

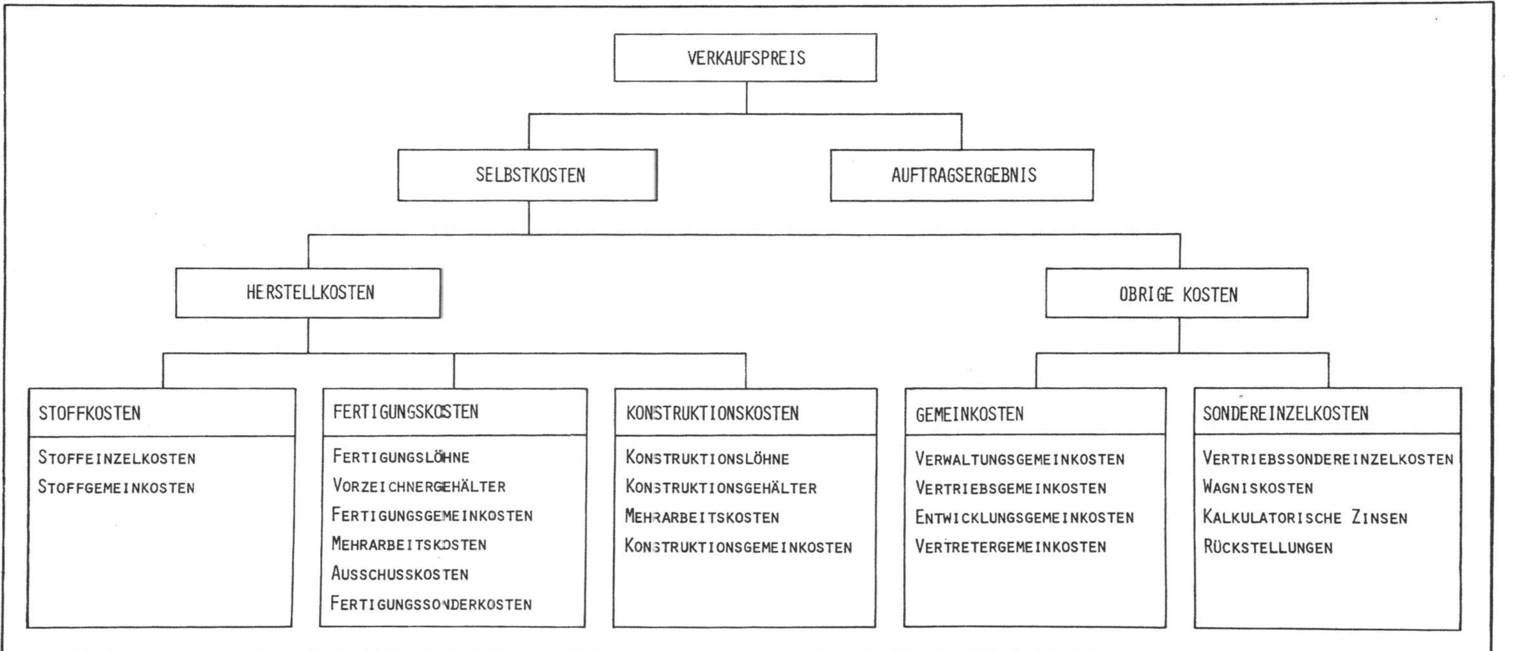

Bild 7.2: Aufbau einer Maschinenbau-Kalkulation für Angebote und Aufträge zur Lieferung technischer Systeme.

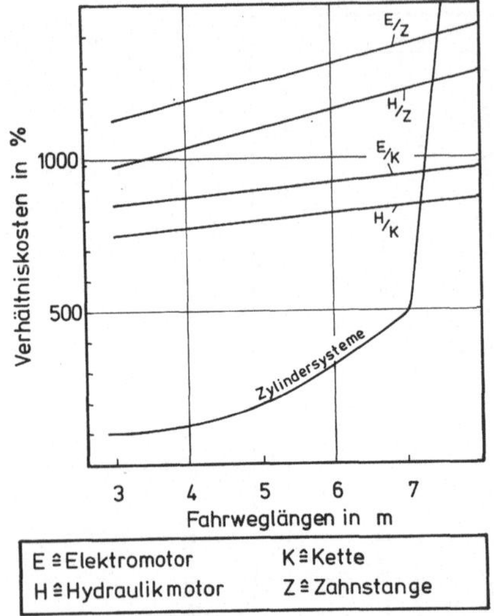

Bild 7.3: Abhängigkeiten der Verhältniskosten unterschiedlicher Fahrantriebsysteme der Bundhubwagen von den Fahrweglängen.

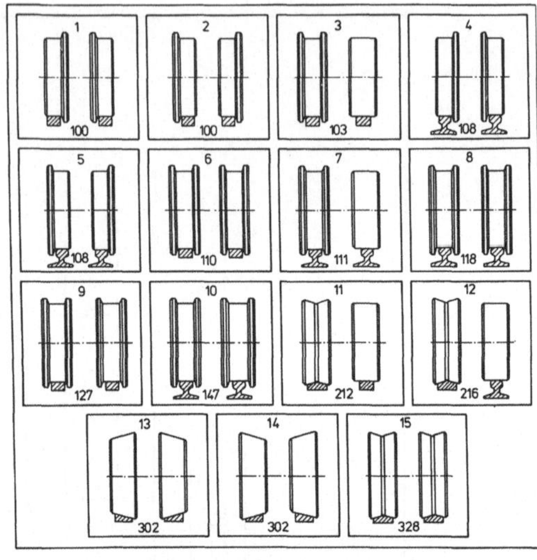

Bild 7.4: Unterschiedliche Zuordnungsmöglichkeiten von Laufrädern und Schienen für Bundhubwagen mit zugehörigen Verhältniskosten.

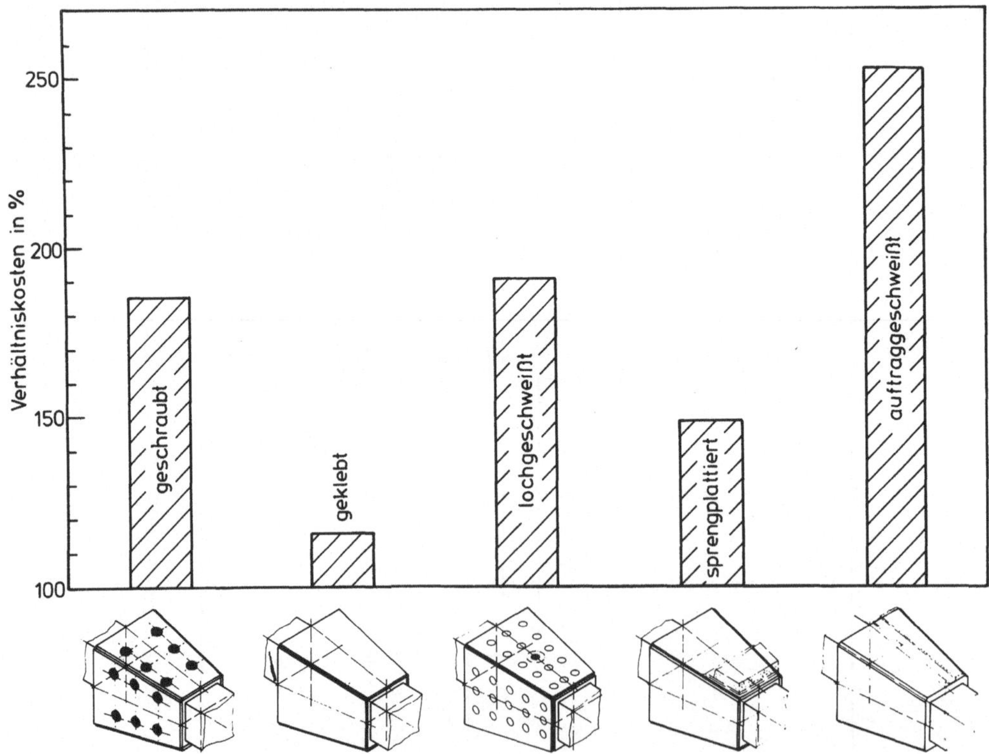

Bild 7.5: Unterschiedliche Fertigungsverfahren für das Aufbringen von Gleitwerkstoffen auf Dornwellen sowie zugeordnete Verhältniskosten.

7.3. Kommerzielle und juristische Bedingungen

Wie bereits erwähnt, ist mit der Fertigstellung der technischen Unterlagen die Bearbeitung eines Projektes oder Auftrages noch nicht abgeschlossen. Neben technischen sind auch kommerzielle und juristische Aufgaben zu erledigen. Dabei sind häufig Überschneidungen von Verantwortlichkeiten der mit diesen Aufgaben betrauten Unternehmensbereiche zu beobachten. Solche Überschneidungen bergen, insbesondere dann, wenn sie nicht erkannt und ausgeräumt werden, oft erhebliche unternehmerische Wagnisse. Diese Wagnisse können durch eine koordinierte gemeinsame Aufgabenklärung sowie Ergebnisdokumentation aller an der Bearbeitung eines Angebotes oder Auftrages beteiligten organisatorischen Einheiten gemindert werden. Zu diesem Zwecke sind die im Rahmen der Aufgabenklärung beschriebenen Anforderungslisten, Tafeln 1.1 bis 3.4 des Anhanges, durch kommerzielle und juristische Bedingungen zu ergänzen. In den **Tafeln 5.1 und 5.2,** Anhang, sind wesentliche Merkmale zur Festlegung solcher Bedingungen für die Vertragsgestaltung aufgelistet. Unvermeidliche Überschneidungen zum technischen Teil der Anforderungsliste sind hier durch den Zusatz "Ergänzungen und Beilagen technischer Bedingungen" kenntlich gemacht.
Wenn auch bei der Zusammenstellung der Unterlagen im Rahmen des fünften Hauptschrittes die Merkmale der Tafeln 1.1 bis 1.6 sowie 5.1 und 5.2 zur Prüfung der Vollständigkeit zugrunde gelegt werden, dann sind damit alle wesentlichen Inhalte eines Vertrages zur Erstellung und Lieferung eines technischen Erzeugnisses umrissen. Darüberhinaus bieten diese Merkmallisten die Möglichkeit der Vereinheitlichung von Vertragsunterlagen für alle Bereiche eines Unternehmens.

7.4. Elektronische Datenverarbeitungsanlagen

Ein technisches Hilfsmittel für das Projektieren und Konstruieren ist eine EDV-Anlage. Voraussetzung für den sinnvollen Einsatz von EDV-Anlagen ist im wesentlichen eine eindeutige Beschreibbarkeit der Projektierungs- und Konstruktionstätigkeiten und die Gewähr für den möglichst häufigen Einsatz der Rechenprogramme über einen längeren Zeitraum. Dann sind die manchmal verhältnismäßig hohen Programmerstellungs- und Rechnerkosten gerechtfertigt. Der Einsatz der EDV zur Lösung von Teilaufgaben, beispielsweise Auslegung einzelner Anlagenteilsysteme bringt bei der Projektierung komplexer technischer Systeme keine wesentlichen Vorteile, weil dabei das Problem der Verkettung der Systemelemente und deren Abstimmung unberücksichtigt bleibt. Eine erhebliche Verbesserung des Projektierungsgeschehens ist nur durch die Entwicklung eines geschlossenen Programmsystems möglich, das die schematischen Arbeiten, das heißt Überprüfung der Anforderungen an das Gesamtsystem, Auslegung und Abstimmung der Teilsysteme, Suche nach vorhandenen konstruktiven Lösungen und Ergebnisdokumentation, übernimmt sowie andererseits Möglichkeiten zur Einflußnahme durch den Projekteur zuläßt. Für die Entwicklung eines derartigen Programmsystems sind die Analyse und Systematisierung des Projektierungs- und Konstruktionsablaufes wesentliche Voraussetzungen.

Die notwendige Erfassung und Bearbeitung großer Datenmengen und vieler funktioneller Zusammenhänge sowie daraus herrührender Teilsysteme ist nur durch eine schrittweise Bearbeitung aufgrund einer sinnvollen Einteilung möglich. Dabei muß mit jedem Arbeitsschritt eine Teillösung erreicht werden, wobei die einzelnen Teillösungen dann zur Gesamtlösung führen / 25 bis 33 /.

Diese Voraussetzungen werden von der Projektierungs- und Konstruktionssystematik in hervorragender Weise erfüllt, weil

- durch die Bearbeitung nach Komplexitätsebenen und Hauptschritten eine klare, straffe Gliederung der Projektierungs- und Konstruktionstätigkeiten gegeben ist,
- die Einbeziehung des Schnittprinzipes in die Systematik eine Teilung der Aufgaben sowie eine Zusammenfassung von Teillösungen zur Gesamtlösung erheblich erleichtert und
- aufgrund der notwendigen weitgehenden Analyse und theoretischen Durchdringung des Projektierungs- und Konstruktionsprozesses eine Rationalisierung der Einzeltätigkeiten bereits durchgeführt und deren Algorithmierung zumindest vorbereitet ist.

Deshalb konnte eine rechnerunterstützte Vorgehensweise auf der Grundlage der Projektierungs- und Konstruktionssystematik entwickelt und auch schon erfolgreich in der Praxis angewendet werden / 25 bis 33 /.

Die Ermittlung der Wirtschaftlichkeit rechnerunterstützter Arbeitsweisen ist verhältnismäßig einfach, wenn vorgegebene, überschaubare Tätigkeitsabläufe rechnerunterstützt bearbeitet oder automatisiert werden, also bestimmte bisher manuell durchgeführte Tätigkeiten vom Rechner übernommen werden. Hierfür kann eine Wirtschaftlichkeitsbetrachtung beispielsweise nach der Formel / 34 /

$$nj > \frac{A + Z + W}{MK - AK} \qquad (7.1)$$

mit nj = Anzahl der Anwendungen je Jahr,
A = jährliche Abschreibungsrate (DM),
Z = jährliche Zinsen des Investitionsbetrages (DM),
W = jährliche Wartungskosten des EDV-Systems (DM),
MK = Kosten je Aufgabe bei manueller Bearbeitung (DM) und
AK = laufende Kosten je Aufgabe bei rechnerunterstützter Bearbeitung (DM)

erfolgen.

Auswirkungen einer rechnerunterstützten Arbeitsweise, deren betriebswirtschaftlicher Nutzen oft nur schwer oder nicht quantifizierbar ist, sind beispielsweise

- Reproduzierbarkeit der Arbeitsabläufe,
- schnelle Verfügbarkeit von Daten,
- Entlastung der Projekteure und Konstrukteure von Routinetätigkeiten,
- Bearbeitung von Aufgaben, die ohne EDV-Einsatz technisch und/oder wirtschaftlich nicht durchführbar sind,
- Vereinfachung der Erstellung alternativer technischer Lösungen,

- Verbesserung der Entscheidungsgrundlagen,
- Minderung der Fehlerhäufigkeit,
- Verbesserung der Erzeugnisse sowie
- günstige Beeinflussung der vor- und/oder nachgeordneten Arbeitsabläufe.

Diesen Auswirkungen, deren Gewichtung von Unternehmen zu Unternehmen und von Einsatzbereich zu Einsatzbereich im allgemeinen unterschiedlich ist, kommt bei der Entscheidungsfindung für oder gegen einen EDV-Einsatz eine wesentliche Bedeutung zu. Die EDV sollte möglichst schrittweise unter Zugrundelegung eines Gesamtkonzeptes in den Projektierungs- und Konstruktionsablauf einbezogen werden. Damit ist eine möglichst frühzeitige wirtschaftliche Nutzung der EDV zu erzielen.

7.5. Schrifttum

1. Baumann, H.G. und W. Roloff: Unveröffentlichter Bericht, Duisburg, 1981.
2. Schwarz, H.: Optimale Investitionsentscheidungen. Verlag Moderne Industrie, München, 1967.
3. Schenck, H., K. Consemüller, H.-J. Zimmermann, E. Quadflieg, P.-D. Busch und T. Hinckeldey: Baukosten von Stahlwerken und betriebliche Verarbeitungskosten der Stahlwerksverfahren. Stahleisen-Einzeldarstellungen technisch-betriebswirtschaftlicher Zusammenhänge, Verlag Stahleisen, Düsseldorf, 1970.
4. Berger, H.: Prinzipien der Ermittlung der Betriebskosten von Vakuum-Entgasungsanlagen, dargestellt am Beispiel des Vakuum-Umlauf-(RH-) Verfahrens. Dr.-Ing.-Dissertation, RWTH Aachen, 1973.
5. Schenck, H., H.G. Baumann und H.D. Faber: Technisch-wirtschaftliche Möglichkeiten des Stahlstranggießens zur Herstellung von Halbzeug unter besonderer Berücksichtigung der Investitionen. Stahl u. Eisen 92 (1972) 15, S. 733/743.
6. Schenck, H., H.G. Baumann und H.D. Faber: Technisch-wirtschaftliche Möglichkeiten des Stahlstranggießens zur Herstellung von Halbzeug unter besonderer Berücksichtigung der betrieblichen Verarbeitungskosten. Stahl u. Eisen 92 (1972) 17, S. 831/840.
7. Faber, H.D.: Technisch-wirtschaftliche Möglichkeiten des Stahlstranggießens zur Herstellung von Halbzeug. Dr.-Ing.-Dissertation, RWTH Aachen, 1972.
8. Baumann, H.G., K. Peters und H. Schenck: Investitionsvergleich von Kaltwalzstraßen unterschiedlicher Größe für die Herstellung von Feinblech. Stahl u. Eisen 93 (1973) 17, S. 775/779.
9. Peters, K.: Technisch-wirtschaftliche Möglichkeiten zur Herstellung von Feinblech aus Stahl. Dr.-Ing.-Dissertation, RWTH Aachen, 1973.
10. Schenck, H., H.G. Baumann und W.J. Löpmann: Technisch-wirtschaftliche Möglichkeiten der Herstellung von Stahlsträngen und ihrer Verarbeitung zu nahtlosen Rohren unter besonderer Berücksichtigung der Investitionen. Stahl u. Eisen 94 (1974) 24, S. 1212/1217.
11. Löpmann, W.J.: Technisch-wirtschaftliche Möglichkeiten zur Herstellung von Stahlsträngen und ihrer Verarbeitung zu nahtlosen Rohren. Dr.-Ing.-Dissertation, RWTH Aachen, 1973.
12. Wagner, C., H.G. Baumann und H. Schenck: Technisch-wirtschaftliche Möglichkeiten der Herstellung von Stahlbrammen unter besonderer Berücksichtigung der Investitionen. Stahl u. Eisen 95 (1975) 2, S. 56/61.
13. Wagner, C., H.G. Baumann und H. Schenck: Technisch-wirtschaftliche Möglichkeiten der Herstellung von Stahlbrammen durch Blockgießen und Walzen unter besonderer Berücksichtigung der betrieblichen Verarbeitungskosten. Stahl u. Eisen 95 (1975) 15, S. 697/701.
14. Wagner, C.: Herstellung von Stahlbrammen durch Blockgießen und Walzen. Dr.-Ing.-Dissertation, RWTH Aachen, 1974.
15. Wuppermann, C.-D.: Technisch-wirtschaftliche Verfahrenswege zur Herstellung von Stabstahl und Walzdraht aus Vorblöcken oder Strangabschnitten. Dr.-Ing.-Dissertation RWTH Aachen, 1974.
16. Puppe, W.: Technisch-wirtschaftliche Möglichkeiten der Herstellung von Vorprofilen für Formstahl. Dr.-Ing.-Dissertation, RWTH Aachen, 1973.

17. Sack, E.T.: Technisch-wirtschaftliche Möglichkeiten der Herstellung von Stahlblech aus Strangbrammen oder Vorbrammen. Dr.-Ing.-Dissertation, RWTH Aachen, 1974.
18. Winterkamp, H.: Technisch-wirtschaftliche Möglichkeiten der Herstellung von Warm-Breitband aus Stahl. Dr.-Ing.-Dissertation, RWTH Aachen, 1974.
19. Morsek, H.: Systematisches Konstruieren, methodisches Berechnen, Verhältniskosten und Investitionen, dargestellt am Beispiel technischer Systeme für das Behandeln der Stahlbänder. Dr.-Ing.-Dissertation, RWTH Aachen, 1976.
20. Gieseking, W.R.: Baukosten und betriebliche Verarbeitungskosten der Stahlstrang-Gießanlagen. Dr.-Ing.-Dissertation, RWTH Aachen, 1976.
21. Scheffler, G.: Systematisches Konstruieren und Berechnen von Stahlwerken unter besonderer Berücksichtigung der Investitionen und betrieblichen Verarbeitungskosten. Dr.-Ing.-Dissertation, RWTH Aachen, 1976.
22. Schenck, H.: Grundlagen, Aufgaben und Ziele der "Forschungsstelle: Technisch-wirtschaftliche Unternehmensstrukturen der Stahlindustrien" an der Rheinisch-Westfälischen Technischen Hochschule Aachen. Stahl u. Eisen 95 (1975) 22, S. 1005/1011.
23. Statistisches Jahrbuch für die Bundesrepublik Deutschland, 1974. Hrsg.: Statistisches Bundesamt, Wiesbaden, Stuttgart, 1974.
24. Baumann, H.G., H. Morsek und P. Köllensperger: Investitionen, Kalkulationen und Verhältniskosten technischer Systeme. Stahl u. Eisen 95 (1975) 24, S. 1183/1187.
25. Baumann, H.G. und K.-H. Looschelders: Betrachtungen zu Gegebenheiten bei den Anlagenbauunternehmen im Rahmen des rechnerunterstützten Projektierens sowie Konstruierens komplexer technischer Systeme. Arch. Eisenhüttenwes. 51 (1980) 5, S. 173/176.
26. Baumann, H.G. und K.-H. Looschelders: EDV-Anlagen als technische Hilfsmittel für das rechnerunterstützte Projektieren und Konstruieren. Arch. Eisenhüttenwes. 51 (1980) 7, S. 301/306.
27. Baumann, H.G. und K.-H. Looschelders: Rechnerunterstütztes systematisches Projektieren und Konstruieren komplexer technischer Systeme. Arch. Eisenhüttenwes. 51 (1980) 9, S. 377/382.
28. Baumann, H.G. und K.-H. Looschelders: Klärung der Aufgabe, Unterprogramm KLADAU, beim rechnerunterstützten systematischen Projektieren und Konstruieren. Arch. Eisenhüttenwes. 51 (1980) 10, S. 429/434.
29. Baumann, H.G. und K.-H. Looschelders: Festlegung der logischen Wirkzusammenhänge, Unterprogramm LOGWIZ, beim rechnerunterstützten systematischen Projektieren und Konstruieren. Arch. Eisenhüttenwes. 51 (1980) 12, S. 507/512.
30. Brückner, K.: Rechnerunterstützte Anlagenprojektierung. VDI-Berichte 382 (1980) S. 89/105, VDI-Verlag, Düsseldorf, 1980.
31. Baumann, H.G. und K.-H. Looschelders: Festlegung der physikalischen Wirkzusammenhänge, Unterprogramm PHYWIZ, beim rechnerunterstützten systematischen Projektieren und Konstruieren. Arch. Eisenhüttenwes. 52 (1981) 1, S. 21/26.
32. Baumann, H.G. und K.-H. Looschelders: Festlegung der konstruktiven Wirkzusammenhänge, Unterprogramm KONWIZ, beim rechnerunterstützten systematischen Projektieren und Konstruieren, Arch. Eisenhüttenwes. 52 (1981) 7, S. 281/288.
33. Baumann, H.G. und K.-H. Looschelders: Anfertigung der Angebots- und Erstellungsunterlagen, Unterprogramm ANDANG/ANDERS, beim rechnerunterstützten systematischen Projektieren und Konstruieren. Arch. Eisenhüttenwes. 52 (1981).
34. Kiesow, H. und H.-P. Wiendahl: Konstruieren nach dem Variantenprinzip. VDI-Berichte 191, VDI-Verlag, Düsseldorf, 1973.

8. Anhang

8.1. Leitlinie zur Erstellung der Anforderunglisten,
Tafel 1.1 bis 1.6

8.2. Anforderungsliste für die Montage,
Tafel 2.1 bis 2.8

8.3. Anforderungsliste für das Projektieren einer Feuerverzinkungslinie,
Tafel 3.1 bis 3.4

8.4. Gestalt- und Aufbauvariation der Anlagen einer Feuerverzinkungslinie,
Tafel 4.1 bis 4.10

8.5. Merkmalliste zur kommerziellen Vertragsgestaltung,
Tafel 5.1 und 5.2

	MERKMALE ZUR ERSTELLUNG EINER ANFORDERUNGSLISTE	BLATT 1

1.	KUNDENBEZOGENE DATEN	3.	STOFFE, ENERGIEN UND SIGNALE
1.1.	KENNZEICHNUNG DES KUNDEN	3.1.	PRODUKTE (AM AUSGANG DES TECHNISCHEN SYSTEMES)
1.1.1.	NAME UND ANSCHRIFT	3.1.1.	STOFFE
1.1.2.	ZUSTAENDIGKEITEN BEIM KUNDEN	3.1.1.1.	ARTEN
1.2.	KENNZEICHNUNG DES PROJEKTES/AUFTRAGES	3.1.1.1.1.	FORMEN
1.2.1.	NAME DES PROJEKTES/AUFTRAGES	3.1.1.1.2.	GUETEN
1.2.2.	PROJEKT/AUFTRAGSNUMMER	3.1.1.1.2.1.	AUFBAU - ZUSAMMENSETZUNG - GEFUEGE
1.2.3.	UMFANG DES PROJEKTES/AUFTRAGES	3.1.1.1.2.2.	BESCHAFFENHEIT - INNERE BESCHAFFENHEIT - AEUSSERE BESCHAFFENHEIT
2.	HERSTELLERBEZOGENE DATEN	3.1.1.1.2.3.	EIGENSCHAFTEN - MECHANISCHE EIGENSCHAFTEN - PHYSIKALISCHE EIGENSCHAFTEN - CHEMISCHE EIGENSCHAFTEN - TECHNOLOGISCHE EIGENSCHAFTEN
2.1.	KENNZEICHNUNG DES HERSTELLERS	3.1.1.2.	MENGEN - ABSOLUTE MENGEN (SOLLMENGEN) - MENGENVERTEILUNGEN (MENGENGERUESTE)
2.1.1.	NAME UND ANSCHRIFT	3.1.2.	ENERGIEN
2.1.2.	ZUSTAENDIGKEITEN BEIM HERSTELLER	3.1.2.1.	ARTEN
2.2.	KENNZEICHNUNG DES PROJEKTES/AUFTRAGES	3.1.2.1.1.	FORMEN
2.2.1.	NAME DES PROJEKTES/AUFTRAGES	3.1.2.1.2.	GUETEN
2.2.2.	PROJEKT/AUFTRAGSNUMMER	3.1.2.2.	MENGEN
2.2.3.	UMFANG DES PROJEKTES/AUFTRAGES	3.1.3.	SIGNALE
2.3.	KENNZEICHNUNG DES TECHNISCHEN SYSTEMES	3.1.3.1.	ARTEN
2.3.1.	NAME DES TECHNISCHEN SYSTEMES	3.1.3.1.1.	FORMEN
2.3.2.	ZUGEHOERIGKEIT DES TECHNISCHEN SYSTEMES	3.1.3.1.2.	GUETEN
2.3.3.	KOMPLEXITAET DES TECHNISCHEN SYSTEMES	3.1.3.2.	MENGEN
2.3.4.	KLASSIFIZIERUNGSNUMMER DES TECHNISCHEN SYSTEMES		
2.4.	TERMINE - GEFORDERT - MOEGLICH		
2.5.	ZWECKBESCHREIBUNGEN		
2.5.1.	ZWECKBESCHREIBUNG DES PROJEKTES/AUFTRAGES		
2.5.2.	ZWECKBESCHREIBUNG DES TECHNISCHEN SYSTEMES		

Tafel 1.1: Leitlinie zur Erstellung der Anforderungslisten, Blatt 1.

	MERKMALE ZUR ERSTELLUNG EINER ANFORDERUNGSLISTE	BLATT 2

3.2.	PRODUKTE (AM EINGANG DES TECHNISCHEN SYSTEMES)	3.3.	BETRIEBSMITTEL
3.2.1.	STOFFE	3.3.1.	STOFFE
3.2.1.1.	ARTEN	3.3.1.1.	ARTEN
3.2.1.1.1.	FORMEN	3.3.1.1.1.	FORMEN
3.2.1.1.2.	GUETEN	3.3.1.1.2.	GUETEN
3.2.1.1.2.1.	AUFBAU - ZUSAMMENSETZUNG - GEFUEGE	3.3.1.2.	MENGEN
3.2.1.1.2.2.	BESCHAFFENHEIT - INNERE BESCHAFFENHEIT - AEUSSERE BESCHAFFENHEIT	3.3.2.	ENERGIEN
3.2.1.1.2.3.	EIGENSCHAFTEN - MECHANISCHE EIGENSCHAFTEN - PHYSIKALISCHE EIGENSCHAFTEN - CHEMISCHE EIGENSCHAFTEN - TECHNOLOGISCHE EIGENSCHAFTEN	3.3.2.1.	ARTEN
3.2.1.2.	MENGEN - ABSOLUTE MENGEN (SOLLMENGEN) - MENGENVERTEILUNGEN (MENGENGERUESTE)	3.3.2.1.1.	FORMEN
3.2.2.	ENERGIEN	3.3.2.1.2.	GUETEN
3.2.2.1.	ARTEN	3.3.2.2.	MENGEN
3.2.2.1.1.	FORMEN	3.3.3.	SIGNALE
3.2.2.1.2.	GUETEN	3.3.3.1.	ARTEN
3.2.2.2.	MENGEN	3.3.3.1.1.	FORMEN
3.2.3.	SIGNALE	3.3.3.1.2.	GUETEN
3.2.3.1.	ARTEN	3.3.3.2.	MENGEN
3.2.3.1.1.	FORMEN	4.	ZEITEN
3.2.3.1.2.	GUETEN	4.1.	ZEITBILANZEN - KALENDERZEIT (BEZUGSZEITRAUM) - BETRIEBSZEIT - STILLSTANDSZEIT - NUTZUNGSZEIT - UNTERBRECHUNGSZEIT - NUTZUNGSHAUPTZEIT - NUTZUNGSNEBENZEIT
3.2.3.2.	MENGEN	4.2.	ZEITGRADE - NUTZUNGSGRAD - VERFUEGBARKEITSGRAD - VERLUSTZEITGRAD

Tafel 1.2: Leitlinie zur Erstellung der Anforderungslisten, Blatt 2.

	MERKMALE ZUR ERSTELLUNG EINER ANFORDERUNGSLISTE	BLATT 3

5. UMWELT- UND SYSTEMEINFLUESSE

5.1. UMWELTEINFLUESSE

5.1.1. GEOGRAPHISCHE EINFLUESSE

5.1.1.1. LAGE

5.1.1.2. BESTEHENDE VERKEHRSVERBINDUNGEN
- SEESCHIFFAHRTSWEGE
- BINNENSCHIFFAHRTSWEGE
- SCHIENENWEGE
- STRASSEN
- FLUGHAEFEN

5.1.1.3. ZULIEFERMAERKTE

5.1.1.4. ABSATZMAERKTE

5.1.2. KLIMATISCHE EINFLUESSE
- LUFTTEMPERATUR
  - TAG/NACHT
  - SOMMER/WINTER
- LUFTFEUCHTIGKEIT
  - TAG/NACHT
  - REGENZEIT/TROCKENZEIT
- LUFTDRUCK
- LUFTBEWEGUNG
  - WINDSTAERKEN
  - WINDRICHTUNGSVERTEILUNG
- LUFTANALYSE
  - ZUSAMMENSETZUNG
  - BESONDERE BEIMISCHUNGEN
    - GASE
    - AEROSOLE

5.1.3. GEOLOGISCHE EINFLUESSE

5.1.3.1. BODENVERHAELTNISSE
- BODENART
- BODENGESTALT
- BODENBESCHAFFENHEIT
- ABGRABUNGEN (BERGBAU)

5.1.3.2. ROHSTOFF- UND ENERGIEVORKOMMEN

5.1.3.3. SEISMIZITAET

5.1.4. BIOLOGISCHE GEGEBENHEITEN
- LANDSCHAFTSSCHUTZGEBIET
- TIERSCHUTZGEBIET
- SCHAEDLINGE

5.1.5. GEGEBENHEITEN DURCH BENACHBARTE TECHNISCHE SYSTEME
- ERSCHUETTERUNGEN
- DUNST
- STAUB
- CHEMISCH AKTIVE SUBSTANZEN
- LAERM

5.1.6. EINFLUESSE DURCH MENSCHEN

5.1.6.1. ARBEITSMARKT
- BESCHAEFTIGUNGSNIVEAU
- LOHNKOSTENNIVEAU
- AUSBILDUNGSNIVEAU

5.1.6.2. BEVOELKERUNG
- SIEDLUNGSDICHTE
- OEFFENTLICHE MEINUNG

5.1.6.3. POLITISCHE STRUKTUR UND WIRTSCHAFTSSTRUKTUR
- STAATSFORM
- WIRTSCHAFTSFORM
- INDUSTRIELLE UND GEWERBLICHE NUTZUNG
- LAND- UND FORSTWIRTSCHAFTLICHE NUTZUNG

5.2. SYSTEMEINFLUESSE

Tafel 1.3: Leitlinie zur Erstellung der Anforderungslisten, Blatt 3.

	MERKMALE ZUR ERSTELLUNG EINER ANFORDERUNGSLISTE	BLATT 4

6. UMWELT- UND SYSTEMBEZOGENE BEDINGUNGEN

6.1. UMWELTBEZOGENE BEDINGUNGEN

6.1.1. ABFALLBESEITIGUNG (DEPONIE)

6.1.2. IMMISSIONSSCHUTZ

6.1.2.1. REINHALTUNG DER LUFT

6.1.2.2. REINHALTUNG DES WASSERS
- GRUNDWASSER
- BINNENGEWAESSER
- KUESTENGEWAESSER
- HOHE SEE

6.1.2.3. REINHALTUNG DES BODENS

6.1.2.4. REINHALTUNG VON NATUR UND LANDSCHAFT

6.1.2.5. EINSCHRAENKUNG VON BELASTUNGEN DURCH
- SCHALL
- ERSCHUETTERUNGEN
- WAERME
- STRAHLEN
- GERUECHE

6.2. SYSTEMBEZOGENE BEDINGUNGEN

6.2.1. ART UND UMFANG VON KUNDENBEISTELLUNGEN

6.2.2. BESONDERE EIGENSCHAFTEN VON SYSTEMEN HINSICHTLICH
- AUSBAUFAEHIGKEIT
- UMRUESTBARKEIT
- WECHSELBARKEIT
- AUSTAUSCHBARKEIT VON TEILSYSTEMEN UNTEREINANDER

6.2.3. ZUSAETZLICH GEFORDERTE FUNKTIONEN UND TEILSYSTEME

6.2.4. FESTLEGUNG BESTIMMTER UNTERLIEFERANTEN FUER ZUKAUFSYSTEME

6.2.5. ZUSAETZLICHE SICHERHEITSVORKEHRUNGEN

6.2.6. BESONDERE BERECHNUNGEN ZU TEILSYSTEMEN UND TEILEN

6.2.7. DATEN, DIE AUFGRUND DURCHGEFUEHRTER PROJEKTIERUNGS- ODER KONSTRUKTIONSARBEITEN DIE VARIATIONSMOEGLICHKEITEN BEGRENZEN.

6.2.8. DATEN, DIE ERFAHRUNGSGEMAESS ZUR BERECHNUNG DER TEILSYSTEME NOTWENDIG SIND:
- TECHNOLOGISCHE GRENZWERTE
- FUER DIE BERECHNUNGEN ERFORDERLICHE CHARAKTERISTISCHE DATEN
- SYSTEMSPEZIFISCHE KONSTANTEN

Tafel 1.4: Leitlinie zur Erstellung der Anforderungslisten, Blatt 4.

	MERKMALE ZUR ERSTELLUNG EINER ANFORDERUNGSLISTE	BLATT 5

7. PROJEKTIERUNGS- UND KONSTRUKTIONSBEDINGUNGEN

7.1. FESTLEGUNG VON BERECHNUNGSGAENGEN
- VERFAHREN
- REIHENFOLGE
- AUSFUEHRUNG

7.2. VERWENDUNG VON NORM- UND SERIENTEILEN

7.3. BERUECKSICHTIGUNG VON BAUREIHEN UND BAUKASTENSYSTEMEN

7.4. ALLGEMEINE AUSFUEHRUNGSBESTIMMUNGEN

7.4.1. AESTHETISCHE EIGENSCHAFTEN
- FORM
- FARBE
- STRUKTUR

7.4.2. GEBRAUCHSEIGENSCHAFTEN
- BEDIENBARKEIT
- ZUGAENGLICHKEIT
- UEBERSICHTLICHKEIT

7.5. AUSFUEHRUNG DER DOKUMENTATION
- UMFANG
- AUSFUEHRLICHKEIT
- AUFBAU
- SPRACHE

8. SONSTIGE TECHNISCHE BEDINGUNGEN

8.1. FERTIGUNGSBEDINGUNGEN

8.1.1. BEDINGUNGEN AN DIE FERTIGUNGSBEREICHE
- FERTIGUNGSORTE
- FERTIGUNGSVERFAHREN
- AUSFUEHRUNG DER BEARBEITUNG

8.1.2. BEDINGUNGEN VON DEN FERTIGUNGSBEREICHEN
- HERSTELLBARE GROESSEN UND GEWICHTE DER WERKSTUECKE
- MOEGLICHE TOLERANZEN UND GUETEN
- ZU BEVORZUGENDE FERTIGUNGSVERFAHREN

8.2. ZUSAMMENBAU-, VERSAND- UND MONTAGEBEDINGUNGEN

8.2.1. BEDINGUNGEN AN DIE ZUSAMMENBAU- UND MONTAGEBEREICHE

8.2.1.1. AUFTEILUNG DER ERFORDERLICHEN ARBEITEN AUF WERKSTATT UND BAUSTELLE

8.2.1.2. BERUECKSICHTIGUNG DER BETRIEBLICHEN ERFORDERNISSE SOWIE GEGEBENHEITEN AM AUFSTELLUNGSORT
- ZULAESSIGE STOERUNGEN DES LAUFENDEN BETRIEBES
- BEVORZUGTE MONTAGEZEITEN (WERKSFERIEN, LAENGERE PLANMAESSIGE WARTUNGSZEITEN)

8.2.1.3. AUFTEILUNG DER LEISTUNGEN UND BEISTELLUNGEN FUER DIE MONTAGE
- PERSONAL
- VERWALTUNGS- UND SOZIALEINRICHTUNGEN
- NACHRICHTENVERBINDUNGEN
- LAGER- UND ARBEITSBEREICHE
- FOERDERMITTEL
- MONTAGEAUSRUESTUNGEN UND WERKZEUGE
- ENERGIEN
- VERBRAUCHSSTOFFE

8.2.2. BEDINGUNGEN VON DEN ZUSAMMENBAU- UND MONTAGEBEREICHEN

8.2.2.1. VERFUEGBARE TECHNISCHE MOEGLICHKEITEN
- STAND DER AUTOMATISIERUNG
- RAEUMLICHE UND GEWICHTSBEZOGENE EINSCHRAENKUNGEN
- VORHANDENE WERKZEUGE UND EINRICHTUNGEN

Tafel 1.5: Leitlinie zur Erstellung der Anforderungslisten, Blatt 5.

	MERKMALE ZUR ERSTELLUNG EINER ANFORDERUNGSLISTE	Blatt 6

8.2.3. Bedingungen an die Versandbereiche
- Versandart (Transportmittel)
- Versandweg
- Verpackung, Sicherung und Schutz
- Verantwortlichkeit fuer den Versand

8.2.4. Bedingungen von den Versandbereichen
- Einschraenkung der Gewichte
- Einschraenkung der Abmessungen

8.3. Inbetriebnahme- und Betriebsbedingungen

8.3.1. Inbetriebnahmebedingungen

8.3.1.1. Bedingungen von den Inbetriebnahmebereichen
- Reserve- und Ersatzteile
- funktional selbstaendige Baueinheiten

8.3.1.2. Festlegung von Inbetriebnahmebedingungen zwischen Hersteller und Kunden
- Verantwortlichkeit
- Personal
- Einsatzstoffe
- Betriebsmittel
- Vorrichtungen
- Beeinflussung der Produktion anderer technischer Systeme
- Know-How-Vermittlung

8.3.2. Betriebsbedingungen

8.3.2.1. Betriebsbedingungen des Kunden an den Hersteller
- Betreiben des technischen Systems durch den Hersteller oder von ihm beauftragte Firmen ueber den Zeitraum der Inbetriebnahme hinaus
- Ueberwachung des Betriebsablaufs durch den Hersteller
- Beratung des Kunden durch den Hersteller
- Art und Dauer von Gewaehrleistungen
- Reserve- und Ersatzteile

8.3.2.2. Betriebsbedingungen des Herstellers an den Kunden

8.4. Pruefungs- und Abnahmebedingungen
- hinreichend genaue Bezeichnung der Pruefgegenstaende
- Art der Pruefungen
  - Werkstoffpruefungen
  - Sicherheitspruefungen
  - Funktionspruefungen
  - Betriebsfunktionspruefungen
  - Betriebspruefungen
  - Leistungsnachweise
- Orte und Zeitpunkte der Pruefungen
- Messverfahren und Messstellen
- Pruefanforderungen
  - Belastungen
  - Dauer
- zulaessige Abweichungen durch
  - Messfehler
  - systembedingte Gegebenheiten
- Art der Dokumentation und Glaubhaftmachung von Pruefergebnissen
- pruefende Instanzen/Personen

9. Anschluss- und Schnittstellenbedingungen

9.1. Anschlussbedingungen

9.2. Schnittstellenbedingungen

Tafel 1.6: Leitlinie zur Erstellung der Anforderungslisten, Blatt 6.

Firma	Anforderungsliste Festlegung von Leistungen und Zuständigkeiten für die Montage	8 Seiten Seite 1 Ident-Nr.

Kenn-ziffer	Anforderungen und Daten	zu-ständig
1.	PERSONAL	
1.1.	HERSTELLERPERSONAL	
	- LEITENDES PERSONAL — ANZAHL:	
	- RICHTMEISTER, CHEFMONTEURE, OBERMONTEURE — ANZAHL:	
	- FACHARBEITER (SCHLOSSER, SCHWEISSER, ELEKTRIKER U.A.) — ART: / ANZAHL:	
	- HILFSKRÄFTE — ART: / ANZAHL:	
	- GESCHÄTZTER LEISTUNGSGRAD (WESTEUROPA GLEICH 100 %) — %	
	- VISA, AUFENTHALTS- UND ARBEITSGENEHMIGUNGEN — ERFORDERLICH ? NEIN/JA NEIN/JA NEIN/JA / BEANTRAGEN BEI:	
	- VERSICHERUNGEN, STEUERN U.A. — ART: / ENTRICHTEN BEI:	
1.2.	KUNDENPERSONAL	
	- LEITENDES PERSONAL — ANZAHL:	
	- RICHTMEISTER, CHEFMONTEURE, OBERMONTEURE — ANZAHL:	
	- FACHARBEITER (SCHLOSSER, SCHWEISSER, ELEKTRIKER U.A.) — ART: / ANZAHL:	
	- HILFSKRÄFTE — ART: / ANZAHL:	
	- GESCHÄTZTER LEISTUNGSGRAD (WESTEUROPA GLEICH 100 %) — %	
	- AUSBILDUNG — ERFORDERLICH ? NEIN/JA / ART: / ORT: / ANZAHL: / ZEIT:	
	- ARBEITSGENEHMIGUNGEN — ERFORDERLICH ? NEIN/JA / BEANTRAGEN BEI:	
	- VERSICHERUNGEN, STEUERN U.A. — ART: / ENTRICHTEN BEI:	

A	Hersteller	B	Kunde	C		D	

1 Änderung	2 Änderung	3. Änderung	4. Änderung	5. Änderung	6 Änderung

Tafel 2.1: Teil einer Anforderungsliste, die sich auf Montagebedingungen bezieht, Seite 1.

Firma	Anforderungsliste Festlegung von Leistungen und Zuständigkeiten für die Montage	8 Seiten	Seite 2
		Ident-Nr.	

Kenn-ziffer	Anforderungen und Daten					zu-ständig
1.3.	FREMDPERSONAL					
	- FIRMENKENNZEICHNUNG					
	- LEITENDES PERSONAL	ANZAHL:				
	- RICHTMEISTER, CHEFMONTEURE, OBERMONTEURE	ANZAHL:				
	- FACHARBEITER (SCHLOSSER, SCHWEISSER, ELEKTRIKER U.A.)	ART:				
		ANZAHL:				
	- HILFSKRÄFTE	ART:				
		ANZAHL:				
	- GESCHÄTZTER LEISTUNGSGRAD (WESTEUROPA GLEICH 100 %)	%				
	- AUSBILDUNG	ERFORDERLICH ?	NEIN/JA			
		ART:				
		ORT:				
		ANZAHL:				
		ZEIT:				
	- VISA, AUFENTHALTS- UND ARBEITSGENEHMIGUNGEN	ERFORDERLICH ?	NEIN/JA	NEIN/JA	NEIN/JA	
		BEANTRAGEN BEI:				
	- VERSICHERUNGEN, STEUERN U.A.	ART:				
		ENTRICHTEN BEI:				
1.4.	ARBEITSORDNUNGEN UND -REGELUNGEN*					
2.	VERWALTUNGS- UND SOZIALEINRICHTUNGEN					
2.1.	BAUSTELLENBÜRO					
	- ERFORDERLICHE GRÖSSE	M^2				
	- ERFORDERLICHE RAUMAUFTEILUNG	PLÄNE: NEIN/JA	SKIZZEN: NEIN/JA			
	- ERFORDERLICHE EINRICHTUNGEN	KENNZEICHNUNG:				
		ANZAHL:				
	- LAGE IM BAUSTELLENBEREICH	PLÄNE: NEIN/JA	SKIZZEN: NEIN/JA			
2.2.	NACHRICHTENVERBINDUNGEN					
	- REGIONALE NACHRICHTENVERBINDUNGEN	KENNZEICHNUNG:				
		VORHANDEN ?	JA/NEIN	JA/NEIN	JA/NEIN	
		ERFORDERLICH ?	NEIN/JA	NEIN/JA	NEIN/JA	

A	Hersteller	B	Kunde	C		D	

1 Änderung	2 Änderung	3 Änderung	4 Änderung	5 Änderung	6 Änderung

Tafel 2.2: Teil einer Anforderungsliste, die sich auf Montagebedingungen bezieht, Seite 2.

Firma	Anforderungsliste Festlegung von Leistungen und Zuständigkeiten für die Montage	8 Seiten	Seite 3
		Ident-Nr.	

Kenn-ziffer	Anforderungen und Daten					zu-ständig
	- Überregionale Nachrichtenverbindungen	Kennzeichnung:				
		Vorhanden ?	ja/nein	ja/nein	ja/nein	
		Erforderlich ?	nein/ja	nein/ja	nein/ja	
2.3.	Sicherung der Baustelle*					
2.4.	Unterbringung im Baustellenbereich					
	- Unterzubringende Personen	Anzahl:				
	- Unterbringungsräume	Anzahl:				
	- Erforderliche Ausstattung					
	- Lage im Baustellenbereich	Pläne: nein/ja		Skizzen: nein/ja		
2.5.	Unterbringung ausserhalb des Baustellenbereiches					
	- Unterzubringende Personen	Anzahl:				
	- Unterbringungsmöglichkeiten	Kennzeichnung:				
		Bettenzahl:				
	- Vorhandene Ausstattung					
	- Lage	Pläne: nein/ja		Skizzen: nein/ja		
	- Entfernung zur Baustelle	km				
	- Transportmöglichkeiten zur Baustelle	Kennzeichnung:				
		Vorhanden ?	ja/nein	ja/nein	ja/nein	
		Erforderlich ?	nein/ja	nein/ja	nein/ja	
2.6.	Sanitäre Einrichtungen im Baustellenbereich*					
2.7.	Verpflegung des Montagepersonals*					
2.8.	Ärztliche Versorgung des Montagepersonals*					
2.9.	Freizeitgestaltung für das Montagepersonal*					
3.	Lager- und Arbeitsbereiche					
3.1.	Baustellenbereich (Werksgelände)					
	- Fotos, Pläne und Skizzen	Vorhanden ?	ja/nein	ja/nein	ja/nein	
	- Strassen- und Pistenführung	ausreichend/verbessern/neu erstellen				

A	Hersteller	B	Kunde	C		D	

1 Änderung	2 Änderung	3. Änderung	4. Änderung	5. Änderung	6 Änderung

Tafel 2.3: Teil einer Anforderungsliste, die sich auf Montagebedingungen bezieht, Seite 3.

Firma	Anforderungsliste Festlegung von Leistungen und Zuständigkeiten für die Montage	8 Seiten · Seite 4 Ident-Nr.

Kenn-ziffer	Anforderungen und Daten		zu-ständig
	- Belastbarkeit der Strassen und Pisten	AUSREICHEND/ERHÖHEN	
	- Durchfahrten	Kennzeichnung: / Höhe: / Breite:	
	- Höhe über Meeresspiegel	M	
3.2.	Montageplatz (Bauplatz, Baustelle, Aufstellort)		
	- Grösse	M^2	
	- Fotos, Pläne und Skizzen	Vorhanden ? JA/NEIN JA/NEIN JA/NEIN	
	- Beschaffenheit	FELSIG/FESTGEWACHSEN/LEHMIG/SANDIG Ausreichend eben ? JA/NEIN Grundwasserspiegel: MINUS M Massnahmen:	
	- Befahrbarkeit/Belastbarkeit	AUSREICHEND/ERHÖHEN	
	- Überdachung	Erforderlich: M^2 Vorhanden: M^2 Differenz: M^2	
3.3.	Vormontageplatz		
	- Vormontageplatz	Erforderlich ? NEIN/JA	
	- Grösse	M^2	
	- Fotos, Pläne und Skizzen	Vorhanden ? JA/NEIN JA/NEIN JA/NEIN	
	- Beschaffenheit	FELSIG/FESTGEWACHSEN/LEHMIG/SANDIG Ausreichend eben ? JA/NEIN Massnahmen:	
	- Befahrbarkeit/Belastbarkeit	AUSREICHEND/ERHÖHEN	
	- Überdachung	Erforderlich: M^2 Vorhanden: M^2 Differenz: M^2	
	- Entfernung zum Montageplatz	M	
	- Hindernisse zum Montageplatz	Vorhanden ? NEIN/JA Kennzeichnung: Beseitigen ? NEIN/JA NEIN/JA NEIN/JA	

A	Hersteller	B	Kunde	C		D	

1. Änderung	2. Änderung	3. Änderung	4. Änderung	5. Änderung	6. Änderung

Tafel 2.4: Teil einer Anforderungsliste, die sich auf Montagebedingungen bezieht, Seite 4.

Firma	Anforderungsliste Festlegung von Leistungen und Zuständigkeiten für die Montage	8 Seiten	Seite 5
		Ident-Nr.	

Kenn-ziffer	Anforderungen und Daten	zu-ständig
3.4.	LAGERPLATZ	
	- LAGERPLATZ — ERFORDERLICH ? NEIN/JA	
	- GRÖSSE — M²	
	- FOTOS, PLÄNE UND SKIZZEN — VORHANDEN ? JA/NEIN JA/NEIN JA/NEIN	
	- BESCHAFFENHEIT — FELSIG/FESTGEWACHSEN/LEHMIG/SANDIG; AUSREICHEND EBEN ? JA/NEIN; MASSNAHMEN:	
	- BEFAHRBARKEIT/BELASTBARKEIT — AUSREICHEND/ERHÖHEN	
	- ÜBERDACHUNG — ERFORDERLICH: M²; VORHANDEN: M²; DIFFERENZ: M²	
	- ENTFERNUNG ZUM VORMONTAGEPLATZ — M	
	- HINDERNISSE ZUM VORMONTAGEPLATZ — VORHANDEN ? NEIN/JA; KENNZEICHNUNG:; BESEITIGEN ? NEIN/JA NEIN/JA NEIN/JA	
	- ENTFERNUNG ZUM MONTAGEPLATZ — M	
	- HINDERNISSE ZUM MONTAGEPLATZ — VORHANDEN ? NEIN/JA; KENNZEICHNUNG:; BESEITIGEN ? NEIN/JA NEIN/JA NEIN/JA	
4.	FÖRDERMITTEL (BRÜCKENKRANE, AUTOKRANE, SCHIENENGEBUNDENE FÖRDERMITTEL U.A.)	
4.1.	ERFORDERLICHE FÖRDERMITTEL AM LAGERPLATZ	
4.2.	ERFORDERLICHE FÖRDERMITTEL AM VORMONTAGEPLATZ	

4.1. ERFORDERLICHE FÖRDERMITTEL AM LAGERPLATZ

BEZEICHNUNG:												
KAPAZITÄT:												
ANZAHL:												
VORHANDEN:												
DIFFERENZ:												

4.2. ERFORDERLICHE FÖRDERMITTEL AM VORMONTAGEPLATZ

BEZEICHNUNG:												
KAPAZITÄT:												
ANZAHL:												
VORHANDEN:												
DIFFERENZ:												

A	Hersteller	B	Kunde	C		D	

1 Änderung	2. Änderung	3. Änderung	4 Änderung	5. Änderung	6 Änderung

Tafel 2.5: Teil einer Anforderungsliste, die sich auf Montagebedingungen bezieht, Seite 5.

Firma	**Anforderungsliste** Festlegung von Leistungen und Zuständigkeiten für die Montage	8 Seiten	Seite 6
		Ident-Nr.	

Kenn-ziffer	Anforderungen und Daten	zu-ständig
4.3.	Erforderliche Fördermittel am Montageplatz	

Bezeichnung:												
Kapazität:												
Anzahl:												
Vorhanden:												
Differenz:												

4.4. Erforderliche Fördermittel zwischen Lagerplatz und Vormontageplatz

Bezeichnung:												
Kapazität:												
Anzahl:												
Vorhanden:												
Differenz:												

4.5. Erforderliche Fördermittel zwischen Lagerplatz und Montageplatz

Bezeichnung:												
Kapazität:												
Anzahl:												
Vorhanden:												
Differenz:												

4.6. Erforderliche Fördermittel zwischen Vormontageplatz und Montageplatz

Bezeichnung:												
Kapazität:												
Anzahl:												
Vorhanden:												
Differenz:												

5. Montageausrüstungen und Werkzeuge

5.1. Erforderliche Montageausrüstungen*

5.2. Einführungsbestimmungen für Montageausrüstungen*

5.3. Vorhandene Reparatur- und Wartungswerkstätten

Bezeichnung:				
Entfernung zur Baustelle:	km	km	km	km
Werkstattausrüstung:				

A	Hersteller	B	Kunde	C		D	

1. Änderung	2. Änderung	3. Änderung	4. Änderung	5. Änderung	6. Änderung

Tafel 2.6: Teil einer Anforderungsliste, die sich auf Montagebedingungen bezieht, Seite 6.

Firma	Anforderungsliste Festlegung von Leistungen und Zuständigkeiten für die Montage	8 Seiten	Seite 7
		Ident-Nr.	

Kenn-ziffer	Anforderungen und Daten		zu-ständig
6.	ENERGIEN		
6.1.	BAUSTELLENSTROM		
	- ANSCHLUSSWERTE	SPANNUNG: V FREQUENZ: Hz LEISTUNG: kW	
	- ANSCHLUSSENTFERNUNG ZU	MONTAGEPLATZ: M VORMONTAGEPLATZ: M LAGERPLATZ: M	
	- HAUPT-/UNTERVERTEILER	NICHT ERFORDERLICH/VORHANDEN/VORSEHEN	
	- ANSCHLUSSART		
	- ANSCHLUSSARBEITEN	ERFORDERLICH ? NEIN/JA BEZEICHNUNG:	
6.2.	PRESSLUFT		
	- PRESSLUFT	ERFORDERLICH ? NEIN/JA	
	- ANSCHLUSSWERTE	NENNDRUCK: BAR FÖRDERMENGE: MAX. M^3/H	
	- ANSCHLUSSENTFERNUNG ZU	MONTAGEPLATZ: M VORMONTAGEPLATZ: M LAGERPLATZ: M	
	- ANSCHLUSSART/NENNGRÖSSE		
	- ANSCHLUSSARBEITEN	ERFORDERLICH ? NEIN/JA BEZEICHNUNG:	
6.3.	NOTWENDIGE HILFSENERGIEN		
	- SAUERSTOFF	VORRATSMENGE: M^3/H ODER L LAGERART: ANSCHLUSSART/NENNGRÖSSE:	
	- SCHWEISSGASE	BEZEICHNUNG: VORRATSMENGE: M^3/H ODER L LAGERART: ANSCHLUSSART/NENNGRÖSSE:	
	- KRAFTSTOFFE	BEZEICHNUNG: VORRATSMENGE: M^3/H ODER L LAGERART:	

A	Hersteller	B	Kunde	C		D	

1 Änderung	2. Änderung	3. Änderung	4. Änderung	5. Änderung	6. Änderung

Tafel 2.7: Teil einer Anforderungsliste, die sich auf Montagebedingungen bezieht, Seite 7.

Firma	Anforderungsliste Festlegung von Leistungen und Zuständigkeiten für die Montage	8 Seiten	Seite 8
		Ident-Nr.	

Kenn-ziffer	Anforderungen und Daten		zu-ständig
7.	VERBRAUCHSSTOFFE		
7.1.	TRINKWASSER		
	- ANSCHLUSSWERTE	FÖRDERMENGE: MAX. M^3/H	
	- ANSCHLUSSENTFERNUNG ZU	MONTAGEPLATZ: M VORMONTAGEPLATZ: M LAGERPLATZ: M	
	- ANSCHLUSSART/NENNGRÖSSE		
	- ANSCHLUSSARBEITEN	ERFORDERLICH ? NEIN/JA BEZEICHNUNG:	
7.2.	ÖLE UND FETTE*		
7.3.	BAUSTOFFE*		
	* ZUGEHÖRIGE ANFORDERUNGEN UND DATEN SIND AUF BEIBLÄTTERN ZU SPEZIFIZIEREN.		

A	Hersteller	B	Kunde	C		D	

1.Änderung	2.Änderung	3.Änderung	4.Änderung	5.Änderung	6.Änderung

Tafel 2.8: Teil einer Anforderungsliste, die sich auf Montagebedingungen bezieht, Seite 8.

	Anforderungsliste	4 Seiten / Seite 1 / Ident-Nr.

2.	Herstellerbezogene Daten	
2.3.	Kennzeichnung des technischen Systems	
2.3.1.	Name	KÜHLANLAGE, BAND.
2.3.2.	Zugehörigkeit	VERZINKUNGSLINIE, BAND, SCHMELZTAUCHEND.
2.3.3.	Komplexität	ANLAGE
2.3.4.	Klassifizierungs-Nr.	K 0 2 0 1 0 0 0 0 0 0

Kennziffer	Anforderungen und Daten	Bemerkungen
3.	STOFFE, ENERGIEN UND SIGNALE	
3.1.	PRODUKTE	
3.1.1.	ARTEN	

BENENNUNG	VERZINKTES STAHLBAND
KENNZEICHNUNG	1.0112.01
	1.0112.07
	1.0336.51
	1.0336.57
	./.

Bemerkung: Bezeichnungen der Produkte nach DIN 17007

3.1.1.1. BAND

3.1.1.1.1. FORMEN

BANDDICKE IN MM	0,25 ÷ 1,50
BANDBREITE IN MM	610 ÷ 1450

3.1.1.1.2. GÜTEN

- ÄUSSERE BESCHAFFENHEIT

MAX. SÄBELFÖRMIGKEIT IN %	0,3

- MECHANISCHE EIGENSCHAFTEN

BEREICH DER BLAUSPRÖDIGKEIT	VON °C	150
	BIS °C	300

Bemerkung: in diesem Bereich ohne plastische Formänderung fahren!

DICHTE IN KG/M^3	7860

- PHYSIKALISCHE EIGENSCHAFTEN

WÄRMELEITZAHL IN W/M·K		BEI °C	
	52,3		100
	46,5		300
	37,2		600
	./.		./.

SPEZIFISCHE WÄRMEKAPAZITÄT (c_p) IN KJ/KG·K	A	0,3133	./.
	B	0,4437	./.
	C	0	./.
GÜLTIGKEITSBEREICH IN K	VON	273	./.
	BIS	1033	./.

Bemerkung: $c_p = A + 10^{-3} B \cdot T + 10^5 \cdot \frac{C}{T^2}$

3.1.1.1.3. MENGEN

AUFTEILUNG DER PRODUKTION NACH BANDBREITE UND BANDDICKE IN % DER SOLLMENGE: BEIBLATT BEILEGEN !

Bemerkung: siehe Diagramm 1

1. Änderung	2. Änderung	3. Änderung
4. Änderung	5. Änderung	6. Änderung

Tafel 3.1: Anforderungsliste für das Projektieren einer Feuerverzinkungslinie auf der Maschinengruppenebene, Teilsystem: Kühlanlage, Seite 1: "Herstellerbezogene Daten" sowie "Stoffe, Energien und Signale".

	Anforderungsliste	Ident-Nr.	Seite 2

Kennziffer	Anforderungen und Daten	Bemerkungen
3.1.1.2.	SCHICHT	
3.1.1.2.1.	FORMEN — SCHICHTDICKE IN µM: 8 - 60	s.g. Schichtverteilung, Diagramm 2
3.1.1.2.2.	GÜTEN	
	- INNERE UND ÄUSSERE BESCHAFFENHEIT	ZUTREFFENDES ANKREUZEN
	- PHYSIKALISCHE EIGENSCHAFTEN ZU A UND B	
	- PHYSIKALISCHE EIGENSCHAFTEN ZU C	
3.1.1.2.3.	MENGEN	siehe Diagramm 3
3.3.	BETRIEBSMITTEL	
3.3.1.	STOFFE	
3.3.1.1.	ARTEN	Umluft ZUTREFFENDES ANKREUZEN
3.3.1.2.	GÜTEN	
	- PHYSIKALISCHE EIGENSCHAFTEN	

3.1.1.2.1. Formen

SCHICHTDICKE IN µM	8 - 60

3.1.1.2.2. Güten – innere und äussere Beschaffenheit

A	ZN-SCHICHT, NORMALE ZN-BLUME	X
B	ZN-SCHICHT, UNTERDR. ZN-BLUME	X
C	FE-ZN-SCHICHT, GALVANNEALED	X

Physikalische Eigenschaften zu A und B

DICHTE IN KG/M³	7170

WÄRMELEITZAHL IN W/M·K		BEI °C
	112,8	20
	104,7	300
	100,0	300

SPEZIFISCHE WÄRMEKAPAZITÄT (c_p) IN KJ/KG·K			
	A	0,3426	0,4800
	B	0,1537	0
	C	0	0
GÜLTIGKEITSBEREICH IN K	VON	298	692
	BIS	692	1180

Bemerkung: $c_p = A + 10^{-3} B \cdot T + 10^5 \cdot \frac{C}{T^2}$

SCHMELZPUNKT IN °C	419

SCHMELZWÄRME IN KJ/KG	112,2

Physikalische Eigenschaften zu C

AGGREGATZUSTAND BEI EINTRITT IN DIE KÜHLANLAGE	fest

3.1.1.2.3. Mengen

ANTEILE AN DER SOLLPRODUKTION IN %	
ZN-SCHICHT, NORMALE ZN-BLUME	50
ZN-SCHICHT, UNTERDR. ZN BLUME	40
FE-ZN-SCHICHT	10

AUFTEILUNG DER PRODUKTION NACH BANDBREITE UND BANDDICKE IN % DER SOLLMENGE: BEIBLATT ZULEGEN !

3.3.1.1. Arten

KÜHLMEDIUM		
	LUFT	X
	LUFT/WASSER	
	WASSER	
	SCHUTZGAS	

3.3.1.2. Güten – physikalische Eigenschaften

KINEMATISCHE VISKOSITÄT IN $10^{-6} \cdot M^2/S$		BEI °C
	15,1	20
	23,0	100
	34,7	200
	48,0	300
	62,9	400

1. Änderung	2. Änderung	3. Änderung
4. Änderung	5. Änderung	6. Änderung

Tafel 3.2: Anforderungsliste für das Projektieren einer Feuerverzinkungslinie auf der Maschinengruppenebene, Teilsystem: Kühlanlage, Seite 2: "Stoffe, Energien und Signale", Fortsetzung.

	Anforderungsliste	Ident-Nr.	Seite 3

Kennziffer	Anforderungen und Daten	Bemerkungen
	DYNAMISCHE VISKOSITÄT IN 10^{-6} PA·S: 18,2 / 21,8 / 25,9 / 29,6 / 33,0 BEI °C 20 / 100 / 200 / 300 / 400	
	SPEZIFISCHE WÄRMEKAPAZITÄT IN KJ/KG·K: 1,30 / 1,30 / 1,31 / 1,32 / 1,33 BEI °C 20 / 100 / 200 / 300 / 400	
	WÄRMELEITFÄHIGKEIT IN 10^{-3}W/M·K: 26 / 31 / 37 / 43 / 49 BEI °C 20 / 100 / 200 / 300 / 400	
3.3.2.	ENERGIEN	
	- ANTRIEBSENERGIE FÜR ELEKTRISCHE ANTRIEBE: SPANNUNG IN V 380; FREQUENZ IN HZ 50; LEISTUNG IN KW 250	
	- ANTRIEBSENERGIE FÜR HYDRAULISCHE ANTRIEBE: NENNDRUCK IN BAR 150; MAX. FÖRDERMENGE IN M^3/H 9,6	
5.	UMWELT- UND SYSTEMEINFLÜSSE	
	- KLIMATISCHE EINFLÜSSE: LUFTTEMPERATUR IN °C MIN. 5, MAX. 40	
6.	UMWELT- UND SYSTEMBEZOGENE BEDINGUNGEN	
6.1.	UMWELTBEZOGENE BEDINGUNGEN	
	- IMMISSIONSSCHUTZ: MAX. ABLUFTTEMPERATUR IN °C 60	
	ERLAUBTE BEIMISCHUNGEN (AEROSOLE): keine	
6.2.	SYSTEMBEZOGENE BEDINGUNGEN	
	- FESTGELEGTE ABMESSUNGEN DER KÜHLANLAGE: BEIBLATT ZULEGEN !	
	- SONSTIGE SYSTEMBEZOGENE BEDINGUNGEN: LAGE DER ANTRIEBE Links	siehe Zeichnung
	ZULÄSSIGE ABWEICHUNG DES BANDES VON DER SOLLINIE IN MM 150	siehe Zeichnung
	SICHERHEITSVORKEHRUNG BEI BANDRISS VORSEHEN ? ja	

1. Änderung	2. Änderung	3. Änderung
4. Änderung	5. Änderung	6. Änderung

Tafel 3.3: Anforderungsliste für das Projektieren einer Feuerverzinkungslinie auf der Maschinengruppenebene, Teilsystem: Kühlanlage, Seite 3: "Stoffe, Energien und Signale", Fortsetzung, "Umwelt- und Systemeinflüsse" sowie "Umwelt- und systembezogene Bedingungen".

	Anforderungsliste	Ident-Nr.	Seite 4

Kenn-ziffer	Anforderungen und Daten	Bemerkungen
9.	ANSCHLUSS- UND SCHNITTSTELLENBEDINGUNGEN	
9.1.	SCHNITTSTELLENBEDINGUNGEN	
9.1.1.	BERECHNETE WERTE AUS AUFGABENKLÄRUNG	siehe Diagramm 3: $k_{fm} = f(T, \varphi)$

FORMÄNDERUNGSFESTIGKEIT (BAND) IN N/MM^2

EINGANG	AUSGANG	WERKSTOFF
195	250	1.0112.01
390	645	1.0112.07
235	300	1.0336.51
415	680	1.0336.57
./.	./.	./.
./.	./.	./.

FORMÄNDERUNG (BAND) IN %

EINGANG	AUSGANG	WERKSTOFF
0,5	0,5	1.0112.01
80	80	1.0112.07
0,5	0,5	1.0336.51
70	70	1.0336.57
./.	./.	./.
./.	./.	./.

TEMPERATUR IN °C

	EINGANG	AUSGANG
KLEINSTWERT	450	./.
GRÖSSTWERT	520	60

9.1.2. SONSTIGE FESTLEGUNGEN

REGELUNG DES BANDLAUFES IN DER VERZINKUNGSANLAGE MUSS DURCH EIN TEILSYSTEM DER KÜHLANLAGE DURCHGEFÜHRT WERDEN !

1. Änderung	2. Änderung	3. Änderung
4. Änderung	5. Änderung	6. Änderung

Tafel 3.4: Anforderungsliste für das Projektieren einer Feuerverzinkungslinie auf der Maschinengruppenebene, Teilsystem: Kühlanlage, Seite 4: "Anschluß- und Schnittstellenbedingungen".

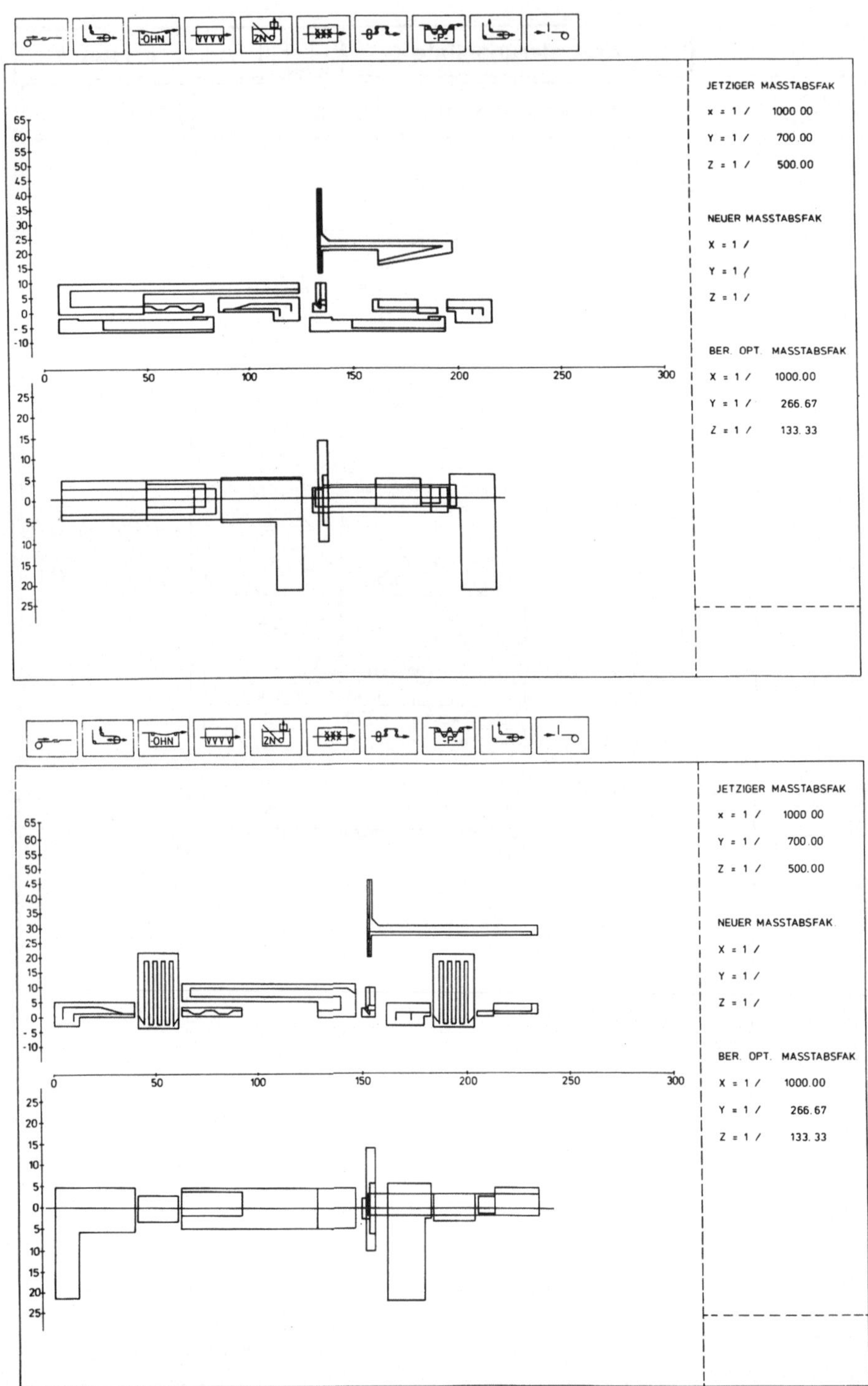

Tafel 4.1 und 4.2: Gestalt- und Aufbauvariation der Anlagen einer Feuerverzinkungslinie im Rahmen der Festlegung konstruktiver Wirkzusammenhänge beim rechnerunterstützten Projektieren, 1. und 2. Beispiel.

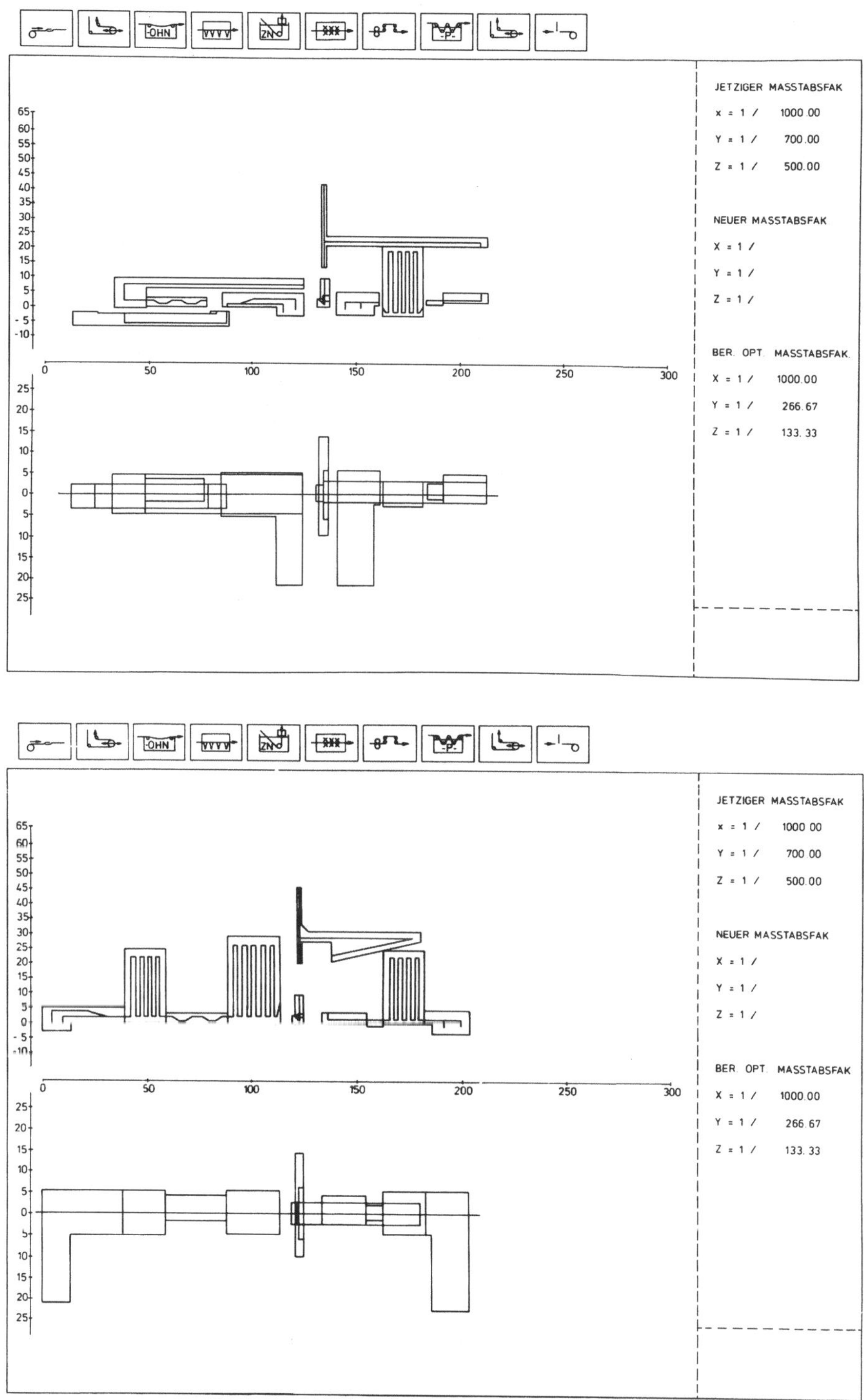

Tafel 4.3 und 4.4: Gestalt- und Aufbauvariation der Anlagen einer Feuerverzinkungslinie im Rahmen der Festlegung konstruktiver Wirkzusammenhänge beim rechnerunterstützten Projektieren, 3. und 4. Beispiel.

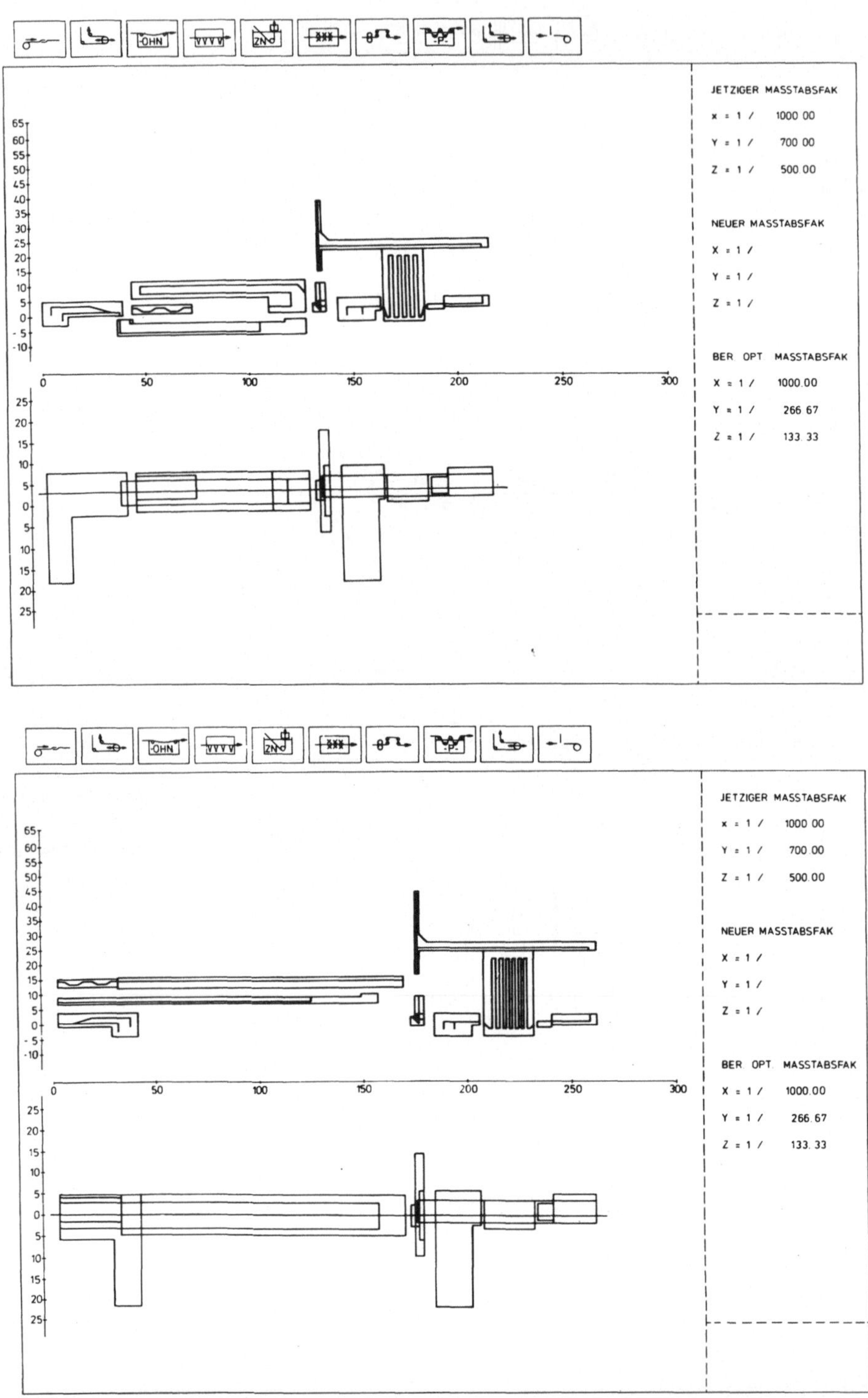

Tafel 4.5 und 4.6: Gestalt- und Aufbauvariation der Anlagen einer Feuerverzinkungslinie im Rahmen der Festlegung konstruktiver Wirkzusammenhänge beim rechnerunterstützten Projektieren, 5. und 6. Beispiel.

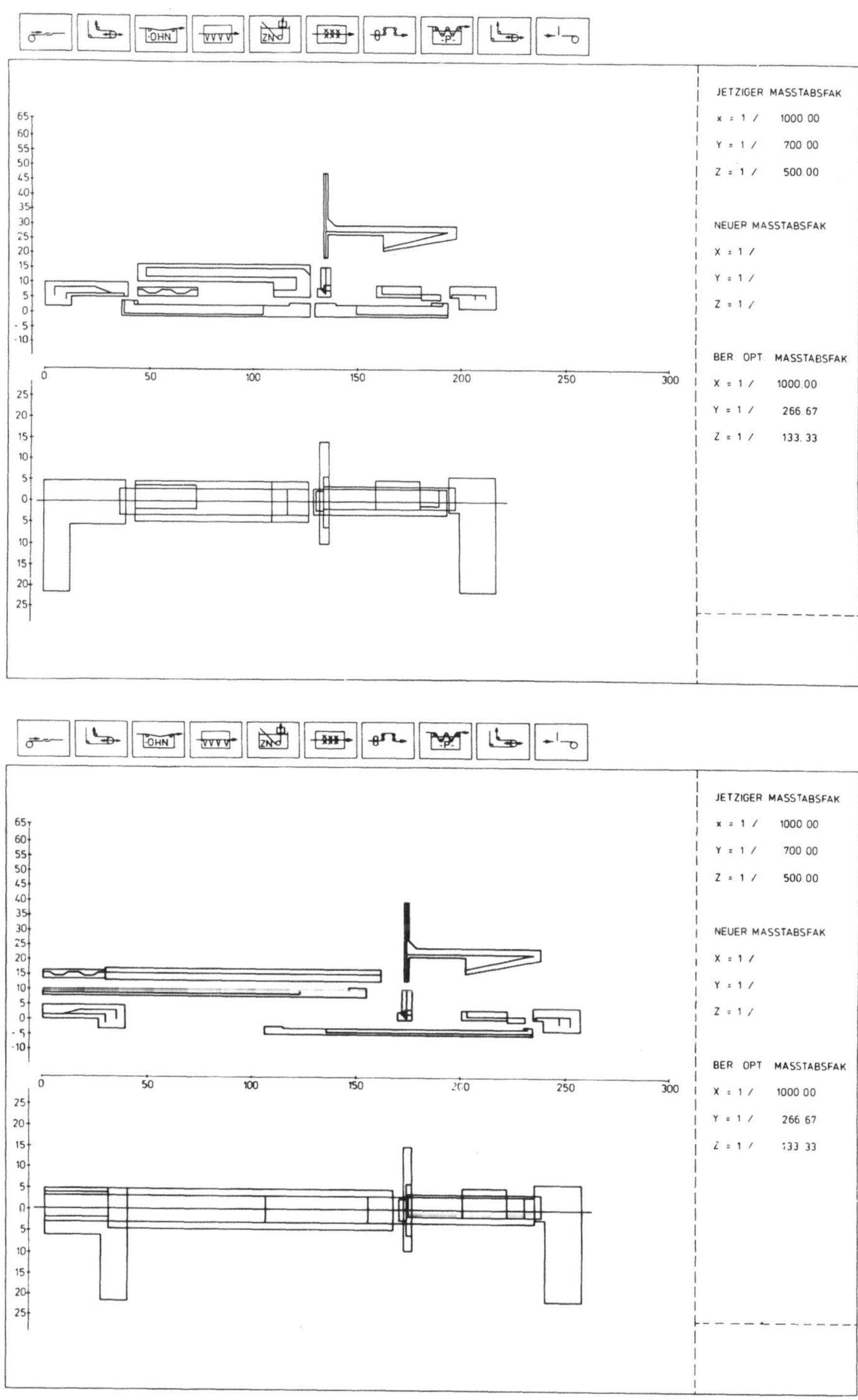

Tafel 4.7 und 4.8: Gestalt- und Aufbauvariation der Anlagen einer Feuerverzinkungslinie im Rahmen der Festlegung konstruktiver Wirkzusammenhänge beim rechnerunterstützten Projektieren, 7. und 8. Beispiel.

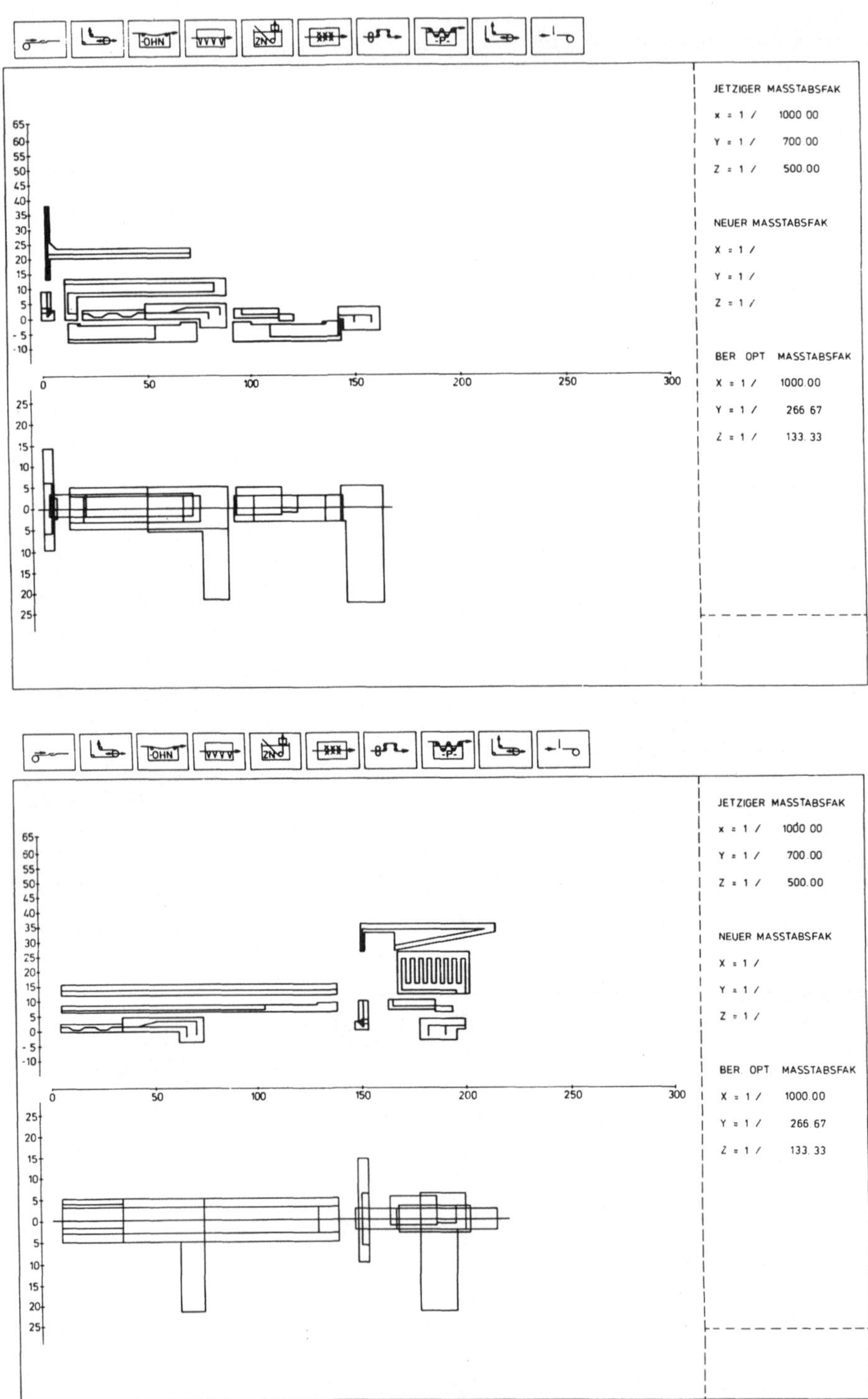

Tafel 4.9 und 4.10: Gestalt- und Aufbauvariation der Anlagen einer Feuerverzinkungslinie im Rahmen der Festlegung konstruktiver Wirkzusammenhänge beim rechnerunterstützen Projektieren, 9. und 10. Beispiel.

MERKMALE ZUR KOMMERZIELLEN VERTRAGSGESTALTUNG	BLATT 1

1. VERTRAGSGRUNDLAGEN

1.1. VERTRAGSPARTNER

1.2. PRAEAMBEL DES VERTRAGES

1.3. BEGRIFFSERKLAERUNGEN UND ZWECK DES VERTRAGES

1.4. LIEFER- UND LEISTUNGSUMFANG SOWIE LIEFER- UND LEISTUNGSAUSSCHLUSS (ERGAENZUNGEN UND BEILAGEN TECHNISCHER BEDINGUNGEN)

1.4.1. LIEFERUMFANG
1.4.2. LEISTUNGSUMFANG
1.4.3. LIEFERAUSSCHLUSS
1.4.4. LEISTUNGSAUSSCHLUSS

1.5. PREISE
1.5.1. PREISARTEN
1.5.2. PREISGLEITUNG
1.5.3. FESTPREIS

1.6. PREISSTELLUNGEN
1.6.1. INCOTERMS (INTERNATIONAL COMMERCIAL TERMS, INTERNATIONALE REGELN FUER DIE AUSLEGUNG BESTIMMTER IM INTERNATIONALEN HANDEL GEBRAEUCHLICHER VERTRAGSFORMELN)
1.6.1.1. FREE ON BOARD (FOB, FREI AN BORD, VERSCHIFFUNGSHAFEN)
1.6.1.2. COST, INSURANCE AND FREIGHT (CIF, KOSTEN, VERSICHERUNGEN UND FRACHT, FREI BESTIMMUNGSHAFEN)

1.6.2. ANDERE PREISSTELLUNGEN
1.6.2.1. TURN KEY (TK)
1.6.2.2. US- UND OSTBLOCKREGELUNGEN

2. ZAHLUNGSBEDINGUNGEN

2.1. BARGESCHAEFT

2.1.1. FAELLIGKEITEN

2.1.2. ZAHLUNGSBESICHERUNGEN

2.1.2.1. EIGENTUMSVORBEHALT
2.1.2.2. BANKGARANTIEN UND BANKBUERGSCHAFTEN
2.1.2.3. UNWIDERRUFLICHE, BESTAETIGTE AKKREDITIVE
2.1.2.4. UNTERLEGUNG DER ZAHLUNGSVERPFLICHTUNG DURCH AVALIERTE WECHSEL

2.2. KREDITGESCHAEFT

2.2.1. KREDITVERZINSUNGEN

2.2.2. ZAHLUNGSBESICHERUNGEN
2.2.2.1. AKKREDITIV
2.2.2.2. BUERGSCHAFTEN UND GARANTIEN
2.2.2.3. AVALIERTE WECHSEL

2.2.3. EXPORTRISIKOVERSICHERUNGEN

2.2.4. BUERGSCHAFTEN UND GARANTIEN

2.2.5. GEGENSTAND UND UMFANG DER DECKUNG
2.2.5.1. SELBSTBETEILIGUNG
2.2.5.2. ENTGELT

2.2.6. REFINANZIERUNG LAENGERFRISTIGER KREDITGESCHAEFTE

3. LIEFER- UND LEISTUNGSBEDINGUNGEN

3.1. LIEFER UND LEISTUNGSZEIT

3.1.1. LIEFER- UND LEISTUNGSVERZUG

3.1.2. VERZUGSFOLGEN

3.2. HOEHERE GEWALT

3.3. VORAUSSETZUNGEN FUER GEWAEHRLEISTUNGEN UND GARANTIEN

Tafel 5.1: Merkmalliste zur kommerziellen Vertragsgestaltung, Blatt 1.

	MERKMALE ZUR KOMMERZIELLEN VERTRAGSGESTALTUNG	BLATT 2

3.4. GEWAEHRLEISTUNGEN (ERGAENZUNGEN UND BEILAGEN TECHNISCHER BEDINGUNGEN)

3.4.1. GEWAEHRLEISTUNGEN FUER VERFAHREN (TECHNOLOGIEN)

3.4.2. GEWAEHRLEISTUNGEN FUER TECHNISCHE SYSTEME UND TEILE

3.4.2.1. MECHANISCHE SYSTEME UND TEILE
3.4.2.2. HYDRAULISCHE SOWIE PNEUMATISCHE SYSTEME UND TEILE
3.4.2.3. ELEKTRISCHE SYSTEME UND TEILE
3.4.2.4. ELEKTRONISCHE SYSTEME UND TEILE
3.4.2.5. ZUSAMMENWIRKEN DER TEILSYSTEME
3.4.2.6. ALLGEMEINE GEWAEHRLEISTUNGEN
3.4.2.7. GEWAEHRLEISTUNGSVORBEHALTE
3.4.2.8. GEWAEHRLEISTUNGSNACHWEISE

3.5. MAENGELHAFTUNG

3.5.1. NACHBESSERUNGSRECHTE
3.5.2. SCHADENERSATZ
3.5.3. VERTRAGSSTRAFEN (POENALIEN)
3.5.4. FOLGESCHAEDEN
3.5.5. HAFTUNGSBEGRENZUNGEN

3.6. SCHUTZRECHTE UND LIZENZEN

3.7. STEUERN, VERSICHERUNGEN UND HAFTPFLICHT

3.8. SCHLUSSVORSCHRIFTEN DES LIEFERVERTRAGES

3.8.1. VORZEITIGE BEENDIGUNG DES VERTRAGES
3.8.2. SCHIEDSGERICHT, ANWENDBARES RECHT UND GERICHTSSTAND
3.8.3. SUBSIDIAER-HAFTUNGEN
3.8.4. INKRAFTTRETEN DES VERTRAGES
3.8.5. BEENDIGUNG DES VERTRAGES
3.8.6. REGELUNG VON ERGAENZUNGEN UND AENDERUNGEN
3.8.7. REGELUNG DER KORRESPONDENZ

4. VERTRAGS-BEILAGEN (ERGAENZUNGEN UND BEILAGEN TECHNISCHER BEDINGUNGEN)

4.1. ZUSAMMENBAUBEDINGUNGEN
4.2. VERSANDBEDINGUNGEN
4.3. MONTAGEBEDINGUNGEN
4.4. INBETRIEBNAHMEBEDINGUNGEN
4.5. BETRIEBSBEDINGUNGEN
4.6. PRUEFUNGS- UND ABNAHMEBEDINGUNGEN
4.7. ANSCHLUSSBEDINGUNGEN
4.8. KNOW-HOW-BEDINGUNGEN
4.9. DOKUMENTATION

5. GEGENGESCHAEFTE

6. BESONDERHEITEN DES VERTRAGES

Tafel 5.2: Merkmalliste zur kommerziellen Vertragsgestaltung, Blatt 2.

Sachverzeichnis